AF548540

FRÜHNEUZEIT-FORSCHUNGEN

Herausgegeben von Peter Burschel, Renate Dürr,
André Holenstein und Achim Landwehr

Band 28

Meike Knittel

Blühende Beziehungen

Botanische Praktiken im Zürich des 18. Jahrhunderts

WALLSTEIN VERLAG

Die Druckvorstufe dieser Publikation wurde vom Schweizerischen Nationalfonds zur Förderung der wissenschaftlichen Forschung unterstützt.

Der Band ist gemäß den Förderrichtlinien des Schweizerischen Nationalfonds zur Förderung der wissenschaftlichen Forschung im Open Access unter der Creative-Commons-Lizenz CC BY-NC-ND 4.0 lizenziert.

Die Bestimmungen der Creative-Commons-Lizenz beziehen sich nur auf das Originalmaterial der Open-Access-Publikation, nicht aber auf die Weiterverwendung von Fremdmaterialien (z.B. Abbildungen, Schaubildern oder auch Textauszügen, jeweils gekennzeichnet durch Quellenangaben). Diese erfordert ggf. das Einverständnis der jeweiligen Rechteinhaberinnen und Rechteinhaber.

Bibliografische Information der Deutschen Nationalbibliothek

Die Deutsche Nationalbibliothek verzeichnet diese Publikation in der Deutschen Nationalbibliografie; detaillierte bibliografische Daten sind im Internet über http://dnb.d-nb.de abrufbar.

Zugl.: Dissertation, Phil.-hist. Fakultät der Universität Bern, 2018 u. d. T. »Netzwerke der Botanik: Johannes Gessner (1709-1790) und die botanische Forschung im 18. Jahrhundert«.

© Meike Knittel 2024
Publikation: Wallstein Verlag GmbH, Göttingen 2024
www.wallstein-verlag.de
Vom Verlag gesetzt aus der Stempel Garamond und der Thesis
Umschlaggestaltung: Susanne Gerhards, Düsseldorf
Umschlagbild: Auszug aus: Gessner, Johannes/Schinz, Christoph Salomon: Johannis Gessneri Tabulae phytographicae; analysin generum plantarum exhibentes / cum commentatione edidit Christ. Sal. Schinz, Med. Doct., Zürich 1795-1804, Tab. 33. Zentralbibliothek Zürich, NF 170 | F, https://doi.org/10.3931/e-rara-20571 / Public Domain Mark.
Lithografie: SchwabScantechnik GmbH & CO. KG, Göttingen
Druck und Verarbeitung: bookSolutions Vertriebs GmbH, Göttingen
ISBN (Print) 978-3-8353-5685-6
ISBN (Open Access) 978-3-8353-8080-6
DOI https://doi.org/10.46500/83535685

Inhalt

Vorwort

Die Entstehung von Forschungsarbeiten, wie dieser 2018 an der Universität Bern als Dissertation eingereichten und seitdem leicht korrigierten Arbeit, wird stets von einem weiteren Personenkreis getragen, als auf den ersten Blick sichtbar werden mag. Daher möchte ich zunächst meinen Dank aussprechen. Zuallererst möchte ich Simona Boscani Leoni, meiner Erstbetreuerin, sehr herzlich danken für das entgegengebrachte Vertrauen, ihre umfassende Unterstützung und die Möglichkeit, unter hervorragenden Bedingungen zu forschen. André Holenstein bin ich dankbar für die kontinuierliche Begleitung meiner Arbeit als Zweitbetreuer, das interessierte und kritische Feedback sowie die freundliche Aufnahme in die Abteilung Schweizer Geschichte.

Sarah Baumgartner, meine Mitdoktorandin im Projekt des Schweizerischen Nationalfonds (SNF) »Kulturen der Naturforschung«, hat diese Arbeit mit ihrer Detailkenntnis der umfangreichen Zürcher Quellenbestände auf unschätzbare Weise bereichert. Ihrer Großzügigkeit verdanke ich viel.

Dem SNF gebührt mein Dank für die finanzielle Förderung der vorliegenden Studie im Rahmen der Förderungsprofessur von Simona Boscani Leoni sowie der Open-Access-Veröffentlichung. Peter Burschel, Renate Dürr, André Holenstein und Achim Landwehr danke ich für die Aufnahme meiner Arbeit in die Reihe Frühneuzeit-Forschungen. Mein Dank gilt zudem Carolin Brodehl vom Wallstein-Verlag für die gute Zusammenarbeit. David Bruder hat dieses Buch in einer früheren Fassung sorgfältig lektoriert, wofür ich ihm an dieser Stelle danken möchte.

Bereichert wurde meine Arbeit durch die Rückmeldungen bei zahlreichen Kolloquien und Tagungen. Bedanken möchte ich mich stellvertretend bei allen, die mehrmalig Feedback gaben, insbesondere bei den Teilnehmenden des Forschungskolloquiums der Abteilung für Neuere Geschichte an der Universität Bern, des von der CUSO finanzierten Doktoratsprogramms »Études sur le Siècle des Lumières« sowie des Doktorierendenkolloquiums von Heinrich R. Schmidt und André Holenstein. Die Kolleginnen und Kollegen aus dem Umfeld der Abteilung ältere Schweizer Geschichte teilten auch darüber hinaus bei zahlreichen Gelegenheiten ihre Begeisterung für die reiche Geschichte der Alten Eidgenossenschaft und gaben hilfreiche Hinweise, für die ich mich stellvertretend bedanke bei Sarah Rindlisbacher, Daniel Schläppi, Philippe Rogger, Norbert Furrer und Joachim Eibach.

Stefanie Gänger hatte bei mir nicht nur während meines Studiums die Begeisterung für Wissensgeschichte und historische Sammlungen geweckt, sondern begleitete auch meine anschließenden Forschungen mit wertvollen Anmerkungen, wofür ich ihr sehr dankbar bin. Irina Podgorny schärfte im Rahmen eines vom

IKKM Weimar geförderten Mentoring-Gesprächs meinen Blick für die materiellen Aspekte frühneuzeitlichen Sammelns und Schreibens weiter. Bei ihr möchte ich mich ebenso bedanken wie bei Rossella Baldi, die mir half, dieses Interesse in die Praxis zu übertragen, und darüber hinaus immer wieder hilfreiche Hinweise gab. Martin Stuber und dem Team der Editions- und Forschungsplattform hallerNet danke ich für ihr Interesse an der Zürcher Fallstudie und die großzügigen Einblicke in die Berner Forschungsdaten zur Gelehrtenrepublik des 18. Jahrhunderts; Christian Forney von hallerNet für die Erstellung der beiden Karten für dieses Buch.

Mein großer Dank gilt den Mitarbeiter:innen von Archiven und Bibliotheken für ihre Unterstützung beim Auffinden von Quellen, der Identifikation von Personen und für die geduldige Beantwortung meiner Fragen, insbesondere Mirjam Böhm (Stadtarchiv Schaffhausen), Franco Estivi (Biblioteca del Dipartimento di Scienze della Vita e Biologia dei Sistemi, Univ. Turin), Ulrike Feistmantl (Landesarchiv Salzburg) und François Pugnière (Nîmes). Ebenso danke ich Reto Nyffeler (Vereinigte Herbarien Zürich Z+ZT), der mir die Arbeit mit dem Herbarium der Naturforschenden Gesellschaft in Zürich ermöglichte. Noëmi Schöb, Christian Forney und Hanna Wüste haben als studentische Hilfskräfte des SNF-Projekts »Kulturen der Naturforschung« bzw. in der Abteilung *Humanities of Nature* am Museum für Naturkunde Berlin meine Arbeit in verschiedenen Stadien unterstützt. Ihnen danke ich ebenso wie all denen, die sich immer wieder nach dem Erscheinen dieses Buches erkundigten und mich so motivierten, es schließlich zur Druckreife zu bringen, im Besonderen Katrin Böhme, Anita Hermannstädter, Ina Heumann, Sybilla Nikolow und Angela Strauß.

Andreas Affolter, Claudia Ravazzolo, Gabi Schopf, Samuel Weber, Silja Widmer und Philipp Zwyssig bin ich für den fachlichen und freundschaftlichen Austausch bei unzähligen Gelegenheiten ungemein dankbar. Bei Nadja Ackermann möchte ich mich darüber hinaus für die gemeinsamen Reisen zu den historischen Schauplätzen bedanken. Agnes Gehbald, Jasmin Daam und Lisa Korge danke ich für ihre Freundschaft in all den Jahren, die sich auch in der kritischen Kommentierung von Gliederungen und Textentwürfen, gemeinsamen Schreibsessions und wiederholten *Pep Talks* ausdrückte. Zudem danke ich Alexandre Bischofberger, Johannes Bühler, Janine Haase, Lisa Korge und Iria Sorge-Röder sowie meinen Schwestern und meinen Eltern für das aufmerksame Korrekturlesen früherer Fassungen.

Meinem Mann danke ich von Herzen für seine Begleitung in all den Jahren. Unsere Töchter boten bei der Arbeit an der Veröffentlichung eine willkommene Abwechslung. Ihnen und meiner ganzen Familie, die diese Arbeit nie gefordert, aber auf vielfältige Weise gefördert hat, ist dieses Buch gewidmet.

Berlin im Februar 2024

Abb. 1: *Canna indica* (Indisches Blumenrohr), aus: Tab. 1, Gessner/Schinz, Tabulae phytographicae

1. Einleitung

1.1 Von Gärten und Pflanzensammlungen: Thematische Annäherung

Wer Mitte der 1770er-Jahre den botanischen Garten der Naturforschenden Gesellschaft Zürich besuchte, konnte hunderte Pflanzen aus verschiedenen Regionen der Welt bestaunen, welche die botanisch interessierten Mitglieder der Sozietät zusammengetragen, ausgesät und zum Blühen gebracht hatten. *Canna indica*, das Indische Blumenrohr (Abb. 1), eine Zierpflanze, die im 16. Jahrhundert erstmals aus Mittelamerika nach Europa gebracht worden war, die als Gewürz und Heilmittel verwendete *Curcuma longa* aus Indien und *Acalypha virginica* (Virginisches Nesselblatt) aus dem östlichen Nordamerika wuchsen laut dem 1776 publizierten Katalog im botanischen Garten der Naturforschenden Gesellschaft Zürich ebenso wie Pflanzen vom Kap der Guten Hoffnung, aus »Ceylon« und »Persien«.[1] Unter den Pflanzen, die in dem in Wiedikon gelegenen Garten kultiviert wurden, waren sogar einige aus Regionen wie Virginia oder Sibirien, die während des 18. Jahrhunderts erstmals intensiv botanisch erforscht wurden. Aus Europa, den Amerikas, Asien und Afrika hatten die botanisch Interessierten zahlreiche Getreidesorten, vielfältige Pflanzen mit bunten Blüten und auch Gewächse, denen heilende Kräfte zugeschrieben wurden, nach Zürich geholt.

Reisende, die in der zweiten Hälfte des 18. Jahrhunderts nach Zürich kamen, besuchten nicht nur den botanischen Garten der Naturforschenden Gesellschaft, sondern besichtigten auch das von Johannes Gessner (1709-1790), dem Präsidenten der Sozietät, angelegte Herbarium. Bereits als Schüler des Zürcher Arztes und Naturforschers Johann Jakob Scheuchzer (1672-1733) hatte Gessner begonnen, die Sammlung getrockneter Pflanzen zusammenzutragen, die er später auch als *Hortus siccus Societatis Physicae Tigurinae* weiterpflegte. Gessners Pflanzensammlung enthielt seinen eigenen Angaben zufolge mehr als sechstausend Pflanzen und, wie der Zürcher Botaniker Eduard Rübel (1876-1960) bei der Durchsicht des Herbariums Mitte des 20. Jahrhunderts feststellte, »beinahe alle Schweizerpflanzen, [...] Pflanzen vom Kap der [G]uten Hoffnung, eine Menge Pflanzen beider Indien und fast alle, die in europäischen Gärten unterhalten werden.«[2] Beide Pflanzensamm-

1 Naturforschende Gesellschaft in Zürich: Catalogus Horti Botanici Societatis Physicae Turicensis, Zürich 1776.

2 Autobiografie Johannes Gessner, Zürich 1751. Zentralbibliothek Zürich (ZBZ), Ms M 18.10. Zitiert nach: Urs Boschung: Johannes Gessner (1709-1790). Der Gründer der Naturforschenden Gesellschaft in Zürich; seine Autobiographie – aus seinem Briefwechsel mit Albrecht von Haller; ein Beitrag zur Geschichte der Naturwissenschaften in Zürich im

lungen – der Garten und das Herbarium – zeigen deutlich, dass sich Pflanzenliebhaber in Zürich während des 18. Jahrhunderts für die Flora weit entfernter Gegenden interessierten und es ihnen gelang, eine Vielzahl von Samen und getrockneten Pflanzen von überallher in die Limmatstadt zu holen.

Die Zahl der in Europa bekannten Pflanzen wuchs im 18. Jahrhundert erheblich. Akteure, die sich aus ganz unterschiedlichen Gründen für die neuen Gewächse interessierten, sammelten und ordneten die Pflanzen nicht nur für sich selbst, sondern tauschten sie auch untereinander aus und regten dadurch wichtige epistemische Neuerungen an.[3] Das Wissen um die Existenz der Pflanzen erreichte den europäischen Kontinent in schriftlicher und bildlicher Form, also durch handschriftliche sowie gedruckte Berichte und Beschreibungen, vorwiegend aber in Gestalt von getrockneten Pflanzen und Samen. Die botanischen Neuheiten gelangten lange Zeit vor allem in den Netzwerken von Reisenden, die sich als Seefahrer, Kaufleute oder Kolonialbeamte, als Diplomaten oder Missionare in den verschiedenen Teilen der Welt aufhielten, in die Herbarien und Gärten in Europa.[4] Aber auch als Ware auf Handelsschiffen erreichten Samen und

18. Jahrhundert (= Neujahrsblatt der Naturforschenden Gesellschaft in Zürich NGZH, Bd. 198), Alpnach-Dorf; Zürich 1995, S. 45; Eduard Rübel: Geschichte der Naturforschenden Gesellschaft in Zürich, 1746-1946 (= Neujahrsblatt der Naturforschenden Gesellschaft in Zürich, Bd. 149), Zürich 1946, S. 1-123, hier S. 127. Der vollständige Titel der Pflanzensammlung lautet: *Hortus siccus Societatis Physicae Tigurinae, collectus et Linnaeana methodo dispositus a Joanne Gesnero, 1751*. Die Naturforschende Gesellschaft schenkte das Herbarium im 19. Jahrhundert dem Botanischen Garten der Universität. Bis heute wird es in den Vereinigten Herbarien der ETH und der Universität Zürich aufbewahrt. Nach Abschluss der vorliegenden Arbeit stellte sich heraus, dass es sich bei der bis dato als »Scheuchzer-Herbarium« angesehenen Sammlung getrockneter Pflanzen um das Handexemplar Gessners handelt. Siehe dazu: Nicolas Rothe/Michael Rothe/Luc Lienhard: Johannes Gessner, Pflanzensammler, in: Vierteljahrsschrift der Naturforschenden Gesellschaft in Zürich 165/4 (2020), S. 4-7. Dieses wurde für die vorliegende Studie nicht berücksichtigt.

3 Staffan Müller-Wille: Botanik und weltweiter Handel. Zur Begründung eines natürlichen Systems der Pflanzen durch Carl von Linné (1707-78) (= Studien zur Theorie der Biologie, Bd. 3), Berlin 1999; ders.: Carl von Linnés Herbarschrank, in: Anke te Heesen/E.C. Spary (Hg.): Sammeln als Wissen. Das Sammeln und seine wissenschaftsgeschichtliche Bedeutung, Göttingen 2001, S. 22-38.

4 Siehe hierzu die Forschungen zu herausragenden Akteuren des 16. Jahrhunderts, die mit ihren Schriften und Abbildungen die Sicht der Europäer auf die Flora der neuen Welt nachhaltig prägten: José Pardo-Tomás: Two Glimpses of America from a Distance. Carolus Clusius and Nicolás Monardes, in: Florike Egmond/P.G. Hoftijzer/Robert Paul Willem Visser (Hg.): Carolus Clusius. Towards a Cultural History of a Renaissance Naturalist (= History of Science and Scholarship in the Netherlands, Bd. 8), Amsterdam 2007, S. 173-194; Daniela Bleichmar: Books, Bodies, and Fields. Sixteenth-Century Transatlantic Encounters with New World Materia Medica, in: Londa Schiebinger/Claudia Swan (Hg.): Colonial Botany: Science, Commerce, and Politics in the Early Modern World, Philadelphia 2005, S. 83-99; Mark Häberlein/Michaela Schmölz-Häberlein: Transfer und, Aneignung

Pflanzen europäische Hafenstädte und wurden von dort – das haben Studien in den letzten Jahren gezeigt – auch ins ›Hinterland‹ weitertransportiert.[5] Pflanzen aus den Amerikas, Asien und Afrika fanden sich dadurch nicht nur in den Pflanzensammlungen gut vernetzter Gelehrter und in Universitätsgärten, sondern auch in Färbereien, Apotheken und Arzneischränken von Privathaushalten hunderte Kilometer entfernt von den Küsten.

Gehandelt und konsumiert, gesammelt und erforscht wurden vor allem jene Pflanzen, die als Heilmittel eingesetzt wurden oder helfen konnten, die wachsende Bevölkerung zu ernähren. Aber auch Textilpflanzen, wie die Baumwolle, die mehr Komfort, und Färberpflanzen, wie Indigo und Brasilholz, die anregende Farben versprachen, sowie Gewächse, die ansehnliche Blüten und Früchte tragen konnten, weckten Aufmerksamkeit – zunächst bei der europäischen Oberschicht und später in der breiteren Bevölkerung.[6] Aus Interesse an lukrativen Geschäften mit Gewürzen und Farbstoffen unterstützten Handelsgesellschaften wie die

außereuropäischer Pflanzen im Europa des 16. und frühen 17. Jahrhunderts. Akteure, Netzwerke, Wissensorte, in: Zeitschrift für Agrargeschichte und Agrarsoziologie 61/2 (2013), S. 11-26; Florike Egmond/Esther van Gelder/Nicolas Robin (Hg.): Flowers of Passion and Distinction. Practice, Expertise and Identity in Clusius' World (= Jahrbuch für Europäische Wissenschaftskultur, Bd. 6), Stuttgart 2012. Zur Wahrnehmung der neuen Pflanzenwelt durch den Zürcher Conrad Gessner: Urs B. Leu: Konrad Gessner und die Neue Welt, in: Gesnerus 49/3-4 (1992), S. 279-309. Den Einfluss solcher »long-distance corporations« auf die Wissensproduktion in Städten unterstrich unlängst: Karel Davids: Cities, Long-Distance Cooperations and Open Air Sciences. Antwerp, Amsterdam and Leiden in the Early Modern Period, in: Bert de Munck/Antonella Romano (Hg.): Knowledge and the Early Modern City. A History of Entanglements, London; New York 2020, S. 126-148.

5 Sabine Anagnostou: Missionspharmazie. Konzepte, Praxis, Organisation und wissenschaftliche Ausstrahlung (= Sudhoffs Archiv: Beiheft, Bd. 60), Stuttgart 2011; Stefanie Gänger: Mikrogeschichte des Globalen. Chinarinde, der Andenraum und die Welt während der »globalen Sattelzeit« (1770-1830), in: Boris Barth/dies./Niels P. Petersson (Hg.): Globalgeschichten. Bestandsaufnahme und Perspektiven (= Globalgeschichte, Bd. 17), Frankfurt a. M. 2014, S. 19-40; Rachel Koroloff: Seeds of Exchange. Collecting for Russia's Apothecary and Botanical Gardens in the Seventeenth and Eighteenth Centuries. Dissertation, University of Illinois at Urbana-Champaign 2014; Jutta Wimmler: The Sun King's Atlantic. Drugs, Demons and Dyestuffs in the Atlantic World, 1640-1730 (= The Atlantic World, Bd. 33), Leiden 2017.

6 Zur Baumwolle siehe: Giorgio Riello: Cotton. The Fabric that Made the Modern World, Cambridge 2013. Zu den pflanzlichen Farbstoffen: Agustí Nieto-Galan: Between Craft Routines and Academic Rules. Natural Dyestuffs and the »Art« of Dyeing in the Eighteenth Century, in: Ursula Klein/E.C.Spary (Hg.): Materials and Expertise in Early Modern Europe. Between Market and Laboratory, Chicago 2010, S. 321-353. Zum Experimentieren mit neuen Farbstoffen in der Schweiz: Kim Siebenhüner: The Art of Making Indienne. Knowing How to Dye in Eighteenth-Century Switzerland, in: dies./John Jordan/Gabi Schopf (Hg.): Cotton in Context. Manufacturing, Marketing, and Consuming Textiles in the German-Speaking World (1500-1900) (= Ding, Materialität, Geschichte, Bd. 4), Wien; Köln; Weimar 2019, S. 145-170.

Niederländische Ostindien-Kompanie (VOC) die Erforschung unbekannter Pflanzen finanziell.[7] In der zweiten Hälfte des 18. Jahrhunderts wurden – gerade von europäischen Staaten mit politischem, militärischem und wirtschaftlichem Einfluss in Übersee – vermehrt staatlich geförderte Forschungsexpeditionen durchgeführt und der Kulturpflanzentransfer im Zuge dessen zunehmend systematisch organisiert und besser dokumentiert.[8] Die gezielt zu Forschungszwecken initiierten Expeditionen brachten Unmengen neuer Pflanzen in die botanischen Gärten und Herbarien in Madrid, Kew und Paris, St. Petersburg und Kopenhagen sowie Nachrichten über diese in die Studierzimmer, Salons und Bibliotheken.[9] Gleichzeitig wuchs das Interesse, bereits bekannte Nutzpflanzen an wirtschaftlich günstigeren Orten oder innerhalb des eigenen Territoriums anbauen zu können.[10] Während Bemühungen von Kolonialmächten und Handelsgesellschaften, neue Nutzpflanzen zu finden und diese gewinnbringend anzubauen, sowie die Rolle von botanischen Gärten und von Botanikern in diesen Unternehmungen in der historischen Forschung in den letzten Jahren einige Beachtung gefunden haben, wissen wir nur wenig über die Beschäftigung mit Pflanzen jenseits von solchen

7 Londa Schiebinger/Claudia Swan (Hg.): Colonial Botany: Science, Commerce, and Politics in the Early Modern World, Philadelphia 2005. Darin insbesondere: Harold J. Cook: Global Economies and Local Knowledge in the East Indies. Jacobus Bontius Learns the Facts of Nature, S. 100-118; ders.: Matters of Exchange. Commerce, Medicine, and Science in the Dutch Golden Age, New Haven, Conn. 2007.

8 Marianne Klemun: Globaler Pflanzentransfer und seine Transferinstanzen als Kultur-, Wissens- und Wissenschaftstransfer der frühen Neuzeit, in: Berichte zur Wissenschaftsgeschichte 29, 2006, S. 205-223; Norbert Ortmayr: Kulturpflanzen. Transfers und Ausbreitungsprozesse im 18. Jahrhundert, in: Margarete Grandner (Hg.): Vom Weltgeist beseelt. Globalgeschichte 1700-1815 (= Edition Weltregionen, Bd. 7), Wien 2003, S. 73-102. Norbert Ortmayr bezeichnet das 18. Jahrhundert als »Zäsur in der Geschichte des Kulturpflanzentransfers«, weil zum einen mit dem Pazifik, Australien und Neuseeland neue Räume einbezogen wurden, zum anderen der Austausch zunehmend systematisch organisiert, besser dokumentiert und von staatlichen Organisationen finanziert wurde. Ebd., S. 73-74; ders.: Kulturpflanzentransfers 1492-1900, in: Beiträge zur historischen Sozialkunde 32/1 (2002), S. 22-29, hier S. 23.

9 Zu den meist von Kolonialmächten initiierten und unterstützten Forschungsexpeditionen siehe exemplarisch: David Philip Miller/Peter Hanns Reill (Hg.): Visions of Empire: Voyages, Botany and Representations of Nature, Cambridge 1996; Mauricio Nieto: Presentación gráfica, desplazamiento y aprobación de la naturaleza en las expediciones botánicas del siglo XVIII, in: Asclepio 47/2 (1995), S. 91-107; Catherine Gaziello: L'expédition de Lapérouse 1785-1788. Réplique française aux voyages de Cook, Paris 1984. Zur kolonialen Beherrschung der außereuropäischen Welt durch Europäer im 18. Jahrhundert: Jürgen Osterhammel: Welten des Kolonialismus im Zeitalter der Aufklärung, in: Hans-Jürgen Lüsebrink (Hg.): Das Europa der Aufklärung und die außereuropäische koloniale Welt (= Das achtzehnte Jahrhundert / Supplementa, Bd. 11), Göttingen 2006, S. 19-36.

10 Alix Cooper: Inventing the Indigenous. Local Knowledge and Natural History in Early Modern Europe, Cambridge; New York 2007; Cook, Matters of Exchange.

höfischen und kolonialen Zentren. Wofür interessierten sich Botaniker anderenorts? Zu welchen Pflanzen hatten sie abseits von westeuropäischen Hafenstädten und an Orten ohne universitäre Forschungseinrichtungen Zugang?

1.2 Botanik im Zürich des 18. Jahrhunderts: Gegenstand der Studie

Die vorliegende Studie will dazu beitragen, diese Lücke zu schließen. Als Fallbeispiel dafür nimmt sie die botanischen Aktivitäten in Zürich in den Blick. In dem von der Zunftverfassung geprägten Stadtstaat gab es, wie in den anderen eidgenössischen Orten mit Ausnahme von Basel, im 18. Jahrhundert keine Universität.[11] Zürich unterhielt nach der Reformation lediglich eine Ausbildungsstätte für reformierte Theologen und Magistratensöhne, an der nur einige Grundlagen der Physik vermittelt wurden. Die reformierte Orthodoxie prägte das gesellschaftliche Leben in der Stadt seit der Reformation stark, und erst im 18. Jahrhundert erfolgte eine langsame Öffnung gegenüber neuen wissenschaftlichen Ansätzen.[12] Die politische Macht lag in den Händen der Oberschicht, bestehend aus einem zunehmend enger werdenden Kreis sehr wohlhabender Kaufmanns- und Rentnerfamilien.[13] Zürcher Kaufleute waren allerdings vor allem im Textilhandel mit Städten südlich der Alpen aktiv und bauten erst an der Wende zum 19. Jahrhunderten direkte Handelsbeziehungen in die Amerikas und nach Ostindien auf.[14] In der Limmatstadt boten sich also bis weit ins 18. Jahrhundert weder institutionelle noch politische Bedingungen, die botanische Aktivitäten besonders begünstigt

11 Max Schultheiss: »Zürich. Gesellschaft, Wirtschaft und Kultur vom Hochmittelalter bis zum Ende des 18. Jahrhunderts«, in: Historisches Lexikon der Schweiz (HLS), Version vom 25.1.2015, https://hls-dhs-dss.ch/de/articles/000171/2015-01-25/ (abgerufen am 11.10.2023).

12 Hanspeter Marti/Karin Marti-Weissenbach (Hg.): Reformierte Orthodoxie und Aufklärung. Die Zürcher Hohe Schule im 17. und 18. Jahrhundert, Wien; Köln; Weimar 2012; Hans Nabholz: Zürichs höhere Schulen von der Reformation bis zur Gründung der Universität, 1525-1833, in: Ernst Gagliardi/ders./Jean Strohl (Hg.): Die Universität Zürich 1833-1933 und ihre Vorläufer. Festschrift zur Jahrhundertfeier, Zürich 1938, S. 3-164.

13 Paul Guyer: Die soziale Schichtung der Bürgerschaft Zürichs vom Ausgang des Mittelalters bis 1798, Zürich 1952, S. 19-22.

14 Hans Conrad Peyer: Von Handel und Bank im alten Zürich, Zürich 1968. Anfangs waren dies vor allem Zürcher, die zuvor bereits Konkurs gegangen waren oder deren Status in der städtischen Gesellschaft anderweitig gefährdet war. Siehe zu den außereuropäischen Handelsbeziehungen bes. S. 175-212.

hätten, sodass naturkundliche Forschungen vor allem von Zusammenschlüssen privater Akteure getragen wurden.[15]

Wie eingangs geschildert, entwickelten sich sowohl der Garten als auch das Herbarium der Naturforschenden Gesellschaft Zürich in der zweiten Hälfte des 18. Jahrhunderts dennoch schnell zu umfangreichen Sammlungen von Pflanzen aus verschiedenen Weltregionen. Die vorliegende Studie wird diese Entwicklungen genauer beleuchten und die Einbindung Zürichs in die transnationalen botanischen Netzwerke des 18. Jahrhunderts untersuchen. Johannes Gessner, der 1746 zusammen mit anderen naturkundlich Interessierten die Naturforschende Gesellschaft Zürich gründete, deren Herbarium pflegte und sich um die Einrichtung des Gartens bemühte, dient dabei als Linse, um die Aktivitäten der Pflanzenliebhaber in der Limmatstadt und Zürichs Entwicklung zum Knotenpunkt in den botanischen Netzwerken des 18. Jahrhunderts zu untersuchen.[16] Die Arbeit bewegt sich somit auf der kognitiven Landkarte eines gelehrten Zürcher Botanikers und ist durch seine Interessen, seine Vorstellungen und seinen Bewegungsradius

15 Michael Kempe/Thomas Maissen: Die Collegia der Insulaner, Vertraulichen und Wohlgesinnten in Zürich 1679-1709. Die ersten deutschsprachigen Aufklärungsgesellschaften zwischen Naturwissenschaften, Bibelkritik, Geschichte und Politik, Zürich 2002; Claudia Rütsche: Die Kunstkammer in der Zürcher Wasserkirche. Öffentliche Sammeltätigkeit einer gelehrten Bürgerschaft im 17. und 18. Jahrhundert aus museumsgeschichtlicher Sicht, Bern 1997.

16 Ähnlich wie die vorliegende Arbeit versucht auch Alexandra Cooks Studie über Jean-Jacques Rousseaus botanische Aktivitäten anhand einer Person Aussagen über die Botanik in der Schweiz zu treffen. Alexandra Cook: Jean-Jacques Rousseau and Botany. The Salutary Science (= SVEC 12), Oxford 2012. Sie argumentiert, dass die spezifischen »schweizerischen« Bedingungen – das Fehlen eines Hofes oder eines nationalen politischen Zentrums, die (calvinistisch-)protestantische Identität und die daraus resultierenden Verbindungen mit anderen protestantischen Staaten und deren Wissenschaftskulturen sowie die Vielzahl an Schweizern, die zumindest temporär im Ausland tätig war, und nicht zuletzt die Lage an der Grenze der französisch- und deutschsprachigen Kulturräume – Rousseaus Beschäftigung mit Pflanzen maßgeblich beeinflusst haben. Die Schweiz sei somit nicht nur wegen des außergewöhnlichen Artenreichtums ein interessantes Terrain für Botaniker gewesen, sondern auch aufgrund der Vielfalt wissenschaftlicher Praktiken, die aus den genannten Faktoren resultierten. Problematisch dabei ist jedoch, dass Cook Befunde für Genf auf die Schweiz als Ganzes überträgt und diese als Folie für ihre Studie über Rousseaus botanische Aktivitäten in Neuenburg nutzt. Beide Territorien waren jedoch nicht Teil der Dreizehnörtigen Eidgenossenschaft und boten gerade durch ihre Lage und die damit verbundenen politischen und ökonomischen Bedingungen spezifische Möglichkeiten der wissenschaftlichen Betätigung, die jedoch nicht als repräsentativ für die Alte Eidgenossenschaft gelten können. Zu den Naturwissenschaften in Genf grundlegend die Studie von René Sigrist: L'essor de la science moderne à Genève (= Sciences & Technologies, Bd. 23), Lausanne 2004. Zu den politischen Beziehungen Neuenburgs mit der Eidgenossenschaft im 18. Jahrhundert siehe: Nadir Weber: Lokale Interessen und große Strategie. Das Fürstentum Neuchâtel und die politischen Beziehungen der Könige von Preußen (1707-1806) (= Externa, Bd. 7), Köln; Weimar; Wien 2015.

geprägt, wodurch vornehmlich andere als Gelehrte wahrgenommene Personen in den Blick geraten.[17] Da Pflanzentransfers in der zweiten Hälfte des 18. Jahrhunderts erst langsam institutionalisiert und vornehmlich über ›private‹ Korrespondenzen abgewickelt wurden, sind es Akteure wie Gessner, die uns einen Einblick in den Umgang mit Pflanzen ermöglichen (Abb. 2).

Johannes Gessner eignet sich aus mehreren Gründen, um die botanischen Aktivitäten in Zürich während des 18. Jahrhunderts zu untersuchen: Erstens ist er als studierter Mediziner und späterer Physikprofessor am *Collegium Carolinum* ein typischer Vertreter frühneuzeitlicher Botanik.[18] Zweitens handelt es sich bei dem als Sohn eines Pfarrers geborenen und mit der aus einem der führenden Geschlechter der Stadt stammenden Katharina Escher vom Luchs (1709-1788) verheirateten Gessner um einen typischen Vertreter des Zürcher Bürgertums, der versuchte, den Status seiner Familie innerhalb der Stadt zu sichern.[19] Drittens wurde ihm von der bisherigen Forschung eine führende Rolle bei der Gründung der Naturforschenden Gesellschaft Zürich und ihres botanischen Gartens sowie

17 Roger M. Downs/David Stea/Robert Geipel: Kognitive Karten. Die Welt in unseren Köpfen, New York 1982. Siehe zur historischen *Mental maps*-Forschung den Überblick von: Frithjof Benjamin Schenk: Mental Maps. Die kognitive Kartierung des Kontinents als Forschungsgegenstand der europäischen Geschichte, in: Europäische Geschichte Online (EGO), hg. vom Leibniz-Institut für Europäische Geschichte (IEG), Mainz, http://www.ieg-ego.eu/schenkf-2013-de (abgerufen am 9.10.2023).

18 Der in Zürich geborene Naturforscher besuchte zunächst das *Collegium Carolinum* und erhielt parallel dazu naturkundlichen Privatunterricht, der ihn auf das Medizinstudium an einer ausländischen Universität vorbereiten sollte. Dieses absolvierte er an den Universitäten Basel und Leiden, deren botanische Gärten er nutzen konnte, um seine Pflanzenkenntnisse zu erweitern. Gleichermaßen lernte er auch mehrmonatige Studienreise den *Jardin des Plantes* in Paris kennen. Auf diesen Studienreisen sammelte der Zürcher ebenso wie auf seinen Exkursionen in die Alpen in den 1720er- und 1730er-Jahren zahlreiche Pflanzen. Unzählige weitere Spezimina bekam er in den folgenden Jahrzehnten von seinen weit über hundert Korrespondenten geschickt. Diese ordnete er auch in das Herbarium ein, das er von den 1750er-Jahren an als *Hortus siccus Societatis Physicae Tigurinae* pflegte oder ließ sie im botanischen Garten der Gesellschaft pflanzen. Boschung, Johannes Gessner. Siehe zu den botanischen Aktivitäten frühneuzeitlichster Ärzte: Harold J. Cook: Physicians and Natural History, in: Nicholas Jardine/Emma Spary/James A. Secord (Hg.): Cultures of Natural History, Cambridge 1996, S. 91-105.

19 In seiner Geburtsstadt erlangte Gessner 1733 als Nachfolger seines Lehrers Johann Jakob Scheuchzer die Stelle als Professor für Mathematik am *Collegium Carolinum* und 1738 – als dessen Bruder und unmittelbarer Nachfolger Johann Scheuchzer (1684-1738) starb – auch die als Professor für Physik und damit eine einträgliche Chorherrenstelle. Im selben Jahr heiratete er Katharina Escher vom Luchs. Siehe als Überblick zu Gessners Biografie: Urs Boschung: »Gessner, Johannes«, in: Historisches Lexikon der Schweiz (HLS), Version vom 11.12.2006, https://hls-dhs-dss.ch/de/articles/014377/2006-12-11/ (abgerufen am 9.10.2023)

Abb. 2: Von Johann Heinrich Lips für das Titelblatt der *Tabulae phytographicae* angefertigte Druckgrafik mit einer Büste Johannes Gessners, [Zürich] 1795

ein prägender Einfluss auf nachfolgende Naturforschergenerationen attestiert.[20] Viertens ermöglicht seine überlieferte Korrespondenz mit über hundert Briefpartnern einen Einblick in die Praktiken des botanischen Austauschs; und fünftens geben seine eigenen Publikationen sowie sein Buchbesitz Auskunft darüber, welche Themen einen gelehrten Zürcher Botaniker beschäftigten.[21] Die Arbeit

20 Boschung, Johannes Gessner; Urs Boschung: Erkenntnis der Natur zur Ehre Gottes und zum Nutzen des werten Vaterlandes. Der Naturforscher Johannes Gessner (1709-1790), in: Helmut Holzhey/Simone Zurbuchen (Hg.): Alte Löcher – neue Blicke. Zürich im 18. Jahrhundert, Zürich 1997, S. 299-318.

21 Wie die meisten seiner Zeitgenossen beschäftigte sich Johannes Gessner nicht nur mit Pflanzen, sondern auch mit anderen naturkundlichen Objekten wie Fossilien, Mineralien und Tieren. Vereinzelt tauschte er sich mit seinen Korrespondenten auch zu Inschriften aus. Zudem widmete er sich mathematischen, physikalischen und medizinischen Fragestellungen und trug eine mehrere tausend Bände umfassende Bibliothek zusammen, die auch Bücher aus den Bereichen Chemie, Ökonomie, Geografie und Geschichte enthielt. Die meisten von Gessners Büchern waren jedoch dem Bereich Botanik zugeordnet. Siehe für die konkreten Titel den gedruckten Katalog der 1798 zum Verkauf angebotenen Bücher: Johann Heinrich Füssli: Catalogus librorum bibliothecae Joannis Gessneri quond. Med. Doct. et Canon. etc. qui venales prostant, Zürich 1798. ZBZ, Dr O 456. Auch die meisten von Gessners eigenen Veröffentlichungen sind dem Bereich der Botanik zuzuordnen: Urs B. Leu: Praeterit enim species huius mundi. Die paläontologischen Zürcher Dissertationen

interessiert sich also nicht für Johannes Gessner per se, sondern nutzt den Zürcher Pflanzenforscher, um allgemeinere Erkenntnisse über botanische Praktiken abseits von Hafenstädten, an einem Ort, der weder fürstliche Residenz- noch Universitätsstadt war, zu gewinnen.

Anhand der Beschäftigung mit Pflanzen im Netz des Zürcher Botanikers kann gezeigt werden, wie Wissen in spezifischen sozialen und kulturellen Kontexten an einem konkreten Ort zu einem bestimmten Zeitpunkt ausgehandelt, generiert, rezipiert und vermittelt wurde.[22] Die Produktion und Vermittlung botanischen Wissens werden dabei als offene Prozesse verstanden, an denen eine Vielzahl von Akteuren beteiligt war, welche sich aus ganz unterschiedlichen Motivationen mit Pflanzen beschäftigten.[23] Indem sie die grundsätzliche praxeologische Frage stellt, »was denn die Leute dort tun?«, wie Arndt Brendecke sie formulierte, untersucht die Arbeit, wie die unterschiedlichen Akteure, wie Mediziner, Theologen, Landvögte und Samenhändler, mit denen Johannes Gessner in Kontakt stand, mit den Pflanzen umgingen, ohne deren botanische Aktivitäten notwendigerweise als Vorgeschichte der modernen Botanik zu deuten.[24] Vielmehr wird »botanisch« in der Untersuchung ausdrücklich breit gedacht als alles »die Pflanzenwelt Betreffende«, sodass all jene Akteure ins Blickfeld geraten, die Pflanzen suchten und

von Johannes Gessner (1709-1790), in: Marion Gindhart/Hanspeter Marti/Robert Seidel (Hg.): Frühneuzeitliche Disputationen. Polyvalente Produktionsapparate gelehrten Wissens, Köln 2016, S. 229-253, hier S. 233.

22 Der Definition Achim Landwehrs folgend ist Wissen »im gesellschafts- und kulturhistorischen Zusammenhang sozialfunktional zu bestimmen, das heißt hinsichtlich seines Aufbaus, seiner Struktur und seines Verwendungszusammenhangs für eine bestimmte Gesellschaft.« Die historische Forschung untersucht Wissen deshalb als soziales Produkt, das in jeweils spezifischen sozialen, zeitlichen und räumlichen Kontexten Gültigkeit besitzt. Gegenstand der Geschichte des Wissens ist demzufolge all das, »was für sich selbst den Wissensstatus reklamiert.« Achim Landwehr: Das Sichtbare sichtbar machen. Annäherungen an ›Wissen‹ als Kategorie historischer Forschung, in: ders. (Hg.): Geschichte(n) der Wirklichkeit. Beiträge zur Sozial- und Kulturgeschichte des Wissens (= Documenta Augustana, Bd. 11), Augsburg 2003, S. 61-89, hier S. 66.

23 Sarah Easterby-Smith/Emily Senior: The Cultural Production of Natural Knowledge. Contexts, Terms, Themes, in: Journal for Eighteenth-Century Studies 36/4 (2013), S. 505-517; Pamela H. Smith/Meyers, Amy R. W./Harold J. Cook (Hg.): Ways of Making and Knowing. The Material Culture of Empirical Knowledge, Ann Arbor 2014; Pamela H. Smith/Benjamin Schmidt (Hg.): Making Knowledge in Early Modern Europe. Practices, Objects, and Texts, 1400-1800, Chicago 2007. Mit einem Fokus auf gelehrtem Wissen: Helmut Zedelmaier/Martin Mulsow: Einführung, in: dies. (Hg.): Die Praktiken der Gelehrsamkeit in der frühen Neuzeit, Tübingen 2001, S. 1-7. Grundlegend siehe dazu die Beiträge in: Andrew Pickering (Hg.): Science as Practice and Culture, Chicago 1992; Nicholas Jardine/Emma Spary/James A. Secord (Hg.): Cultures of Natural History, Cambridge 1996.

24 Arndt Brendecke: Von Postulaten zu Praktiken. Eine Einführung, in: ders. (Hg.): Praktiken der Frühen Neuzeit. Akteure, Handlungen, Artefakte (= Frühneuzeit-Impulse, Bd. 3), Köln 2015, S. 13-20, hier S. 16-18.

anbauten, verschickten und transportierten, über sie lasen und schrieben.[25] Dass nämlich der Kreis der an der botanischen Forschung beteiligten Personen groß war, haben in den letzten Jahren mehrere Arbeiten überzeugend dargelegt.[26] So waren nicht zuletzt auch Pflanzenhändler, die sich selbst als »Amateure« bezeichneten und kommerzielle Interessen verfolgten, vollwertige Mitglieder der gelehrten botanischen Netzwerke des 18. Jahrhunderts.[27] Die Arbeit bezieht daher all

25 Siehe entsprechend auch: Staffan Müller-Wille: »Botanik«, in: Enzyklopädie der Neuzeit Online. Online unter: http://dx.doi.org/10.1163/2352-0248_edn_COM_248430 (abgerufen am 11.10.2023). Der Begriff »Botaniker« wird somit für alle Akteure, die sich mit Pflanzen beschäftigten, verwendet und synonym zu »Pflanzenliebhaber« und »Pflanzeninteressierte« gebraucht. Bei den »Liebhabern« handelt es sich um einen Quellenbegriff, der alle Personen umfasst, die sich für Pflanzen interessierten und sich mit diesen beschäftigten. Eine Geschichte des Begriffs fehlt bislang: Nils Güttler: Das Kosmoskop. Karten und ihre Benutzer in der Pflanzengeographie des 19. Jahrhunderts, Göttingen 2014, S. 44. Für eine kritische Reflexion des Begriffs »Amateurwissenschaft« siehe: Tobias Scheidegger: »Petite science«. Außeruniversitäre Naturforschung in der Schweiz um 1900, Göttingen 2015.

26 Indem er den Blick auf den Umgang mit Karten richtet, zeigt Nils Güttler, dass an der Produktion und Distribution pflanzengeografischen Wissens von Anfang an ein breiter Kreis von Pflanzenliebhabern maßgeblich beteiligt war und die Pflanzengeografie sich weder an einzelnen (universitären) Zentren herausbildete, noch das Werk individueller gelehrter Akteure war. Güttler, Kosmoskop. Zur außeruniversitären Beschäftigung mit Naturgeschichte im 19. und 20. Jahrhundert in der Schweiz siehe: Tobias Scheidegger: Der Lauf der Dinge. Materiale Zirkulation zwischen amateurhafter und professioneller Naturgeschichte in der Schweiz um 1900, in: Nach Feierabend. Zürcher Jahrbuch für Wissensgeschichte 7 (2011), S. 53-73; ders.: Geschichtete Listen. Naturkundliche Lokalkataloge um 1900 als Schnittstellen von Natur, Genealogie und Systematik, in: Katharina Hoins/Thomas Kühn/Johannes Müske (Hg.): Schnittstellen. Die Gegenwart des Abwesenden (= Schriftenreihe der Isa Lohmann-Siems Stiftung, Bd. 7), Berlin 2014, S. 245-262. Für eine idealtypische, den im 18. Jahrhundert theoretisch entwickelten Kategorien folgende Einteilung der botanischen Akteure siehe: Hubert Steinke: Gelehrte – Liebhaber – Ökonomen. Typen botanischer Briefwechsel im 18. Jahrhundert, in: Regina Dauser/Stefan Hächler/Michael Kempe/Franz Mauelshagen/Martin Stuber (Hg.): Wissen im Netz. Botanik und Pflanzentransfer in europäischen Korrespondenznetzen des 18. Jahrhunderts (= Colloquia Augustana, Bd. 24), Berlin 2008, S. 135-147; René Sigrist: On Some Social Characteristics of the Eighteenth-Century Botanists, in: André Holenstein/Hubert Steinke/Martin Stuber (Hg.): Scholars in Action. The Practice of Knowledge and the Figure of the Savant in the 18th Century, Bd. 1 (= History of Science and Medicine Library, Bd. 34/9), Leiden 2013, S. 205-234.

27 Indem sie in vergleichender Perspektive die Rolle von mit Samen und Pflanzen handelnden Kaufleuten in England und Frankreich untersucht, kann Sarah Easterby-Smith zeigen, wie sich kommerzieller, sozialer und wissenschaftlicher Austausch gegenseitig beförderten. Sarah Easterby-Smith: Cultivating Commerce. Cultures of Botany in Britain and France, 1760-1815, Cambridge 2017. Dass Wissenschaft und Handel keine voneinander getrennten Sphären waren, sondern vielmehr kommerzielle Interessen beeinflussten, was als Wissen gilt, hat Daniel Margócsy für das 17. Jahrhundert in den Niederlanden

diese Akteure, mit denen Johannes Gessner Pflanzenspezimina und -wissen austauschte, in die Untersuchung mit ein.

Da ihr Interesse am Transfer botanischen Wissens und pflanzlicher Objekte die Akteure aber nicht nur über soziale, sondern auch über geografische und politische Grenzen hinweg miteinander in Kontakt treten ließ, nimmt die vorliegende Studie eine translokale Perspektive ein und folgt den Pflanzen, die in Gessners Netz ausgetauscht und diskutiert wurden.[28] Denn es war der wiederholte Austausch von Samen, getrockneten und frischen Pflanzen, Bildern und Texten, der die Akteure in langfristig bestehende Netzwerke einband.[29]

gezeigt. Dániel Margócsy: Commercial Visions. Science, Trade, and Visual Culture in the Dutch Golden Age, Chicago; London 2014.

28 Mary Terrall: Following Insects Around. Tools and Techniques of Eighteenth-Century Natural History, in: British Journal for the History of Science 43/4 (2010), S. 573-588. Für einen Überblick über die Methode: Sebastian Conrad: What is Global History?, Princeton 2016, S. 122-124. Zur Translokalität: Jürgen Osterhammel (Hg.): Geschichtswissenschaft jenseits des Nationalstaats. Studien zu Beziehungsgeschichte und Zivilisationsvergleich (= Kritische Studien zur Geschichtswissenschaft, Bd. 147), Göttingen 2001; Ulrike Freitag: Translokalität als ein Zugang zur Geschichte globaler Verflechtungen, www.connections.clio-online.net/article/id/artikel-632 (abgerufen am 11.10.2023). Die Umweltgeschichte hat früh ein Bewusstsein dafür entwickelt, dass die Begrenzung auf einzelne Länder bei der Beschäftigung mit Pflanzentransfers problematisch ist, da die von ihr untersuchten Naturobjekte nicht vor politischen Grenzen Halt machten. Grundlegend dazu Alfred Crosbys Studien über die Konsequenzen der Bewegungen von Pflanzen, Tieren und Krankheitserregern zwischen der Alten und Neuen Welt: Alfred W. Crosby: The Columbian Exchange. Biological and Cultural Consequences of 1492, Westport, Conn. 1972. Und auch die neuere Wissensgeschichte interessiert sich vor allem für Bewegungen von Ideen und Objekten, die sich nicht auf nationale Einheiten begrenzen lassen. Lissa Roberts: Situating Science in Global History. Local Exchanges and Networks of Circulation, in: Itinerario 33/1 (2009), S. 9-30; Sujit Sivasundaram: Sciences and the Global. On Methods, Questions and Theory, in: Isis 101/1 (2010), S. 146-158.

29 Interesse an den Dingen, über die der andere Akteur verfügte, war eine Voraussetzung dafür, dass der Transfer überhaupt zustande kam: Arjun Appadurai (Hg.): The Social Life of Things. Commodities in Cultural Perspective, Cambridge; New York 1986. Zur Charakterisierung der Botanik als »science of networks« siehe: Emma C. Spary: Botanical Networks Revisited, in: Dauser et al., Wissen im Netz, S. 47-64. Grundlegend zum Verflechtungsansatz: Wolfgang Reinhard: Freunde und Kreaturen. »Verflechtung« als Konzept zur Erforschung historischer Führungsgruppen – römische Oligarchie um 1600 (= Schriften der Philosophischen Fachbereiche der Universität Augsburg, Bd. 14), München 1979. Zur *Histoire croisée*: Michael Werner/Bénedicte Zimmermann: Beyond Comparison. Histoire Croisée and the Challenge of Reflexivity, in: History and Theory 45/1 (2006), S. 30-50. Für neuere Beispiele zur Verflechtungsgeschichte der Schweiz: André Holenstein: Mitten in Europa. Verflechtung und Abgrenzung in der Schweizer Geschichte, Baden 2014; Philipp Zwyssig: Täler voller Wunder. Eine katholische Verflechtungsgeschichte der Drei Bünde und des Veltlins (17. und 18. Jahrhundert) (= Kulturgeschichten / Studien zur Frühen Neuzeit, Bd. 5), Affalterbach 2018.

Nicht zu vergessen ist dabei jedoch, dass die Austauschbeziehungen, einmal etabliert, keineswegs zu Selbstläufern wurden oder ohne größeres Zutun fortbestanden.[30] Die vorliegende Studie beleuchtet daher die aktive Beschäftigung mit Pflanzen und die fortlaufenden Bemühungen um die Einbindung Zürichs in die botanischen Netzwerke des 18. Jahrhunderts. Bevor jedoch näher auf die benutzten Quellen, die Herangehensweise und den Aufbau der Studie eingegangen wird, soll mittels eines detaillierten Überblicks über den Forschungsstand zur Beschäftigung mit Pflanzen in der Frühen Neuzeit und insbesondere im 18. Jahrhundert zunächst das Erkenntnisinteresse verdeutlicht werden.

1.3 Perspektiven auf die Beschäftigung mit Pflanzen: Forschungsstand

Klassischerweise lag der Schwerpunkt bei der historischen Erforschung frühneuzeitlicher Botanik in Europa auf als wichtig angesehenen Neuerungen und Debatten, die sich anhand publizierter Schriften und Abbildungen nachvollziehen ließen. Dabei wurde versucht, eine Entwicklung hin zu einer zunehmend professionalisierten Naturwissenschaft nachzuzeichnen. Demnach führte die Wiederentdeckung antiker Texte im 14. und 15. Jahrhundert zu einer Renaissance der Beschäftigung mit Pflanzen, wobei man sich – weiter angespornt durch die ›Entdeckung‹ neuer, bislang unbekannter Pflanzen – im 16. und 17. Jahrhundert intensiv der Beschreibung der zahlreichen Gewächse widmete.[31] In einem nächsten Entwicklungsschritt beschäftigten sich europäische Botaniker des 18. Jahrhunderts, diesem Narrativ zufolge, dann vor allem mit der Klassifikation der wachsenden Zahl bekannter Pflanzen und in der zweiten Hälfte des Jahrhunderts auch zunehmend mit Fragestellungen, die heute als »evolutionsbiologisch« bezeichnet werden würden. Durch Vergleiche festgestellte strukturelle Ähnlichkeiten

30 Kritik an den Begrifflichkeiten, die die Mühelosigkeit von Transfers suggerieren, übten: Stefanie Gänger: Circulation. Reflections on Circularity, Entity, and Liquidity in the Language of Global History, in: Journal of Global History 12/3 (2017), S. 303-318; Stuart Alexander Rockefeller: »Flow«, in: Current Anthropology 52/4 (2011), S. 557-578.

31 Karl Mägdefrau: Geschichte der Botanik. Leben und Leistung großer Forscher, Stuttgart; New York 1992. Für eine Darstellung, die diesen Linien weitestgehend folgt, dabei aber auch andere einflussreiche Strömungen, wie beispielsweise die Gartenkultur, einbezieht: Joëlle Magnin-Gonze: Histoire de la botanique, Paris ²2009. Zur Botanik der Renaissance siehe: Karen Reeds: Renaissance Humanism and Botany, in: Annals of Science 33/6 (1976), S. 519-542; Anna Pavord: The Naming of Names. The Search for Order in the World of Plants, London 2005. Zur beschreibenden Botanik der Renaissance zudem: Brian W. Ogilvie: The Science of Describing. Natural History in Renaissance Europe, Chicago 2006.

zwischen verschiedenen Pflanzen – der Begriff »Morphologie« kam erst Ende des 18. Jahrhunderts auf – sowie Kreuzungsversuche und in Experimenten gewonnene Erkenntnisse über die geschlechtliche Fortpflanzung und den Einfluss von Luft, Wasser und Boden auf das Aussehen von Pflanzen und nicht zuletzt Fossilienfunde, die Pflanzen (und andere Lebewesen) zeigten, welche sich eindeutig von den zeitgenössisch existierenden unterschieden, warfen Fragen bezüglich der Entstehung, der Veränderlichkeit und des Aussterbens von Lebewesen auf.[32] Derartige wissenschaftshistorische Darstellungen nehmen eine fortschrittsorientierte Perspektive ein und behandeln in erster Linie Phänomene, die als Vorläufer der modernen Disziplin interpretiert werden können.[33] Damit blenden sie diejenigen frühneuzeitlichen Akteure aus, die nichts oder – wie Johannes Gessner – nur wenig publizierten, und lassen botanische Herangehensweisen, von denen sich keine eindeutigen Bezüge zur gegenwärtigen Disziplin herstellen lassen, außer Acht.

Zudem verengte das disziplinengeschichtliche Interesse den Blick auf die Entwicklung der Botanik als Teil der Medizin, was Auswirkungen darauf hatte, welche Fragen gestellt wurden. Im Kontext der Hinwendung zur empirischen Wissensproduktion versuchten Medizinstudenten und Ärzte demzufolge zunehmend, sich Pflanzenkenntnisse nicht nur aus antiken Schriften und mittelalterlichen Kräuterbüchern, sondern durch das Studium lebender Pflanzen anzueignen.[34] Botanikgeschichtliche Arbeiten interessierten sich in der Folge vor allem für die Gärten medizinischer Fakultäten, die im 16. Jahrhundert, zunächst an italienischen Universitäten und dann vielerorts in ganz Europa, eingerichtet wurden: Die Universitäten in Pisa, Padua und Montpellier begannen in den 1530er-Jahren damit, Medizinstudenten Wissen über pflanzliche Heilmittel zu vermitteln, und

32 Die biblische Sintflut als Erklärung für das Aussterben war Teil frühneuzeitlicher Wissenschaft. Im Nachhinein wurde diese Deutung jedoch vielfach als unwissenschaftlich abgewertet. Ein wichtiger Vertreter der Sintfluttheorie war der Zürcher Naturforscher Johann Jakob Scheuchzer (1672-1733), von dem Johannes Gessner den ersten naturkundlichen Unterricht erhielt. Scheuchzer veröffentlichte 1709 sein *Herbarium diluvianum*. Siehe dazu: Michael Kempe: Wissenschaft, Theologie, Aufklärung. Johann Jakob Scheuchzer (1672-1733) und die Sintfluttheorie (= Frühneuzeit-Forschungen, Bd. 10), Epfendorf 2003; Simona Boscani Leoni (Hg.): Wissenschaft – Berge – Ideologien. Johann Jakob Scheuchzer (1672-1733) und die frühneuzeitliche Naturforschung, Basel 2010.

33 Als wichtigste Zäsur in der Geschichte der Botanik wird so beispielsweise das Jahr 1753 angesehen, in dem der schwedische Naturforscher Carl von Linné (1707-1778) die erste Ausgabe seines Werks *Species plantarum* mit seinen Überlegungen zur binären Nomenklatur veröffentlichte, welche die botanische Forschung weltweit langfristig prägte. 1905 machte der in Wien tagende II. Internationale Botanische Kongress dieses Datum offiziell zur Geburtsstunde der modernen Nomenklatur für Pflanzen. Für eine Geschichte der botanischen Taxonomie vor Linné, die auch die kulturellen und ökonomischen Einflüsse berücksichtigt siehe: Pavord, Naming of Names.

34 Staffan Müller-Wille: »Botanik«, in: Enzyklopädie der Neuzeit Online. Online unter: http://dx.doi.org/10.1163/2352-0248_edn_COM_248430 (abgerufen am 11.10.2023).

richteten zu diesem Zweck bald darauf Gärten ein, in denen Heilpflanzen, aber – wie erst in den letzten Jahren vermehrt betont wurde – auch schöne und als exotisch wahrgenommene Gewächse angebaut wurden.[35] Wenige Jahrzehnte später war, wie neuere medizinhistorische Arbeiten gezeigt haben, der Besitz eines Gartens mit in der medizinischen Praxis bereits genutzten sowie neuen, noch zu testenden Pflanzen zu einer Conditio sine qua non für Universitäten geworden, aber auch für alle, die als heilkundliche Experten gesehen werden wollten.[36] Etwa zur gleichen Zeit wie mit der Anlage der Gärten begannen die Pflanzensammler zudem damit, die mühevoll gezogenen Pflanzen zu trocknen und in Herbarien einzuordnen, sodass sie dauerhaft für botanische Studien nutzbar waren.[37] Garten und Herbarium, als im Kontext dieser Praktiken gelehrter Ärzte entstandene ›Institutionen‹ botanischer Forschung, erlauben somit bereits, von der Botanik als eigenständiger Disziplin zu sprechen, noch bevor spezifische Lehrstühle eingerichtet wurden.[38]

Gleichzeitig wurde das Fehlen solcher universitären Einrichtungen in der Folge oft vorschnell als fehlende Beschäftigung mit Botanik interpretiert. Da auf dem Gebiet der Alten Eidgenossenschaft der 1589 eingerichtete Garten der Universität Basel bis zur Mitte des 18. Jahrhunderts die einzige Institution dieser Art war, herrschte lange Zeit der Eindruck vor, dass in der Schweiz des Ancien Régime, mit Ausnahme der Aktivitäten einzelner herausragender Akteure, kaum botanische Forschungen betrieben wurden. Allerdings unterhielten nicht nur gelehrte Mediziner wie Conrad Gessner (1516-1565) in Zürich und Medizinprofessoren wie Felix Platter (1536-1614) in Basel Privatgärten.[39] Vielmehr legten zeitgleich

35 Cook, Physicians and Natural History.

36 Jardine et al., Cultures of Natural History, S. 96.

37 Zu Herbarien: Gerard Thijsse: Gedroogde schatten, in: Esther van Gelder (Hg.): Bloeiende kennis. Groene ontdekkingen in de Gouden Eeuw, Hilversum 2012, S. 36-54. Dabei ist nicht zu vergessen, dass »die Frage nach der Nutzbarkeit der Pflanzen gleichrangig neben der nach ihrem wissenschaftlichen und ästhetischen Wert« stand. Jörn Sieglerschmidt: »Herbarium«, in: Enzyklopädie der Neuzeit Online, http://dx.doi.org/10.1163/2352-0248_edn_COM_279662 (abgerufen am 11.10.2023). Siehe zu den frühen Herbarien in der Schweiz auch: Davina Benkert: The »Hortus Siccus« as a Focal Point. Knowledge, Environment, and Image in Felix Platter's and Caspar Bauhin's Herbaria, in: Susanna Burghartz/Lucas Burkart/Christine Göttler (Hg.): Sites of Mediation. Connected Histories of Places, Processes, and Objects in Europe and Beyond, 1450-1650 (= Intersections, Bd. 47), Leiden/Boston 2016, S. 212-239.

38 Müller-Wille, »Botanik«. Da die meisten frühneuzeitlichen Naturforscher sich jedoch nicht nur mit Pflanzen, sondern auch mit anderen naturkundlichen Objekten beschäftigten, wurden in Sammelwerken sämtliche Tätigkeiten beleuchtet: Urs B. Leu/Mylène Ruoss (Hg.): Conrad Gessner 1516-2016. Facetten eines Universums, Zürich 2016.

39 Beide verfassten auf Grundlage ihrer eigenen Studien Heilkräuterbücher. Siehe zu Conrad Gessner: Diethelm Fretz: Konrad Gessner als Gärtner, Zürich 1948; Urs B. Leu: Conrad Gessner (1516-1565). Universalgelehrter und Naturforscher der Renaissance, Zürich 2016.

auch wohlhabende Angehörige der Oberschicht auf ihren Landgütern nahe Städten wie Zürich, Basel, Bern oder Solothurn Lust- und Nutzgärten an, in denen ebenfalls – wie auch in Bauerngärten – neue Gewächse erprobt wurden.[40] Ebenso wenig entstanden die botanischen Gärten in Zürich (1746) und Bern (1789) in einem solchen medizinisch-universitären Kontext.[41] Und auch die zahlreichen Naturforscher im Berner Untertanengebiet, in den Zugewandten Orten und im benachbarten preußischen Neuenburg, die sich mit Gleichgesinnten in Zürich und Bern austauschten, verfolgten mit ihren Gärten, Herbarien und naturkundlichen Sammlungen andere Interessen.[42] Eine zu enge Fokussierung auf die gelehrte Botanik im medizinischen und universitären Kontext zeichnet somit ein verzerrtes Bild der frühneuzeitlichen Beschäftigung mit Pflanzen. Gerade im Hinblick auf die Schweiz, wo es außer in Basel keine Universität gab und das Studium der Natur an den Hohen Schulen, deren Zweck es war, künftige Pfarrer auszubilden, nur eine untergeordnete Rolle spielte, erscheint somit eine erweiterte Perspektive

Zu Felix Platter: Lea Dauwalder/Luc Lienhard: Das Herbarium des Felix Platter. Die älteste wissenschaftliche Pflanzensammlung der Schweiz, Bern 2016.

40 Allerdings ist bislang nur in Ansätzen erforscht, welche Pflanzen in diesen Gärten genau angebaut wurden, wie die Anbauversuche konkret abliefen und in welchem Verhältnis gedruckte Texte über Gartenbaukunst und die praktische Umsetzung zueinanderstanden. Eine Ausnahme stellt hier die Untersuchung der Aktivitäten des Autors des ersten in der Schweiz verfassten Werks über den Anbau von Obst, Gemüse und Wein dar: Georges Herzog: Daniel Rhagors Pflantz-Gart aus dem Jahre 1639, in: André Holenstein/Claudia Engler/Charlotte Gutscher-Schmid (Hg.): Berns mächtige Zeit. Das 16. und 17. Jahrhundert neu entdeckt (= Berner Zeiten, Bd. 3), Bern 2006, S. 406-411. Siehe zu Bauern- und Herrschaftsgärten zudem den Eintrag im Historischen Lexikon der Schweiz (HLS): Albert Hauser, Hans-Rudolf Heyer: »Gärten«, in: Historisches Lexikon der Schweiz (HLS). Version vom 15.12.2010, http://www.hls-dhs-dss.ch/textes/d/D7953.php (abgerufen am 11.10.2023); Benkert, »Hortus Siccus«.

41 Felix Naef: »Botanische Gärten«, in: Historisches Lexikon der Schweiz (HLS). Version vom 23.2.2015, https://hls-dhs-dss.ch/de/articles/007794/2015-02-23/ (abgerufen am 11.10.2023).

42 Siehe exemplarisch: Rossella Baldi: Collectionner la nature dans la région neuchâteloise à la moitié du XVIIIe siècle, in: xviii.ch – Jahrbuch der Schweizerischen Gesellschaft für die Erforschung des 18. Jahrhunderts 3 (2012), S. 91-108; Martin Stuber/Peter Moser/Gerrendina Gerber-Visser/Christian Pfister (Hg.): Kartoffeln, Klee und kluge Köpfe. Die Oekonomische und Gemeinnützige Gesellschaft des Kantons Bern OGG (1759-2009), Bern; Stuttgart; Wien 2009; Martin Stuber: Epilog. »Die Abgaben der Natur zu vervielfältigen«, in: André Holenstein/Heinrich Christoph Affolter (Hg.): Berns goldene Zeit. Das 18. Jahrhundert neu entdeckt (= Berner Zeiten, Bd. 4), Bern 2008, S. 135-139. Zum Austausch der Naturforschenden Gesellschaft Zürich mit Gleichgesinnten an anderen Orten: Sarah Baumgartner: Das nützliche Wissen. Akteure, Tätigkeiten, Kommunikationspraxis und Themen der Naturforschenden Gesellschaft Zürich (1746-1833). Dissertation, Universität Bern 2019; dies.: Medien und Kommunikationspraxis der physikalischen Gesellschaft Zürich und ihrer ökonomischen Kommission, in: xviii.ch – Jahrbuch der Schweizerischen Gesellschaft für die Erforschung des 18. Jahrhunderts 6 (2015), S. 45-60.

auf die Beschäftigung mit Pflanzen sinnvoll. Zumal die botanischen Aktivitäten im 18. Jahrhundert nicht nur auf medizinisch, sondern auch auf in anderen Bereichen anwendbares Pflanzenwissen abzielten, wie zahlreiche Forschungen in den letzten drei Jahrzehnten belegt haben.[43]

Die Neugier auf bislang unbekannte, schöne und ökonomisch vielversprechende Arten regte Kaufleute und Handelsgesellschaften an, die Pflanzenwelt zu erforschen und Herbarien, Samenkabinette und Gärten anzulegen.[44] Doch die Bemühungen gingen weit über den individuellen ökonomischen Nutzen hinaus, wie insbesondere sozial- und kulturwissenschaftliche Arbeiten gezeigt haben: Die botanischen Schriften des 18. Jahrhunderts evozierten immer wieder den Nutzen der Erforschung der Pflanzenwelt für die Allgemeinheit. Pflanzen, von denen man glaubte, dass ihr Anbau zur Verbesserung der ökonomischen und sozialen Verhältnisse – in der Sprache der Zeit »zur Mehrung der Glückseligkeit« – führen würde, wurden gesammelt, katalogisiert und anzubauen versucht.[45] An der Generierung und Diskussion dieses nützlichen Pflanzenwissens war ein weiter Personenkreis beteiligt und die Erforschung der Natur kann als Teil einer breiteren aufklärerischen Bewegung angesehen werden.[46]

43 Klassisch dazu: John Gascoigne: Joseph Banks and the English Enlightenment. Useful Knowledge and Polite Culture, Cambridge 1994. Francis Bacon (1561-1626) wird gemeinhin als »Wegbereiter« der nutzenorientierten Wissenschaft gesehen. Antonio Barrera-Osorio und Jorge Cañizares-Esguerra argumentieren jedoch seit Längerem, dass in der frühneuzeitlichen Wissenschaft in der iberischen Welt die Nutzenorientierung bereits früher angelegt und Francis Bacon durch diese inspiriert war: Jorge Cañizares-Esguerra: Iberian Science in the Renaissance. Ignored How Much Longer?, in: Perspectives on Science 12/1 (2004), S. 86-124; Antonio Barrera-Osorio: Experiencing Nature. The Spanish American Empire and the Early Scientific Revolution, Austin 2006.

44 Pamela H. Smith/Paula Findlen (Hg.): Merchants and Marvels. Commerce, Science and Art in Early Modern Europe, New York 2002; Siegfried Huigen/Jan L. de Jong/Elmer Kolfin (Hg.): Dutch Trading Companies as Knowledge Networks (= Intersections, Bd. 14), Leiden 2010; Paula de Vos: The Science of Spices. Empiricism and Economic Botany in the Early Spanish Empire, in: Journal of World History 17/4 (2006), S. 399-427; Anna Winterbottom: Hybrid Knowledge in the Early East India Company World, Basingstoke 2016.

45 Siehe für die Schweiz und den deutschsprachigen Raum: Cooper, Inventing the Indigenous; André Holenstein/Christian Pfister/Martin Stuber: Nützliche Wissenschaft, Naturaneignung und Politik. Die Oekonomische Gesellschaft Bern im europäischen Kontext 1750-1850 (SNF-Projekt), in: Pro saeculo XVIII Societas Helvetica 25, 2004, S. 9-11. Für eine Longue durée-Perspektive: Simona Boscani Leoni/Martin Stuber (Hg.): Wer das Gras wachsen hört. Wissensgeschichte(n) der pflanzlichen Ressourcen vom Mittelalter bis ins 20. Jahrhundert (= Jahrbuch für Geschichte des ländlichen Raumes, Bd. 14), Innsbruck 2017; Mauro Ambrosoli: The Wild and the Sown. Botany and Agriculture in Western Europe, 1350-1850, Cambridge 1997.

46 Bettina Dietz: Aufklärung als Praxis. Naturgeschichte im 18. Jahrhundert, in: Zeitschrift für Historische Forschung 36/2 (2009), S. 235-257 bzw. dies.: Making Natural History. Doing the Enlightenment, in: Central European History 43/1 (2010), S. 25-46.

Vor allem im deutschsprachigen Raum spielten dabei die in der zweiten Hälfte des 18. Jahrhunderts entstandenen Sozietäten eine wichtige Rolle.[47] In ihnen fanden sich Pflanzenliebhaber nicht nur lokal für Diskussionen, Lektüre und Versuche zusammen, mit den gedruckten Abhandlungen und weitreichenden Korrespondenznetzen trugen die Sozietäten auch maßgeblich zum translokalen Wissensaustausch bei. Europäische Naturforscher der Aufklärungszeit, die in ihrem lokalen Umfeld oder in weit entfernten Territorien nach Heilpflanzen, vegetabilen Nahrungs- und Genussmitteln, nach Textil- oder Färbepflanzen suchten, nahmen begierig Informationen aus den immer zahlreicher werdenden Zeitschriften auf.[48] Interessiert lasen sie Nachrichten über Anbauversuche an anderen Orten und versuchten, an Samen, Wurzeln und Setzlinge zu gelangen, mit denen sie dann eigene Erfahrungen sammelten, die sie wiederum in Briefen und Zeitschriften anderen mitteilten.[49]

Auch religiös motivierte Naturforschung sah ihren Zweck darin, den praktischen Nutzen der Schöpfung zu erkennen: Zahlreiche Naturforscher, die Theologie, Medizin, Naturwissenschaften, Recht oder Ökonomie studiert hatten, sammelten, untersuchten und ordneten Pflanzen – wie auch Mineralien und Tiere – nicht nur, um die Sinnhaftigkeit und Schönheit der von Gott geschaffenen Natur zu loben, sondern auch, um die vom Schöpfer intendierten Anwendungsmöglichkeiten zu finden.[50] Religiös motivierte Beschäftigung mit Pflanzen ist deshalb nicht nur als Ausdruck einer besonderen Frömmigkeit, sondern als elementarer Bestandteil frühneuzeitlicher Naturforschung zu verstehen – ein Umstand, der bislang unzureichend beachtet wurde.[51] Die vorliegende Studie berücksichtigt

47 Marcus Popplow: Die Ökonomische Aufklärung als Innovationskultur des 18. Jahrhunderts zur optimierten Nutzung natürlicher Ressourcen, in: ders. (Hg.): Landschaften agrarisch-ökonomischen Wissens. Strategien innovativer Ressourcennutzung in Zeitschriften und Sozietäten des 18. Jahrhunderts (= Cottbuser Studien zur Geschichte von Technik, Arbeit und Umwelt, Bd. 30), Münster 2010, S. 2-48. Zur Sozietätsbewegung in der Schweiz siehe: Emil Erne: Die schweizerischen Sozietäten. Lexikalische Darstellung der Reformgesellschaften des 18. Jahrhunderts in der Schweiz, Zürich 1988.

48 Popplow, Landschaften agrarisch-ökonomischen Wissens.

49 Martin Stuber: Kulturpflanzentransfer im Netz der Oekonomischen Gesellschaft Bern, in: Dauser et al., Wissen im Netz, S. 229-269.

50 Sophie Ruppel: Von der Phythotheologie zur Ökologie. Kreislauf, Gleichgewicht und die Netzwerke der Natur in Beschreibungen der *Oeconomia naturae* im 18. Jahrhundert, in: Boscani Leoni/Stuber, Wer das Gras wachsen hört, S. 59-81; Kaspar von Greyerz: Early Modern Protestant Virtuosos and Scientists. Some Comments, in: Zygon 51/3 (2016), S. 698-717; Kempe, Wissenschaft, Theologie, Aufklärung; Boscani Leoni, Wissenschaft – Berge – Ideologien. Zur Naturerkenntnis als Frömmigkeitspraxis siehe: Anne-Charlott Trepp: Von der Glückseligkeit alles zu wissen. Die Erforschung der Natur als religiöse Praxis in der frühen Neuzeit, Frankfurt a. M. 2009.

51 Siehe hierzu neuerdings: Sophie Ruppel: Botanophilie. Mensch und Pflanze in der aufklärerisch-bürgerlichen Gesellschaft um 1800, Wien; Köln; Weimar 2019.

deshalb auch diese religiös und ökonomisch motivierte, nutzenorientierte Beschäftigung mit Pflanzen.

Des Weiteren will sie einen Beitrag zur Erforschung des konkreten Funktionierens von Pflanzentransfers leisten, über das bislang wenig bekannt ist. Obwohl der Austausch von Briefen und Pflanzenmaterial eine zentrale Praktik botanischen Arbeitens war, wissen wir kaum etwas darüber, wie Pflanzen verpackt und auf welchen Wegen und zu welchem Zeitpunkt sie verschickt wurden.[52] Bislang wurden lediglich einzelne von Pflanzensammlern wie Peter Collinson (1694-1768) in Briefen gegebene Anweisungen sowie die von John Ellis (1710-1776) und John Fothergill (1712-1780) sowie von den spanischen Kolonialbehörden veröffentlichten Instruktionen näher untersucht. Um Risiken und Verluste zu minimieren, vermittelten die Anleitungen, wie Pflanzen während der Überfahrt vor Salzwasser und Tieren geschützt und Samen am Keimen gehindert werden konnten.[53] Damit geben sie Einblicke in den idealen Ablauf der Transfers und die Verpackung der Spezimina für den Schiffstransport. Noch weniger wissen wir jedoch über den Transport auf dem Landweg. Aufgrund des Vorzugs, den die historische Forschung den ›Endprodukten‹ wissenschaftlicher Tätigkeit lange Zeit einräumte, blieben derartige Fragen nach *science in the making* bislang weitestgehend unbeantwortet.

Ein weiterer Nebeneffekt der lange vorherrschenden disziplinengeschichtlichen, fortschrittsorientierten Betrachtungsweise war zudem die starke Beschränkung

52 Eine Ausnahme stellen hier die Ausführungen zum Brieftransport und Realientausch des Berners Albrecht von Haller dar: Martin Stuber/Stefan Hächler/Hubert Steinke: Materielle Kommunikation in Hallers Netz, in: Martin Stuber/Stefan Hächler/Luc Lienhard (Hg.): Hallers Netz. Ein europäischer Gelehrtenbriefwechsel zur Zeit der Aufklärung (= Studia Halleriana, Bd. 9), Basel 2005, S. 171-186.

53 Ray Desmond: The Problems of Transporting Plants, in: John Harris (Hg.): The Garden. A Celebration of One Thousand Years of British Gardening. The Guide to the Exhibition Presented by the Victoria and Albert, May-August 1979, London 1979, S. 99-104; Nigel Rigby: The Politics and Pragmatics of Seaborne Plant Transportation, 1769-1805, in: Margarette Lincoln (Hg.): Science and Exploration in the Pacific. European Voyages to the Southern Oceans in the Eighteenth Century, Woodbridge 1998, S. 81-100; Mark Laird/Karen Bridgman: American Roots. Techniques of Plant Transportation and Cultivation in the Early Atlantic World, in: Smith et al., Ways of Making and Knowing, S. 164-193. Für die Anweisungen in den im iberischen Kolonialreich ausgegebenen Fragebögen und Instruktionen siehe: Marcelo Fabián Figueroa: Packing Techniques and Political Obedience as Scientific Issues. 18th-Century Medicinal Balsams, Gums and Resins from the Indies to Madrid, in: Journal of History of Science and Technology 5 (2012), S. 49-67. Der Schiffstransport wurde im 19. Jahrhundert durch die Erfindung eines mobilen Gewächshauses, des nach seinem Erfinder benannten »Wardschen Kastens«, revolutioniert. Siehe dazu: Stuart McCook: »Squares of Tropic Summer«. The Wardian Case, Victorian Horticulture, and the Logistics of Global Plant Transfers, 1770-1910, in: Patrick Manning/Daniel Rood (Hg.): Global Scientific Practice in an Age of Revolutions, 1750-1850, Pittsburgh, PA. 2016, S. 199-215.

auf die Untersuchung von als ›bedeutsam‹ eingeschätzten – in der Regel männlichen – Forscherpersönlichkeiten.[54] Wie so viele der im 19. und 20. Jahrhundert biografisch erforschten frühneuzeitlichen Botaniker war auch Johannes Gessner bereits von Zeitgenossen in den Kanon ›erinnerungswürdiger Personen‹ aufgenommen worden. Seine Vita und sein Porträt waren noch zu Lebzeiten in den von Johann Jakob Brucker (1696-1770) und Johann Jakob Haid (1704-1767) in Augsburg veröffentlichten, berühmte Autoren vorstellenden »Bilder-Sal« und in den »Schweitzerische[n] Ehren-Tempel großer und gelehrter [...] Männer« des Zürcher Kupferstechers David Herrliberger (1697-1777) aufgenommen worden.[55] Die Auswahl der als für historische Studien interessant geltenden Personen war zudem lange Zeit von nationalen, teils auch lokalen Perspektiven geprägt. So interessierten sich bislang fast ausschließlich Zürcher Wissenschaftshistoriker für Johannes Gessner.[56] Eine wichtige Rolle spielte dabei die Naturforschende

54 Als deutschsprachiges Beispiel für diese Art der Historiografie im Bereich Botanik: Mägdefrau, Geschichte der Botanik. Eine kritische Auseinandersetzung mit dieser Herangehensweise auch bei: Anne Mariss: »A world of new things«. Praktiken der Naturgeschichte bei Johann Reinhold Forster (= Campus Historische Studien, Bd. 72), Frankfurt a. M. 2015, hier S. 23-25.

55 Johann Jakob Brucker: Bilder-sal heutiges Tages lebender, und durch Gelahrheit berühmter Schrifft-steller [...], Neuntes Zehend, Augsburg 1752 [unpaginiert]; David Herrliberger: Schweitzerischer Ehrentempel, In welchem die wahren Bildnisse [...] Berühmter Männer [...] samt Lebensbeschreibungen vorgestellet werden, Tl. 2, Zürich 1758, S. 18-27; Heinrich Pfenninger: Helvetiens beruehmte Maenner in Bildnissen, nebst kurzen biographischen Nachrichten von Leonard Meister, Bd. 2, 2. Aufl., Zürich 1799, S. 264-268.

56 Der Zürcher Astronom und Wissenschaftshistoriker Rudolf Wolf (1816-1983) nahm Gessner in sein Sammelwerk auf: Rudolf Wolf: Johannes Geßner von Zürich. 1709-1790, in: ders. (Hg.): Biographien zur Kulturgeschichte der Schweiz, Zürich 1858, S. 281-322. Der Schweizer Arzt und Medizinhistoriker Bernhard Milt (1896-1956) veröffentlichte im 20. Jahrhundert eine Biografie Gessners: Bernhard Milt: Johannes Geßner (1709-1790), in: Gesnerus – Vierteljahrsschrift für Geschichte der Medizin und der Naturwissenschaften 3/3 (1946), S. 103-124. Die Schrift entstand aus Anlass des 200-jährigen Jubiläums der Naturforschenden Gesellschaft Zürich. Am 27.5.1946 hielt Milt einen Vortrag zum Thema, von dem auch in der Vierteljahrsschrift eine kurze Zusammenfassung abgedruckt wurde: Bernhard Milt: Johannes Gessner (1709-1790) der Gründer der Naturforschenden Gesellschaft in Zürich, in: Vierteljahrsschrift der Naturforschenden Gesellschaft in Zürich 91/3-4 (1946), S. 289-291. Der Chemiker Emil J. Walter (1897-1984) konzentrierte sich auf die »exakten Wissenschaften« (Mathematik und Physik [inklusive Mechanik und Optik], Chemie, Meteorologie) und untersuchte Gessners mathematische und physikalische Abhandlungen: Emil J. Walter: Die Pflege der exakten Wissenschaften (Astronomie, Mathematik, Kartenkunde, Physik und Chemie) im alten Zürich, in: Vierteljahrsschrift der Naturforschenden Gesellschaft in Zürich 96, Beiheft 2 (1951), S. 1-113. Ein kurzes Portrait Gessners als Vertreter der Naturwissenschaften in Zürich im 18. Jahrhundert liefert: Heinz Balmer: Die Naturwissenschaften in Zürich im 18. Jahrhundert (Zürcher Taschenbuch 104), Zürich 1984, S. 14-73. Zu Gessner als Gründer und Präsident der Naturforschenden Gesellschaft sonst nur noch bei: James R. Hansen: Scientific

Gesellschaft, die ihrem Mitbegründer und jahrzehntelangen Präsidenten vor allem anlässlich von Jubiläen immer wieder Veröffentlichungen widmete.[57] Dabei entstanden zwar vereinzelt auch wertvolle Quelleneditionen, mehrheitlich aber stark deskriptive Arbeiten, welche die Leistung des einzelnen Akteurs lobend hervorhoben.

Eine Arbeit zu Johannes Gessner, welche die neueren Erkenntnisse der Wissens- und Wissenschaftsgeschichte einbezieht, existierte bislang nicht. So setzte sich seit den letzten Veröffentlichungen zu dem Zürcher Naturforscher in der historischen Forschung die Erkenntnis durch, dass Wissen nicht einfach bestand und von Einzelpersonen ›entdeckt‹ werden musste, sondern Wissensbestände in konkreten historischen Situationen sozial und kulturell produziert bzw. ausgehandelt wurden.[58] Das Interesse galt in der Folge zunächst der Entstehung wissenschaftlicher Tatsachen: Welche Methoden galten als wissenschaftlich? Welchem Wandel waren Praktiken wie das Experimentieren und Beobachten unterworfen?[59] Neuere Studien widmen sich jedoch vermehrt auch Fragen nach der Produktion und dem Transfer von Erfahrungswissen und praktischen Kenntnissen.[60] Infolge dieser Öffnung der historischen Forschung für breitere Fragen nach der Entstehung, Verbreitung und Etablierung von Wissen verlagerte sich der Fokus

Fellowship in a Swiss Community Enlightenment. A History of Zurich's Physical Society, 1746-1798. PhD Thesis, The Ohio State University 1981.

57 Zum 100. Jubiläum: Rudolf Wolf: Johannes Geßner (= Neujahrsblatt der Naturforschenden Gesellschaft in Zürich, Bd. 48), Zürich 1846. Zum 150. Jubiläum: Ferdinand Rudio: Festschrift der Naturforschenden Gesellschaft in Zürich, 1746-1896, in: Vierteljahrsschrift der Naturforschenden Gesellschaft in Zürich 41/1 (1896), hier S. 58-64. Zum 200. Jubiläum der Gründung thematisiert Gessners Rolle in der Gesellschaft: Rübel, Geschichte. Anlässlich ihres 250-jährigen Bestehens veröffentlichte die Naturforschende Gesellschaft eine neue Biografie Gessners, die der Medizinhistoriker Urs Boschung anhand von Gessners Autobiografie und den Briefen an Albrecht von Haller (1708-1777) erarbeitete. Die Briefe geben Einblicke in die Zusammenarbeit der beiden Naturforscher, den Austausch von Pflanzen und die Planung von Reisen. Boschung, Johannes Gessner. Auch die Briefe von Johann II. Bernoulli (1710-1790) an Johannes Gesner wurden von der Gesellschaft veröffentlicht: Henry E. Sigerist: Beiträge zur Geschichte der Naturwissenschaft und Medizin in der Schweiz. Die Briefe von Johann (II.) Bernoulli an Johannes Gesner (= Notizen zur schweizerischen Kulturgeschichte, Bd. 67), in: Vierteljahrsschrift der Naturforschenden Gesellschaft in Zürich 69/3-4 (1924), S. 326-341.

58 Jardine/Secord/Spary, Cultures of Natural History; Jan Golinski: Making Natural Knowledge. Constructivism and the History of Science, Chicago 2005.

59 Steven Shapin/Simon Schaffer: Leviathan and the Air-Pump. Hobbes, Boyle, and the Experimental Life: Including a Translation of Thomas Hobbes, Dialogus physicus de natura aeris by Simon Schaffer, Princeton, NJ 1985; Lorraine Daston: Marvelous Facts and Miraculous Evidence in Early Modern Europe, in: Critical Inquiry 18/1 (1991), S. 93-124; dies./Elizabeth Lunbeck (Hg.): Histories of Scientific Observation, Chicago 2011.

60 Smith/Schneider, Making Knowledge in Early Modern Europe; Smith/Meyers/Cook, Ways of Making and Knowing.

weg von der biografischen Untersuchung einzelner Akteure hin zur Analyse von Kommunikation und Transfers zwischen diesen.[61]

So gehen zwar auch viele neuere wissenshistorische Arbeiten von Einzelpersonen aus, nehmen aber – zumeist anhand der veröffentlichten Schriften und der überlieferten Briefe – deren Praktiken und Interaktionen mit ihrem Umfeld in den Blick und versuchen auf dieser Grundlage allgemeinere Aussagen zur Generierung und Verbreitung von Wissen zu machen. Florence Catherines Studie beleuchtet etwa anhand des Gelehrtennetzwerks Albrecht von Hallers die Kulturtransfers der Aufklärungszeit zwischen dem deutschen und dem französischen Sprachraum. Indem sie die Praktiken der Kommunikation, Verbreitung und Aneignung von Wissen in Briefen und Gelehrtenzeitschriften analysiert, zeigt Catherine, dass sich Wissensbestände nicht nur unter Gleichgesinnten verbreiteten, sondern Transfers vor allem durch die soziale Zugehörigkeit zu einer »Wissenschaftsgruppe« bedingt waren, in der divergierende religiöse, politische und sogar wissenschaftliche Ansichten zugunsten des Austauschs hintenangestellt wurden.[62] Matthias Schönhofers Arbeit über die »Briefe eines amerikanischen Botanikers« untersucht am Beispiel des lutherischen Pastors Gotthilf Heinrich Ernst Mühlenberg (1753-1815), wie politische Veränderungen (hier die Erklärung und in der Folge faktische Durchsetzung der amerikanischen Unabhängigkeit) die Netzwerke und damit die Forschung (in diesem Fall der nordamerikanischen und europäischen Botaniker) beeinflussten.[63] Anhand der Wissensräume, in denen sich die globalen Aushandlungsprozesse manifestieren, untersucht Anne Mariss die naturhistorischen Praktiken Johann Reinhold Forsters (1729-1798). Das Schiff, auf dem und von dem aus Forster während Cooks zweiter Südsee-Reise die Natur erforschte, sowie die Universität Halle, an die Forster 1779 als Professor für Naturgeschichte berufen wurde, genauer gesagt das Naturalienkabinett, der botanische Garten

61 James A. Secord: Knowledge in Transit, in: Isis 95/4 (2004), S. 654-672; Pamela H. Smith: Science on the Move. Recent Trends in the History of Early Modem Science, in: Renaissance Quarterly 62 (2009), S. 345-375.

62 Florence Catherine: La pratique et les réseaux savants d'Albrecht von Haller (1708-1777), vecteurs du transfert culturel entre les espaces français et germaniques au XVIIIe siècle (= Les dix-huitièmes siècles, Bd. 161), Paris 2012.

63 Matthias Schönhofer: Letters from an American Botanist. The Correspondences of Gotthilf Heinrich Ernst Mühlenberg (1753-1815) (= Beiträge zur europäischen Überseegeschichte, Bd. 101), Stuttgart 2014. Mittels der überlieferten Korrespondenz erstellter Netzwerkgraphen identifiziert Schönhofer verschiedene Teilnetzwerke, die ihm ermöglichen, Mühlenbergs Korrespondenz- und Forschungstätigkeit in verschiedene Phasen einzuteilen. Schönhofers Studie ist damit eine der wenigen, die zur Beantwortung historischer Fragestellungen Methoden der sozialwissenschaftlichen Netzwerkanalyse nutzen. Zu den Möglichkeiten und Grenzen historischer Netzwerkanalyse siehe: Marten Düring/Ulrich Eumann/Martin Stark/Linda von Keyserlingk-Rehbein (Hg.): Handbuch Historische Netzwerkforschung. Grundlagen und Anwendungen (= Schriften des Kulturwissenschaftlichen Instituts Essen [KWI] zur Methodenforschung, Bd. 1), Berlin 2016.

und der Professorenhaushalt, bilden in Mariss' Studie Kristallisationspunkte der soziokulturellen Bedingungen der Wissensproduktion.[64]

Neben der Produktion und Zirkulation von Wissen interessieren sich wissenshistorische Arbeiten auch für Fragen nach dem sozialen Status von Botanikern. Marie-Christine Skuncke zeigt in ihrer Studie über den schwedischen Botaniker Carl Peter Thunberg (1743-1828), der im Auftrag der Amsterdamer Naturforscher Johannes (1707-1780) und Nicolaas Laurens Burman (1734-1793) nicht nur die niederländischen Handelskolonien in Südafrika, Java und Ceylon, sondern sogar Japan bereiste, dass eine erfolgreiche Karriere als Botaniker entscheidend von der Einbindung in ein Netz aus Förderern (die im Gegenzug für ihre Unterstützung erwarteten, seltene Pflanzen zugeschickt zu bekommen) abhing, deren – teils konkurrierende – Interessen es zu nutzen galt.[65] Zu ähnlichen Ergebnissen kommen auch Marianne Klemun und Helga Hühnel in ihrer Studie über den Wiener Botaniker Nikolaus Joseph von Jacquin (1727-1817), in der sie zeigen, wie sich der Gelehrtenstatus durch Selbstdarstellung und Austausch mit anderen konstituierte und wandelte. Die Hinzunahme neuer Quellen ermöglichte den Autorinnen, Narrative zu dekonstruieren und zu zeigen, dass Naturforscher wie Jacquin auf die Unterstützung von Mäzenen oder Mäzeninnen und die weltweite Zusammenarbeit mit anderen angewiesen waren.[66]

Auch Studien zur Geschichte der Botanik in der Schweiz bedienen sich zur Untersuchung entsprechender Fragen zumeist solcher neueren biografischen Zugänge.[67] So wurden in den letzten Jahren mehrere Zürcher und Berner Botaniker im Kontext der für ihre wissenschaftliche Tätigkeit und die Entstehung ihrer Publikationen wichtigen Korrespondenznetze untersucht.[68] Detailliert arbeitete

64 Mariss »A world of new things«.

65 Marie-Christine Skuncke: Carl Peter Thunberg. Botanist and Physician: Career-building across the Oceans in the Eighteenth Century, Uppsala 2014.

66 Marianne Klemun/Helga Hühnel: Nikolaus Joseph Jacquin (1727-1817). Ein Naturforscher (er)findet sich, Wien 2017.

67 Patrick Kupper/Bernhard C. Schär (Hg.): Die Naturforschenden. Auf der Suche nach Wissen über die Schweiz und die Welt 1800-2015, Baden 2015.

68 Zu Albrecht von Haller: Martin Stuber: Hallers Netz in Interaktion mit gelehrten Institutionen, in: ders. et al., Hallers Netz, S. 107-125; Stefan Hächler: Avec une grosse boete de plantes vertes. Pflanzentransfer in der Korrespondenz Albrecht von Hallers (1708-1777), in: Dauser et al., Wissen im Netz, S. 201-218. Siehe für Johann Jakob Scheuchzer: Simona Boscani Leoni: Johann Jakob Scheuchzer und sein Netz. Akteure und Formen der Kommunikation, in: Klaus-Dieter Herbst/Stefan Kratochwil (Hg.): Kommunikation in der Frühen Neuzeit, Frankfurt a. M.; New York 2009, S. 47-67; dies.: Men of Exchange. Creation and Circulation of Knowledge in the Swiss Republics of the Eighteenth Century, in: Holenstein et al., Scholars in Action, Bd. 2, S. 507-533; dies. (Hg.), Wissenschaft – Berge – Ideologien; Urs B. Leu (Hg.): Natura Sacra. Der Frühaufklärer Johann Jakob Scheuchzer (1672-1733), Zug 2012. Auch die neueren Untersuchungen zu Conrad Gessners (1516-1565) Beschäftigung mit Pflanzen zeigen, dass dieser, mit dem Ziel, möglichst

Luc Lienhard heraus, wie Albrecht von Haller seine Schweizer Flora nicht nur auf der Grundlage der auf seinen eigenen Reisen gesammelten Materialien verfasste, sondern vielfach auch auf getrocknete Pflanzen und Informationen zurückgriff, die ihm seine Korrespondenten von verschiedenen Orten zukommen ließen.[69] Wie diese Materialbeschaffung in Hallers Korrespondenz mit Johannes Gessner thematisiert wurde, zeigt zudem Bettina Dietz, die Hallers Publikationsmodus mit dem des englischen Botanikers John Ray (1627-1705) vergleicht.[70] Diese Arbeiten belegen deutlich, dass die Akteure auf ein Netzwerk aus Informanten und Lieferanten von Objekten angewiesen waren, um ihre Publikationsprojekte realisieren zu können. In Anknüpfung an diese Erkenntnisse wird die vorliegende Studie den Aufbau und die Pflege von Gessners botanischen Beziehungen und den Austausch, den diese ermöglichten, untersuchen.

Vor allem aber kann die Untersuchung Zürichs als Knotenpunkt in den botanischen Netzwerken des 18. Jahrhunderts einen Beitrag zur Beschäftigung mit Pflanzen außerhalb imperialer und kolonialer Kontexte liefern, welche die Beschaffung botanischer Materialien besonders begünstigten. Diese Bestrebungen haben, wie eingangs bereits angedeutet, in der bisherigen Forschung besonders viel Aufmerksamkeit erfahren. Zahlreiche Studien haben herausgearbeitet, wie die von den kolonialen Zentren aus initiierten Forschungsreisen, die patriotischen Bemühungen lokaler Eliten und die ökonomischen Interessen von Siedlern

alle Eigenschaften von Pflanzen zu untersuchen, Bücherwissen (u.a. antike Pflanzenbeschreibungen), eigene Studien in seinem Garten sowie auf Reisen gemachte Erfahrungen mit den von seinen Korrespondenten erhaltenen schriftlichen und bildlichen Informationen verband. Reto Nyffeler, Conrad Gessner als Botaniker, in: Leu/Ruoss (Hg.), Conrad Gessner, S. 163-174.

69 Luc Lienhard: »La machine botanique«. Zur Entstehung von Hallers Flora der Schweiz, in: Stuber et al., Hallers Netz, S. 371-410. Zu Hallers botanischer Tätigkeit auch: Jean-Marc Drouin/Luc Lienhard: Botanik, in: Hubert Steinke/Urs Boschung/Wolfgang Proß (Hg.): Albrecht von Haller. Leben – Werk – Epoche (= Archiv des Historischen Vereins des Kantons Bern, Bd. 85), Göttingen 2008, S. 292-314.

70 Bettina Dietz: Das System der Natur. Die kollaborative Wissenskultur der Botanik im 18. Jahrhundert, Köln 2017. Bettina Dietz wählt mit ihrer Studie über die Publikationstätigkeit von Botanikern des späten 17. und des 18. Jahrhunderts einen problemorientierten, keinen biografischen Zugang. Anhand der Praktiken verschiedener Akteure (u.a. John Ray, Albrecht von Haller, Johann Jakob Dillen, Nikolaus Joseph von Jacquin und Carl von Linné) arbeitet Dietz heraus, dass die Arbeit an den Veröffentlichungen – an Florenwerke wie systematischen Arbeiten – kollaborativ und iterativ waren. Siehe dazu auch: dies.: Contribution and Co-production. The Collaborative Culture of Linnaean Botany, in: Annals of Science 69/4 (2012), S. 551-569; dies.: Kollaboration in der Botanik des 18. Jahrhunderts. Die partizipative Architektur von Linnes System der Natur, in: Silke Förschler/Anne Mariss (Hg.): Akteure, Tiere, Dinge. Verfahrensweisen der Naturgeschichte in der Frühen Neuzeit, Köln 2017, S. 95-108.

und Kaufleuten zur Erforschung der Pflanzenwelt in den Kolonien beitrugen.[71] Zumeist wurde die Botanik – ähnlich wie die Kartografie – dabei als Stütze für Imperialismus und Kolonialismus gesehen. Kritische Stimmen haben jedoch inzwischen darauf hingewiesen, dass die ökonomisch-botanischen Unternehmungen weit weniger erfolgreich, zielgerichtet und kontrolliert abliefen als lange gedacht: Koloniale Gewalt, Vorurteile und Geheimhaltung verhinderten die Weitergabe von Wissen über pflanzliche Heilmittel. So wurde beispielsweise Wissen über pflanzliche Abortiva von männlichen europäischen Medizinern nicht aufgenommen, für die Kolonialmächte erwies es sich als schwierig, den An- und Abbau von Heilpflanzen wie der Chinarinde langfristig lukrativ zu gestalten und die Qualität der pflanzlichen Substanzen zu kontrollieren.[72] Zudem haben verschiedene Studien in den letzten Jahren gezeigt, dass wissenschaftliche Akteure in der Frühen Neuzeit häufig auch die Grenzen einzelner Imperien überschritten und dass an der Erforschung der Pflanzenwelt beispielsweise im niederländischen und britischen Herrschaftsbereich unter anderem auch deutsche und schwedische Naturforscher beteiligt waren, die die imperialen Strukturen nutzten und deren Forschungen häufig auch aktiv von kolonialen Behörden unterstützt wurden.[73] Auch Akteure in der Alten Eidgenossenschaft dürften von kolonialen Netzwerken profitiert haben, doch ist der Austausch von Pflanzenwissen zwischen kolonialen Kontexten und der Alten Eidgenossenschaft im 18. Jahrhundert bislang kaum erforscht.[74]

71 Jorge Cañizares-Esguerra: Iberian Colonial Science, in: Isis 96/1 (2005), S. 64-70, hier S. 67. Schiebinger/Swan, Colonial Botany. Für das Britische Empire siehe: Lucile H. Brockway: Science and Colonial Expansion. The Role of the British Royal Botanic Gardens, New Haven; London 1979; Richard Harry Drayton: Nature's Government. Science, Imperial Britain, and the ›Improvement‹ of the World, New Haven; London 2000. Mit einem Blick auf verschiedene Imperien unlängst dazu: Yota Batsaki/Anatole Tchikine/Sarah Burke Cahalan (Hg.): The Botany of Empire in the Long Eighteenth Century, Baltimore 2017.

72 Matthew James Crawford: Andean Wonder Drug. Cinchona Bark and Imperial Science in the Spanish Atlantic, 1630-1800, Pittsburgh 2016; Londa Schiebinger: Plants and Empire. Colonial Bioprospecting in the Atlantic World, Cambridge 2004; dies.: Secret Cures of Slaves. People, Plants, and Medicine in the Eighteenth-Century Atlantic World 2017. Für eine Historisierung des Topos des »geheimniskrämerischen Indigenen« siehe: Stefanie Gänger: The Secrets of Indians. Native Knowers in Enlightenment Natural Histories of the Southern Americas, in: Simona Boscani Leoni/Sarah Baumgartner/Meike Knittel (Hg.): Connecting Territories. Exploring People and Nature, 1700-1850 (= Emergence of Natural History, Bd. 5), Leiden/Boston 2022, S. 101-123.

73 John Gascoigne: The German Enlightenment and the Pacific, in: Larry Wolff/Marco Cipolloni (Hg.): The Anthropology of the Enlightenment, Stanford 2007, S. 141-171; Skuncke, Thunberg.

74 Für das 19. Jahrhundert siehe: Bernhard C. Schär: Tropenliebe. Schweizer Naturforscher und niederländischer Imperialismus in Südostasien um 1900 (= Globalgeschichte, Bd. 20), Frankfurt a. M. 2015; Andreas Zangger: Koloniale Schweiz. Ein Stück Globalgeschichte

Gleichzeitig ist das botanikgeschichtliche Forschungsnarrativ bislang stark von diesen auf imperialen und kolonialen Kontexten basierenden Untersuchungen geprägt. Darüber, wie sich die Beschäftigung mit Pflanzen in Ländern, die keinen direkten oder nur in begrenztem Maße Zugang zu neuen Pflanzen aus Übersee hatten, gestaltete, wissen wir nur wenig. Vereinzelte Studien haben untersucht, wie dort, wo solche pflanzlichen Nahrungs-, Genuss- und Heilmittel – meist zu hohen Preisen – niederländischen, englischen, französischen oder spanischen Händlern abgekauft werden mussten, das Interesse wuchs, Substitute zu finden. Sie zeigten, dass dänische Ärzte den Konsum ›exotischer‹ Substanzen kritisierten, deutsche Fürsten das eigene Territorium auf nützliche Pflanzen hin untersuchen ließen und schwedische Botaniker sich bemühten, Pflanzen zu transferieren und zu akklimatisieren.[75] Studien zur frühneuzeitlichen Beschäftigung mit Pflanzen in der Schweiz konzentrierten sich mehrheitlich auf die Erforschung der Alpen durch einzelne herausragende Forscherpersönlichkeiten, welche die Berge von Städten wie Zürich, Bern und Genf aus bereisten und erforschten.[76] Eine Ausnahme bilden hier mehrere Arbeiten aus dem Forschungsprojekt zur Oekonomischen Gesellschaft Bern, die zeigen, dass sich Landvögte auch ›fremdländische‹ Pflanzen beschafften und diese anzubauen versuchten.[77] Diese Forschungsergebnisse nimmt die vorliegende Studie auf und fragt auch nach den Verbindungen

zwischen Europa und Südostasien (1860-1930) (= 1800 | 2000. Kulturgeschichten der Moderne, Bd. 8), Bielefeld 2011.

75 Martha Baldwin: Danish Medicines for the Danes and the Defense of Indigenous Medicines, in: Allen G. Debus/Michael Thomson Walton (Hg.): Reading the Book of Nature. The Other Side of the Scientific Revolution (= Sixteenth Century Essays & Studies, Bd. 41), Kirksville 1998, S. 163-180; Alix Cooper: »The Possibilities of the Land«. The Inventory of »Natural Riches« in the Early Modern Territories, in: Margaret Schabas/Neil de Marchi (Hg.): Oeconomies in the Age of Newton, Durham; London 2003, S. 129-153; Lisbet Koerner: Linnaeus. Nature and Nation, Cambridge, MA; London 1999; dies.: Daedalus Hyperboreus. Baltic Natural History and Mineralogy in the Enlightenment, in: William Clark (Hg.): The Sciences in Enlightened Europe, Chicago 1999, S. 389-422.

76 Patrick Bungener: Les rapports de Saussure avec la botanique, in: René Sigrist/Jean-Daniel Candaux (Hg.): H.-B. de Saussure (1740-1799). Un regard sur la terre, Chêne-Bourg/Paris 2001, S. 33-49; Patrick Bungener/Pierre Mattille/Martin W. Callmander: Augustin-Pyramus de Candolle. Une passion, un jardin, Genève 2017.

77 Martin Stuber, »Vous ignorez que je suis cultivateur«: Albrecht von Hallers Korrespondenz zu Themen der Ökonomischen Gesellschaft Bern, in: ders. et al., Hallers Netz, S. 505-538; Luc Lienhard: Die fremdländischen Pflanzen des Karl Emanuel von Graffenried, in: Stuber et al., Kartoffeln, Klee und kluge Köpfe, S. 79-82; Martin Stuber/Luc Lienhard: Nützliche Pflanzen. Systematische Verzeichnisse von Wild- und Kulturpflanzen im Umfeld der Oekonomischen Gesellschaft Bern, 1762-1782, in: André Holenstein/Martin Stuber/Gerrendina Gerber-Visser (Hg.): Nützliche Wissenschaft und Ökonomie im Ancien Régime: Akteure, Themen, Kommunikationsformen (= Cardanaus. Jahrbuch für Wissenschaftsgeschichte, Bd. 7), Heidelberg 2007, S. 65-106.

dieser Berner Pflanzenliebhaber zu den Zürcher Botanikern sowie deren vielfältigen Interessen.

Die Darstellung des Forschungsstands verdeutlicht, dass sich im 18. Jahrhundert zahlreiche Akteure an verschiedenen Orten aus ganz unterschiedlichen Motivationen heraus mit Pflanzen beschäftigten. Pflanzen wurden in Herbarien gesammelt, die in den Räumlichkeiten von Sozietäten, Universitäten und Privatpersonen ausgestellt und begutachtet wurden.[78] Sie wurden in botanischen Gärten angebaut sowie in Gelehrtenhaushalten beschrieben und geordnet, gezeichnet und in Kupfer gestochen.[79] Pflanzliche Heilmittel wurden auf Marktplätzen angeboten und erworben und anschließend in den Haushalten aufbewahrt, zubereitet und konsumiert.[80] Und auch an Bord von Schiffen und ›im Feld‹ lassen sich botanische Wissenspraktiken wie das Ordnen und Konservieren, das Sammeln und Vermitteln greifen.[81] Die Untersuchung konkreter Orte ermöglicht, wie gezeigt wurde, Momentaufnahmen der frühneuzeitlichen Wissenspraktiken.[82] Allerdings war insbesondere der Austausch zwischen diesen Orten und Akteuren von zentraler Bedeutung für die Wissensproduktion, der bei einem zu starken Fokus auf einen einzelnen Ort zu wenig Aufmerksamkeit erfährt.[83] Deshalb nimmt die vorliegende Studie die ausgetauschten und diskutierten Objekte in den Blick.

78 Benkert, »Hortus Siccus«.

79 Siehe beispielsweise: Mariss, »A world of new things«; Alix Cooper: Picturing Nature. Gender and the Politics of Natural-Historical Description in Eighteenth-Century Gdańsk/Danzig, in: Journal for Eighteenth-Century Studies 36/4 (2013), S. 519-529. Allgemeiner: David N. Livingstone: Putting Science in Its Place. Geographies of Scientific Knowledge, Chicago 2003. Zum Gelehrtenhaushalt Johann Jakob Scheuchzers: Dunja Bulinsky: Nahbeziehungen eines europäischen Gelehrten. Johann Jakob Scheuchzer (1672-1733) und sein soziales Umfeld, Zürich 2020.

80 William Eamon: Markets, Piazzas and Villages, in: Katharine Park/Lorraine Daston (Hg.): Early Modern Science. Cambridge History of Science, Bd. 3, Cambridge 2006, S. 206-223; Elaine Leong: Collecting Knowledge for the Family. Recipes, Gender and Practical Knowledge in the Early Modern English Household, in: Centaurus 55/2 (2013), S. 81-103.

81 Hanna Hodacs: Linneans Outdoors. The Transformative Role of Studying Nature »On the Move« and Outside, in: British Journal for the History of Science 44/2 (2011), S. 183-209; Mariss, »A world of new things«.

82 Grundlegend: Steven Shapin/Adi Ophir: The Place of Knowledge. A Methodological Survey, in: Science in Context 4/1 (1991), S. 3-21. Siehe für konkrete Fallbeispiele die Beiträge zu den »Sites of Natural Knowledge« in: Park/Daston, Early Modern Science. Und den »Places and Spaces« in: Bernard V. Lightman (Hg.): A Companion to the History of Science, New York 2016.

83 Secord, Knowledge in Transit; Stuart McCook: Focus: Global Currents in National Histories of Science. The »Global Turn« and the History of Science in Latin America, in: Isis 104/4 (2013), S. 773-776.

Verschiedene Teildisziplinen der Geschichtswissenschaft haben sich in den letzten Jahren zunehmend der Erforschung von Dingen zugewandt.[84] Der Wirtschaftsgeschichte erlaubte der Blick auf die (globalen) Waren selbst, deren Wege nachzuvollziehen und die Akteure, die sie anbauten, verarbeiteten, mit ihnen handelten und sie konsumierten, in die Analyse einzubeziehen.[85] Der Konsumforschung ermöglichte dieser Zugang, sowohl die Produzierenden als auch die Konsumierenden zu untersuchen.[86] Technik- und Wissenschaftsgeschichte gelangten durch die Untersuchung von Maschinen, Instrumenten und Forschungsobjekten zu Erkenntnissen über handwerkliche und wissenschaftliche Praktiken.[87] Vor allem aber ermöglichte der Blick auf die Objekte selbst, deren unterschiedliche, über Zeit und Ort variierende Bedeutungen als Rohstoff-, Handels- oder Konsumgut, Forschungs- oder Repräsentationsobjekt zu beleuchten.[88] Diese Herangehensweise bietet sich auch für die Untersuchung der botanischen Praktiken im

84 Leora Auslander: Beyond Words, in: American Historical Review 104/4 (2005), S. 1015-1045; Sarah Easterby-Smith: Thinking Through Things, in: Studies in History and Philosophy of Science 43/1 (2012), S. 208-212. Für einen aktuellen Überblick zum *Material Turn* mit Fokus auf die deutschsprachige Forschungslandschaft siehe: Annette C. Cremer: Zum Stand der Materiellen Kulturforschung in Deutschland, in: Objekte als Quellen der historischen Kulturwissenschaften. Stand und Perspektiven der Forschung (= Ding, Materialität, Geschichte, Bd. 2), hg. dies./Martin Mulsow, Köln; Weimar; Wien 2017, S. 9-21. Mit einem Fokus auf der Frühen Neuzeit: Kim Siebenhüner: Things That Matter. Zur Geschichte der materiellen Kultur in der Frühneuzeitforschung, in: Zeitschrift für Historische Forschung 42/3 (2015), S. 373-409. Für Anwendungsbeispiele aus verschiedenen Epochen siehe: Conrad, Global History, S. 129-132; Gänger, Mikrogeschichte des Globalen.

85 Steven Topik/Carlos Marichal/Zephyr L. Frank (Hg.): From Silver to Cocaine. Latin American Commodity Chains and the Building of the World Economy, 1500-2000, Durham, NC 2006; Christian Hochmuth: Globale Güter – lokale Aneignung. Kaffee, Tee, Schokolade und Tabak im frühneuzeitlichen Dresden (= Konflikte und Kultur, Bd. 17), Konstanz 2008; Bernd-Stefan Grewe/Karin Hofmeester (Hg.): Luxury in Global Perspective. Objects and Practices, 1600-2000, Cambridge 2016.

86 Riello, Cotton; Anne Gerritsen/Giorgio Riello (Hg.): The Global Lives of Things. The Material Culture of Connections in the Early Modern World, London 2016; Robert S. DuPlessis: The Material Atlantic. Clothing, Commerce, and Colonization in the Atlantic World, 1650-1800, Cambridge 2016.

87 Lorraine Daston (Hg.): Biographies of Scientific Objects, Chicago 2000; dies. (Hg.): Things That Talk. Object Lessons from Art and Science, New York; Cambridge, Mass. 2004; Paula Findlen (Hg.): Early Modern Things. Objects and Their Histories, 1500-1800, London 2013. Darin besonders: Pamela H. Smith, Making Things: Techniques and Books in Early Modern Europe, S. 173-203.

88 Igor Kopytoff: The Cultural Biography of Things. Commoditization as Process, in: Arjun Appadurai (Hg.): The Social Life of Things. Commodities in Cultural Perspective, Cambridge; New York 1986, S. 64-93. Für eine Anwendung des Ansatzes siehe: Stefanie Gänger: Relics of the Past. The Collecting and Study of Pre-Columbian Antiquities in Peru and Chile, 1837-1911, Oxford 2014.

Zürich des 18. Jahrhunderts und die Einbindung der Stadt in weitreichende Netzwerke des Pflanzentransfers an.

Die mikrohistorische Perspektive ermöglicht, die Praktiken rund um diese Objekte zu beleuchten und dadurch die Produktion von gelehrtem und praktischem Wissen zu untersuchen.[89] Auch wenn es sich bei den Objekten in der vorliegenden Studie – mit Ausnahme der im Herbarium eingeordneten Exemplare – um schriftliche oder bildliche Repräsentationen der Pflanzen handelt, so eignen sich die Pflanzen als »Bestandteile von Handlungen [...], die ohne sie nicht möglich gewesen wären«, dennoch zur Untersuchung der an diesen Handlungen beteiligten Akteure unterschiedlicher sozialer und geografischer Herkunft.[90] Im Folgenden werden nun die in der Arbeit herangezogenen Quellen vorgestellt, um zu untersuchen, welche Interessen die Zürcher Botaniker leiteten, mit wem sie sich austauschten und welche Pflanzen sie sich beschafften.

1.4 Pflanzen in Texten, Bildern, Herbarien und Gärten: Quellengrundlage

Die Briefe von und an Johannes Gessner sind als Quelle für diese Arbeit zentral. Um Zürichs Einbindung in die botanischen Netzwerke zu untersuchen, wurden Bestände mit Gessners Korrespondenz aus einem Dutzend Archiven in der Schweiz, Frankreich, Deutschland, den Niederlanden und Italien ausgewertet.[91] Im Folgenden sollen die Korrespondenzsammlungen, die eine größere Zahl von Briefen an und von Gessner enthalten, mitsamt ihrer Überlieferungsgeschichte in gebotener Kürze skizziert werden. Ziel ist es, einen Eindruck von den Motivationen zu vermitteln, die zur Entstehung der Sammlungen führten, und zu zeigen, wie die Interessen der Sammler des 18. und 19. Jahrhunderts unsere Perspektive auf die Botanik des 18. Jahrhunderts bis heute mitprägen.

Ein Großteil der in der Handschriftensammlung der Zentralbibliothek Zürich aufbewahrten Briefe Gessners ist in seinem Nachlass überliefert. Unter der Signatur Ms M 18 sind in erster Linie die passive Korrespondenz, also Briefe *an* Gessner, abgelegt und nur einzelne von ihm selbst verfasste Exemplare.[92] In

89 Zu mikrohistorischen Verfahrensweisen: Dagmar Freist: Diskurse – Körper – Artefakte. Historische Praxeologie in der Frühneuzeitforschung – eine Annäherung, in: dies. (Hg.): Diskurse – Körper – Artefakte. Historische Praxeologie in der Frühneuzeitforschung (= Praktiken der Subjektivierung, Bd. 4), Bielefeld 2014, S. 9-30.

90 Siebenhüner, Things That Matter, S. 382.

91 Die Daten zu allen bekannten Briefen an und von Johannes Gessner werden von der Autorin parallel zu dieser Studie auf hallerNet veröffentlicht.

92 Drei Briefe aus den Jahren 1773-1782 an »Escher vom Berg« und ein Schreiben an die »Physikalische Gesellschaft« stammen von Gessners Hand. Eine frühere Signatur von

Gessners Nachlass wurden die Briefe Albrecht von Hallers (545), Johann II. Bernoullis (ca. 30) und Samuel Engels (ca. 136) aufbewahrt sowie die von Salomon Schinz (44), einige von Jean-François Séguier (ca. 30) und von Johann Rudolf Iselin (ca. 13).[93] Des Weiteren enthält diese Sammlung einige Schreiben von Christian Gottlieb Ludwig (8) und Jan Frederik Gronovius (7) an Johannes Gessner sowie ein Dutzend Schriftstücke von Johann von Baillou.[94] Gessners Nachlass stammt aus dem Bestand der Stadtbibliothek Zürich und wurde mit der Zusammenlegung von Stadt- und Kantonsbibliothek 1917 Teil des Handschriftenbestands der Zentralbibliothek.

Des Weiteren wurden in Zürich gut einhundert Briefe an Gessner durch den Kaufmann Hans Konrad Ott-Usteri (1788-1872), den Schwiegersohn Paul Usteris, zusammengetragen, der eine umfassende Sammlung von Gelehrtenbriefen des 17.

Gessners Briefnachlass (jetzt Ms M 18) war Ms V 446-448. Ernst Gagliardi/Ludwig Forrer: Katalog der Handschriften der Zentralbibliothek Zürich. Neuere Handschriften seit 1500 (ältere schweizergeschichtliche inbegriffen), Zürich 1982, S. 1109-1110. Zur Einteilung in aktive und passive Korrespondenz siehe: Jens Häseler: Jean Henri Samuel Formey. L'homme à Berlin, in: Christiane Berkvens-Stevelinck/Hans Bots/Jens Häseler (Hg.): Les grands intermédiaires culturels de la République des Lettres. Etudes de réseaux de correspondances du XVIe au XVIIIe siècles, (= Les dix-huitièmes siècles, Bd. 91), Paris 2005, S. 413-434.

93 Haller selbst hatte Auszüge aus 156 Briefen Gessners an ihn in seinen *Epistolarum ab eruditis viris ad Alb. Hallerum scriptarum, pars 1. Latinae*, Bern 1773-1775, publiziert. Auf diese und weitere unpublizierte Briefe stützt sich Boschung, Johannes Gessner. Auszüge aus der Korrespondenz zwischen Gessner und Haller in deutscher Übersetzung veröffentlichte 1909 erstmals der Philologe Ferdinand Vetter (1847-1924). Er konzentrierte sich dabei auf das erste Jahrzehnt ihrer Freundschaft. Ferdinand Vetter: Der junge Haller. Nach seinem Briefwechsel mit Johannes Gessner aus den Jahren 1728-1738, Bern 1909. Sämtliche in Besitz der Zentralbibliothek Zürich befindlichen Briefe Hallers an Gessner veröffentlichte 1923 dann der Medizinhistoriker Henry E. Sigerist in den Abhandlungen der Gesellschaft der Wissenschaften zu Göttingen: Henry E. Sigerist: Albrecht von Haller's Briefe an Johannes Gesner (1728-1777), in: Abhandlungen der Gesellschaft der Wissenschaften in Göttingen 11 (1923), S. 19-120. Urs Boschung hat zudem weitere Briefe von und an Gessner publiziert: Urs Boschung: Die Universitäten Basel und Leiden im Urteil eines Medizinstudenten. Zwei Briefe von Johannes Gessner an Johann Jakob Scheuchzer, 1726, 1727, in: Carlo Maccagni/Guido Cimino (Hg.): La storia della medicina e della scienza tra archivio e laboratorio. Saggi i memoria di Luigi Belloni (= Biblioteca di physis, Bd. 2), Firenze 1994, S. 55-72; ders.: Zwanzig Briefe Albrecht von Hallers an Johannes Gessner (= Berner Beiträge zur Geschichte der Medizin und der Naturwissenschaften, Neue Folge Bd. 6), Bern; Stuttgart; Wien 1972; ders.: Acht Briefe von Albrecht von Haller an Johannes Gessner, in: Gesnerus 31/3-4 (1974), S. 267-287.

94 Weitere in dieser Sammlung überlieferte Briefe stammen von Giuseppe Benvenuti (2 Exemplare), Johann Melchior Aepli, Antoine Gouan, Johann Heinrich Lambert, Jacques-Barthélemy Micheli du Crest, Giulio Cesare Moreni, Johann Eusebius Voet und Arnout Vosmaer (je ein Brief).

bis 19. Jahrhunderts erstellte.[95] Dessen Tochter, Kleophea Elisabetha Hagenbuch-Ott (1820-1894), entschied, dass die Autografensammlung, die zunächst durch Erbschaft an ihren Schwiegersohn Ulrich Meister gelangte, nach dessen Tod in den Besitz der Stadtbibliothek übergehen sollte.[96] Meister verkaufte jedoch vor seinem Tod 1917 die »am höchsten bewerteten Stücke«, wie Ernst Gagliardi (1882-1940) und Ludwig Forrer (1897-1995) in ihrem Katalog der Handschriften der Zentralbibliothek festhielten.[97] Dadurch bleibt, zumindest solange weder Auktionsverzeichnisse noch Kaufverträge gefunden werden, unklar, ob im Zuge dieser Verkäufe auch Teile von Gessners Korrespondenz in die Hände privater Autografensammler in Europa und den USA gelangten.[98] In jedem Fall finden sich heute Briefe von und an Johannes Gessner in zahlreichen Briefsammlungen, die von Privatpersonen zusammengetragen und später an Institutionen weitergegeben wurden und für die vorliegende Arbeit in verschiedenen Archiven gesichtet werden konnten.[99]

So enthält beispielsweise die Sammlung von Gelehrtenbriefen, die der Amsterdamer Buchhändler Pieter Arnold Diederichs (1804-1874) im 19. Jahrhundert zusammentrug, 17 Briefe an Johannes Gessner. Einige dieser Schreiben stammen von Personen, von denen auch in Gessners Nachlass und Otts Sammlung in Zürich Briefe überliefert sind, andere von Personen, zu denen aus den Zürcher Quellen keine Bezüge zu Johannes Gessner deutlich werden.[100] Nach Pieter Arnold Diederichs' Tod übergab sein Sohn die Autografen an die Stadt Amsterdam, wodurch sie in die Bibliothek der damals noch städtischen Universität Amsterdam gelangten.[101]

Auf ähnliche Weise kam auch die Universitätsbibliothek Leipzig zu ihrer Sammlung mit Autografen von Naturforschern des 18. Jahrhunderts: Der Hannoveraner Archivar und Bankier Georg Kestner (1774-1867) und sein gleichnamiger

95 Hans Konrad Ott-Usteri war Mitglied des ersten Verwaltungsrats sowie der Intendanz des Aktientheaters Zürich und von 1834 bis 1867 Präsident der Allgemeinen Musik-Gesellschaft, http://www.amg-zuerich.ch/rubrik-dokumentationen/praesidenten/praesidenten.html (abgerufen am 11.10.2023).

96 Die Autografensammlung Ott enthält daher auch zahlreiche Briefe an Paul Usteri (1768-1831).

97 Gagliardi/Forrer, Katalog der Handschriften, S. 16.

98 Briefe finden sich u.a. in Besitz der Historical Society of Pennsylvania, Philadelphia (USA) und des British Museums, London (UK).

99 Die Briefsammlung von Christoph Jakob Trew (1695-1769) kam 1818 an die Universitätsbibliothek Erlangen. Sie enthält Briefe von Johannes Gessner an Trew sowie an Johann Michael Seligmann (1720-1762), Johann Ambrosius Beurer (1716-1754) sowie Johann Friedrich Friderici.

100 Von Johann Gottlieb Kölreuter, Christoph Jetzler und Fortunato Bartolomeo de Felice sind in Zürich keine Briefe überliefert.

101 Mündliche Auskunft des Mitarbeiters der Universiteitsbibliotheek Amsterdam, Bijzondere Collecties, 20.6.2016.

Sohn hatten eine umfangreiche Kollektion von Handschriften zusammengetragen, die Georg Kestner jr. (1805-1892) nach seinem Tod der Leipziger Universitätsbibliothek vermachte.[102] Auch der Chemiker Ludwig Darmstaedter (1846-1927) trug zahlreiche Handschriften von Naturforschenden zusammen.[103] An der Wende vom 19. zum 20. Jahrhundert legte er damit den Grundstock für die heutige Handschriftenabteilung der Staatsbibliothek zu Berlin, deren Vorgängerinstitution, der Königlich Preußischen Staatsbibliothek, Darmstaedter die Sammlung 1907 übergab.[104] In den folgenden Jahren half Darmstaedter der Staatsbibliothek, die Autografensammlung weiter zu vergrößern, und wertete diese auch aus: 1926 veröffentlichte er »Biographische Miniaturen« von »Naturforscher[n] und Erfinder[n]«, in denen er unter anderem die »Forscherfamilie« Bernoulli porträtierte.[105] Mit ihrer Auswahl der Briefe all jener Personen, die sie dem Kreis der Gelehrten, Forscher und Erfinder des 17. und 18. Jahrhunderts zurechneten und für bedeutend befanden, prägen die Handschriftensammler das Bild der Gelehrtenwelt und der frühneuzeitlichen Naturforschung bis heute.

Neben Privatpersonen trugen auch Archive und Bibliotheken umfangreiche Briefsammlungen zusammen. Diese Institutionen interessierten sich vor allem für die Nachlässe lokaler Forscherpersönlichkeiten und die Hinterlassenschaften von Einrichtungen vor Ort: So pflegt die Burgerbibliothek Bern den Nachlass des Berner Burgers Albrecht von Haller und die Bibliothèque de Nîmes jenen Jean-François Séguiers (1703-1784).[106] Die Accademia delle Scienze di Torino konzentriert sich auf die Bewahrung und Erforschung der Hinterlassenschaften ihrer Mitglieder wie Carlo Allioni (1728-1804), mit dem Gessner und andere Zürcher Pflanzenliebhaber jahrzehntelang korrespondierten.[107] Die Sammlungsziele der verschiedenen Institutionen und ihrer Unterstützer sorgten dafür, dass sich

102 ohne Autor: »Kestner, Georg Wilhelm Eduard«, in: Rudolf Vierhaus (Hg.): Deutsche Biographische Enzyklopädie Online, Berlin; New York 2011, https://www.degruyter.com/database/DBE/entry/dbe.5-5200/html (abgerufen am 11.10.2023).

103 Zu Ludwig Darmstaedter siehe: Alexandra Habermann (Hg.): Die Rolle von Bibliothekaren und Sammlern im wissenschaftlichen Leben der Weimarer Republik. Eine biographische Annäherung (= Kleine historische Reihe der Zeitschrift Laurentius, Bd. 6), Hannover 1994.

104 Ludwig Darmstaedter: Königliche Bibliothek zu Berlin. Verzeichnis der Autographensammlung, Berlin 1909.

105 Ders.: Naturforscher und Erfinder. Biographische Miniaturen, Bielefeld; Leipzig 1926.

106 Zur Überlieferung von Hallers Korrespondenz siehe: Barbara Braun-Bucher: Hallers Bibliothek und Nachlass, in: Steinke/Boschung/Proß, Albrecht von Haller, S. 515-526. Urs Boschung griff auf die von Albrecht von Haller veröffentlichten Briefe zurück und ergänzte sie durch die Lektüre der Originale, die in der Burgerbibliothek Bern überliefert sind. Boschung, Johannes Gessner.

107 Siehe dazu auch: Francesca Bagliani: La corrispondenza di Carlo Allioni (1728-1804). Territorio, flora e giardini nei rapporti internazionali del »Linneo piemontese«, Turin 2008.

Gessners Briefe heute auch in den Beständen jener Archive und Bibliotheken finden, welche die Nachlässe seiner Korrespondenten bewahren.

Die eben skizzierte Überlieferungsgeschichte von Gessners Korrespondenz in öffentlichen Sammlungen sowie die Tatsache, dass sämtliche darin erhaltenen Briefe von einigermaßen bekannten Zeitgenossen stammen, führt zu der Annahme, dass nur ein Teil von Gessners Korrespondenz überliefert ist.[108] So blieben zum Beispiel Briefe einzelner Personen nicht erhalten, die in der Denkrede und im Vorwort der *Tabulae phytographicae* als Gessners Korrespondenten genannt, also von den Zürcher Verfassern dieser Schriften an der Wende vom 18./19. Jahrhundert als erwähnenswert angesehen wurden. Zudem zeigt die genaue Lektüre der Briefe, dass Gessner mit weiteren Personen korrespondierte, von denen keinerlei Briefe überliefert sind. Auch der Blick auf die zeitliche Verteilung der überlieferten Korrespondenz verstärkt diesen Eindruck: Korrespondenten wie Albrecht von Haller, Hans Caspar Hirzel und Samuel Engel (1702-1784), von denen über mehrere Jahre oder sogar Jahrzehnte hinweg regelmäßig Briefe überliefert sind, stellen eine Ausnahme dar. In einigen Fällen liegen mehrere Jahre zwischen den überlieferten Briefen, und die Lektüre der jüngeren Schreiben vermittelt nicht den Eindruck, dass die Korrespondenz tatsächlich unterbrochen war. Von über der Hälfte der bekannten Korrespondenten ist sogar nur ein Brief erhalten, wobei es sich dabei mehrheitlich um ›Belegexemplare‹ aus länger andauernden Korrespondenzen handelt.[109] Daher erscheint eine inhaltliche Analyse der Briefe sinnvoll, um Erkenntnisse über weitere Personen, mit denen Gessner korrespondierte, und die Dauer der Korrespondenz zu gewinnen.

Um die Perspektive auf die botanischen Aktivitäten in Zürich zu erweitern, nutzt die Arbeit auch weitere Quellen. Erstens untersucht sie neben Gessners Korrespondenz auch die Briefe weiterer Zürcher, die sich mit Pflanzen beschäftigten. Ausgewertet wurden die Briefwechsel von Zürcher Pflanzenliebhabern mit dem Turiner Botaniker Carlo Allioni und die im Staatsarchiv Zürich überlieferte Korrespondenz der beiden Direktoren des botanischen Gartens der Naturforschenden Gesellschaft, Johann Georg Locher (1739-1787) und Johannes Scheuchzer (1738-1815), mit Botanikern auf dem Gebiet der heutigen Schweiz, Deutschlands, Österreichs, Italiens, Frankreichs und der Niederlande.[110] Zweitens geben

108 Reflexionen Gessners bezüglich seiner eigenen Aufbewahrungskriterien sind nicht bekannt. Somit bleibt unklar, wer entschied, welche Briefe in seinem Nachlass (ZBZ, Ms M 18) gesammelt wurden.

109 Somit erscheint es nicht sinnvoll, die Korrespondenz mit Methoden der sozialen Netzwerkforschung zu untersuchen. Siehe dazu auch die Ausführungen in: Düring et al., Handbuch Historische Netzwerkforschung.

110 Staatsarchiv Zürich (StAZH), B IX 220. Johannes Scheuchzer war der Sohn des gleichnamigen Naturforschers und der Neffe Johann Jakob Scheuchzers. Darüber hinaus ist Carlo Allionis Korrespondenz mit Gossweiler, Rahn und Schulthess von Hottingen überliefert. Siehe dazu auch: Bagliani, Corrispondenza.

zudem auch die anderen überlieferten Unterlagen der Naturforschenden Gesellschaft Einblicke hinsichtlich der Praktiken der Zürcher Pflanzenliebhaber. Zum einen können gedruckte Materialien wie die Abhandlungen der Gesellschaft und der 1776 publizierte Katalog des Gartens Erkenntnisse bezüglich ihrer Kommunikation nach außen geben. Zum anderen ermöglichen die im Staatsarchiv Zürich überlieferten und bislang kaum beachteten Unterlagen der Zürcher Sozietät eine Erweiterung der Perspektive. Die Rechnungen des botanischen Gartens geben Auskunft über die Finanzierung von Austausch und Anbau von Pflanzen, Verzeichnisse der ausgetauschten Samen dokumentieren die Transfers zwischen Zürich und anderen europäischen Gärten.[111] Die als *Tagebücher* überlieferten Protokolle ermöglichen es, die in den Sitzungen der Gesellschaft besprochenen Themen und die Aktivitäten der Mitglieder zu erfassen.[112]

Zusätzlich zu den Korrespondenzen und den genannten Materialien der Naturforschenden Gesellschaft werden weitere Quellen herangezogen, die es zum einen ermöglichen, Gessners botanisches Arbeiten näher zu untersuchen, und zum anderen erlauben, die Zusammenarbeit und den Austausch in den botanischen Netzwerken besser zu verstehen. Dazu zählen Gessners Tagebuch seines Paris-Aufenthalts und weitere Reiseberichte, ebenso wie Gessners eigene Publikationen und die seiner Zeitgenossen.[113] Diese geben nicht nur einen Eindruck von den Themen, die diskutiert wurden, sondern erlauben – vor allem anhand der Paratexte – auch einen Einblick in die Vernetzung und das botanische Arbeiten, das der Publikation vorausging und sie überhaupt erst ermöglichte. Auskunft über Gessners Einbindung in die gelehrten Netzwerke seiner Zeit geben zudem seine in der Zentralbibliothek Zürich überlieferten Mitgliedsurkunden verschiedener europäischer Sozietäten und Akademien.[114] Erkenntnisse hinsichtlich der Frage, wie Gessner selbst seine Einbindung und seine botanische Tätigkeit einschätzte, lassen sich anhand der Autobiografie gewinnen, die er 1751 anfertigte.[115] Die von Gessners Manuskript abweichende, im *Bilder-Sal* publizierte Version der Biografie und ähnliche zeitgenössische Lebensbeschreibungen können, ebenso wie Hans Caspar Hirzels (1725-1803) Gedenkrede zu Gessners Tod, herangezogen

111 Unterlagen botanischer Garten (Titel auf dem Einband: »Horti Soc.Physicae Tigurinae Protocollum, Tom. I–II«). StAZH, B IX 255-256.

112 StAZH, B IX 179-188. Ich danke meiner Kollegin Sarah Baumgartner dafür, dass sie mir mit ihren konzisen Notizen den Zugang zu dieser Quelle enorm erleichtert hat. Siehe ausführlicher zu den Aufzeichnungen der Naturforschenden Gesellschaft: Baumgartner, Das nützliche Wissen.

113 Urs Boschung: Johannes Gessners Pariser Tagebuch 1727 (= Studia Halleriana, Bd. 2), Bern; Stuttgart; Toronto 1985.

114 Diplome und Urkunden gelehrter Gesellschaften für Johannes Gessner, 1730-85. ZBZ, Ms P 114.

115 Autobiografie. ZBZ, Ms M 18.10. Gedruckt und mit Anmerkungen versehen in: Boschung, Johannes Gessner, S. 24-45.

werden, um zu untersuchen, wie die Zeitgenossen Gessners Einbindung in lokale und translokale Netzwerke wahrnahmen.[116]

Darüber hinaus werden weitere Quellen herangezogen, die sich unter dem Begriff ›Arbeitsinstrumente eines frühneuzeitlichen Botanikers‹ subsumieren lassen und anhand derer sich die botanische Forschung *in the making* statt nur anhand von als mehr oder weniger wissenschaftlich bewerteten ›Endprodukten‹ wie beispielsweise Publikationen untersuchen lässt. Zunächst lässt sich anhand des handschriftlichen Katalogs und des nach seinem Tod angefertigten Auktionsverzeichnisses seiner Bibliothek Gessners Buchbesitz rekonstruieren.[117] Einen tieferen Einblick in seine Lektüregewohnheiten und Interessenfelder gibt Gessners über sechshundert Seiten umfassendes *Repertorium*.[118] Schließlich ermöglicht auch das von ihm unter dem Titel *Hortus siccus Societatis Physicae Tigurinae* zusammengestellte Herbarium zusätzliche Erkenntnisse bezüglich der Einbindung der Zürcher Pflanzenliebhaber in die translokalen Netzwerke und die botanischen Praktiken des 18. Jahrhunderts.[119] Diese Quellen, die zentrale Elemente von Gessners botanischer Tätigkeit darstellen, werden in dieser Arbeit zum Teil erstmals einer historischen Untersuchung unterzogen, in jedem Fall aber zum ersten Mal gemeinsam betrachtet.

116 Brucker, Bilder-Sal; Herrliberger, Schweitzerischer Ehrentempel; Johann Caspar Hirzel, Denkrede auf Johannes Gessner, weiland Lehrern der Naturlehre und Mathematik, Chorherrn des Karolinischen Stiffts zum großen Münster in Zürich, Mitglied der meisten europäischen Akademien der Wissenschaften, Stifftern und Vorstehern der Naturforschenden Gesellschaft in Zürich, Zürich 1790.

117 Die handschriftliche Version des Katalogs wurde im Nachlass des ersten Direktors des Schweizerischen Landesmuseums Heinrich Angst (1847-1922) überliefert. Das Manuskript befindet sich in der Handschriftenabteilung der Zentralbibliothek Zürich unter der Signatur: Ms Z II 620. Der gedruckte Katalog der zum Verkauf angebotenen Bücher findet sich in der Abteilung Alte Drucke unter der Signatur Dr. O 456. Die Bibliothek selbst ist nicht erhalten, lediglich einzelne Bücher mit Anmerkungen Gessners, z.B. ein Exemplar des Physiologie-Lehrbuchs *Institutiones medicae* seines Leidener Lehrers Herman Boerhaaves.

118 [Joh. Gessner], Repertorium. ZBZ, Ms Z VIII 12.

119 Für die Möglichkeit der Einsichtnahme in das Herbarium der Naturforschenden Gesellschaft Zürich (*Hortus siccus Societatis Physicae Tigurinae, collectus et Linnaeana methodo dispositus a Joanne Gesnero, 1751*) bedanke ich mich bei Prof. Dr. Reto Nyffeler (Institut für Systematische und Evolutionäre Botanik der Universität Zürich, Vereinigten Herbarien Zürich Z+ZT).

1.5 Pflanzen in Bewegung: Aufbau der Studie

Um die Einbindung Zürichs in die botanischen Netzwerke des 18. Jahrhunderts zu untersuchen, fragt die Arbeit: Wie wurde in Zürich über Pflanzen gesprochen und geschrieben? Mit welchen Pflanzenliebhabern an anderen Orten unterhielten die Zürcher Beziehungen? An welche botanischen Objekte gelangten sie dadurch? Ausgehend von Gessners Publikationen und seiner Vermittlungstätigkeit in Zürich öffnet die Studie dafür nach und nach die Perspektive auf weitere Personen und Orte, mit denen sich der Zürcher Gelehrte über Pflanzen austauschte.

Das auf diese Einleitung folgende erste Hauptkapitel untersucht die botanischen Praktiken in Zürich während des 18. Jahrhunderts. Es nimmt die Pflanzen in den Blick, die in den Sitzungen der Naturforschenden Gesellschaft diskutiert, in gedruckten Texten verhandelt und auf Abbildungen dargestellt wurden. Zunächst wird so beleuchtet, in welchen Kontexten Pflanzenwissen vermittelt und diskutiert wurde. Welche Rolle spielte die Botanik im Unterricht junger Zürcher? Welche Wissensbestände waren für die Pflanzenliebhaber in der Limmatstadt von Bedeutung? Anhand von Gessners Texten und Pflanzenabbildungen wird analysiert, welche Pflanzen er in seinen Publikationen thematisierte und auf welche Art und Weise er sich mit diesen auseinandersetzte. Welches Publikum versuchte Gessner damit zu erreichen? Von wem wurden die Schriften rezipiert? Welche Rolle spielten die Publikationen des gelehrten Botanikers für die Einbindung in die botanischen Netzwerke der Zeit? Die Beantwortung dieser Fragen ermöglicht es, die lokalen und translokalen Beziehungen herauszuarbeiten, in welche die Zürcher botanischen Aktivitäten eingebettet waren.

Der Aufbau und die Pflege dieser Beziehungen sind Gegenstand des zweiten Hauptkapitels: Wie entstanden die Kontakte? Welche Interessen verfolgten die verschiedenen Akteure? Was taten sie, um die Beziehungen aufrechtzuerhalten? Welchen Status verliehen die ausgetauschten Informationen und Objekte dem Akteur, der sie mitteilte? Dabei werden sowohl die Beziehungen mit Einzelpersonen beleuchtet als auch die mit Institutionen wie botanischen Gärten außerhalb der Stadt geknüpften und unterhaltenen, sodass nicht nur gelehrte Akteure ins Blickfeld geraten, sondern auch Textilkaufleute und Buchhändler. Für die Vernetzung war zum einen die Einbindung in das soziale Gefüge der Stadt ausschlaggebend, zum anderen spielten Reisen und wissenschaftliches Ansehen für die translokale Vernetzung eine entscheidende Rolle. Das Kapitel verdeutlicht, wie die unterschiedlichen Akteure, ihren jeweiligen Interessen folgend, in den Aufbau, die Pflege und die Verstetigung der Netzwerke investierten, in denen Pflanzen und botanisches Wissen ausgetauscht wurden.

Das dritte Kapitel des Hauptteils beleuchtet den Austausch von Büchern, Samen und Pflanzen, der in diesen Netzwerken möglich war. Woher beschafften sich die Zürcher Drucke und Pflanzenmaterial? Welche Samen und getrockneten Pflanzen schickten sie an Einzelpersonen und Gärten in der Schweiz und anderswo?

Welche botanischen Bücher versuchten Pflanzeninteressierte an anderen Orten aus Zürich zu erhalten? Die untersuchten Briefe und Verzeichnisse, welche die gewünschten und geschickten Samen und Schriften auflisteten, verdeutlichen, dass es sich nicht um einen Austausch von Einzelexemplaren handelte. Vielmehr tauschten die Zürcher in großem Umfang botanische Materialien mit Akteuren in der Alten Eidgenossenschaft und in Europa aus, sodass die Stadt einen wichtigen Knotenpunkt in den botanischen Netzwerken des 18. Jahrhunderts bildete. Die Analyse der Korrespondenz zeigt zudem, dass die beteiligten Akteure fortlaufend mit großem Interesse daran arbeiteten, Pflanzen und Bücher zu erhalten, und bereit waren, Zeit und Geld zu investieren. Der Austausch innerhalb der botanischen Netzwerke war also keinesfalls Selbstläufer weder für die Zürcher noch für andere Pflanzenliebhaber.

2. Botanische Praktiken in Zürich während des 18. Jahrhunderts

In den letzten Jahrzehnten wuchs die Aufmerksamkeit dafür, dass Wissen nicht von einzelnen Genies an Schreibpulten und in Laboratorien produziert wurde.[1] Verschiedene Studien zeigten stattdessen, dass die Zahl der beteiligten Akteure größer und die Orte der Beschäftigung mit Pflanzen und anderen wissenschaftlichen Gegenständen deutlich vielfältiger waren und neben Sammlungsräumen sowohl Wirtshäuser, Werkstätten und Waisenhäuser als auch Schiffe und die freie Natur einschlossen.[2] Aufbauend auf diese Erkenntnisse untersucht das zweite Kapitel dieser Arbeit die Beschäftigung mit Pflanzen im Zürich des 18. Jahrhunderts nicht nur anhand der Publikationen als den Resultaten der Erforschung von Pflanzen, sondern auch als Botanik *in the making*, widmet sich also den Praktiken des Umgangs mit Pflanzen. Es wird erstens beleuchtet, wie Johannes Gessner mit den Pflanzenliebhabern in seinem Umfeld über Pflanzen sprach und ihnen botanisches Wissen vermittelte. Zweitens untersucht das Kapitel am Beispiel von Sammlungsbeschreibungen und Gessners Dissertationen, welches Pflanzenwissen die Zürcher Botaniker und Gleichgesinnte an anderen Orten interessierte. Drittens werden die Pflanzendarstellungen in den Blick genommen, die in der zweiten Hälfte des 18. Jahrhunderts in Gessners Haus und seinem Umfeld geschaffen wurden. Ziel ist es, sämtliche Facetten der Zürcher Botanik zu beleuchten und zu zeigen, welche Akteure sich mit Pflanzen beschäftigten und für welche Gewächse sich die Pflanzenliebhaber in der Limmatstadt interessierten.

1 Zu den ›unsichtbaren‹ Akteuren der Wissenschaft siehe klassisch: Steven Shapin: The Invisible Technician, in: American Scientist 77/6 (1989), S. 554-563. Für einen neueren Überblick über andere Beteiligte siehe: Iwan R. Morus: Invisible Technicians, Instrument-makers and Artisans, in: Bernard V. Lightman (Hg.): A Companion to the History of Science, New York 2016, S. 97-110.

2 Ann B. Shteir: Cultivating Women, Cultivating Science. Flora's English Daughters, Women and the Culture of Botany, 1760-1860, Baltimore 1996; Brita Brenna: Clergymen Abiding in the Fields. The Making of the Naturalist Observer in Eighteenth-Century Norwegian Natural History, in: Science in Context 24/2 (2011), S. 143-166; Kelly Joan Whitmer: The Halle Orphanage as Scientific Community. Observation, Eclecticism, and Pietism in the Early Enlightenment, Chicago; London 2015. Für das frühe 19. Jahrhundert siehe: Anne Secord: Science in the Pub. Artisan Botanists in Early Nineteenth-Century Lancashire, in: History of Science 32 (1994), S. 269-315. Eine der wenigen deutschsprachigen Studien in diesem Bereich: Sebastian Kühn: Wissen, Arbeit, Freundschaft. Ökonomien und soziale Beziehungen an den Akademien in London, Paris und Berlin um 1700 (= Berliner Mittelalter- und Frühneuzeitforschung, Bd. 11), Göttingen 2011. Außerdem: Mariss, »A world of new things«, bes. Kapitel 4 und 5.

Abb. 3: *Haemanthus* (Blutblumen), aus: Tab. 24, Gessner/Schinz, Tabulae phytographicae

2.1 Gemeinsam Pflanzen begutachten

Von Anfang an wurden in den Sitzungen der Naturforschenden Gesellschaft botanische Themen diskutiert und über einzelne Pflanzen im Detail gesprochen. Die Interessen der Pflanzenliebhaber waren dabei vielfältig: Heilpflanzen wie die Meerzwiebel und ansehnlich blühende Blutblumen (*Haemanthus*, Abb. 3) sowie Exemplare der als *Iris uvaria* bezeichneten Gartenfackel-Lilie (heute: *Kniphofia uvaria*) aus Südafrika wurden ebenso gemeinsam begutachtet wie seltene Pflanzen aus den Amerikas und auf Alpenreisen gesammelte Raritäten.[3]

Auch Nahrungspflanzen, insbesondere »Pflanzen, aus welchen in unterschiedlichen Teilen der Welt Brot zubereitet wird« oder die den Menschen anderweitig als »nötigste und bequemste Speise« – gewissermaßen als Grundnahrungsmittel – dienten, waren bereits in den frühen Sitzungen der Zürcher Naturforschenden Gesellschaft thematisiert worden.[4] Mit diesen beschäftigte sich Johannes Gessner auch in den folgenden Jahren. In Europa wachsende Gräser, wie die Bluthirse *(Panicum sanguinale)*, die das »Manna der Deutschen«, oder der Wiesenschwingel

3 Tagebuch NGZH Bd. 3, 18.8.1760, 9.8.1762, 7.7.1760. StAZH, B IX 181, S. 35-39, S. 47.
4 Jahresberichte NGZH. 27.3.1747. StAZH, B IX 163, S. 140-155.

(Festuca fluitans), der das der »Preußen und Polen« sei, interessierten den Zürcher ebenso wie die Beeren des *Cornus suecica* (Hartriegel), die in Schweden als essbar galten, sowie Bambussprossen, die in Amerika wie Spargel gegessen würden. Gerade aus den englischen Kolonien in Amerika erwähnte Gessner zahlreiche als Nahrung verwendbare Pflanzen, wie die Virginische Zaubernuss *(Hamamelis virginiana)*, die im 18. Jahrhundert vor allem als Ziergehölz nach Europa gebracht wurde, deren »ölhaltiger Kern« jedoch von den Bewohnern Georgias wie Haselnüsse konsumiert würde.[5] Seine Überlegungen zu diesem Thema veröffentlichte Gessner schließlich 1760 als Dissertation für die Prüfungen am *Collegium Carolinum* als ersten praktischen Teil seiner *Phytographia sacra*. Die gemeinsame Diskussion und Begutachtung von Pflanzen mit anderen Interessierten im Rahmen der Naturforschenden Gesellschaft diente so zur Vorbereitung einer Publikation, die für den Unterricht an der Zürcher Schule genutzt wurde und im Druck einem weiteren Personenkreis zugänglich war.

Darüber hinaus zählte der mündliche Austausch über Pflanzen per se zu den zentralen Praktiken botanischen Arbeitens im 18. Jahrhundert. Dass dieser bislang kaum erforscht ist, liegt zum einen an der Quellenlage: So gibt es beispielsweise nur wenige Materialien, die über die Inhalte botanischer Unterrichtseinheiten an Schulen und Universitäten Auskunft geben, und auch die Institutionen selbst verbreiteten sich erst im Laufe des 18. Jahrhunderts zunehmend. Zwar hatte sich die Zahl der Universitäten in Europa vom 14. bis zum Ende des 17. Jahrhunderts mehr als verdreifacht, doch botanische Gärten wurden außerhalb Italiens erst im 18. Jahrhundert – sowohl an Universitäten als auch darüber hinaus – vermehrt eingerichtet.[6] Allerdings konnten einzelne Studien dank innovativer Herangehensweisen Erkenntnisse über die gemeinsame Begutachtung von Objekten in Sammlungen und Gärten gewinnen.[7] Ein weiterer Grund für die begrenzte

5 Johannes Gessner: Phytographiae sacrae generalis pars practica prior, Zürich 1760, S. 15-17.

6 Laurence Brockliss: Science, the Universities, and other Public Spaces. Teaching Science in Europe and the Americas, in: Roy Porter (Hg.): Eighteenth-Century Science. The Cambridge History of Science, Bd. 4, Cambridge 2003, S. 44-86, hier S. 44 bzw. S. 51. Eine Ausnahme bilden hier die Studien zum naturhistorischen Unterricht an den Universitäten Wien und Jena, die auch Lehrbücher und -pläne aus dem späten 18. Jahrhundert auswerten. Matthias Svojtka: Lehre und Lehrbücher der Naturgeschichte an der Universität Wien von 1749 bis 1849, in: Berichte der Geologischen Bundesanstalt 83 (2010), S. 48-61; Thomas Bach/Olaf Breitbach: Die Lehre im Bereich der »Naturwissenschaften« an der Universität Jena zwischen 1788 und 1807, in: NTM. Zeitschrift für Geschichte der Wissenschaften 9 (2001), S. 152-176.

7 Mary Terrall: Handling Objects in Natural History Collections, in: Adriana Craciun/Simon Schaffer (Hg.): The Material Cultures of Enlightenment Arts and Sciences, Basingstoke 2016, S. 15-33; Mariss, »A world of new things«, hier S. 289f. Siehe dazu auch die Beiträge in: Karin Gille-Linne (Hg.): Dinge des Wissens. Die Sammlungen, Museen und Gärten der Universität Göttingen, Göttingen 2015; Dominik Collet/Marian Füssel/Roy M. MacLeod (Hg.): The University of Things. Theory – History – Practice (= Jahrbuch für

Erforschung des mündlichen Austauschs ist aber auch, dass sich die Wissenschaftsgeschichte lange nur für die Vorläufer ›moderner‹ Wissenschaft interessierte. Dadurch lag der Fokus wissenschaftshistorischer Untersuchungen in erster Linie auf gedruckten Texten als öffentlich sichtbaren Produkten dieser ›modernen‹ wissenschaftlichen Arbeit. Vor allem für die Chemie und Elektrizität wurde jedoch gezeigt, dass wissenschaftliche Versuche durchaus vor einem weiteren Publikum durchgeführt wurden.[8] Aber auch die Naturgeschichte sollte in den Augen der Forschenden des 18. Jahrhunderts »ein soziales Unternehmen« sein, da Wissen überhaupt erst durch »seine Soziabilität Gültigkeit erlangte und Anerkennung erfuhr.«[9] Das genaue Betrachten einer Pflanze und das Sprechen über sie gehörten somit ebenso zur Botanik wie das Schreiben über sie in Briefen, Zeitschriftenbeiträgen und Monografien, weshalb diese Praktiken im Folgenden am Beispiel des Zürcher Naturforschers näher untersucht werden soll.

Johannes Gessner unterrichtete zahlreiche Schüler und tauschte sich mit den Mitgliedern der Naturforschenden Gesellschaft Zürich über Pflanzen aus. Seine bisherigen Biografen hoben seine Rolle als Vermittler hervor und betonten, dass Gessner auf nachfolgende Generationen prägend wirkte.[10] Derartige Einschätzungen gehen nicht zuletzt auf die Äußerungen Hans Caspar Hirzels zurück, der in seiner Gedenkrede zu Gessners Tod auch über das sprach, was Gessner mit

Europäische Wissenschaftskultur, Bd. 8), Stuttgart 2016; Eva Dolezel/Rainer Godel/Andreas Pečar/Holger Zaunstöck (Hg.): Ordnen – Vernetzen – Vermitteln. Kunst- und Naturalienkammern der Frühen Neuzeit als Lehr- und Lernorte (= Acta historica Leopoldina, Bd. 70), Halle (Saale); Stuttgart 2018. Für das 16. Jahrhundert: Elsa M. Cappelletti/Andrea Ubrizsy Savoia: Didactic in a Botanic Garden. Garden Plans and Botanical Education in the »horto medicinale« of Padua in the 16th Century, in: Sabine Anagnostou/Florike Egmond/Christoph Friedrich (Hg.): A Passion for Plants. Materia medica and Botany in Scientific Networks from the 16th to 18th Centuries (= Quellen und Studien zur Geschichte der Pharmazie, Bd. 95), Stuttgart 2011, S. 79-92.

8 Jan Golinski: Science as Public Culture. Chemistry and Enlightenment in Britain, 1760-1820, Cambridge; New York 1992; Oliver Hochadel: Öffentliche Wissenschaft. Elektrizität in der deutschen Aufklärung, Göttingen 2003; Bernadette Bensaude-Vincent: A Historical Perspective on Science and Its »Others«, in: Isis 100/2 (2009), S. 359-368; dies./Christine Blondel (Hg.): Science and Spectacle in the European Enlightenment, Aldershot; Burlington 2008.

9 Mariss, »A world of new things«, S. 68. Siehe dazu klassisch: Steven Shapin: A Social History of Truth. Civility and Science in Seventeenth-Century England, Chicago 1994. Des Weiteren: Zedelmaier/Mulsow, Praktiken der Gelehrsamkeit.

10 Heinz Balmer zufolge war Gessner »Forscher und mehr noch Vermittler«. Balmer, Naturwissenschaften, S. 36. Zu einer ähnlichen Einschätzung kam in jüngerer Zeit auch: Michel Schlup: Johannes Gessner (1709-1790). Tabulae phytographicae (1795-1804), in: Thierry Dubois-Cosandier/Claire-Aline Nussbaum/Michel Schlup (Hg.): L'illustration botanique du XVIIe au XIXe siècle à travers les collections de la Bibliothèque, (= Patrimoine de la Bibliothèque Publique et Universitaire, Bd. 10), Neuchâtel 2009, S. 93-103, hier S. 93.

seinem Unterricht »der Welt und dem Vaterland [...] für Dienste geleistet« habe und dabei auch Namen einiger Schüler, die Gessner beeinflusst hatte, nannte. Die meisten der von Hirzel für erwähnenswert befundenen Schüler waren als Ärzte in Zürich und Umgebung bekannt geworden, einzig Johann Georg Sulzer (1720-1779) stach als berühmter Mathematiker und Philosoph unter den Genannten besonders heraus.[11] Die Schüler botanisierten zumindest während ihrer Ausbildungszeit, einzelne beschäftigten sich aber sogar ihr Leben lang mit Pflanzen. Salomon Schinz (1734-1784) beispielsweise veröffentlichte Pflanzenabbildungen und einen Katalog der im Garten der Naturforschenden Gesellschaft vorhandenen Pflanzen, Johann Georg Locher wirkte jahrelang als Direktor dieses Gartens. Mit den konkreten Inhalten und Praktiken der mündlichen Vermittlung von Pflanzenwissen hat sich die Forschung hingegen bislang kaum beschäftigt.

Grundsätzlich, so formulierte es Gessners Schüler Salomon Schinz in seiner 1775 veröffentlichten Einführung in die »Kräuterwissenschaft«, werde von einem »lernbegierigen Jüngling ohne anders erwartet«, mehr über Botanik wissen zu wollen.[12] In der Unterrichtspraxis der Zürcher Schulen spielten naturkundliche Lerninhalte im 18. Jahrhundert jedoch nach bisherigen Erkenntnissen nur eine untergeordnete Rolle.[13] Nachdem Gessner 1738 die Professur für Physik am *Collegium Carolinum*, der Zürcher Hohen Schule, übernommen hatte, verfasste er im Auftrag der Zürcher Schulherren, die einen Schwerpunkt auf Mathematik und Experimenten wünschten, ein Lehrbuch und einen Lehrplan für den naturwissenschaftlichen Unterricht.[14] Die Pflanzenwelt sollte diesem Plan zufolge im dritten Semester als »spezielle Naturlehre« neben Menschen, Tieren und Fossilien behandelt werden.[15] Als Professor für Mathematik und Physik lehrte Gessner also nicht nur die »Wissenschaft von der Größe«, wie er die Mathematik mit ihren Teilbereichen Arithmetik, Geometrie und Analysis nannte, und vermittelte nicht nur Wissen aus Teilbereichen der Physik wie Mechanik, Hydraulik, Hydrostatik, Aerometrie, Pyrometrie und Optik. Vielmehr unterrichtete er Physik im weiteren

11 Hirzel, Denkrede, S. 78-84. Ebenso wie Gessners Nachfolger Salomon Schinz und Johann Heinrich Rahn (1749-1812) waren auch Melchior Scherb (1710-1771) aus Bischofszell, Johann Jakob Hegner (1721-1789) und Johann Heinrich Ziegler (1738-1818) aus Winterthur sowie der Zürcher Johann Georg Locher ausgebildete Ärzte. Die Kontextinformationen zu den Genannten liefert: Boschung, Johannes Gessner, S. 17. Ausführlicher zu Gessners Schülern zudem: Walter, Pflege der exakten Wissenschaften, bes. Kapitel XVIII, S. 84-90.

12 Salomon Schinz: Primae lineae botanicae ex tabulis phytographicis Cl. D. Ioannis Gesneri ductae/Erster Grundriss der Kräuterwissenschaft aus den characteristischen Pflanzentabellen des Herrn D. Johannes Gessners gezeichnet, Zürich 1775, S. 19.

13 Siehe dazu: Andrea de Vincenti: Schule der Gesellschaft. Wissensordnungen von Zürcher Unterrichtspraktiken zwischen 1771 und 1834, Zürich 2015.

14 Nabholz, Zürichs Höhere Schulen, S. 70; Milt, Johannes Geßner (1709-1790), S. 112.

15 Darauf, dass Lehrpläne vor allem Absichtserklärungen darstellten und nicht zwingend über die tatsächlichen Praktiken Auskunft geben, verweist Andrea De Vincenti und verdeutlicht damit das Problem dieser Quellen. De Vincenti, Schule der Gesellschaft, S. 30.

Sinne, das heißt als Lehre von Körpern, die es mitsamt ihrer Eigenschaften und Wirkkräfte zu erforschen galt.[16]

Pflanzen, die als zu erforschende Körper angesehen wurden, waren Gegenstand verschiedener Teilbereiche der Physik. Dabei waren sämtliche Details von Pflanzen interessant, denn nur durch die »Kenntnis aller Teile, so denselben ausmachen« erhalte man eine »deutliche[] Idee der Körper«, wie es Gessners Schüler Salomon Schinz später bezüglich der Kenntnis von Pflanzen formulierte.[17] Für Johannes Gessner waren Pflanzen auch »natürliche Maschinen des Erdbodens«, die wuchsen und sich fortpflanzten.[18] Zum Teilbereich *Geographia Mathematica* gehörte es, das Vorkommen von Pflanzen zu beschreiben, während die »Spezialphysik« sich für die an Pflanzen wahrgenommenen Veränderungen interessierte und diese zu erklären versuchte.[19] Noch bevor jedoch solche Besonderheiten oder die Wirkkräfte von Pflanzen untersucht werden konnten, mussten die Gewächse identifiziert, benannt und geordnet werden. Die Naturhistorie ging der Naturlehre Gessner zufolge deshalb immer voraus.[20] Die Vermittlung von Kenntnissen der äußeren und inneren Beschaffenheit von Pflanzen waren somit Teil von Gessners physikalischem Unterricht an der Zürcher Hohen Schule.

Für alle Bereiche hatte Gessner, seinem Schüler Hans Caspar Hirzel zufolge, »systematische Kollektaneen« vorbereitet, die alles zu einem jeweiligen Thema Bekannte enthielten und die Gessner in seinen Vorlesungen in Form eines Diktats vortrug.[21] Systematisierung war also nicht nur als Gegenstand für die Botanik des 18. Jahrhunderts von Bedeutung, sie machte sich auch in Gessners Vermittlungsstil bemerkbar.[22] Die Mitschriften dieser systematischen Vorlesungen waren seinem Schüler Hans Caspar Hirzel so wertvoll wie »dem Reichen seine Edelsteine«.[23] Gessner vertiefte den Unterrichtsstoff zudem in privaten Vorlesungen und nahm, um das Diktierte nachzubereiten, auch Objekte und Bilder zur Hilfe, was Hirzel zufolge sehr beim Verständnis half.[24] Zudem gab Gessner seinen Schülern Hinweise zur vertiefenden Lektüre: Um ihre botanischen Kenntnisse zu erweitern, empfahl der Zürcher ihnen, die Schriften von Noël-Antoine

16 Johannes Gessner: *Aphorismi physico-mathematici, institutionibus philosophiae naturalis praemittendi*, Zürich 1774, S. 5. Zitiert nach: Walter, Pflege der exakten Wissenschaften, S. 7.

17 Schinz, Primae lineae, S. 1.

18 Die Rede wurde 1766 im dritten Band der Abhandlungen publiziert: Johannes Gessner: Entwurf von den Beschäftigungen der Physicalischen Gesellschaft, in: Abhandlungen der Naturforschenden Gesellschaft Zürich 3 (1766), S. 1-22, hier S. 12.

19 Hirzel, Denkrede, S. 85.

20 Gessner, Entwurf von den Beschäftigungen.

21 Hirzel, Denkrede, S. 80f.

22 Zur Systematisierung von Wissensbeständen: Nabholz, Zürichs Hohe Schulen, S. 59.

23 Hirzel, Denkrede, S. 85.

24 Ebd., S. 84.

Pluche (1688-1761) und Joseph Pitton de Tournefort (1656-1708) zu lesen.[25] Die Möglichkeiten, botanische Kenntnisse zu erlernen, waren also trotz der begrenzten Vorgaben in den Lehrplänen des *Collegium Carolinum* vielfältig und Gessner bemühte sich, diese weiter auszubauen.

Dabei spielte besonders der Privatunterricht eine wichtige Rolle, mit dem vor allem die ein Medizinstudium anstrebenden Mitglieder der Zürcher Oberschicht früh begannen. Welchen anderen Berufsgruppen in Zürich tiefer gehendes Pflanzenwissen vermittelt wurde, bleibt hingegen unklar. Andernorts erhielten beispielsweise auch Marktrichter botanischen Unterricht, um Giftpflanzen und Pilze zuverlässig erkennen zu können.[26] Wie es seine Lehrer Johann Jakob Scheuchzer und Johannes von Muralt (1645-1733) getan hatten, bereitete auch Gessner künftige Medizinstudenten auf das Studium vor. Er stattete seine Schüler dabei nicht nur mit Wissen aus den Bereichen Physiologie, Anatomie und Pathologie aus, sondern auch mit Kenntnissen über die Heilkräfte von Pflanzen.[27] Den Zürcher Botanikern zufolge sollten diejenigen, die sich mit Pflanzen beschäftigten, zudem gleich zu Beginn lernen, die Pflanzen anhand ihrer Fruktifikationsteile zu bestimmen.[28] Linnés Systematik ließ sich zunächst theoretisch vermitteln, bedurfte dann aber des praktischen Umgangs mit Pflanzenmaterial, sodass Gessner das Herbarium und später auch den Garten der Naturforschenden Gesellschaft nutzte.[29] Die Anschauung half, die Beobachtung zu schulen, und erlaubte so das

25 Ebd., S. 82.

26 In Wien schrieb eine Verordnung vor, dass Marktrichtern im botanischen Garten der Universität im August und September an drei Nachmittagen pro Woche entsprechende Kenntnisse vermittelt würden. Svojtka, Lehre und Lehrbücher.

27 Hirzel, Denkrede, S. 84.

28 Schinz, Primae lineae, unpag. Vorwort.

29 Autobiografie. ZBZ Ms M 18.10. Zitiert nach: Boschung, Johannes Gessner, S. 37. Zum botanischen Unterricht am Beispiel des botanischen Gartens der Universität Halle: Mariss, »A world of new things«, S. 289. Einen Überblick über die Lehr- und Bildungsfunktion botanischer Gärten: Marianne Klemun: Gärten und Sammlungen, in: Marianne Sommer/Staffan Müller-Wille/Carsten Reinhardt (Hg.): Handbuch Wissenschaftsgeschichte, Stuttgart 2017, S. 235-244. Das in den Sammlungen und im Garten in der Stadt erworbene Wissen konnten die Schüler anschließend auf kürzeren Exkursionen und mehrtägigen Reisen vertiefen und anwenden, sodass die Natur zum Klassenzimmer wurde. Hodacs, Linnaeans Outdoors, S. 194. Zur Verwendung von Herbarien zur Vermittlung botanischen Wissens, also gewissermaßen als »botanische Gärten in Buchform«: Leah Knight: Of Books and Botany in Early Modern England. Sixteenth-Century Plants and Print Culture, Farnham/Burlington 2009. Seit dem 17. Jahrhundert war es üblich geworden, den getrockneten Pflanzen schriftliche Anmerkungen hinzuzufügen und die Herbarien für Fragen der Klassifikation und Systematik zu nutzen. Für einen Überblick zur Entwicklung von Herbarien: Frans A. Stafleu: Die Geschichte der Herbarien, in: Botanische Jahrbücher für Systematik, Pflanzengeschichte und Pflanzengeographie 108/2-3 (1987), S. 155-166; Agnes Arber: Herbals their Origin and Evolution. A Chapter in the History of Botany, 1470-1670, Cambridge 1912.

Erlernen einer zentralen botanischen Praktik. Je größer das Pflanzenangebot in Zürich wurde, desto eher konnte Johannes Gessner seinen Schülern botanisches Wissen auch durch die Demonstration von Pflanzen vermitteln.

Solche regelmäßigen und nach einem regulären Muster ablaufenden Pflanzendemonstrationen gab es auch in botanischen Gärten an Universitäten, so beispielsweise in Leiden, wo Gessner studiert hatte, oder in Wien, wo im Sommer jeweils eine Stunde am Morgen botanischer Unterricht erteilt wurde.[30] Und auch unter Handelsgärtnern war das Zeigen und Erklären am Objekt eine weitverbreitete Praxis.[31] So berichtete beispielsweise der aus dem Aargau stammende Jakob Friedrich Ehrhart (1742-1795) in seiner Rolle als »Königlich Großbritannische und Kurfürstlich Braunschweig-Lüneburgische Botaniker«,[32] dass er bei seinem Besuch in der Handelsgärtnerei van Hazen und Valkenburg, von der auch Johannes Gessner und die Pflanzenliebhaber in seinem Umfeld Samen bezogen, nicht nur alle Pflanzen gezeigt bekam, sondern auch mehrere Exemplare für ihn abgeschnitten wurden, damit er sein Herbarium damit ergänzen könne.[33] Und auch der Handelsgärtner Franz Anton Ranftl (1751-1820) in Salzburg, der den Zürchern in den 1780er-Jahren zahlreiche Samen schickte, zeigte Besuchern regelmäßig seinen Garten. Bei gutem Wetter montag-, mittwoch- und freitagnachmittags – so war es in einer Stadtbeschreibung Ende des 18. Jahrhunderts zu lesen – war Ranftl im Garten anzutreffen.[34] Die Diskussion der Pflanzen unter

30 An der Universität Wien wurde im Sommer täglich eine Stunde botanischer Unterricht erteilt. Morgens von halb sieben bis halb acht, in jedem Fall aber vor neun Uhr »las« der Professor für Botanik, Nikolaus Joseph von Jacquin, im botanischen Garten am Rennweg. Svojtka, Lehre und Lehrbücher; Boschung, Basel und Leiden. Siehe zudem auch: Miguel Angel Puig-Samper: Antonio Palau Verdera y la enseñanza en Real Jardín Botánico, in: Joaquín Álvarez Barrientos (Hg.): El siglo que llaman ilustrado. Homenaje a Francisco Aguilar Piñal, Madrid 1996, S. 723-728.

31 Siehe zu dieser Praxis bei Handelsgärtnern auch: Easterby-Smith, Cultivating Commerce.

32 So auf dem Titelblatt von Friedrich Ehrhart: Beiträge zur Naturkunde, und den damit verwandten Wissenschaften, besonders der Botanik, Chemie, Haus- und Landwirthschaft, Arzneigelahrtheit und Apothekerkunst, Bd. 2, Hannover 1788. (Jakob) Friedrich Ehrhart (1742-1795) wurde als Sohn eines Berner Pfarrers in Holderbank geboren. Walther Rytz: Zwei vergessene Berner Botaniker aus der Zeit Hallers und Linnés, Johann Jakob Dick und Friedrich Ehrhart, in: Mitteilungen der Naturforschenden Gesellschaft in Bern N.F. 15 (1957), S. 25-28, hier S. 27.

33 Im September 1782 traf Ehrhart die Witwe und den Sohn Valkenburgs an. Ehrhart, Beiträge zur Naturkunde, Bd. 2, S. 113f. Pflanzen von van Hazen fanden auch ihren Weg in das von Gessner zusammengestellte Herbarium der Naturforschenden Gesellschaft und auch seine Korrespondenten waren begierig zu wissen, welche Pflanzen van Hazen ihm geschickt hatte. Siehe u.a.: Brief Engel an Gessner, Aarberg, 23.6.1754. ZBZ, Ms M 18.28.23.

34 Lorenz Hübner: Beschreibung der hochfürstlich-erzbischöflichen Haupt- und Residenzstadt Salzburg und ihrer Gegenden verbunden mit ihrer Geschichte, Bd. 2, Salzburg 1793, S. 579.

den Zürcher Naturforschern ist somit im Kontext sozialer Praktiken zu verstehen, die erlernt und von Pflanzenliebhabern an anderen Orten geteilt wurden.

In den 1750er-Jahren, nach der Einrichtung des botanischen Gartens, weitete Gessner die Praktik des Pflanzendemonstrierens auch auf Mitglieder der Naturforschenden Gesellschaft aus, sodass die Vermittlung von Botanikkenntnissen auch in Zürich einen weiteren Personenkreis als der wissenschaftliche Unterricht an Schulen erreichte.[35] Besonders in den Sommermonaten zeigte er während der Sitzungen der Sozietät regelmäßig Pflanzen. Vereinzelt brachte er bereits Ende April »Frühlingsblumen« mit, die gerade zu blühen begannen, oder legte noch im September Pflanzen vor. Zudem lud er die anderen Mitglieder ein, sich die im Garten wachsenden Pflanzen zeigen zu lassen.[36] Während der Demonstrationen zeigte und benannte Gessner die einzelnen Pflanzenteile, bestimmte die Art und erläuterte anhand der fruchtbildenden Organe, zu welcher der von Linné aufgestellten Klasse die Pflanze gehörte. *Canna indica* (Indisches Blumenrohr) war die erste Art in der ersten Klasse und war im Zürcher Garten deshalb in einem Beet zusammen mit den anderen Pflanzen der ersten Klasse zu finden. Die Organisation der Beete nach Linnés Klassen ermöglichte es, die Vertreter einer Klasse gemeinsam zu untersuchen und die Unterschiede und Gemeinsamkeiten zwischen ihnen zu erkennen. Die Anordnung im Raum erleichterte die Erinnerung, zu welchen Klassen die einzelnen Pflanzen gehörten.[37] Dass die Zürcher Pflanzenliebhaber die Klassifikationspraktiken anhand der im Garten vorhandenen Spezimina einüben konnten, trug entscheidend zur Verbreitung und Durchsetzung von Linnés Methode bei.

In den Sitzungen der Gesellschaft wurden nicht nur Pflanzenexemplare und die Veröffentlichungen anderer diskutiert, sondern immer wieder auch programmatische und theoretische Vorträge gehalten, die für die weiteren Aktivitäten der Zürcher Sozietät von Bedeutung waren.[38] Vor allem in den ersten beiden Jahrzehnten nach Gründung der Gesellschaft gab es vermehrt Vorträge zum Nutzen

35 Für gewöhnlich hatten in der Frühen Neuzeit lediglich künftige Studenten der Theologie, Rechtswissenschaft und Medizin Zugang zu wissenschaftlichem Unterricht. Brockliss, Science, S. 45.

36 Protokoll NGZH. 5.7.1751. StAZH, B IX 173, S. 9. Die folgenden Ausführungen sind angeregt durch die Regesten, die Sarah Baumgartner im Rahmen des SNF-Forschungsprojekts »Kulturen der Naturforschung« erstellt hat. Ich danke ihr, dass sie mir diese zur Verfügung gestellt hat.

37 Klemun, Gärten und Sammlungen, S. 237. Aus anderen Gärten sind Vordrucke überliefert, die beim Rundgang durch den Garten halfen, die Ordnungspraktiken einzuüben: Cappelletti/Ubrizsy Savoia, Didactic.

38 Die Versammlungen der NGZH dienten nicht zuletzt auch der Verwaltung der Gesellschaft, so wurden u.a. die Finanzierung von Ankäufen botanischer Bücher und der Unterhalt des Gartens besprochen, Abrechnungen mussten genehmigt und Pläne verfasst, z.B. Tagebuch NGZH Bd. 2, 10.1.1759. StAZH, B IX 180, S. 1. Siehe zu den Versammlungen der NGZH ausführlich: Baumgartner, Das nützliche Wissen.

von botanischen Gärten, Herbarien und umfangreichen botanischen Bibliotheken sowie zur Vorgehensweise bei deren Einrichtung.[39] Zudem versuchten diejenigen, die besonders an diesen Projekten interessiert waren, das Interesse der Anderen durch Beispiele von anderen Orten und aus vergangenen Zeiten zu wecken. Johannes Gessner berichtete den anderen Mitgliedern der Naturforschenden Gesellschaft beispielsweise davon, dass der Botaniker Georg Christian Oeder (1728-1791) nicht nur das Königreich Dänemark vollständig bereist, sondern dabei auch Pflanzenabbildungen anfertigen lassen habe, die er nun veröffentliche, und dass dieser Naturforscher obendrein noch einen botanischen Garten angelegt habe. Mit derartigen Berichten versuchte Gessner, das Interesse der Zürcher an ähnlichen Aktivitäten zu wecken.[40] Johann Jakob Ott (1715-1769) stellte in seinem Vortrag über »Einrichtung und Nutzen eines *Horti Botanici*« die Bemühungen der Zürcher Pflanzenliebhaber um die Einrichtung eines botanischen Gartens in die Tradition Conrad Gessners.[41] Solche Beispiele sollten die Zürcher für die botanischen Aktivitäten begeistern und ergänzten die programmatischen Vorträge.

Nach der Einrichtung des Gartens wurden die dort selbst gezogenen Spezimina vor dem Verblühen abgeschnitten und von den Mitgliedern der Sozietät gemeinsam untersucht, bevor sie dann mit dem Zusatz »ex Hort[o] Societ[atis]« in das von Gessner angelegte und über Jahrzehnte gepflegte Herbarium der Gesellschaft eingeordnet wurden. Zudem brachten Johannes Gessner und weitere botanisch interessierte Mitglieder, wie Johann Jakob Ott, Pflanzen in die Sitzungen mit, die sie in ihren eigenen Gärten mühevoll gezogen hatten.[42] Darüber hinaus sandten auch Korrespondenten von anderen Orten den Mitgliedern der Naturforschenden Gesellschaft immer wieder Pflanzen, die sie in ihren Gärten gezogen oder auf Exkursionen in der Natur gesammelt hatten. So schickte beispielsweise der Luzerner Korrespondent Moritz Anton Kappeler (1685-1769) im Jahr nach

39 Rudolf Wolf: Joh. Jakob Ott, in: ders. (Hg.): Biographien zur Kulturgeschichte der Schweiz, Zürich 1858, S. 183-192, hier S. 185; Tagebuch NGZH Bd. 1, 7.3.1757. StAZH, B IX 179, S. 12f.; Tagebuch NGZH Bd. 2, 10.1.1759. StAZH, B IX 180, S. 1. Bei der Einrichtung der Bibliothek orientierten sich die Zürcher an den in Carl von Linnés *Bibliotheca botanica* aufgeführten Titeln. Tagebuch NGZH Bd. 1, 4.7.1757. StAZH, B IX 179, S. 38-41.

40 Tagebuch NGZH Bd. 3, 14.9.1761. StAZH, B IX 181, S. 57. Gemeint ist Oeders *Flora Danica*, die ab 1761 in mehreren Heften erschien.

41 Abhandlungen der Naturforschenden Gesellschaft, 18.12.1747. StAZH, B IX 241, Bl. 567-586. Insgesamt wurde die Erinnerungskultur an Conrad Gessner in der Zürcher Naturforschenden Gesellschaft stark gepflegt. Tagebuch NGZH Bd. 3, 6.7.1761, 27.7.1761. StAZH, B IX 181, S. 46-50.

42 Ott experimentierte auf seinem Landgut im Rötel unter anderem mit Futterkräutern. Rübel, Geschichte, S. 23. Zu Otts Aktivitäten im Kontext der Naturforschenden Gesellschaft: Sarah Baumgartner: »Nützliche Gras-Arten und Kräuter«. Die Zürcher Ökonomische Kommission und das Wissen vom Klee- und Wiesenbau, in: Boscani Leoni/Stuber, Wer das Gras wachsen hört, S. 133-150, hier S. 136f. Für weitere Beispiele siehe u.a. Tagebuch NGZH Bd. 3, 30.6.1760, StAZH, B IX 181, S. 35.

seiner Aufnahme in die Gesellschaft eine ganze Sammlung von »Blumen«, die er zusammengetragen hatte.[43]

Die Interessen der Zürcher Pflanzenliebhaber waren vielfältig und so erlangten nicht nur Nahrungs- und Heilpflanzen ihre Aufmerksamkeit, sondern immer wieder auch Schönes und Seltenes: Regelmäßig fanden Briefe und Pakete mit Blüten und Früchten, welche die Absender für »eigenartig« oder »bemerkenswert« hielten, ihren Weg in die Sitzungen. Anhand der eingesandten Zitronen, Trauben und Zapfen konnten die Zürcher Naturforschenden »Naturspiele« und »Monstrositäten« begutachten und diskutieren.[44] Besondere Beachtung erfuhren »Proliferationen«, Pflanzen – häufig Rosen oder Obstbäume, aus deren »Blüten [...] neue Blätter hervorgingen.« Im August 1760 zeigte Gessner während der Gesellschaftssitzung eine »Rosa prolifera« aus dem Schanzengarten in Winterthur und auch im Juli 1765 gab es wieder ein Exemplar einer *Rosa prolifera* zu besprechen.[45] Die Unregelmäßigkeiten waren vor allem dann von Interesse, wenn die Pflanzen dadurch besonders ertragreich waren oder wenn die Blüte zu einer außergewöhnlichen Jahreszeit stattfand. Das Interesse der Zürcher Pflanzenliebhaber – wie von jenen an anderen Orten, welche die Pflanzen einsandten – richtete sich also auf Besonderheiten, die einen potenziellen Nutzen vermuten ließen.

Neben seltenen und ungewöhnlichen Einzelexemplaren präsentierte Johannes Gessner in den Sitzungen der Gesellschaft immer wieder auch ganze Sammlungen. Im Oktober 1763 zeigte er das Herbar, das er aus den Pflanzen zusammengestellt hatte, die Johann Caspar Füssli (1743-1786) im Sommer zuvor gesammelt hatte.[46] Gemeinsam mit Hans Ludwig von Meiss (1745-1795) und Johann Jakob

43 Tagebuch NGZH Bd. 3, 3.10.1763. StAZH, B IX 181, S. 36. Zu Kappeler siehe: Markus Lischer: »Kappeler, Moritz Anton«, in: Historisches Lexikon der Schweiz (HLS). Version vom: 2.12.2008, https://hls-dhs-dss.ch/de/articles/014161/2008-12-02/ (abgerufen am 9.10.2023). Zum Verhältnis zwischen der Korrespondenz der Naturforschenden Gesellschaft Zürich und der Privatkorrespondenzen ihrer Mitglieder siehe: Baumgartner, Das nützliche Wissen.

44 Die zahlreichen Berichte über ertragreiche Pflanzen, außergewöhnliche Blüten und zu ungewöhnlichen Zeitpunkten austreibende Bäume veröffentlichte Salomon Schinz in einem Beitrag in den Abhandlungen der Sozietät: Salomon Schinz: Beschreibung einiger Ao. 1760 beobachteten Seltenheiten aus dem Pflanzenreich, in: Abhandlungen der Naturforschenden Gesellschaft Zürich 1 (1761), S. 507-551, hier S. 541. »Plantae monstrosae« wurden auch in den Abhandlungen anderer Akademien und Sozietäten wie denen der Leopoldina (beispielsweise in *Nova acta* 7 [1783], S. 133) thematisiert.

45 Tagebuch NGZH Bd. 3, 18.8.1760. StAZH, B IX 181, S. 47; Tagebuch NGZH Bd. 4, 7.7.1765. StAZH, B IX 182, S. 18.

46 Tagebuch NGZH Bd. 3, 3.10.1763. StAZH, B IX 181, S. 36. Im August und September hatte Füssli in den Sitzungen bereits den Bericht seiner Reise vorgetragen und die unterwegs gesammelten Insekten und Mineralien gezeigt. Derartige Reiseberichte waren immer wieder Gegenstand der Sitzungen der Naturforschenden Gesellschaft, beispielhaft derjenige über die Erkundung der Ostschweiz und derjenige »Dr. Stockar[s] von Schaffhausen«,

Dick (1742-1775) aus Bern hatte Füssli im Mai und Juni mehrere Wochen lang die Alpen bereist und dabei zahlreiche Pflanzen zusammengetragen. Bereits im Voraus war sich Gessner sicher gewesen, dass die Reise von Pflanzenliebhaber Füssli »reiche Früchte ernten« würde.[47] Die Auswertung dieser »Früchte« übernahm Gessner selbst: Er ordnete die Pflanzen nach den Fundorten und erstellte einen Katalog nach Hallers Methode. Zudem fertigte er eine Liste all jener Spezimina an, von denen Dubletten zum Tausch zur Verfügung standen.[48] Die anschließende Präsentation der aufbereiteten Ergebnisse im Rahmen der Gesellschaftssitzung blieb, wie es scheint, Gessner selbst vorbehalten, weil er nicht nur die nötige Expertise besaß, sondern seine Schüler auch damit beauftragt hatte, die Reise zu unternehmen.

Die vielen Spezimina, die ihren Weg in Johannes Gessners Hände fanden, zeigen nicht nur sehr deutlich, dass es in seinem Umfeld und vor allem unter den Mitgliedern der Naturforschenden Gesellschaft viele Pflanzeninteressierte gab, die in ihren Gärten neue Gewächse kultivierten oder auf Reisen sammelten. Sie machen auch deutlich, dass Gessner den Unterricht am Objekt erfolgreich einsetzte, um bei Zürchern verschiedenen Alters – Schülern wie Mitgliedern der Naturforschenden Gesellschaft – das Interesse an der Beschäftigung mit Pflanzen zu fördern und sie mit den notwendigen Kenntnissen auszustatten, die sie zu nützlichen Zuträgern und wohlwollenden Unterstützern seiner botanischen Aktivitäten machten.

Zusätzlich zu den Pflanzenspezimina nutzten die Zürcher auch botanische Drucke, um ihr Wissen zu erweitern. Über diese sprachen sie ebenfalls während der Zusammenkünfte der Naturforschenden Gesellschaft. Gerade Vorträge über Neuerscheinungen machten einen großen Anteil an den Aktivitäten der Sozietät aus. Dabei waren die Perspektiven auf Pflanzen wiederum vielfältig: Systematische Werke wurden ebenso besprochen wie ökonomische. So berichtete Johannes Gessner immer wieder über die neuesten Veröffentlichungen Carl von Linnés, über die jeweiligen Neuauflagen der *Species Plantarum* ebenso wie über die Dissertationen des schwedischen Naturforschers und setzte sich so aktiv

der unter anderem berichtete, welche Pflanzen er auf seinen Reisen in die Niederlande, nach Großbritannien und Frankreich untersucht hatte. Tagebuch NGZH Bd. 3, 13.4.1761, 20.4.1761. StAZH, B IX 181, S. 24-26.

47 Brief Gessner an Haller, Zürich, 8.5.1763. BB Bern, N Albrecht von Haller 105.21.336. Zitiert nach: Boschung, Johannes Gessner, S. 114. Die Ergebnisse dieser Reise flossen in die überarbeitete Version der Schweizer Flora ein, die Albrecht von Haller 1768 unter dem Titel *Historia stirpium Helvetiae indigenarum inchoata* veröffentlichte. Ebd., S. 111. Den Überarbeitungsprozess der Schweizer Flora untersucht: Dietz, Das System der Natur.

48 Darüber hinaus schickte Gessner auch an Carl von Linné eine Liste der von Dick und Füssli gesammelten Pflanzen und machte damit die botanischen Aktivitäten und Erkenntnisse über Zürich und Bern hinaus bekannt. Brief Gessner an Linné, Zürich, 14.11.1763. LS, IV, 429-434. Online unter: http://urn.kb.se/resolve?urn=urn:nbn:se:alvin:portal:record-231724 (abgerufen am 11.10.2023). Zitiert nach: Gavin R. de Beer: The Correspondence between Linnaeus and Johann Gesner, in: Proceedings of the Linnean Society of London 161/2 (1949), S. 225-241, hier S. 236-241.

für die Verbreitung von dessen Klassifikationsmethode ein.[49] Andere Mitglieder teilten Gessners Interesse an den Arbeiten Linnés: So stellte Hans Caspar Hirzel nicht nur mehrere Dissertationen aus den *Amoenitates academicae* vor, sondern trug auch seine Gedanken zu Linnés Aufsatz über den Tee vor, las aus der deutschen Übersetzung von Linnés Veröffentlichung über die Bedeutung des Reisens im eigenen Land vor und rezensierte die von diesem herausgegebene Beschreibung von Hasselquists Forschungsreise nach Palästina.[50] Daneben wurden neu erschienene praktische Anleitungen zur Kultivierung von neuen, als exotisch wahrgenommenen Pflanzen in europäischen Gärten von den Mitgliedern rezensiert, wie die deutschen Übersetzungen von Philip Millers *Gardener's Dictionary* aus Halle und Bern.[51] Und auch die Veröffentlichungen des Präsidenten der Naturforschenden Gesellschaft wurden in den Sitzungen nochmals kurz für die Mitglieder zusammengefasst: Salomon Schinz rezensierte die einzelnen Bände der *Phytographia sacra* jeweils kurz nach deren Erscheinen.[52] So fanden die am Anfang dieses Kapitels thematisierten Überlegungen zu Nahrungspflanzen, die in einer der ersten Sitzungen der Sozietät angestellt wurden, in Form der Rezension der 1760 erschienenen Dissertation ihren Weg zurück in das Forum, dessen Gesprächskultur die botanische Veröffentlichung überhaupt ermöglicht hatte.

Nicht für alle besprochenen Pflanzen ist es wie für die Nahrungspflanzen möglich, eine Verbindung zu Publikationen oder praktischen Anwendungsversuchen herzustellen. Dennoch machte die Untersuchung der mündlichen Vorträge und des Unterrichts am Objekt deutlich, dass die botanischen Aktivitäten in Zürich vielfältig waren und die Zürcher Pflanzenliebhaber sich mit ganz unterschiedlichen Aspekten von Pflanzen beschäftigten. Johannes Gessner vermittelte im Unterricht am *Collegium Carolinum*, in privaten Lehreinheiten und im Rahmen der Naturforschenden Gesellschaft Wissen über das Aussehen und Funktionieren der ›Pflanzenkörper‹, Kenntnisse über deren Anwendungsmöglichkeiten und die von Carl von Linné entworfene Klassifikationsmethode. Aber auch andere Zürcher waren an der Beschäftigung mit Pflanzen interessiert: Sie kultivierten schön blühende Gewächse, botanisierten in der Natur und experimentierten auf ihren Landgütern. Sie waren interessiert an den Versuchen und Erfahrungen anderer und teilten ihre eigenen in Vorträgen der Naturforschenden Gesellschaft mit.

49 Tagebuch NGZH Bd. 3, 7.3.1763; 28.11.1763. StAZH, B IX 181, S. 11 bzw. 42.

50 Tagebuch NGZH Bd. 3, 2.2.1761; 16.3.1761; 30.11.1761. StAZH, B IX 181, S. 8, 21, 77. Zu den Bemühungen von Linné und anderen, Teepflanzen in Europa zu akklimatisieren, siehe: Hanna Hodacs: Silk and Tea in the North. Scandinavian Trade and the Market for Asian Goods in Eighteenth-Century Europe, London 2016.

51 Tagebuch NGZH Bd. 2, 10.4.1758. StAZH, B IX 180, S. 22; Tagebuch NGZH Bd. 4, 25.3.1765; StAZH, B IX 182, S. 16.

52 Tagebuch NGZH Bd. 2, 26.2.1759. StAZH, B IX 180, S. 7; Tagebuch NGZH Bd. 3, 25.2.1760. StAZH, B IX 181, S. 16; Tagebuch NGZH Bd. 4, 20.2.1764. StAZH, B IX 182, S. 13.

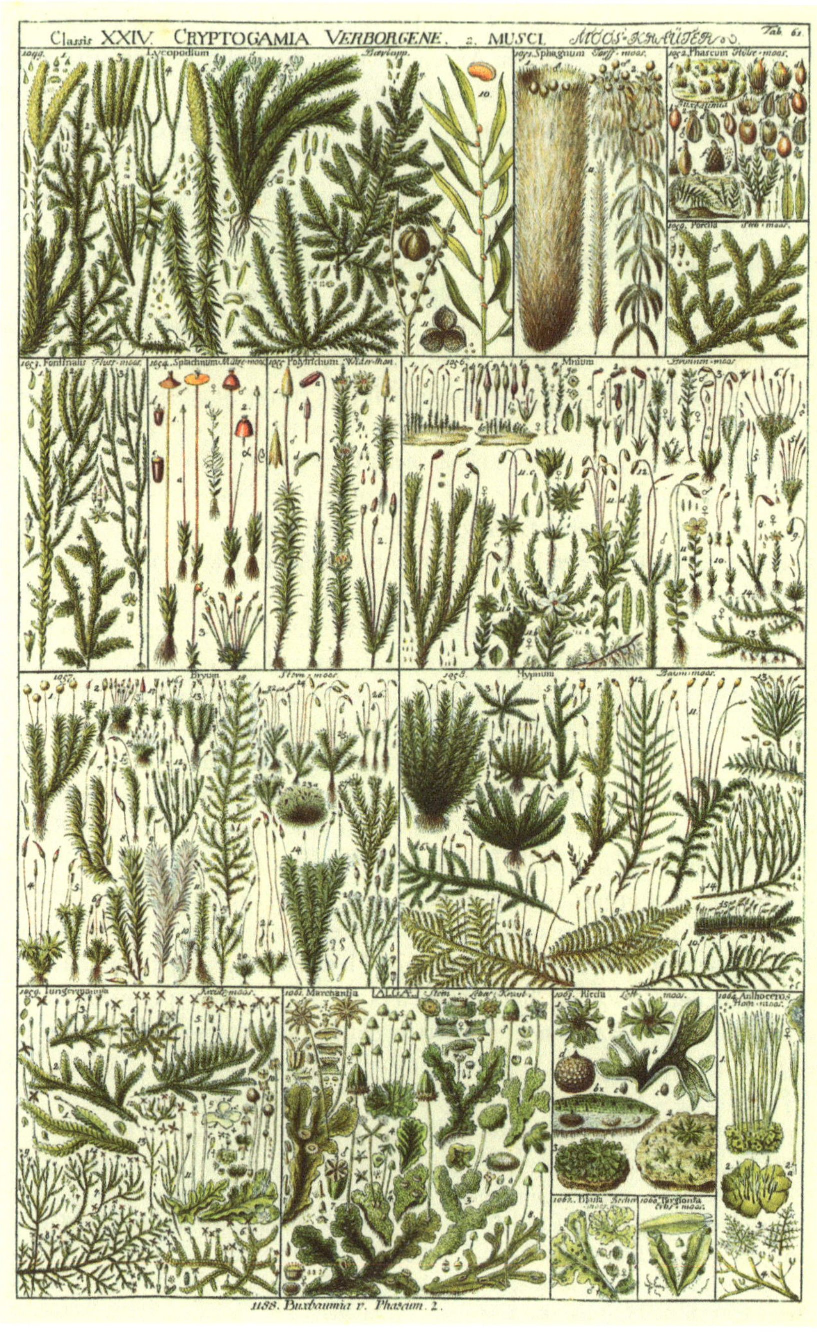

Abb. 4: *Musci* (Mooskräuter), aus: Tab. 61, Gessner/Schinz, Tabulae phytographicae

2.2 Über Pflanzen schreiben

[...] the author treats on philosophy, of vegetation in general, and on the circulation of the sap through the particular parts of plants; on the Linnæan system against the objections of Alston; on the uses of plants as food to man, and gives a detail of upwards of a hundred edible kinds, with a compendious account of the specific properties of each; on the medicinal uses of plants; on the various œconomical uses of vegetables, illustrating in a particular manner, among many others, those of the Palm-tree, Flax, and Aloes.[53]

Dass Johannes Gessner sich mit den Fragen, die er seinen Schülern vermittelte und mit den anderen Pflanzenliebhabern in Zürich diskutierte, auch schriftlich auseinandersetzte, wird im neunten Brief des englischen Reisenden William Coxe (1748-1828) besonders deutlich. Detailliert gibt Coxe die vielfältigen Themen wieder, mit denen sich Gessner in seiner *Phytographia sacra* auseinandersetzte. Insbesondere erwähnt er, dass der Zürcher mehr als hundert essbare Pflanzenarten mitsamt ihren spezifischen Eigenschaften beschrieben habe und in dem die ökonomischen Pflanzen behandelnden Band Palmen, Flachs und Aloe besondere Aufmerksamkeit erführen. Zudem habe Gessner die nützlichen Eigenschaften von Moor- und Sumpfpflanzen als Bestandteile von Torf thematisiert (Abb. 4), besonders gut zu Hecken heranwachsende Sträucher aufgelistet und eine Übersicht über sämtliche gegenwärtig und in der Vergangenheit zum Hausbau verwendete Hölzer geliefert.[54]

Die Beschreibung des englischen Reisenden charakterisiert die Publikationstätigkeit des Zürchers als umfangreich und steht damit im Kontrast zur posthumen Wahrnehmung Gessners als jemand, der nur wenig publiziert hat. Tatsächlich hinterließ er mehrere unpublizierte Manuskripte, darunter eine »methodische Uebersicht der Steine, Pflanzen und Thiere Helvetiens« und eine Beschreibung seines Naturalienkabinetts.[55] Die retrospektive Wahrnehmung der Publikationstätigkeit hängt jedoch auch mit der Textgattung zusammen. Die meisten seiner Publikationen erschienen als Dissertationen, die er als Professor am *Collegium Carolinum* in Zürich als Grundlage für die jährlichen Examensdisputationen verfasste und

53 William Coxe: Travels in Switzerland and the Country of the Grisons, Bd. 1, London 1789, S. 92f. Coxe besuchte die Schweiz in den 1770er- und 1780er-Jahren mehrfach und beschrieb in seinen Briefen an William Melmonth (1710?-1799) u.a. die politischen Verhältnisse Zürichs sowie wichtige Institutionen der Stadt, wie die Armeneinrichtungen und Schulen, aber auch die Gelehrten und deren Sammlungen.

54 Ebd.

55 Hirzel, Denkrede, S. 101. Gessner selbst hatte die angefangenen Manuskripte auch in seiner Autobiografie aufgelistet. Autobiografie. ZBZ, Ms M 18.10. Zitiert nach: Boschung, Johannes Gessner, S. 44. In der Zentralbibliothek Zürich überliefert ist z.B. das Manuskript *Ad Institutiones rei herbariae brevis introductio* (ZBZ, Ms Z VIII 5).

die im Vorfeld gewissermaßen als Einladungsschriften in gedruckter Form veröffentlicht wurden.[56] Die Schüler dieser Hohen Schule strebten mehrheitlich eine Tätigkeit als Pfarrer, eine Magistratenkarriere in Zürich oder das Medizinstudium an einer Universität an. Wie an frühneuzeitlichen Universitäten blieb die Disputation, in der die Studenten unter dem Vorsitz eines Präses bestimmte Thesen verteidigen mussten, auch an Hohen Schulen wie dem *Collegium Carolinum* in Zürich bis weit ins 18. Jahrhundert die übliche Prüfungsform. Die gedruckten Dissertationen, von denen Gessner mehrere Dutzende veröffentlichte, dienten als Grundlage für die in den Prüfungen geführten Diskussionen, in denen nicht nur als etabliert geltende Wissensbestände abgeprüft wurden. Vielmehr boten die meist zwanzig bis dreißig Seiten langen Dissertationen den Verfassern die Gelegenheit, aktuelle Fachfragen zu diskutieren, was Johannes Gessner meist zur Beschäftigung mit botanischen Themen anregte.[57] Mit den Dissertationen konnte er somit nicht nur seine Schüler für die Beschäftigung mit Pflanzen interessieren, sondern sich auch in aktuellen Forschungsdebatten positionieren.[58]

Dadurch wurde Johannes Gessner auch über den lokalen Kontext hinaus als Botaniker wahrgenommen. So schrieb beispielsweise der Mainzer Hofgerichtsrat Johannes Fibig (1758-1792) 1791 in seiner »Einleitung in die Naturgeschichte des Pflanzenreichs«, dass der »Schweizer […] aus verschiedenen Schriften als Botaniker bekannt« sei, am meisten jedoch durch seine *Phytographia sacra*.[59] Mit dieser Schrift widmete Gessner den Anwendungsmöglichkeiten der verschiedenen Gewächse ein umfangreiches Werk, in dem er den Sinn der Beschäftigung mit der Pflanzenwelt darlegte. Auch wenn die jeweils ungefähr dreißig Seiten

56 Hanspeter Marti: Disputation und Dissertation. Kontinuität und Wandel im 18. Jahrhundert, in: Marion Gindhart/Ursula Kundert (Hg.): Disputatio, 1200-1800. Form, Funktion und Wirkung eines Leitmediums universitärer Wissenskultur (= Trends in Medieval Philology, Bd. 20), Berlin; New York 2010, S. 63-85, hier S. 64-66.

57 Ebd.; Hanspeter Marti: Ausbildung. Schule und Universität, in: Richard van Dülmen/Sina Rauschenbach (Hg.): Macht des Wissens. Die Entstehung der modernen Wissensgesellschaft, Köln; Weimar; Wien 2004, S. 391-416. Gessners Dissertationen widmeten sich beispielsweise den vegetativen und reproduktiven Pflanzenteilen und wirkten als Multiplikatoren für die Ideen des schwedischen Naturforschers Carl von Linné. Dazu ausführlicher: Meike Knittel: Gemeinsame Referenzpunkte und geteilte Richtungen. Johannes Gessner (1709-1790) als Vermittler der Linné'schen Botanik, in: xviii.ch 7, 2016, S. 37-55. Deutlich seltener verfasste Gessner Disputationsschriften zu anderen Themen der Physik und zu mathematischen Fragestellungen, wie Urs Leu gezeigt hatte, der die Anteile der verschiedenen Themenbereiche sowie Gessners paläontologische Dissertationen untersucht hat. Leu, Paläontologische Dissertationen, S. 233.

58 Hanspeter Marti: Dissertationen, in: Ulrich Rasche (Hg.): Quellen zur frühneuzeitlichen Universitätsgeschichte. Typen, Bestände, Forschungsperspektiven (= Wolfenbütteler Forschungen, Bd. 128), Wiesbaden 2011, S. 293-312, hier S. 296.

59 Johannes Fibig: Einleitung in die Naturgeschichte des Pflanzenreichs nach den neuesten Entdeckungen, Mainz 1791, S. 421.

langen Dissertationen im Zeitraum von fast fünfzehn Jahren erschienen, nahmen die Zeitgenossen die unter dem Gesamttitel *Phytographia sacra* veröffentlichten Schriften als zu einem Ganzen gehörige Teile wahr.[60] Die Rezensenten, welche die einzelnen Veröffentlichungen in Gelehrtenzeitschriften besprachen, ordneten die neu erschienenen Dissertationen immer wieder in den Gesamtzusammenhang ein und gaben Zusammenfassungen der vorangegangenen Bände.[61] In der *Phytographia sacra* verband Gessner verschiedene Perspektiven auf Pflanzen und verdeutlichte den Nutzen der Beschäftigung mit so unterschiedlichen Gewächsen wie Sumpfpflanzen, Palmen und Duftveilchen.

Besonders mit den sieben praktischen Teilen der *Phytographia sacra*, die zwischen 1760 und 1767, wiederum im Kontext der Examensprüfungen am Zürcher *Collegium Carolinum*, veröffentlicht wurden, vermittelte er gezielt Wissen darüber, welche Pflanzen als Nahrung, Heilmittel und für den Komfort des Menschen, das heißt zur Herstellung von Kleidung, zum Bau von Häusern und zum Heizen, genutzt werden konnten.[62] Dies waren Themen, die viele interessierten, und mutmaßlich orientierte Gessner sich, wie bei der Dissertation über das botanische Thermometer, welche unten näher untersucht wird, auch hier an den Interessen seines Zürcher Umfelds. So wählte er beispielsweise mit den Pflanzen, aus denen Kleidung hergestellt werden konnte, ein Thema, mit dem er in Zürich, wo es eine rege Textilproduktion gab, ein großes Publikum ansprach.

Aufmerksam zeichnete Gessner nach, was in den vorherigen Jahren in verschiedenen gelehrten und ökonomischen Zeitschriften sowie in botanischen Abhandlungen über Flachs, Baumwolle und andere zur Textilherstellung verwendbare Pflanzen wie Gräser oder Palmen geschrieben worden war. Zudem informierte er sein Publikum über die Erkenntnisse von Fredrik Hasselquists Reise nach Palästina, von deren Bericht im Vorjahr eine deutsche Übersetzung erschienen war. Zum Schluss empfahl Gessner all denen, die sich über die pflanzlichen Farbstoffe informieren wollten, welche »durch ihre Schönheit erfreuten«, die Dissertation *Plantae Tinctoriae*, die wenige Jahre zuvor in Linnés *Amoenitates academicae* veröffentlicht worden war. In dieser würden fast hundert Färbepflanzen

60 Es handelt sich dabei um die zwischen 1759 und 1773 veröffentlichten Dissertationen: Phytographia sacra generalis, Zürich 1759; Phytographiae sacrae generalis pars practica prior [–septima], Zürich 1760-1767; Phytographiae sacrae specialis pars prima [–altera], Zürich 1768-1773.

61 So verband beispielsweise der Rezensent, der die Heilpflanzendissertation in den *Tübingischen Berichten von gelehrten Sachen* besprach, diese durch lobende Worte mit dem vorhergenden Teil. Anonym: Rezension, in: Tübingische Berichte 24 (1762), S. 345-350, hier S. 345.

62 Siehe zur Dissertation über Heilpflanzen ausführlicher: Meike Knittel: »Dominus creavit ex Terra Medicamenta«. Heilpflanzenwissen in Johannes Gessners Phytographia sacra, in: Boscani Leoni/Stuber, Wer das Gras wachsen hört, S. 96-114.

mitsamt ihrer ursprünglichen Wuchsorte beschrieben und genau untersucht, welche Farben aus welchen Teilen gewonnen werden konnten.[63]

Auch die Präsentation der Themen gestaltete Gessner so, dass die Schriften nicht nur für botanisch vorgebildete Ärzte nützlich waren, sondern beispielweise auch für »Philolog[en und] Gottesgelehrte«.[64] In Gessners Texten finde der Leser, so der Rezensent in den *Jenaischen Zeitungen von gelehrten Sachen,* »im Kurzen alles verzeichnet, was man sonst zerstreut aufsuchen« müsse, und bekomme sowohl einen Einblick in philologische als auch in naturwissenschaftliche Forschungen.[65] Indem er das Angenehme mit dem Nützlichen und Ernsthaften verbinde, vermöge er das umfangreiche Pflanzenwissen auf eine Art und Weise zu vermitteln, die niemanden ermüden lasse.[66] In den Dissertationen führte Gessner Pflanzenwissen aus ökonomischen Zeitschriften mit gelehrten Abhandlungen über die Systematik und den Aufbau von Pflanzen zusammen.

Obwohl die *Phytographia sacra*-Dissertationen in erster Linie für die Examensdisputationen am Zürcher *Collegium Carolinum* gedacht waren und anders als die über das botanische Thermometer nur auf Latein verfügbar waren, waren sie einem größeren Publikum bekannt. Der englische Schweizreisende William Coxe schrieb in seinen als *Travels in Switzerland* veröffentlichten Berichten in Briefform nicht nur, dass Johannes Gessner der Botanik unter all seinen Aktivitäten besonders viel Aufmerksamkeit gewidmet habe. Er informierte seine Leser auch über die *Phytographia sacra* als Gessners wichtigstes Werk und beschrieb deren Aufbau und – wie eingangs gezeigt – auch deren Inhalt. Durch Beschreibungen

63 Gessner, Phytographia sacra (1763), S. 29. Ausführlich zu Fredrik Hasselquists Beobachtungen über Textilien und Farbstoffe während seiner Reise siehe: Lars Hansen/Viveka Hansen/Gunnar Broberg (Hg.): Textilia Linnaeana. Global 18th-Century Textile Traditions and Trade (= Mundus Linnæi Series, Bd. 5), London 2017, hier S. 179-194. Sicher wussten die Textilproduzenten besser über die Pflanzen Bescheid, die sich zum Färben verschiedener Stoffe eigneten, als manche botanischen Abhandlungen. Zum Wissenstransfer über Farbstoffe und Färbetechniken siehe: Siebenhüner, The Art of Making Indienne. Allerdings wurden Beiträge über Akklimatisierungs- und Substituierungsversuche von Färbe- und Textilpflanzen in ökonomisch-orientierten Zeitschriften interessiert aufgenommen. Dies zeigt sich allein schon in der großen Zahl neuerer Veröffentlichungen, die Gessner in seiner Dissertation zitierte, wie die Beiträge in den *Stockholmischen* und den *Breslauischen Abhandlungen* sowie im *Hamburgischen Magazin*.

64 Über den Nutzen der Schriften für weitere Personen außer Ärzten äußern sich gleich mehrere Rezensenten: Anonym, Tübingische Berichte 24 (1762), S. 346; Anonym: Rezension, in: Jenaische Zeitungen von gelehrten Sachen 40 (1769), S. 334-335, hier S. 335.

65 Ebd. Für die Dissertation über biblische Pflanzen, die als Nahrung dienten, holte sich Gessner die Unterstützung seines Bruders Jakob Gessner (1707-1787), der mit seiner philologischen Expertise eine zusätzliche Perspektive hinzufügen konnte. Während Johannes Gessner die biblischen Pflanzen nach Linnés System darstellte, gab Jakob einen Überblick über die bisherige Forschung zu den biblischen Pflanzennamen.

66 Anonym, Rezension Tübingische Berichte 24 (1762), S. 350.

wie diese erfuhren auch Interessierte an anderen Orten von der vielseitigen Beschäftigung des Zürchers mit Pflanzen, die über besonders gut als Hecken geeignete Sträucher bis hin zu den Moor- und Sumpfpflanzen reichen, aus denen Torf entstanden war.[67] Damit wirkten die Dissertationen deutlich über den lokalen Rahmen hinaus, für den sie ursprünglich angefertigt worden waren.

Die in der *Phytographia sacra* präsentierte Pflanzenwelt war eine zutiefst durchdachte, wie am Beispiel der Dissertation über Heilpflanzen deutlich wird, die 1762 als zweiter praktischer Teil (»pars practica altera«) erschien.[68] Schlüsselblumen und Duftveilchen, Huflattich und Löffelkraut – die ersten Frühjahrsblüher – konnten als Heilmittel gegen Atemwegsinfekte und verschleimte Bronchien eingesetzt werden, mit denen die Menschen im Frühjahr zu kämpfen hatten. Im Sommer waren mit Sauerampfer, Schwarzwurzel und Kamille in der Schweiz Heilpflanzen verfügbar, die gegen jene Fieber halfen, die besonders zu dieser Jahreszeit auftraten. Die zahlreichen Früchte und Kräuter, die im Herbst geerntet werden konnten, halfen gegen eine Vielzahl von Krankheiten, besonders gut aber ließen sich mit ihnen die im Herbst auftretenden hartnäckigen Fieber, Durchfall und rheumatische Beschwerden bekämpfen. Im Winter konnten aus Wurzeln und Hölzern Mittel gegen Durchblutungsstörungen gewonnen werden. Die Heilmittel waren stets zu der Zeit verfügbar, da sie besonders benötigt wurden.[69] Gleichermaßen hielt die Natur in unmittelbarer Umgebung der Kranken stets die richtigen Heilpflanzen bereit: Alpine Pflanzen würden kräftigend und heilsam für die Atemwege wirken, da sie – wie die Menschen, die sich in den Bergen bewegten – Kälte, Wind und Stürmen trotzen müssten und deshalb entsprechende Kräfte entwickelten. In Mittelamerika, wo der Ursprung der Syphilis gesehen wurde, so legte Gessner weiter dar, seien auch die Gegenmittel zu finden, und in Meeresnähe fänden sich häufig Pflanzen, welche Seefahrern gegen Skorbut helfen würden.[70]

67 Coxe, Travels, S. 92f.

68 Gessner, Phytographia sacra (1762), S. 52f. Zu der folgenden Argumentation siehe auch: Knittel, Dominus Creavit, S. 105-108.

69 Mit diesen Ausführungen knüpfte Gessner an eine alte Tradition an: Bereits Dioskurides' *Materia medica* (1. Jahrhundert n. Chr.) enthält Überlegungen zur Verfügbarkeit von Heilpflanzen zu den verschiedenen Jahreszeiten. Der Text war auch noch für Gessner und seine Zeitgenossen von Bedeutung. Ebenso basierten auch mittelalterliche Kräutersammelkalender, von denen in Zürich einige überliefert sind, auf Dioskurides' Überlegungen zum Zeitpunkt des Sammelns und dem richtigen Aufbewahren pflanzlicher Heilmittel. Siehe hierzu: Ulrich Stoll: De tempore herbarum. Vegetabilische Heilmittel im Spiegel von Kräuter-Sammel-Kalendern des Mittelalters. Eine Bestandsaufnahme, in: Peter Dilg/Gundolf Keil/Dietz-Rüdiger Moser (Hg.): Rhythmus und Saisonalität. Kongressakten des 5. Symposions des Mediävistenverbandes in Göttingen 1993, Sigmaringen 1995, S. 347-375. Für den Hinweis danke ich Dorothee Rippmann.

70 Auch Überlegungen zum Verhältnis von lokaler Natur und den Krankheiten der am selben Ort lebenden Menschen wurden bereits in antiken Texten formuliert, u.a. von Hippokrates, 5./4. Jahrhundert v. Chr. Im 17. und 18. Jahrhundert wurden jedoch besonders viele

Daher listete Gessner zunächst heimische Heilpflanzen, genauer die »Medicinae Germanorum domesticae« und in ganz Europa beliebte Kräuter, auf.[71] Neben Ehrenpreis und Salbei gehörten dazu andere weithin bekannte Pflanzen, die sich auch in zahlreichen Abbildungswerken sowie in Gessners Herbarium fanden. Aber nicht nur Heilpflanzen waren zu der Zeit und an dem Ort verfügbar, wo sie benötigt wurden. Auch in den anderen zur *Phytographia sacra* zählenden Abhandlungen zeichnete Gessner das Bild einer durchdachten, auf das Wohl des Menschen ausgerichteten Pflanzenwelt. So wuchsen Palmen mit großen, schattenspendenden Blättern passenderweise in heißen Gegenden, während es in der Schweiz eine Vielzahl verschiedener Hölzer gab, die sich für wärmende Feuer nutzen ließen.[72]

Die nützliche Anwendung heimischer Pflanzen wurde im 17. und 18. Jahrhundert stark diskutiert. Gessner wies sein Publikum insbesondere auf das Werk des dänischen Arztes Thomas Bartholin (1616-1680) und die als Dissertationen veröffentlichten Abhandlungen über heimische Medizin von Friedrich Hoffmann (1660-1742) und Lorenz Heister (1683-1758) sowie Balthasar Ehrharts (1700-1756) *Oeconomische Pflanzen-Historie* hin.[73] Bartholin, der in seinem *Dispensatorium Hafniense* (1658) noch ›exotische‹ Heilpflanzen empfohlen hatte, kritisierte wenige Jahre später in *De Medicina Danorum domestica* (1666) die Verwendung importierter Heilmittel. Gewächse mit heilender Wirkung müssten nicht aus weit entfernten Ländern teuer eingekauft werden, sondern seien gewissermaßen »auf der Türschwelle« und »im eigenen Hinterhof«, in den »eigenen« Bergen und Wäldern zu finden, die ein »reich gefülltes Warenlager« darstellen würden.[74] Damit folgte er seinem Kollegen Simon Paulli (1603-1680), der den Konsum von Kaffee, Tee, Schokolade und Zucker angeprangert hatte. Mit ihrer Kritik an der Verwendung importierter Heilpflanzen richteten sie sich vor allem gegen Apotheker. Diese konkurrierten mit gelehrten Ärzten auf dem medizinischen Markt um Patienten und damit um Prestige und finanzielle Mittel. Ihre Kritik richtete sich vor allem an die mit den gelehrten Ärzten um Prestige und finanzielle Mittel konkurrierenden Apotheker. Mit ihren Schriften versuchten die Ärzte, ihre

Schriften über die nützliche Anwendung heimischer Pflanzen und gegen die Anwendung ›exotischer‹ Pflanzen für die Behandlung ›europäischer‹ Körper publiziert. Siehe dazu: Baldwin, Danish Medicines, hier S. 164; Alix Cooper: The Indigenous versus the Exotic. Debating Natural Origins in Early Modern Europe, in: Landscape Research 28, 2003, S. 51-60.

71 Gessner, Phytographia sacra (1762), S. 50-52.

72 In der Dissertation von 1764 setzte sich Gessner mit den Verwendungszwecken verschiedener Hölzer auseinander: Gessner, Phytographia sacra (1764).

73 Ebd., S. 50. Gemeint sind 1718 in Halle unter dem Vorsitz von Friedrich Hoffmann und 1730 in Helmstedt unter dem Lorenz Heisters verteidigte Dissertationen.

74 Baldwin, Danish Medicines, S. 164.

eigene Position zu stärken und die Mittel der Apotheker als unwirksam und sogar schädlich darzustellen.[75]

Die Frage nach der Wirkung ›exotischer‹ Pflanzen auf ›europäische‹ Körper wurde im 17. und 18. Jahrhundert stark diskutiert. Als exotisch bezeichnete Heilmittel wie auch andere Güter aus Asien und den Amerikas waren im frühneuzeitlichen Europa weit verbreitet.[76] Als Reaktion darauf entstanden vor allem im deutschsprachigen Raum, aber auch in den Niederlanden hunderte Schriften, die Nutzen und Gefahren im Vergleich zu bekannten Heilmitteln diskutierten. Mit Verweisen auf antike Autoren versuchten sie an alte Traditionen anzuknüpfen, für die Verwendung lokaler Pflanzen und mehr Unabhängigkeit vom Handel zu werben. Indem er heimische Medikamente in einem eigenen Kapitel thematisierte, eröffnete Gessner seinen Schülern und dem weiteren Rezipientenkreis seiner Dissertation den Zugang zu diesen Debatten und vermittelte ihnen dabei auch die ökonomische Bedeutung von Pflanzenwissen. Er regte sie an, sich mit der heimischen Natur zu beschäftigten, die für die Bedürfnisse der hier lebenden Menschen das Notwendige bereithielt.[77]

Geschaffen worden war diese durchdachte Pflanzenwelt »durch das Wort des allmächtigen Gottes«, wie Gessner ganz zu Beginn der ersten, unter dem Titel *Phytographia sacra* veröffentlichten Dissertation erklärte. Damit stellte er die botanischen Kenntnisse in den Kontext einer spezifischen religiösen Sichtweise auf die Natur. Die Überzeugung, dass Gott der Urheber all der nützlichen Pflanzen sei, welche die Menschen in ihrer Umgebung fänden und zu ihrem Wohlbefinden anwenden könnten, wiederholte Gessner am Anfang aller weiteren zu dieser »geheiligten Pflanzenbeschreibung« gehörigen Dissertationen: Er zitierte Passagen aus dem Buch Sirach und der Genesis, die Gott als Schöpfer priesen, und interpretierte die zahlreichen nützlichen Pflanzen als Beweise für göttliches Wohlwollen und die weise Voraussicht des Schöpfers.[78] Diesen zu loben, so äußerte sich Gessner in den in Zürich veröffentlichten Dissertationen, sei *das* Ziel der Beschäftigung mit der Natur. Seine Abhandlungen über Pflanzen, die als Nahrung oder Heilmittel, für den Hausbau oder als Kleidung genutzt werden konnten,

75 Ebd. Zum Umgang frühneuzeitlicher Ärzte mit der Konkurrenz auf dem Gesundheitsmarkt siehe auch: Michael Stolberg: Zwischen Identitätsbildung und Selbstinszenierung. Ärztliches Self-Fashioning in der Frühen Neuzeit, in: Freist, Diskurse – Körper – Artefakte, S. 33-55.

76 Zum Handel mit ›exotischen‹ Heilpflanzen siehe: Stefanie Gänger: World Trade in Medicinal Plants from Spanish America, 1717-1815, in: Medical History 59/1 (2015), S. 44-62; Patrick Wallis: Exotic Drugs and English Medicine. England's Drug Trade, c.1550–c.1800, in: Social History of Medicine 25/1 (2011), S. 20-46.

77 Den Einfluss der Debatten um ›exotische‹ vs. heimische Pflanzen auf die Erforschung und Inventarisierung lokaler Natur im deutschsprachigen Raum arbeitete Alix Cooper heraus: Cooper, Indigenous vs. Exotic; dies., Inventing the Indigenous.

78 U.a. Gessner, Phytographia sacra (1762), S. 4.

sah er als eine Art der Beschäftigung mit Gottes Werken, welche die Menschen zu Glückseligkeit führen werde.[79] Ganz im Sinne einer physikotheologischen Herangehensweise verknüpfte Gessner die biblische Schöpfungserzählung mit nützlichem Pflanzenwissen.

Des Weiteren verfasste und veröffentlichte Gessner jedoch auch Dissertationen, die praktisches Wissen über den Anbau von Pflanzen vermittelten. In seiner Dissertation von 1755 reagierte er auf das große Interesse an verlässlichen und vergleichbaren Temperaturmessungen und stellte einige weitverbreitete botanische Thermometer vor.[80] Da die Schrift wie die meisten seiner Publikationen aus Anlass der jährlichen Examensdisputation am Zürcher *Collegium Carolinum* entstand, erschien sie zunächst in lateinischer Sprache.[81] Bereits im folgenden Jahr wurde die Abhandlung jedoch in deutscher Übersetzung im *Hamburgischen Magazin* veröffentlicht und erschien ein paar Jahre später auch auf Französisch, so groß war das Interesse am Vergleich der Skalen botanischer Thermometer.[82]

Die Schrift stellt verschiedene Thermometer vor, die Angaben zu den Temperaturen machten, in denen Pflanzen aus anderen Regionen der Welt kultiviert werden könnten. So sollte es nach dem von dem Londoner John Fowler entwickelten und von Stephen Hales in seinem Werk *Vegetable Statiks* (London 1731) beschriebenen botanischen Thermoskop im wärmsten Gewächshaus zwischen 26 und 31 Grad warm sein, damit auch besonders empfindliche Pflanzen gedeihen könnten. Denn ein *Melocactus* benötigte 31 Grad, Ananaspflanzen 29 Grad und ein Pimentbaum 26 Grad nach Fowlers Skala.[83] Neben Fowlers wurden in den 1750er-Jahren mehrere andere Thermometer in Gelehrtenzeitschriften besprochen und von Instrumentenbauern zum Kauf angeboten. Sie orientierten sich an unterschiedlichen Messwerten und machten somit verschiedene Angaben bezüglich der idealen

79 Gessner, Phytographia sacra (1760), S. 3. Siehe dazu näher: Trepp, Glückseligkeit.

80 Auch ein Jahr zuvor hatte sich Gessner in der jährlichen Dissertation mit dem Hydroskop einem Messinstrument gewidmet. Johannes Gessner: De Hydrscopiis constantis mensurae disquisitiones physicomathematico, Zürich 1754. Davon berichtete auch der Hannoveraner Reisende Johann Georg Reinhard Andreae in seinen Briefen aus der Schweiz. Flavio Häner: Dinge sammeln, Wissen schaffen. Die Geschichte der naturhistorischen Sammlungen in Basel, 1735-1850 (= Edition Museum, Bd. 23), Bielefeld 2017, S. 128. Wie Gessner am Anfang der Dissertation ausführte, konnten Thermometer nicht nur bei der Behandlung von Krankheiten und der Konservierung von Speisen sowie in Chemie und Meteorologie eingesetzt werden, sondern auch in der Botanik. Er selbst habe einige dieser Anwendungen erprobt.

81 Johannes Gessner (Pr.)/Hans Konrad Müller und Beat Fäsi (Respp.), *Theses physicae miscellaneae speciatim de thermoscopio botanico*, Zürich (Februar) 1755. Die Namen der Respondenten zitiere ich nach: Leu, Paläontologische Dissertationen, S. 234.

82 Johannes Gessner: Abhandlung vom Gebrauche des Thermoscops bey Wartung der Pflanzen, in: Hamburgisches Magazin 16 (1756), S. 288-303; Johannes Gessner, Dissertation sur le thermomètre botanique, Basel s. d. [1760].

83 Gessner, Vom Gebrauche des Thermoscops, hier S. 299.

Temperatur für das Wachstum einer Pflanze. Das im *Gentleman's Magazine* vorgestellte botanische Thermometer von John Bennet, das Gessner in der Dissertation beschrieb, sah im wärmsten Gewächshaus zwischen 17 und 27 Grad vor, damit Zimt, Kaffee und Ingwer gediehen.[84] Nach Linnés Thermometer, so Gessner weiter, sollte es im wärmsten Gewächshaus zwischen zwölf und 36 Grad warm sein.[85]

Die vielen unterschiedlichen Skalen machten es den Pflanzenliebhabern schwer, die Anweisungen umzusetzen, die sie bezüglich der richtigen Temperatur für einzelne Pflanzen in der Literatur fanden. Um die angegebenen Werte vergleichbar zu machen und umrechnen zu können, waren aufwändige Recherchen in gelehrten Abhandlungen und Reiseberichten zu den zahlreichen Thermometern notwendig, dass sich ein Einzelner kaum einen Überblick verschaffen konnte.[86] Pflanzenliebhaber – wie andere Benutzer von Thermometern – wünschten sich deshalb eine Vereinheitlichung und eindeutige Fixpunkte, welche die Stabilität der Messungen und eine Wiederholbarkeit der Experimente ermöglichten. Abhandlungen wie Gessners, die zumindest einige der Thermometer vergleichend betrachteten, waren deshalb begehrt.

Die Thermometer waren in erster Linie für die Aufzucht neuer, aus anderen Weltregionen beschaffter Spezies von Bedeutung. Die Vergleichbarkeit der Daten sollte die Akklimatisierung erleichtern. Vor allem aber vermittelten die Messungen den *Eindruck*, dass der Transfer von Pflanzen kontrollierbar war.[87] Gessner hob hervor, wie sehr der Erfolg im Gartenbau von einem präzisen Wissen über das günstige Klima für jede einzelne Pflanze abhänge. Er zitierte die im Vorjahr in Uppsala verteidigte *Dissertatio de horticultura academica* und betonte, dass alles Mögliche für das Gedeihen der Pflanzen getan werden müsse, welche »Könige, Fürsten und Kräuterliebhaber« von entfernten Orten in ihre Gärten holten. Vor allem für diese »Kräuterliebhaber« sei es von Bedeutung, dass die Pflanzen, in die sie so viel investiert hätten, auch gediehen.[88] Deshalb sei es wichtig zu wissen, so Gessner weiter, »was für Gränzen der Wärme sich für jede Pflanze

84 Gessner nennt Bennet »Bernart«: Ebd., S. 301 f.

85 Ebd.

86 In den 1770er-Jahren wurden über dreißig verschiedene Skalen genutzt, wie der niederländische Naturforscher Jan Henri van Swinden (1746-1823) in seiner *Dissertation sur la comparaison des thermomètres* anführte. Jan Henri van Swinden: Dissertation sur la comparaison des thermomètres, Amsterdam 1778. Siehe hierzu: Sofia Talas: Thermometers in the Eighteenth Century. J.B. Micheli du Crest's Works and the Cooperation with G.F. Brander, in: Nuncius 17/2 (2002), S. 475-496, hier S. 476.

87 Marie-Noëlle Bourguet: Measurable Difference. Botany, Climate, and the Gardener's Thermometer in Eighteenth-Century France, in: Londa Schiebinger/Claudia Swan (Hg.): Colonial Botany: Science, Commerce, and Politics in the Early Modern World, Philadelphia 2005, S. 270-286, hier S. 275.

88 Carl von Linné (Pr.)/Johan Gustaf Wollrath (Resp.), Horticultura academica, Uppsala (18. Dezember) 1754, in: *Amoenitates academicae*, Bd. 4, Stockholm 1759, S. 210-229. Gessner, Vom Gebrauche des Thermoscops, S. 290.

schick[t]en.«[89] Denn während Alpenpflanzen, wie auch »grönländische und lappländische« Gewächse, Kälte gut vertrügen, würden manche Pflanzen aus warmen Ländern schon bei »kalter Luft welk« werden.[90] Ein *Melocactus* beispielsweise überlebe in England, wo einige Versuche dokumentiert wurden, diese ungewöhnlich aussehende Pflanze zu kultivieren, nur selten längere Zeit und es gebe nur wenige Personen, denen es gelungen sei, in Europa aus Samen tatsächlich Pflanzen zu ziehen. Pflanzen der Gattung *Melocactus* waren in Europa sehr beliebt. Es bestand zwar kein Interesse daran, die Pflanze als Nahrungs- oder Heilmittel zu verwenden, aber ihre »besondere[...] Structur« machte sie für Pflanzenliebhaber begehrenswert.[91] Dass diese Kakteen nicht im britischen Einflussgebiet wuchsen, sondern in den spanischen Kolonien, erschwerte den Zugang und machte manche Sorten zu wahrhaften Raritäten. Erst durch die Aufzuchterfolge englischer Gärtner fand der *Melocactus* weitere Verbreitung, war dann aber bald überall »in den Gärten der Liebhaber« zu finden, wie Philip Miller in seinem beliebten *Gardener's Dictionary* mitteilte, auf das Gessner in diesem Zusammenhang verwies.[92] Die Kakteen mit dem apfelförmigen Fruchtkörper gehörten bald zu den beliebtesten Pflanzen in Großbritannien und die Idealtemperatur für den *Melocactus* wurde deshalb als Referenzpunkt auf Bennets Thermometer gezeigt, das im Juni 1751 im *Gentleman's Magazine* vorgestellt wurde:[93] Neben der Skala des Instruments waren darüber hinaus Gradangaben zu einem Dutzend weiterer Gewächse, darunter Zimt, Ananas, Kaffee, Piment und Ingwer aufgeführt. Das Wissen über die idealen Temperaturen der zwanzig beliebtesten Pflanzen unmittelbar mit der Temperaturanzeige zu verknüpfen, erleichterte den Pflanzenliebhabern die Arbeit und verschaffte den Instrumentenbauern im Verkauf einen Vorteil gegenüber anderen.

Allerdings erschwerten Uneinheitlichkeit und mangelnde Vergleichbarkeit der Thermometer ihre Nutzung beim Anbau von Kulturpflanzen. Arbeiten wie Gessners Dissertation über das Thermometer lieferten den Pflanzenliebhabern deshalb nützliche Vergleichsdarstellungen. Gessner nahm an, dass die unterschiedlichen

89 Gessner, Vom Gebrauche des Thermoscops, S. 293.

90 Ebd., S. 292.

91 Es war bekannt, dass die Frucht in Westindien als Nahrung diente, aber eine derartige Verwendung war für die Europäer, welche die Kakteen anzubauen versuchten, nicht von Interesse: Miller, Philip: Das englische Gartenbuch, Oder Philipp Millers Gärtners der preiswürdigen Apothekergesellschaft in dem Kräutergarten zu Chelsea, und Mitgliedes der Königl. englischen Societät der Wissenschaften, Gärtner-Lexicon [...], übersetzt von Georg Leonhart Huth, Nürnberg 1751, Bd. 2, S. 39. Auch Gessner thematisierte die Verwendung der Frucht als Nahrung im ersten praktischen Teil der *Phytographia sacra* (1760), S. 26.

92 Miller, Gartenbuch, Bd. 2, S. 39.

93 Anonym: Description of a New Botanic Thermometer, Constructed upon Rational Principles, in: Gentleman's Magazine (1751), S. 273.

Thermometerproduzenten von derselben Idealtemperatur ausgingen und konnte so anhand der auf den verschiedenen Thermometern gemachten Angaben zu einer Pflanzenart das Verhältnis zwischen den Skalen von Hales und Bennet angeben: Wo auf Hales Thermometer 50 Grad angezeigt wurden, zeigte Bennets Thermometer demnach 40 Grad, was Hales Angaben zufolge der Wärme der Mittagssonne im Sommer und dem »mittlere[n] Grad zwischen dem Puncte des Gefrierens und dem Schmelzen des Wachses« war. Nachdem Gessner also Bennets zweiten Fixpunkt identifiziert hatte, setzte er dessen Skala im Anschluss ins Verhältnis zu den Angaben, die Jacques-Barthelémy Micheli du Crest (1690-1766) auf seinem *Thermometre universel* gemacht hatte, indem er Werte für einzelne Pflanzen notierte.[94] Michelis Thermometer – für dessen Verbreitung sich Gessner einsetzte – zeigte neben seiner eigenen Skala die Réaumurs sowie jene von Newton, Fahrenheit und Delisle und auch die von »Mr Hales«, »Mr Christin« sowie »Mr Fowlers«.[95]

Die Zusammenarbeit zwischen Instrumentenbauern und Naturforschenden bei der Herstellung von Thermometern war auch in anderen Fällen sehr eng. Sie unternahmen gemeinsame Anstrengungen, um die Instrumente zu verbessern, und die Quantifizierung gewann zunehmend an Bedeutung für die wissenschaftliche Glaubwürdigkeit.[96] Instrumente wie Thermometer beeinflussten die wissenschaftlichen Praktiken im 17. und 18. Jahrhundert erheblich und trugen zu ihrer Vereinheitlichung bei: Reisende wurden beispielsweise angewiesen, an verschiedenen Orten auf der Welt die gleichen Messungen durchzuführen, und erhielten dafür detaillierte Instruktionen.[97] Mit der Dissertation über Temperaturmessungen im Kontext der Aufzucht von als exotisch wahrgenommenen Pflanzen setzte sich Gessner mit einem aktuellen Thema auseinander, das viele Pflanzenliebhaber beschäftigte, und gab seinen Zürcher Schülern sowie den übrigen Lesern der Dissertationen auch Hinweise zur praktischen Anwendung botanischer Kenntnisse in die Hand.

Das Schreiben über Pflanzen orientierte sich somit an den lokalen Interessen, die von grundlegenden Bedürfnissen wie der Ernährung der Bevölkerung bis hin zur Aufzucht ansprechend blühender Arten zum Vergnügen wohlhabender Zürcher Bürgerinnen und Bürger reichten, und war nicht auf gelehrte Debatten reduziert. Eingebettet war das Publizieren botanischer Wissensbestände

94 Gessner, Vom Gebrauche des Thermoscops, S. 302.

95 Talas, Thermometers, S. 476f.

96 Bourguet, Measurable Difference, S. 283.

97 Marino Buscaglia: Critique et situation de la »méthode du thermomètre universel« dans la science de l'époque, in: Barbara Roth-Lochner (Hg.): Jacques-Barthélemy Micheli du Crest 1690-1766. Homme des Lumières, Genf 1995, S. 133-137, S. 133; Bourguet, Measurable Difference; Marie-Noëlle Bourguet/Christian Licoppe/Heinz Otto Sibum (Hg.): Instruments, Travel and Science. Itineraries of Precision from the Seventeenth to the Twentieth Century (= Studies in the History of Science, Technology and Medicine, Bd. 16), London; New York 2002.

dabei stets in eine Wahrnehmung und Beschreibung der Natur als durchdachte, wohlorganisierte göttliche Schöpfung, deren Nützlichkeit es zu erforschen galt. Dabei war sowohl die Verwendung der lateinischen Sprache in den Dissertationen als auch die »gleichzeitige Präsenz dieser zwei Welten«, von Wissenschaft und Religiosität, nichts Außergewöhnliches oder Antiquiertes.[98] Gessner folgte damit nicht nur seinem Lehrer Johann Jakob Scheuchzer, sondern knüpfte auch an die physikotheologischen Arbeiten aus dem Umfeld Carl von Linnés an. Die in der zweiten Hälfte des 18. Jahrhunderts von Gessner praktizierte Art und Weise, gedrucktes Pflanzenwissen zu verbreiten, war daher nicht nur in der lokalen Tradition verwurzelt, sondern auch in transnationale Netzwerke eingebettet. Wie diese Bedingungen in Zürich bei der Produktion botanischer Abbildungen mit den Interessen von Pflanzenliebhabern an anderen Orten zusammenspielten, beleuchtet das folgende Kapitel.

2.3 Pflanzen abbilden

»[...] auch durch die weitläufigste Beschreibung« könne er keine »so deutliche Vorstellung« von der »merkwürdigen zusammenwachsenen dreifach laubichten oder gründenden Quitte« machen wie mit der Abbildung (Abb. 5), die er seinem Text über die im Jahr 1760 beobachteten »Seltenheiten aus dem Pflanzenreich« beifügte, schrieb Salomon Schinz im ersten Band der *Abhandlungen der Naturforschenden Gesellschaft Zürich*.[99] Wie sein Lehrer Johannes Gessner glaubte auch Schinz fest an die Kraft bildlicher Darstellung. Gessner strebte sogar die Herstellung von Bildern an, die auch ganze ohne Text zu verstehen waren.[100] Beide Zürcher Naturforscher versuchten gezielt, mithilfe von Abbildungen das Interesse an Pflanzen zu fördern und grundlegende Klassifikationskenntnisse zu vermitteln. Aus diesem Grund beauftragte Gessner in den 1750er-Jahren den Miniaturmaler und Kupferstecher Christian Gottlieb Geissler (1729-1814) mit der Anfertigung von Pflanzenabbildungen, die jedoch erst posthum veröffentlicht wurden.[101]

98 Kaspar von Greyerz: European Physico-Theology (1650–c.1760) in Context. Celebrating Nature and Creation, Oxford 2022, S. 82 bzw. S. 87.

99 Schinz, Seltenheiten, in: NGZH 1 (1761), S. 543 f.

100 Brief Gessner an Haller, Zürich, 3.2.1754. BB Bern, N Albrecht von Haller 105.20.158. Zitiert nach: Boschung, Johannes Gessner, S. 106.

101 Die Abbildungen wurden zwischen 1795 und 1804 von Christoph Salomon Schinz in Zürich unter dem Titel *Johannis Gessneri Tabulae phytographicae* veröffentlicht. Dass Werke nach dem Tod des Autors von Familienmitgliedern und Schülern publiziert wurden, war nicht ungewöhnlich: Alix Cooper: Homes and Households, in: Park/Daston, Early Modern Science, S. 224-237; dies., Picturing Nature. Entsprechende Erwartungen an die nächste Generation formulierte auch Hans Caspar Hirzel in seiner Gedenkrede für Johannes Gessner. Hirzel, Denkrede, S. 103. Christian Gottlieb Geissler fertigte

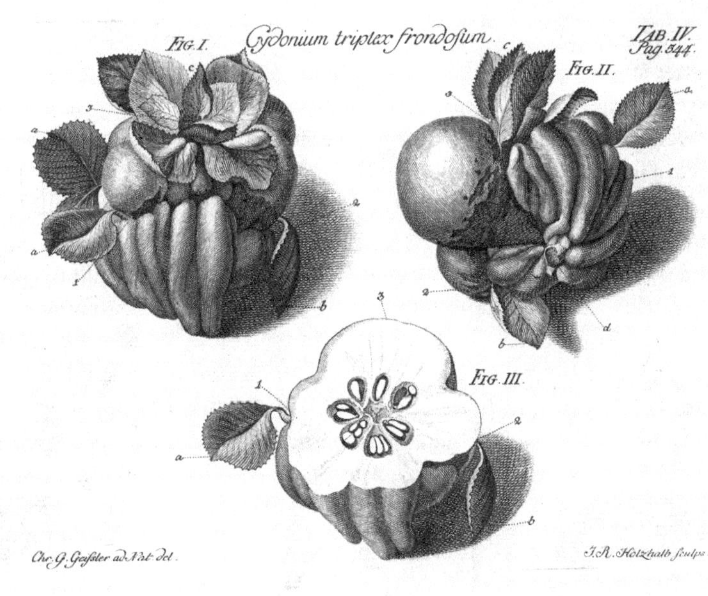

Abb. 5: Christian Gottlieb Geissler/Johann Rudolf Holzhalb, Cydonium triplex frondosum, in: Abhandlungen der Naturforschenden Gesellschaft Zürich 1 (1760), S. 544

Salomon Schinz publizierte in den 1770er-Jahren mit der *Anleitung zu der Pflanzenkenntnis und derselben nützlichsten Anwendung* und den *Primae lineae botanicae* zwei botanische Einführungstexte, die maßgeblich auf Visualisierungen der für die Klassifikation relevanten Blütenteile basierten.[102] Die Bilder, hergestellt in enger Zusammenarbeit der gelehrten Zürcher Botaniker mit Zeichnern

nicht nur die Pflanzenabbildungen an, sondern zeichnete auch Muscheln und Mineralien aus Gessners Sammlung, überliefert unter der Signatur: ZBZ, Alte Drucke, NFF 4. Siehe dazu: Dennis Hansen/Urs B. Leu: Johannes Gessners »Museum«, in: Vierteljahrsschrift der Naturforschenden Gesellschaft in Zürich 166, 2021, S. 8-11. Zur Herstellung der botanischen Tafeln: Meike Knittel: Beobachten, ordnen, erklären. Johannes Gessners Tabulae phytographicae (1795-1804), in: Nathalie Vuillemin/Evelyn Dueck (Hg.): Entre l'œil et le monde. Dispositifs d'une nouvelle épistémologie visuelle dans les sciences de la nature (1740-1840), Éditions Épistémocritique 2017, S. 33-45. Online unter: http://epistemocritique.org/category/ouvrages-en-ligne/actes-de-colloques/entre-loeil-et-le-monde/ (abgerufen am 11.10.2023).

102 Schinz, Primae lineae; ders.: Anleitung zu der Pflanzenkenntniss und derselben nützlichsten Anwendung, mit hundert illuminirten Tafeln, Zürich 1774.

und Kupferstechern, die ihre Fähigkeiten von Meistern in künstlerischen Zentren erworben hatten, sollten helfen, dieses Wissen auf angenehme, leichte Art und Weise zu vermitteln und Anfängern so den Einstieg in die Botanik erleichtern.[103] Bilder spielten, neben Erläuterungen am Objekt und gedruckten Texten, bei der Vermittlung von Pflanzenwissen eine wichtige Rolle, da sie leicht zu transportieren waren, in ihnen Beobachtungen verstetigt werden konnten und sie als leicht lesbar galten.[104] Das folgende Teilkapitel wird diese in Zürich geschaffenen Pflanzenabbildungen untersuchen und dabei sowohl den Herstellungsprozess als auch die Verbreitung und Nutzung der Bilder beleuchten. Ziel ist es, zu zeigen, wie die Abbildungen botanische Praktiken einzuüben halfen und dazu beitrugen, Zürich zu einem Knotenpunkt in den botanischen Netzwerken des 18. Jahrhunderts zu machen.

Gessner ließ vom Indischen Blumenrohr *(Canna indica)* bis zu den Kryptogamen von Vertretern sämtlicher 24 Klassen Linnés Abbildungen anfertigen (Abb. 6).[105] Die Tafeln, welche nach Gessners Tod als *Tabulae phytographicae* veröffentlicht wurden, zeigten mehrere hundert Abbildungen von Pflanzen in ansprechender Art und Weise: Die Abbildungen seien von »außerordentliche[r] Schönheit« schrieb der Rezensent – möglicherweise Gessners Freund Albrecht von Haller – in den *Göttingischen Anzeigen* bereits 1759 über die ihm vorliegenden Abdrucke von Gessners Tafeln. Sie seien denen in Tourneforts *Institutiones*

103 Brief Gessner an Haller, Zürich, 11.9.1748. BB Bern, N Albrecht von Haller 105.20.118. Zitiert nach: Boschung, Johannes Gessner, S. 96. Mit dieser Auffassung stand Gessner auch in der Tradition von Johann Jakob und Johann Scheuchzer, die mehrere ihrer Veröffentlichungen aufwendig bebildern ließen (z. B. *Herbarium diluvianum*, *Physica sacra* und *Agrostographia*). Claus Nissen sieht aufgrund der Aktivitäten der Scheuchzer-Brüder bereits für das frühe 18. Jahrhundert eine »Blütezeit der naturkundlichen Illustration in der deutschen Schweiz«. Claus Nissen: Die botanische Buchillustration. Ihre Geschichte und Bibliographie, Stuttgart 1951, S. 222. Zur Bedeutung von Abbildungen für die Popularisierung der Botanik im 19. Jahrhundert: Anne Secord: Botany on a Plate. Pleasure and the Power of Pictures in Promoting Early Nineteenth-Century Scientific Knowledge, in: Isis 93/1 (2002), S. 28-57.

104 Gill Saunders: Picturing Plants. An Analytical History of Botanical Illustration, London 1995; Pamela O. Long: Objects of Art, Objects of Nature. Visual Representation and the Investigation of Nature, in: Smith/Findlen (Hg.), Merchants and Marvels, S. 63-82; Secord, Botany on a Plate; Thomas Schnalke: Das genaue Bild. Das schöne Bild. Trew und die botanische Illustration, in: ders. (Hg.): Natur im Bild. Anatomie und Botanik in der Sammlung des Nürnberger Arztes Christoph Jacob Trew. Eine Ausstellung aus Anlass seines 300. Geburtstages, 8. November-10. Dezember 1995; Katalog (= Schriften der Universitätsbibliothek Erlangen-Nürnberg, Bd. 27), Erlangen 1995, S. 99-129.

105 Die Vorarbeiten zu den *Tabulae phytographicae* sind als Materialsammlung zu den Klassen XIV und XV sowie als in der Reihenfolge des Linné'schen Systems geordnetes Kompendium in der Handschriftensammlung der Zentralbibliothek unter Ms Z VIII 3 und 4 überliefert, wie Albert Thellung 1921 feststellte.

Abb. 6: *Filices* (Farnkräuter), aus: Tab. 60, Gessner/Schinz, Tabulae phytographicae

rei herbariae ähnlich, »aber unendlich reicher und vollkommener«.[106] Bereits nach Erhalt einiger kolorierter Drucke der Pflanzentafeln 1754 hatte sich Haller begeistert geäußert: Die Abbildungen seien wunderschön, sowohl hübsch gezeichnet, als auch zweckmäßig gestochen.[107] Das Werk, »das nicht seines gleichen hat, wird nichts weniger als die sämtlichen Linné'schen *Characteres plantarum* [...] gemalt liefern«, schrieb der Hannoveraner Reisende Johann Georg Reinhard Andreae (1724-1793) begeistert, nachdem er die Abbildungen gesehen hatte.[108] Die Pflanzenabbildungen waren für die Zeitgenossen somit nicht nur visuell ansprechend, sondern auch von wissenschaftlichem Wert, da sie die fruchtbildenden Teile, die für die Klassifikation nach Linné entscheidend waren, deutlich zeigten.[109] Blätter, Blüten und Stängel wurden nur in Ausnahmefällen dargestellt, Blütenkelche hingegen, um alle Details sichtbar zu machen, teilweise sogar in sezierter Form. Dieser Fokus lenkt den Blick auf das, was Gessner wesentlich erschien: eine botanische Methode zu vermitteln, die einen leichten Zugang zur Beschäftigung mit Pflanzen ermöglichte.

Zunächst hatte er mit dem Gedanken gespielt, bereits bestehende Abbildungen für die Einführung in die Klassifikation nach Linné zu nutzen, und dafür in den 1740er-Jahren den Erben Johann Jakob Scheuchzers die hölzernen Druckstöcke von Leonhart Fuchs' *Historia plantarum* (1542) abgekauft.[110] Bald schon realisierte er aber, dass sich diese nicht dazu eigneten, da Fuchs die Fruktifikationsteile »entweder noch nicht gekannt, oder sonst für unwichtig gehalten« und deshalb nicht – wie für die neue Klassifikationsmethode nötig – dargestellt

106 Anonym: Rezension, in: Göttingische Gelehrte Anzeigen 18 (1759), S. 172f. Ihren Weg in die Göttingische Rezensionszeitschrift fand die Nachricht über die in Zürich entstandenen Abbildungen aller Wahrscheinlichkeit nach über Albrecht von Haller, dem Johannes Gessner Anfang 1754 einige der botanischen Tafeln zur Ansicht vorlegte. Brief Gessner an Haller, Zürich, 3.2.1754. BB Bern, N Albrecht von Haller 105.20.158. Zitiert nach: Boschung, Johannes Gessner, S. 106.

107 Brief Haller an Gessner, Bern, 14.2.1754. ZBZ Ms M 18.19.134. Zitiert nach: Sigerist, Briefe Haller, S. 206. Ähnlich äußerte sich auch die Markgräfin von Baden-Durlach bezüglich Geisslers Stichen. Brief Karoline Luise von Baden an Gessner, Karlsruhe, 13.2.1768. ZBZ, Autogr. Ott, Baden Durlach von. Ein Jahrzehnt später bestätigte der Karlsruher Professor und Direktor des markgräflichen botanischen Gartens Joseph Gottlieb Kölreuter, das Interesse des Markgrafenpaars an Geisslers Fähigkeiten. Brief Kölreuter an Gessner, 31.1.1777. Universiteitsbibliotheek van Amsterdam (UB Amsterdam), OTM: hs. 76 V.

108 Johann Gerhard Reinhard Andreae: Briefe aus der Schweiz nach Hannover geschrieben, in dem Jare 1763. Zweiter Abdruck, Zürich/Winterthur 1776, S. 51.

109 Brief Gessner an Haller, Zürich, 15.10.1747. BB Bern, N Albrecht von Haller 105.20.116. Zitiert nach: Boschung, Johannes Gessner, S. 93-95.

110 Boschung, Johannes Gessner, S. 44. Zur Entstehung der Holzschnitte und dem von Fuchs anvisierten Verhältnis von Text und Bild: Sachiko Kusukawa: Illustrating Nature, in: Marina Frasca-Spada/Nicholas Jardine (Hg.): Books and the Sciences in History, Cambridge 2000, S. 90-113; dies.: Leonhart Fuchs on the Importance of Pictures, in: Journal of the History of Ideas 58/3 (1997), S. 403-427.

habe.[111] Daraufhin entschloss Gessner sich, neue, aussagekräftige Abbildungen herstellen zu lassen und Fuchs' Pflanzenbilder stattdessen für ein Kompendium der Botanik zu nutzen.[112] Grundsätzlich hielt Gessner die knapp zweihundert Jahre alten Tafeln nämlich für geeignet, um Pflanzenkenntnisse an seine Zeitgenossen zu vermitteln. Darüber hinaus erfüllten die hölzernen Druckstöcke für Johannes Gessner noch eine weitere Funktion: Da Fuchs' *Historia plantarum*, die mit 512 Pflanzenabbildungen 1542 erstmals in Basel gedruckt und seitdem in zahlreiche Sprachen übersetzt worden war, im 18. Jahrhundert als wichtiger Beitrag zur Botanik angesehen wurde, bescherte der Besitz der historischen Druckstöcke dem Zürcher unter botanisch Interessierten auch Prestige und Interesse an seiner Sammlung.[113]

Veröffentlicht hat Gessner die Abbildungen letztlich jedoch nicht selbst. Das Vorhaben realisierte Salomon Schinz mit der Veröffentlichung einer Auswahl der Tafeln als *Anleitung zu der Pflanzenkenntnis und derselben nützlichsten Anwendung* (Abb. 7). Es zeigte hundert Abbildungen, die Leonhart Fuchs (1501-1566) mehr als zweihundert Jahre zuvor für seine 1542 in Basel gedruckte *Historia stirpium* hatte anfertigen lassen, und war somit gewissermaßen auch eine Zürcher Neuauflage von Leonhart Fuchs' Pflanzentafeln, die von Berg-Ehrenpreis bis »Indianisch-Nägeli« sämtliche dem Botaniker des 16. Jahrhunderts bekannten Pflanzen abbildete. Salomon Schinz beschrieb die Pflanzen zudem: »EHRENPREIS mit sehr langen, traubenförmigen, an den Seiten der Blätter stehenden Blumen; eiförmigen, runzligen, gezähnten, zum Teil stumpfen Blättern; und für sich liegenden Stängeln«, schrieb er beispielsweise über die auf Bergwiesen wachsende Pflanze. Zudem lieferte Schinz Informationen zur möglichen Verwendung der dargestellten Pflanzen als Medizin oder Nahrung und zu ihrer aktuellen Verbreitung: Der Ehrenpreis blühe im Juni und Juli »schön blau« und wirke äußerlich und innerlich reinigend. Außer auf »Bergweiden« hatte Salomon Schinz ihn auch »auf der Anhöhe an der Sihl gefunden, wo man gegen den steinernen Tisch« gehe und auch »nahe bei Wollishofen«.[114]

111 Schinz, Primae lineae, unpag. Vorwort.

112 Autobiografie. ZBZ, Ms M 18.10. Zitiert nach: Boschung, Johannes Gessner, S. 44. Die biografische Beschreibung erschien in ausgeschmückter Form in: Brucker, Bilder-Sal. Gessners Manuskript hat Urs Boschung ca. 250 Jahre später veröffentlicht: Boschung, Johannes Gessner, S. 24-45. Seinem Freund Albrecht von Haller teilte Gessner zudem Anfang 1754 mit, dass er die Abbildungen zusammen mit Angaben zu den Synonymen, dem Fundort und den Heilkräften als *Historia plantarum* herausgeben wolle. Brief Gessner an Haller, Zürich, 3.2.1754. BB Bern, N Albrecht von Haller 105.20.158. Zitiert nach: Boschung, Johannes Gessner, S. 106.

113 So äußerte sich beispielsweise Christoph Jacob Trew im Vorwort zu seiner Ausgabe von Elizabeth Blackwells *Herbarium*.

114 Schinz, Anleitung, S. 59.

Abb. 7: *Veronica* (Ehrenpreis), Tab. 2, aus: Schinz, Anleitung

Im Botanischen Garten der Naturforschenden Gesellschaft war der Ehrenpreis in Beet Nummer 36 zu finden, teilte Schinz mit, der zur gleichen Zeit einen Katalog der in diesem Garten vorhandenen Pflanzen erarbeitete. Darüber hinaus ließ sich der *Anleitung* entnehmen, in welchen anderen Texten Informationen über die abgebildeten Pflanzen zu finden waren. Über den Ehrenpreis hatten zuvor beispielsweise Albrecht von Haller in seiner *Historia stirpium* (Bern, 1768) und Balthasar Ehrhart in seiner *Oeconomische Pflanzen-Historie* (Ulm, 1753-1762) geschrieben.[115] Fuchs' Abbildungen reicherte Schinz also mit weiteren Informationen an, die er selbst gesammelt oder aus den Notizen seines Lehrers übernommen hatte.

Die Gelegenheit zur Veröffentlichung bot sich im Rahmen von Schinz' Tätigkeit als Arzt des Waisenhauses, das wenige Jahre zuvor in Zürich gegründet worden war. Dem eigentlichen Text stellte er eine *Zuschrift an die Waisenkinder* voran, die er – ebenso wie weitere Interessierte vor Ort – mit der Veröffentlichung anregen wollte, die Natur zu betrachten und deren Schöpfer anzubeten.[116] Die Kinder des Waisenhauses sollten aber nicht nur mittels des Texts Pflanzenkenntnisse erwerben, sondern auch indem sie die in der *Anleitung* abgedruckten botanischen Abbildungen von Leonhart Fuchs kolorierten. Zeichnen und Ausmalen gehörten zum Unterrichtsprogramm des Zürcher Waisenhauses, da es als »ehrenvolle und nützliche Beschäftigung« vor allem für etwaige freie Stunden gesehen wurde.[117] Das Zeichnen und Kolorieren, das sich sowohl für »liebenswürdige[...] Jüngling[e]« als auch für

115 Ebd.

116 Diese Zielsetzung der *Anleitung* sowie die Ausrichtung auf ein lokales Publikum bekräftigte Salomon Schinz im Vorwort der im folgenden Jahr erschienenen *Primae lineae botanicae*. Schinz, Primae lineae, unpag. Vorwort.

117 Schinz, Anleitung, S. 6f.; Schinz, Primae lineae, unpag. Vorwort. Derartige Fähigkeiten und Kenntnisse wurden nicht nur im Zürcher Waisenhaus vermittelt. Siehe dazu auch: Whitmer, The Halle Orphanage. Auch an der ebenfalls in den 1770er-Jahren gegründeten Zürcher Kunstschule gehörte Naturgeschichte, neben dem Zeichnen von »Blumen, Blättern, Früchten« sowie von »Kränzen, Ornamenten und Landschaften«, zum Unterrichtsprogramm. Ulrich Ernst: Die Kunstschule in Zürich, die erste zürcherische Industrieschule 1773-1833. Beilage zum Programm der Kantonsschule, Zürich 1900, S. 12.

»artige[] Mädchen« eignete, diente jedoch nicht nur dazu, Wissen über Pflanzen zu vermitteln und ein Produkt herzustellen, von dem das Waisenhaus finanziell profitieren konnte, sondern auch dazu, die Heranwachsenden zu fleißigen Bürgern zu erziehen, die »Gott gefällig« und ihrem »Vaterland und [ihren] Mitbürgern nützlich und angenehm« sein würden.[118] Mit Fuchs' Abbildungen konnte Schinz ihnen geeignetes Material dafür an die Hand geben.

Das Beispiel der Veröffentlichung von Leonhart Fuchs' Abbildungen, die vom Berg-Ehrenpreis bis »Indianisch-Nägeli« ganz unterschiedliche Pflanzen zeigen, verdeutlicht den Facettenreichtum der Botanik des 18. Jahrhunderts. Es zeigt nicht nur, dass das Erlernen und Vermitteln von Pflanzenwissen durch Texte und Bilder eine wichtige Rolle spielten, sondern auch, dass materielle Hinterlassenschaften von Botanikern vergangener Jahrhunderte als Prestigeobjekte und Arbeitsinstrumente von Bedeutung waren. Zudem werden unterschiedliche Funktionen der botanischen Aktivitäten im Zürich des 18. Jahrhunderts deutlich: Die Veröffentlichung stärkte Schinz' Status als gelehrter Arzt und adäquater Nachfolger von Johannes Gessner. Das Kolorieren der Pflanzenabbildungen diente den Waisenkindern zum Erlernen handwerklicher Fähigkeiten, aber auch deren religiöser und bürgerlicher Erziehung. Die Weitergabe der Druckstöcke wirkte sich nicht nur positiv auf Gessners Ruf als freigiebiger Förderer der Botanik aus, sondern erlaubte auch die Realisierung eines seiner Vorhaben durch jemanden aus seinem engsten Umfeld und die praktische Nutzung seiner Erwerbungen.

Für die Herstellung der Pflanzenabbildungen, die Linnés Klassifikationsmethode erklären sollten, zog Gessner dann verschiedene andere Quellen heran. Wie seine Zeitgenossen beabsichtigte auch der Zürcher Botaniker, für die Produktion der Abbildungen jede einzelne Pflanze mit eigenen Augen und Händen zu untersuchen, und griff dafür auf frische und getrocknete Exemplare zurück.[119] Die fertigen Tafeln zeigen nicht nur Pflanzen, die in der Schweiz wild wuchsen, sondern auch Gewächse, die aus dem Mittelmeerraum oder Persien, aus Sibirien, Indien oder den Amerikas beschafft und in Zürich kultiviert wurden.[120] Bei der

Zum naturkundlichen Unterricht an Zürcher Schulen zur gleichen Zeit siehe zudem: De Vincenti, Schule der Gesellschaft.

118 Schinz, Anleitung, S. 9; ebd. S. 6.

119 Brief Gessner an Haller, Zürich, 15.10.1747. BB Bern, N Albrecht von Haller 105.20.116. Zitiert nach: Boschung, Johannes Gessner, S. 93-95; Brief Gessner an Haller, Zürich, 3.2.1754. BB Bern, N Albrecht von Haller 105.20.158. Zitiert nach: Boschung, Johannes Gessner, S. 106. Das genaue Beobachten eines Originals mit eigenen Augen wurde als Grundvoraussetzung für wissenschaftliche Abbildungen im Laufe des 18. Jahrhunderts immer wichtiger und gewann auch für die Entwicklung von Hypothesen an Bedeutung. Lorraine Daston: The Empire of Observation, 1600-1800, in: dies./Elizabeth Lunbeck (Hg.): Histories of Scientific Observation, Chicago 2011, S. 81-113.

120 Bei der Herausgabe der Tafeln wurde für viele der Pflanzen das Habitat angegeben, was einen Einblick in Gessners Wissen über Pflanzen aus entfernten Weltregionen und seine Möglichkeiten, diese zu beschaffen, erlaubt. Siehe dazu: Meike Knittel: Flora Near and

Herstellung der Abbildungen konnte Gessner, Hans Caspar Hirzel zufolge, auf »alle fremde[n] Pflanzen, die in den Gärten [der] Stadt blühten«, zurückgreifen.[121] Zudem trug er in seinem Herbarium getrocknete Pflanzen von überallher zusammen und konnte, laut dem Hannoveraner Reisenden Andreae, darüber hinaus auch das Herbarium von Felix Platter für die Herstellung der Pflanzenabbildungen nutzen. Andreae berichtet nämlich, dass er Platters Sammlung getrockneter Pflanzen, die nun im Besitz eines Basler Arztes namens Passavant sei, während seines Aufenthalts in Basel im August 1763 nicht habe besichtigen können, da diese seit längerer Zeit an Johannes Gessner ausgeliehen worden sei.[122] Der Zürcher konnte also für die Produktion der Tafeln auf umfangreiches frisches und getrocknetes Pflanzenmaterial zurückgreifen.

Zudem nutze er auch von anderen publizierte Pflanzenbilder als Vorlage, wobei er klagte, dass der Maler Christian Gottlieb Geissler, mit dem er die Tafeln gemeinsam erarbeitete, in manchen Fällen nichts als »mangelhafte Abbildungen« zur Verfügung hatte, und versicherte, dass er nur die Werke der »besten Schriftsteller« als Vorlage zu nehmen beabsichtigte.[123] Das Kopieren von Abbildungen aus anderen Veröffentlichungen wurde im 18. Jahrhundert, wie unzählige Paratexte von Abbildungswerken belegen, zwar als letztes Mittel bezeichnet. Tatsächlich aber war es gängige Praxis, wie Kärin Nickelsen durch den Vergleich zahlreicher Pflanzendarstellungen gezeigt hat. Es erlaubte, vorhandene Abbildungen zu »verbessern« – also zu reduzieren oder zu erweitern – und den Blick des Betrachters so auf die wichtigen Merkmale zu lenken.[124] Eine Technik, die auch für die Produktion der Zürcher Abbildungen von Bedeutung war.

Neben der *Canna indica* waren auf der ersten Tafel noch acht weitere Vertreter der ersten Klasse abgebildet, darunter Angehörige der von Linné aufgestellten Gattung *Amomum,* wie Ingwer und grüner Kardamom, sowie Kurkuma, Banane *(Musa)* und andere ökonomisch und medizinisch interessante Gewächse.

Far. Accumulating Knowledge on Plants in Eighteenth-Century Zurich, in: Boscani Leoni et al., Connecting Territories, S. 75-100.

121 Hirzel, Denkrede, S. 102.

122 Andreae, Briefe aus der Schweiz, S. 34. Zitiert nach: Häner, Dinge sammeln, S. 112. Gemeint ist wohl ein Nachkomme von Helena Platter (1683-1761) und Claudius Passavant (1680-1743). Zur Überlieferungsgeschichte von Platters Herbarium ebd., S. 48.

123 Brief Gessner an Haller, Zürich, 3.12.1752. BB Bern, N Albrecht von Haller 105.20.143. Zitiert nach: Boschung, Johannes Gessner, S. 102 f.; Brief Gessner an Haller, Zürich, 15.10.1747. BB Bern, N Albrecht von Haller 105.20.116. Zitiert nach: Boschung, Johannes Gessner, S. 93-95. Der Blick in Gessners Notizbuch zeigt, dass er sich genau informierte, wo Abbildungen publiziert wurden. Repertorium. ZBZ, Ms Z VIII 12.

124 Kärin Nickelsen: Draughtsmen, Botanists and Nature. The Construction of Eighteenth-Century Botanical Illustrations (= Archimedes, Bd. 15), Dordrecht 2006. Gessner nutzte unter anderem Charles Plumiers Veröffentlichungen sowie den *Hortus Malabaricus* und Rumphius' *Herbarium Amboinense* als Vorlage, wie auch die Rezensenten der *Tabulae phytographicae* erkannten. Siehe dazu auch: Knittel, Beobachten, ordnen, erklären.

Auf manchen der Bildtafeln im Folioformat waren bis zu drei Dutzend Einzelabbildungen zu sehen. Und dennoch brauchte es für manche von Linnés Klassen mehrere Tafeln, um einen Eindruck von deren wichtigen Merkmalen zu vermitteln: Die Vertreter der »dreifädigen«, der »sechsfädigen« und der »zehnfädigen« Pflanzen füllten je vier Tafeln, die »vielfädigen« fünf Tafeln und jene der »fünffädigen« Pflanzen gar elf. Die Herstellung der zahlreichen ansprechenden Abbildungen war aufwendig. Gessner hatte dafür eigens den Augsburger Miniaturmaler Christian Gottlieb Geissler angestellt, der in der Lage war, die Vielzahl an Pflanzen auf möglichst wenigen Kupferplatten unterzubringen, um – so zumindest die Hoffnung – die Kosten so weit zu begrenzen, dass eine Publikation der Abbildungen möglich war.

In jahrelanger Arbeit fertigte Geissler zunächst Zeichnungen von so verschiedenen Pflanzen wie Ananas und Hülsenfrüchten, Glockenblumen und Gräsern an, stach diese anschließend in Kupfer und kolorierte erste Abzüge der Tafeln. Die Bezahlung des Malers und Kupferstechers bestritt Gessner aus eigenen Mitteln.[125] Seine Hoffnung, dass Geissler seine Kenntnisse mit der Zeit auch Zürcher Handwerkern vermitteln könne und die Produktion der Tafeln auf mehr Hände verteilt und dadurch beschleunigt würde, wurde enttäuscht: »[U]nsere Leute kann kaum etwas dazu bewegen, dass sie sich zu anspruchsvolleren Ausführungen anleiten lassen«, klagte er gegenüber seinem Freund Albrecht von Haller.[126] Statt lokaler Kunsthandwerker bezog der Zürcher Botaniker in der Folge die übrigen Mitglieder seines Haushalts, der auch Schüler miteinschloss, in die Anfertigung der

125 Brief Gessner an Haller, Zürich, 3.12.1752. BB Bern, N Albrecht von Haller 105.20.143. Zitiert nach: Boschung, Johannes Gessner, S. 102f. Zu Geissler: Boschung, Johannes Gessner, S. 107. Die genaue Bezahlung bleibt unklar. Ob Geissler wie Zeitgenossen mit ähnlichen Aufträgen pro Blatt bezahlt wurde, kann auf Basis der derzeitigen Quellenlage nicht geklärt werden. Jedenfalls lebte er in Gessners Haushalt und erhielt Kost und Logis. Zur gleichen Zeit erhielten beispielsweise die Maler, welche die Markgräfin von Baden beschäftigte, pro Blatt 1 ½ Louisdor. Jan Lauts: Arnauld-Eloi Gautier Dagoty, »graveur de la Cour de Bade«. Zum botanischen Sammelwerk der Markgräfin Karoline Luise von Baden, in: Jahrbuch der Staatlichen Kunstsammlungen Baden-Württemberg 16 (1979), S. 95-106, hier S. 100. Ebenso bleibt unklar, ob Gessner den Augsburger gezielt nach Zürich geholt hatte oder die Idee entstand, während Geissler sich ohnehin in der Limmatstadt aufhielt. Gessner war jedenfalls über die Fähigkeiten und Preise in Nürnberg informiert. Brief Gessner an Haller, Zürich, 18.2.1754. BB Bern, N Albrecht von Haller 105.20.159. Zitiert nach: Boschung, Johannes Gessner, S. 107f. Dort hatte Geissler in den 1740er-Jahren mit Franz Michael Regenfuss (1712-1780) an den Muschelabbildungen gearbeitet, deren außerordentliche Qualität Regenfuss den Posten als Hofkupferstecher des Königs von Dänemark bescherten. Siehe zu Regenfuss weiter: S. Peter Dance: A History of Shell Collecting, Leiden 1986, S. 38f.

126 Brief Gessner an Haller, Zürich, 18.2.1754. BB Bern, N Albrecht von Haller 105.20.159. Zitiert nach: Boschung, Johannes Gessner, S. 107f.

botanischen Tafeln ein.[127] Eine solche Zusammenarbeit war, wie die Forschung in den vergangenen Jahren gezeigt hat, in der frühneuzeitliche Wissenschaft und vor allem in der Naturforschung nicht ungewöhnlich: Besucher besichtigten die Sammlungen, Schüler wurden als Pensionäre im Haushalt aufgenommen und arbeiteten – ebenso wie Ehefrauen, Töchter und Söhne – an den Projekten des Hausvaters mit.[128] Gerade im Bereich der Botanik gab es zahlreiche Tätigkeiten, die auch von anderen Akteuren als den offiziellen Autoren der Publikationen ausgeführt werden konnten. So konnten die Mitglieder des Haushalts unter anderem helfen, Indizes zu verfassen, Papier zu falten und Pflanzen zu präparieren.[129]

Diese alltägliche Zusammenarbeit vor Ort zeigt sich in den Publikationen wie auch in den Briefen nur selten. Im Fall von Gessners Pflanzenabbildungen wird sie jedoch sichtbar. Zum einen nehmen die von Salomon Schinz während seiner Abwesenheit nach Zürich geschickten Briefe Bezug auf die vorangegangene Zusammenarbeit. Als Schinz in den 1750er-Jahren zum Studium nach Tübingen und Leiden reiste, fragte er in seinen Briefen regelmäßig nach der Fortentwicklung von Gessners Arbeiten und schickte Grüße an Katharina Escher und den Maler Christian Gottlieb Geissler.[130] Zum anderen wird die Mitwirkung der Ehefrau durch eine Äußerung Johann II. Bernoullis deutlich: Nachdem der Basler Mathematiker die Abzüge der Tafeln gesehen hatte, schrieb er im November 1754 an Gessner: »J'espère que vous accorderez à Madame votre épouse la part qu'elle mérite à votre gloire par celle qu'elle a prise à votre travail et que vous

127 Auch Johann Rudolf Schellenberg (1740-1806) aus Winterthur lebte von 1753 an bei Gessner und fertigte naturhistorische Zeichnungen an. Hansen/Leu, Museum, S. 10.

128 Steven Shapin: The House of Experiment in Seventeenth-Century England, in: Isis 79/3 (1988), S. 373-404; Cooper, Homes and Households. Beispiele für diese naturkundliche Zusammenarbeit im Haushalt gaben unlängst: Bulinsky, Nahbeziehungen; Easterby-Smith, Cultivating Commerce; Mariss, »A world of new things«, bes. S. 324-354; Kühn, Wissen, Arbeit, Freundschaft, bes. Kap II.4: Gelehrte zu Hause – die Arbeitsökonomie des Haushalts, S. 88-123. Zur Sozialgeschichte von Professorenhaushalten siehe zudem: Theresa Schmotz: Die Leipziger Professorenfamilien im 17. und 18. Jahrhundert. Eine Studie über Herkunft, Vernetzung und Alltagsleben (= Quellen und Forschungen zur sächsischen Geschichte, Bd. 35), Stuttgart 2012; Elizabeth Harding: Der Gelehrte im Haus. Ehe, Familie und Haushalt in der Standeskultur der frühneuzeitlichen Universität Helmstedt (= Wolfenbütteler Forschungen, Bd. 139), Wiesbaden 2014; Anna Marie Roos: Martin Lister and his Remarkable Daughters. The Art of Science in the Seventeenth Century, Oxford 2019.

129 Cooper, Homes and Households, S. 235; Kühn, Wissen, Arbeit, Freundschaft, S. 100. Die Aufgaben wurden dabei teilweise geschlechterspezifisch verteilt: Töchter wurden typischerweise eher zum Malen herangezogen, während Söhne lateinische Pflanzenbeschreibungen anfertigen sollten. Cooper, Picturing Nature, bes. S. 524-526.

130 Briefe Schinz an Gessner. ZBZ, Ms M 18.24.1-44. Siehe entsprechende Beispiele auch bei: Kühn, Wissen, Arbeit, Freundschaft, S. 119-121.

ferez imprimer ce précieux livre sous son nom aussi bien que sous le vôtre.«[131] Unter Zeitgenossen war die Tatsache, dass Katharina Escher ihrem Mann bei seinen verschiedenen – botanischen, aber auch mechanischen – Arbeiten »nicht geringe Hilfe« leistete und ihm »die beste Freundin« war, demnach offensichtlich bekannt, und auch Gessner selbst schrieb in seiner für die Veröffentlichung gedachten Gelehrtenbiografie über seine Frau.[132] In den tatsächlichen Publikationen – sowohl in den *Tabulae phytographicae* als auch in Gessners Biografie in Bruckers und Haids *Bilder-Sal* – blieb sie dennoch unsichtbar, obwohl sie, ebenso wie Salomon Schinz, an der Herstellung der Tafeln beteiligt war.

Ende April 1754 standen die Tafeln offenbar kurz vor der Fertigstellung, denn Gessner teilte Haller mit, dass er die amerikanischen Früchte und Samen, die er aus Pennsylvania und Virginia erwartete, nicht mehr in seinem Werk verwenden könne, da sie wohl nicht rechtzeitig eintreffen würden.[133] Publiziert wurden die Abbildungen dann allerdings erst nach Gessners Tod von Salomon Schinz' Sohn. Als Gründe dafür wurden von Zeitgenossen vor allem Gessners Charakter, genauer seine Schüchternheit, seine Bescheidenheit und sein Perfektionismus, angeführt.[134] Die Briefe zeigen jedoch, dass es dabei stark um ökonomische Fragen

131 Brief Bernoulli an Gessner, Basel, 10.11.1754. ZBZ Ms M 18.15.18. Zitiert nach: Sigerist, Briefe Bernoulli, S. 335f. Gessners Antwort auf diesen Brief ist nicht überliefert. Einige Antwortbriefe Gessners an Bernoulli befinden sich im Besitz der Universitätsbibliothek Basel. Als die Abbildungen schließlich an der Wende zum 19. Jahrhundert veröffentlicht wurden, fand sich jedoch in dem von Christoph Salomon Schinz verfassten Vorwort keine Spur von Katharina Eschers Beitrag. Stattdessen wurden, in dem den Tafeln vorangestellten Text, Gessners Beziehungen zu prominenten Botanikern wie Johann Jakob Scheuchzer, Hermann Boerhaave, Antoine und Bernard de Jussieu und Albrecht von Haller hervorgehoben und von Gessner bereiste Orte aufgeführt. Auch Christian Gottlieb Geissler blieb unerwähnt. Gessner/Schinz, Tabulae phytographicae, S. III–XII.

132 Hirzel, Denkrede, S. 72. Gessner erwähnte jedoch nicht ihren praktischen Beitrag zu seinen naturkundlichen Aktivitäten, sondern ihre Tugendhaftigkeit und ihre Herkunft aus einer angesehenen Zürcher Familie sowie das wissenschaftliche Interesse ihres Vaters. Autobiografie. ZBZ, Ms M 18.10. Zitiert nach: Boschung, Johannes Gessner, S. 40. Die von den Herausgebern bearbeitete Version enthielt jedoch nichts davon. Stattdessen berichtete sie von Gessners Reisen, Lehrern und Schriften sowie von seinen Nahtoderfahrungen beim Schwimmen in der Limmat und hob die Verwandtschaft mit Conrad Gessner hervor, was ihnen für eine Gelehrtenbiografie angemessener erschien. Brucker, Bilder-Sal, Bd. 9 [unpaginiert].

133 Brief Gessner an Haller, Zürich, 30.4.1754. BB Bern, N Albrecht von Haller 105.20.164. Zitiert nach: Boschung, Johannes Gessner, S. 108. Laut Hans Caspar Hirzels Auflistung von Gessners angefangenen Werken wurden die Tafeln 1768 in Kupfer geätzt. Hirzel, Denkrede, S. 101.

134 Boschung, Johannes Gessner, 23. Urs Boschung zitiert hierzu die entsprechende Passage aus Hirzel, Denkrede, S. 86. Boschung, Johannes Gessner, S. 10. Mit den übersetzten Briefen legt er aber auch Belege für weitere Gründe vor: Wie die Äußerung Gessners, dass ihm neben fehlender »Muße« und »Fähigkeiten«, auch die »Mittel« fehlten, um mehr als

ging. So hatte Gessner Schwierigkeiten, einen Verleger zu finden, der ein so teures Werk drucken wollte, denn vor allem die Kosten für die Kolorierung der Abbildungen waren enorm.[135] Die Drucke, die Geissler bereits koloriert habe, sähen zwar prächtig aus, ließen sich aber in Zürich unmöglich in größerer Zahl zu einem Preis herstellen, den Käufer zu bezahlen bereit seien, und so lotete Gessner, wie es scheint, auch die Möglichkeiten aus, das Werk in Nürnberg fertigstellen und publizieren zu lassen.[136] Trotz der langen Herstellungsdauer und der Unsicherheiten bezüglich der Publikation verfolgte Gessner das Projekt weiter und hinterließ mehr als sechzig fertige Kupferplatten.[137]

Auch wenn diese erst posthum veröffentlicht wurden, wusste bereits zu Gessners Lebzeiten ein weiterer Personenkreis von der Existenz der Pflanzenabbildungen. Das Tafelwerk wurde mit großer Spannung erwartet und die Rezensenten, die das Werk nach Erscheinen an der Wende zum 19. Jahrhundert besprachen, hatten hohe Erwartungen.[138] Zahlreiche Personen hatten die Pflanzentafeln bereits gesehen. Zum einen hatten Reisende diese während ihres Besuchs in Zürich besichtigt und in ihren Veröffentlichungen davon berichtet. Johann Georg Andreae schrieb in seinen *Briefen aus der Schweiz* beispielsweise, dass er bei seinem Besuch in der Limmatstadt im September 1763 das »große Kräuterbuch des Herrn G.« gesehen habe, »auf welches das neugierige Verlangen der botanischen Welt schon lange gerichtet« sei.[139] Zum anderen erreichten Abdrucke der Tafeln botanisch Interessierte an anderen Orten auch in Briefen.[140] Bereits in den 1750er-Jahren hatte Gessner

ein »Anfängerstück« vorzulegen. Brief Gessner an Haller, Zürich, 18.2.1754. BB Bern, N Albrecht von Haller 105.20.159. Zitiert nach: Boschung, Johannes Gessner, S. 107f.

135 Entsprechende Gerüchte bezüglich der Publikation vernahm auch der Basler Johann II. Bernoulli. Brief Bernoulli an Gessner, Basel, 10.11.1754. ZBZ, Ms M 18.15.18. Zitiert nach: Sigerist, Briefe Bernoulli, S. 335f.

136 Zumindest ließ Gessner sich von dortigen Experten bezüglich der Anordnung der Pflanzen auf den Tafeln beraten und sah einzig Nürnberger Maler in der Lage, die detaillierten Abbildungen in größeren Mengen kostengünstig zu kolorieren. Brief Gessner an Haller, Zürich, 18.2.1754. BB Bern, N Albrecht von Haller 105.20.159. Zitiert nach: Boschung, Johannes Gessner, S. 107f.

137 Als *Tabulae phytographicae* wurden 64 Tafeln publiziert, Hirzels Auflistung der unpublizierten Werke zufolge existierten achtzig Platten, Hirzel, Denkrede, S. 101. Schinz sprach sogar von neunzig fertigen Abbildungstafeln, Schinz, Primae lineae, unpag. Vorwort. Über den weiteren Verbleib der Platten nach dem Druck an der Wende vom 18. zum 19. Jahrhundert ist nichts bekannt.

138 Siehe z.B. die Rezensionen in den von Paul Usteri in Zürich herausgegebenen *Annalen der Botanick* und der in Jena veröffentlichten *Allgemeinen Literatur-Zeitung*. Anonym: Rezension, in: Annalen der Botanick 15 (1795), S. 109-113; Anonym: Rezension, in: Allgemeine Literatur-Zeitung 172 (1801), S. 588.

139 Andreae, Briefe aus der Schweiz, S. 51.

140 So beispielsweise Jan Frederik Gronovius in Leiden und Albrecht von Haller. Brief Gessner an Gronovius, Zürich, 16.9.1754. ZBZ, Ms Briefe, Gessner; Brief Gessner an Haller, Zürich, 3.2.1754. BB Bern, N Albrecht von Haller 105.20.158. Zitiert nach:

seinen Korrespondenten einzelne Exemplare zur Ansicht verschickt. Mindestens vier Tafeln zirkulierten so bereits vor der Veröffentlichung: Eine zeigte mit Krokussen, *Ixiae*, *Commelinae* und Iris Vertreter der dritten Klasse (die spätere vierte Tafel). Auf der späteren 13. Tafel waren Spezimina aus der fünften Klasse zu sehen, darunter vieldiskutierte Heilpflanzen wie *Genipa americana* und die sogenannte Fieberrinde *(Cinchona officinalis)*. Die anderen beiden zeigten mit Kohl und Färberwaid Beispiele aus der 15. Klasse (die spätere Tafel 44) sowie die spätere Tafel 49 mit Distelpflanzen (Abb. 8-Abb. 11).[141]

Jean-François Séguier war sich gleich nach Erhalt der vier Tafeln sicher, dass das gesamte Werk »unendlich nützlich« sein würde, und hoffte auch in den folgenden Jahrzehnten auf die Publikation der gesamten Stiche:

> Je passe à des objets tous différents et je vais vous parler botanique. Je commence par vous prier de me dire où en êtes-vous du bel et utile ouvrage, sur les genres et espèces des plantes, dont vous avez publié déjà plusieurs planches. Je désire grandement de le voir paraitre, et je voudrais bien posséder tous ce que vous avez préparé. A mon âge il faut se presser de jouir. Accordez-m'en encore quelques planches, et vous me ferez un plaisir sensible.[142]

Boschung, Johannes Gessner, S. 106. Dies war kein Einzelfall, auch andere Abbildungen zirkulierten in Briefen. Beispielsweise die Kupferstiche von Gessners Sammlung von Zapfen und Pflanzenzeichnungen aus dem Schanzengarten in Winterthur. Tagebuch NGZH Bd. 3, 18.8.1760. StAZH, B IX 181, S. 46.

141 Diese vier Tafeln erhielt Abraham Gagnebin, der sie in sein Exemplar von Linnés *Species Plantarum* (überliefert in der *Bibliothèque publique et universitaire de Neuchâtel* [BPU] Ms A 338) einordnete. Rossella Baldi: La circulation du savoir botanique par le texte et par l'image. Le Species plantarum d'Abraham Gagnebin, in: Claire Jaquier/Timothée Léchot (Hg.): Rousseau botaniste. Je vais devenir plante moi-même. Recueil d'articles et catalogue d'exposition, Fleurier 2012, S. 15-24, hier S. 21. An Carl von Linné schickte Gessner eine farbige Tafel und mehrere in Schwarz-Weiß. Brief Linné an Gessner, [o.O.], 27.7.1764. Privatbesitz. Online unter: http://urn.kb.se/resolve?urn=urn:nbn:se:alvin:portal:record-231870 (abgerufen am 11.10.2023). Zitiert nach: De Beer, Correspondence, S. 236. Überliefert ist lediglich ein kolorierter Abdruck der späteren Tafel 49 mit den Distelpflanzen in den Archiven der *Linnaean Society* in London: Linnaean Portfolio. LM/PF/GES/1. Online unter: http://linnean-online.org/165114/ (abgerufen am 9.10.2023). Über den Verbleib der weiteren Tafeln, die Linné erhalten hat, ist nichts bekannt. (Auskunft per E-Mail von Dr. Isabelle Charmentier, 3.7.2017.) An allen vier Ecken des Drucks sind Löcher, die von Pinnnadeln herrühren, was zeigt, dass der Druck entweder aufgehängt oder wie in Gagnebins Fall in andere botanische Arbeiten eingeordnet wurde.

142 Brief Séguier an Gessner, Verona, 23.6.1754. Bibliothèque Carré d'Art, Nîmes (BN), Ms. 967/1. Ich danke Dr. François Pugnière für die Mitteilung dieses durch die Bibliothek neu erworbenen Briefs (Auskunft per E-Mail, 26.10.2016); Brief Séguier an Gessner, Nîmes, 10.3.1777. ZBZ, Ms M 18.25.27. Gessner schickte Séguier ebenfalls vier Tafeln. Die Stiche sind nicht überliefert. Es ist davon auszugehen, dass Séguier sie mit nach

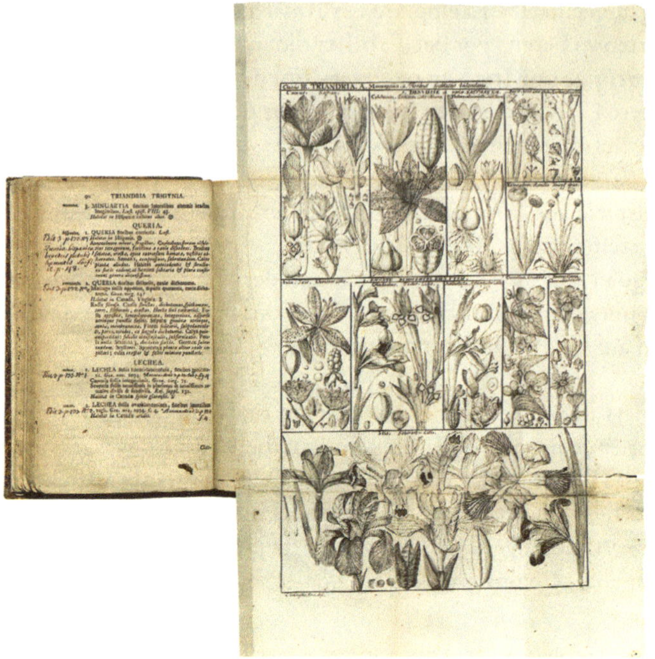

Abb. 8: Die spätere Tab. 4 in Abraham Gagnebins Exemplar von Linné, Species Plantarum der BPU Neuchâtel (BPUN Ms A 338)

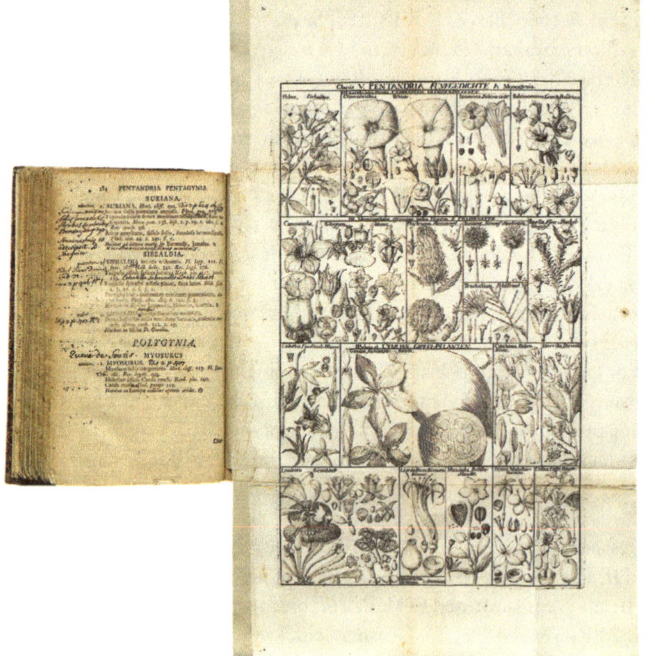

Abb. 9: Die spätere Tab. 13 in Abraham Gagnebins Exemplar von Linné, Species Plantarum der BPU Neuchâtel (BPUN Ms A 338)

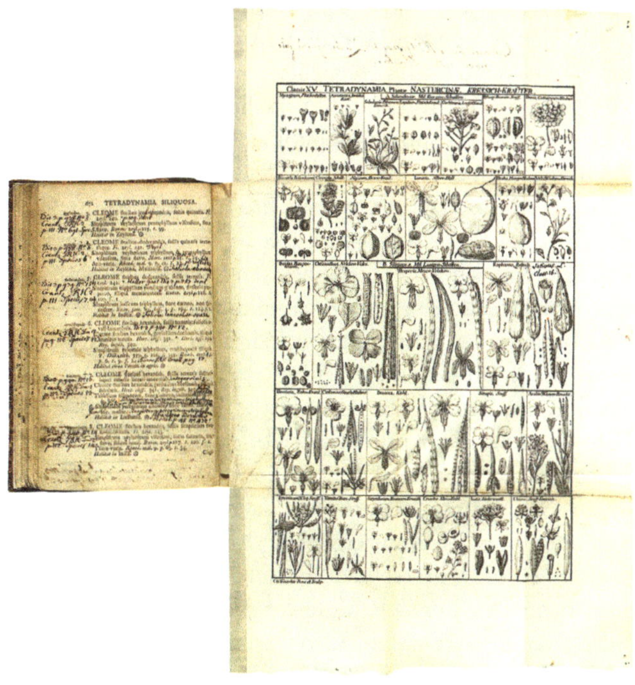

Abb. 10: Die spätere Tab. 44 in Abraham Gagnebins Exemplar von Linné, Species Plantarum der BPU Neuchâtel (BPUN Ms A 338)

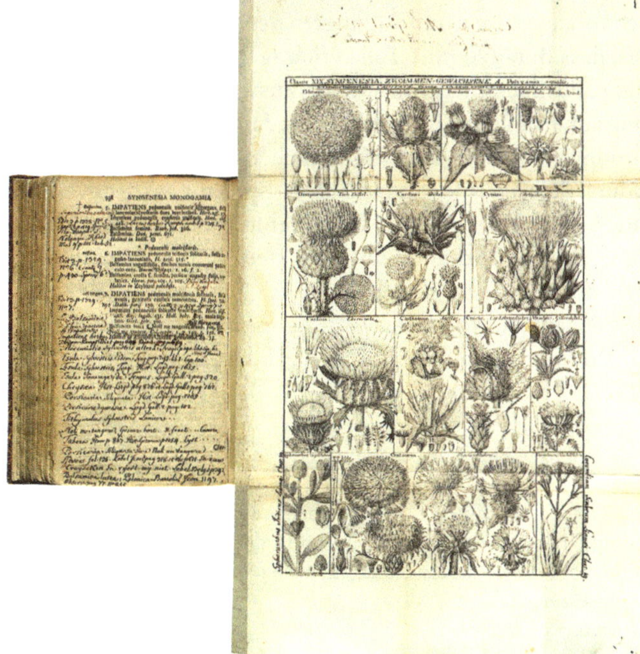

Abb. 11: Die spätere Tab. 49 in Abraham Gagnebins Exemplar von Linné, Species Plantarum der BPU Neuchâtel (BPUN Ms A 338)

Auch andere Korrespondenten erkundigten sich, ob die Tafeln bald im Druck erscheinen würden.[143] In den folgenden Jahrzehnten wurde der potenziellen Leserschaft in Gelehrtenzeitschriften immer wieder versichert, dass die Tafeln bald veröffentlicht würden, sowie ihr Inhalt und Aussehen beschrieben.[144] Auch wenn die *Tabulae phytographicae* erst posthum publiziert sind, beeinflussten sie das botanische Arbeiten von einigen von Gessners Korrespondenten an anderen Orten sowie der Pflanzeninteressierten, welche die Abbildungen in Zürich begutachten konnten. Nicht zuletzt wirkten die *Tabulae phytographicae* bereits im 18. Jahrhundert, weil Salomon Schinz sie für sein botanisches Einführungswerk *Primae lineae botanicae* benutzte, dessen Pflanzenabbildungen im Folgenden als weitere Beispiele für die botanischen Aktivitäten in Zürich untersucht werden.

Auch bei den *Primae lineae*, die Salomon Schinz 1775 veröffentlichte, handelte es sich um handkolorierte Drucke, die den Einstieg in die Botanik erleichtern sollten. Hatte sich die im Vorjahr publizierte *Anleitung* noch primär »an die Liebhaber [im eigenen] Vaterland« gerichtet, sollten die *Primae lineae* ausdrücklich »auch an andere Örter« außerhalb des Vaterlandes gelangen.[145] Schneeglöckchen, Kaiserkrone und Kugelamarant eigneten sich Schinz' Ansicht nach besonders gut als Beispiele, um die Unterschiede zwischen verschiedenen Blüten zu verdeutlichen. Deshalb entschied er sich, diese auf den beiden in den *Primae lineae botanicae* abgedruckten Pflanzentafeln zu zeigen. Zusammen mit den beigefügten Texten in lateinischer und in deutscher Sprache sollten die detaillierten Abbildungen der Fruktifikationsteile erste, grundlegende Einblicke in die Botanik vermitteln und so Anfängerinnen und Anfängern den Einstieg erleichtern. Da es Schinz wichtig war, dass Botaniker die Teile »richtig unterscheiden« könnten, gab er sich große Mühe, die Spezifika eindeutig darzustellen.

Die erste Abbildung auf Tafel A zeigt die Blüte des Tabaks, da es sich dabei um eine »vollkommene Blume« handelte, die alle möglichen Teile enthielt. Die Aloe auf der dritten Abbildung derselben Tafel diente als Beispiel für eine »unvollkommene«, »nackte Blume«, einer Blüte, der der Kelch fehlte, und der Nieswurz auf der zweiten Abbildung als Exempel einer »halbnackten Blume«. Anschließend folgen auf der ersten Tafel mit der Stechpalme und der Nessel Beispiele für einblättrige Pflanzen, die sich anhand von Kelch oder Krone unterscheiden ließen.[146] Die zweite Tafel ist in drei Partien unterteilt: Die Abbildungen im oberen Drittel

Nîmes nahm. Möglicherweise waren sie in einer der drei in den 1920er-Jahren aus der *Bibliothèque municipale de Nîmes* entwendeten Mappen (Auskunft per E-Mail von Dr. François Pugnière, 14.11.2016).

143 Brief Spielmann an Gessner, Straßburg, 1.7.1776, ZBZ, Autogr. Ott, Spielmann.

144 Siehe beispielsweise die bereits erwähnte Rezension in den *Göttingischen Gelehrten Anzeigen* 18 (1759), S. 172f. sowie die Äußerungen von Salomon Schinz im Vorwort zu den *Primae lineae botanicae*.

145 Schinz, Primae lineae, unpag. Vorwort.

146 Ebd., S. 2f.

zeigen Staubfäden und Samen im Detail, in der Mitte der Seite werden auf 24 Einzelbildern die charakteristischen Eigenschaften der 24 Klassen Linnés gezeigt. Im unteren Drittel der zweiten Tafel wird die Nummerierung des oberen Teils fortgesetzt und die Samenkapseln verschiedener Pflanzen im Detail gezeigt: Während auf der vorangehenden Abbildung sogenannte Nacktsamer zu sehen sind, zeigt Abbildung dreizehn mehr als zwanzig verschiedene »bedeckte« Samen, also Ableger, die in einem Gehäuse reifen. Die Abbildungen stellten jegliche Möglichkeiten vor: eine, zwei, drei oder viele Kapseln; ein-, zwei-, drei- und vielfächrige – alle waren sie auf den Abbildungen vertreten, sodass die Leserschaft sämtliche Varianten zu unterscheiden lernte.

Während Salomon Schinz für die *Anleitung zu der Pflanzenkenntnis* Leonhart Fuchs' Abbildungen verwendet hatte, zeichnete er die in den *Primae lineae botanicae* gezeigten Visualisierungen nach eigener Auskunft »größtenteils nach der Natur«.[147] Tatsächlich aber dienten ihm vor allem die nicht publizierten Pflanzentafeln, die Christian Gottlieb Geissler in den 1750er-Jahren angefertigt hatte, als Vorlagen, wie er mit dem Titel und im Vorwort deutlich machte.[148] Für die Abbildungen der *Collinsonia canadensis*, der Färber-Scharte *(Serratula tinctoria)* und einiger anderer Pflanzen hatte Salomon Schinz die von Geissler angefertigten Tafeln direkt als Vorlage für seine eigenen Abbildungen genutzt, aber die Darstellung auf die Blüte reduziert.[149] Vergleicht man die Abbildungen von *Phlox glaberrima* (Schinz, Primae lineae, Tab. 16) sowie der »scharlachroten Federwinde« (*Ipomoea coccinea*: Schinz, Primae lineae, Tab. 15) in Schinz' *Primae lineae* mit denen auf Tafel 13 der *Tabulae phytographicae*, wird die Kopierbeziehung besonders deutlich (Abb. 12).[150] Die Darstellungen in den *Primae lineae* übernahmen sowohl die Perspektive als auch die Details der Blüten sowie die Farbgebung.

Zudem schreibt Schinz in der Einleitung, dass ihm Johannes Gessner nicht nur erlaubt habe, mit den *Tabulae phytographicae* zu arbeiten, sondern ihn auch darüber hinaus bei der Erstellung des Werks beraten habe. So war auch diese botanische Veröffentlichung Salomon Schinz' von seinem Lehrer beeinflusst. Dessen Werk wollte er mit seiner Veröffentlichung jedoch weder vorwegnehmen noch

147 Ebd., unpag. Vorwort. In Kupfer gestochen hatte die Abbildungen Johann Balthasar Bullinger (1713-1793), der seit 1773 an der neugegründeten Zürcher Kunstschule unterrichtete. Zu dieser Einrichtung siehe: Ernst, Kunstschule.

148 Schinz, Primae lineae, unpag. Vorwort.

149 *Collinsonia canadensis*: Ebd., Tab. 18, Gessner/Schinz, Tabulae phytographicae, Tab. 42; *Serratula tinctoria*: Schinz, Primae lineae, Tab. 34, Gessner/Schinz, Tabulae phytographicae, Tab. XLIX. Die genannte Färber-Scharte war auf jener Tafel abgebildet, die Gessner auch an Linné und Gagnebin schickte. Auch von Tafel 13, welche die *Ipomoea coccinea* und die *Phlox glaberrima* zeigte, hatte Abraham Gagnebin einen Abdruck von Gessner erhalten. Baldi, Circulation, S. 21.

150 Der Begriff »Kopierbeziehungen« bzw. »copying links« folgt Kärin Nickselsens Studie. Zur Definition siehe Nickelsen, Draughtsmen, S. 203.

Abb. 12: *Ipomoea coccinea* und *Phlox glaberrima* im Vergleich, aus: Gessner/Schinz, Tabulae phytographicae, Tab. 13 und Schinz, Primae lineae, Tab. A (Nr. 15,16)

ersetzen. Es sollte vielmehr nur so lange als Einführung in die Botanik dienen, bis die *Tabulae phytographicae* veröffentlicht sein würden.[151] Die beiden Tafeln wurden somit auch eher als Teil von Gessners Arbeit wahrgenommen, wie in Äußerungen etwa von Jean-François Séguier deutlich wird. Dieser schrieb, dass er die Gesamtheit der Tafeln, von denen ja bereits einzelne erschienen seien, mit Spannung erwarte.[152] Schinz' reduzierte Kopien der Blütenabbildungen machten die Tafeln, die Gessner hatte anfertigen lassen, somit keineswegs obsolet, sondern wirkten im Gegenteil viel eher als Werbung, indem sie der botanisch interessierten Leserschaft ein weiteres Mal die Existenz der Zürcher Pflanzenabbildungen und deren Qualität in Erinnerung riefen.

Wie die Abbildungen in der *Anleitung zu der Pflanzenkenntnis* ließ Schinz auch dieses Werk im Waisenhaus kolorieren. Am Beispiel mehrerer farbiger Exemplare, die überliefert sind, lässt sich ein Eindruck von den Resultaten gewinnen. Vergleicht man das in der Universitätsbibliothek Leiden überlieferte Exemplar der *Primae lineae botanicae* mit den beiden Ausgaben des Werks im Bestand der Abteilung Alte Drucke der Zentralbibliothek Zürich, so werden Unterschiede in der Ausführung der Kolorierung und der von Hand hinzugefügten Details sichtbar: Der

151 Schinz, Primae lineae, unpag. Vorwort.
152 Brief Séguier an Gessner, Nîmes, 10.3.1777. ZBZ, Ms M 18.25.27.

Abb. 13: Details aus Tab. A verschiedener Exemplare von Schinz' *Primae lineae botanicae*

Farbton der Zistrose in Tab. A in der Leidener Version unterscheidet sich deutlich von den beiden Exemplaren der Zentralbibliothek Zürich (Abb. 13).[153] Die gelbe Blüte, der *Polygamia frustranea* auf derselben Tafel, erscheint je nach Farbauftrag mehr oder weniger plastisch und die Staubblätter sind nicht in allen Ausgaben gleich deutlich zu sehen. Die Qualität des Farbauftrags hing also stark von den individuellen Fähigkeiten des jeweiligen Kolorateurs ab, in dessen Händen die Mischung und Pinselführung lagen. Die noch im selben Jahr erschienene Rezension in der in Göttingen publizierten *Physikalisch-ökonomische[n] Bibliothek* versicherte potenziellen Käufern jedenfalls, dass Salomon Schinz darauf geachtet habe, dass die Drucke »richtig und sauber« ausgemalt würden, und verwies auch auf die Beteiligung des »vortrefflichen Herrn Gessner« an dieser Publikation.[154] Derartige Werbung sorgte dafür, dass die von den Waisenkindern kolorierten Zürcher Pflanzentafeln ihren Weg in die Hände von Pflanzenliebhabern in ganz Europa fanden.[155]

153 Vgl. zudem die Kolorierung im Exemplar der Bibliothek der ETH Zürich, Rar 9499, https://doi.org/10.3931/e-rara-47636 / Public Domain Mark, mit stärkerer Linienführung.

154 Anonym: Physikalisch-ökonomische Bibliothek 6:4 (1775), S. 592-595. Online unter: http://www.mdz-nbn-resolving.de/urn/resolver.pl?urn=urn:nbn:de:bvb:12-bsb10130688-4 (abgerufen am 9.10.2023). Der Rezensent, vermutlich der Herausgeber Johann Beckmann (1739-1811) selbst, vermischte die Besprechung der 1775 erschienenen *Primae lineae botanicae* teilweise mit der im Vorjahr publizierten *Anleitung zu der Kräuterkenntnis*, von der er jedoch bis zu diesem Zeitpunkt nur gehört und kein Exemplar erhalten hatte.

155 Heute sind Exemplare des Werks in mehreren europäischen Bibliotheken überliefert. So besitzen neben den Zürcher Bibliotheken (Zentralbibliothek und Bibliothek der ETH) beispielsweise auch die Staatsbibliothek zu Berlin, die Universität Wien und die *Royal Botanic Gardens* (Kew) einen Druck der *Primae lineae botanicae*.

Von *Canna indica* und Ehrenpreis, von Zistrosen, scharlachroten Federwinden und Glatten Flammenblumen und gut eintausend Pflanzen mehr wurden in Zürich in der zweiten Hälfte des 18. Jahrhunderts Abbildungen gedruckt. Deren Veröffentlichung sollte vor Ort und in der Ferne zur Beschäftigung mit Pflanzen anregen und eine bestimmte Art des botanischen Sehens vermitteln. Die Abbildungen, die in Gessners Haus oder im Kontext städtischer Institutionen entstanden, zeigten nicht nur Pflanzen aus der Schweiz, sondern aus allen bekannten Teilen der Welt: aus dem Norden und Süden Afrikas, aus China, Ostindien und den Amerikas. Zum einen basierten die Darstellungen auf Publikationen, wie Joseph Pitton de Tourneforts *Institutiones rei herbariae*, zum anderen – dies betonten die Autoren und Herausgeber der Zürcher Pflanzenabbildungen immer wieder – beruhten die Illustrationen auf eigener Anschauung. Zu welchen außereuropäischen Pflanzen Christian Gottlieb Geissler Anfang der 1750er-Jahre beim Erstellen der Tafeln tatsächlich in Form von blühenden Pflanzen Zugang hatte, lässt sich aufgrund der Quellenlage nicht überprüfen. In jedem Fall aber vermittelten die Tafeln an anderen Orten glaubhaft, dass der Zürcher Botaniker Johannes Gessner gut über Gewächse aus verschiedenen Weltregionen informiert war.

Die übrigen Personen, die an den Publikationen mitarbeiteten, blieben für die Außen- und Nachwelt hingegen weitestgehend unsichtbar. Die Waisenkinder fanden in den Publikationen aus den 1770er-Jahren lediglich als gütig umsorgte und von Experten angeleitete Zöglinge Erwähnung. Die Kupferstecher versahen zwar die Tafeln, die sie stachen, mit ihrem Namen und Christian Gottlieb Geissler wurde wegen seiner besonderen Fähigkeit, die Pflanzen auf engstem Raum abzubilden, in den zeitgenössischen Reisebeschreibungen erwähnt, doch auf dem Titelblatt der *Tabulae phytographicae* fand er im Unterschied zum Herausgeber und Verfasser des Vorworts, Christoph Salomon Schinz (1764-1847), keine Erwähnung. Gessners Ehefrau Katharina Escher blieb trotz ihrer aktiven Beteiligung an der Herstellung der Tafeln bei der Publikation des Werks an der Wende zum 19. Jahrhundert völlig unerwähnt. Einzig Salomon Schinz, den Gessner mit Materialien und Informationen bei den Veröffentlichungen in den 1770er-Jahren unterstützte und zu seinem Nachfolger machte, wurde als Mitautor der Pflanzenabbildungen sichtbar. Die Entstehungsgeschichte der Tafeln machte jedoch deutlich, dass der Kreis derer, die in der zweiten Hälfte des 18. Jahrhunderts an den botanischen Forschungen beteiligt waren, deutlich über die als Autoren greifbaren Personen hinausging und unter anderem Frauen, Handwerker und Gartenbesitzer umfasste, welche die Spezimina untersuchten, zeichneten, stachen und zur Verfügung stellten.

Die Abbildungen dienten vor Ort vor allem dem Unterricht junger Zürcher und halfen so, wie im Vorfeld der Herstellung der Stiche angedacht, den Kreis der Pflanzenliebhaber in der Limmatstadt zu vergrößern und weitere potenzielle Zuträger heranzuziehen. Die Beschäftigung mit Pflanzen wurde dabei als schön, nützlich und gottgefällig vermittelt. Während Salomon Schinz mit Blick auf ein lokales oder internationales Publikum mehrfach Abbildungen veröffentlichte, gelangten von den von Johannes Gessner in Auftrag gegebenen Tafeln nur einzelne in die Hände seiner Korrespondenten. Diese befanden die Abbildungen nicht nur für schön, sondern bezogen die erhaltenen Abzüge auch in ihre eigene botanische Tätigkeit ein, sodass die Bilder tatsächlich die Nutzung von Linnés Klassifikationsmethode erleichterten. Zudem fragten die Korrespondenten, denen Gessner nach der Fertigstellung Abdrucke der Stiche geschickt hatte, regelmäßig nach der Veröffentlichung der Gesamtheit der Tafeln. Durch seine Korrespondenten und Reisende, die nach Zürich kamen, verbreitete sich die Kunde von Gessners Pflanzenabbildungen auch in gedruckter Form unter botanisch Interessierten. Damit vermittelten sie zumindest den Anspruch, möglichst viele Pflanzen sehen und erkennen zu können.

Nimmt man die Ergebnisse der drei Teilkapitel über das Sprechen, Lesen und Schreiben über sowie das Abbilden von Pflanzen zusammen, ergeben sich folgende Einsichten: Johannes Gessner beschäftigte sich mit ganz unterschiedlichen Pflanzen, mit Gräsern, Blutblumen und Meerzwiebeln ebenso wie mit Ananas und *Melocactus*, *Canna Indica* und Disteln. Alpine Heilpflanzen, welche stärkend auf die Atemwege wirkten, interessierten den Zürcher Botaniker genauso wie die Anwendungsmöglichkeiten von in den Amerikas und Asien wachsenden Pflanzen. Er beschäftigte sich gleichermaßen mit der Kultivierung außereuropäischer Pflanzen in europäischen Gewächshäusern wie mit dem Vorkommen von Pflanzen in der Schweiz. Gessner las über sie und sammelte sie, begutachtete sie und ordnete sie, er sprach und schrieb über sie und ließ Abbildungen von ihnen anfertigen.

Pflanzen waren für Johannes Gessner, wenn er mit seinen Schülern sprach, »Maschinen«, die man in allen ihren Einzelteilen verstehen lernen musste. Sie waren aber – dies vermittelte er seinen Schülern und all jenen, die seine Dissertationen rezipierten – auch schön und nützlich und damit ein Grund, den Schöpfergott zu loben. Einen Eindruck von der Schönheit vermittelten die in den Bergen wachsenden und die in Zürcher Gärten blühenden Pflanzen, aber auch die Gewächse, die auf Bildern in Büchern zu sehen waren. Von ihrer Nützlichkeit konnte man durch Lektüre, eigene Anschauung und den Austausch untereinander erfahren. Pflanzen ernährten, heilten, wärmten und erfreuten die Menschen, die sie zu nutzen wussten, so die Botschaft, die der Zürcher Botaniker seinen Schülern, den anderen Mitgliedern der Naturforschenden Gesellschaft und sowie der Leserschaft seiner Publikationen zu vermitteln versuchte. Die Beschäftigung mit Pflanzen lohnte sich also für alle: für Pfarrer, die künftig auf der Zürcher Landschaft wirken würden, ebenso wie für Magistraten und Kaufleute.

Ging es nach Johannes Gessner, sollte jeder sich mit Pflanzen beschäftigen. Alle sollten über sie lesen, Exemplare in der Natur sammeln und diese richtig trocknen und genau untersuchen. Wer konnte, sollte sich Bücher kaufen und Pflanzen aus fernen Ländern besorgen, um diese in seinem Garten zu kultivieren. Idealerweise sollten sie die Pflanzen dann in Form von frischen oder getrockneten Exemplaren großzügig mit Botanikern wie ihm teilen, was einmal mehr den kollaborativen Charakter der Botanik, wie ihn vor allem Bettina Dietz herausgearbeitet hat, deutlich macht. Die Untersuchung der Diskussionen, Schriften und Bilder zeigt, dass die botanischen Aktivitäten der Zürcher Pflanzenliebhaber sowohl in lokale als auch in transnationale Netzwerke eingebettet waren und der einzelne Botaniker auf die breite Unterstützung aufbaute. Der Entstehung, Pflege und Verstetigung dieser Netzwerke wird im folgenden Kapitel nachgegangen.

3. Aufbau, Pflege und Verstetigung der botanischen Netzwerke

Die Freundschaft mit dem Leidener Botaniker Jan Frederik Gronovius (1686-1762) habe ihn »nicht wenig belehrt und das Herbar vielfach bereichert«, schrieb Johannes Gessner seinem Lehrer Johann Jakob Scheuchzer 1726 nach einem nur wenige Monate dauernden Aufenthalt in Leiden.[1] In einem Brief an den schwedischen Naturforscher Carl von Linné zwanzig Jahre später hob Gessner hervor, dass er nicht nur weiterhin mit Gronovius korrespondierte, sondern auch von seinen zahlreichen Korrespondenten anderswo Pflanzen aus den Alpen sowie Samen für den botanischen Garten der Naturforschenden Gesellschaft zugeschickt bekam.[2] Auch die verschiedenen zeitgenössischen Lebensbeschreibungen verwiesen bereits auf die Beziehungen des Zürchers zu bekannten Botanikern seiner Zeit: die zu Gessners Lebzeiten im *Bilder-Sal* von Johann Jakob Brucker publizierte ebenso wie die als Denkrede von Hans Caspar Hirzel nach Gessners Tod vorgetragene und die posthum von Christoph Salomon Schinz als Vorwort der *Tabulae phytographicae* veröffentlichte.[3] Seinen Zeitgenossen war Johannes Gessner als gut vernetzter Botaniker bekannt, und wer sich mittels der genannten Publikationen informierte, kannte auch die Namen der Korrespondenten.

Die öffentliche Bekanntmachung der Korrespondenten war eine unter gelehrten Botanikern des 18. Jahrhunderts weitverbreitete Praxis, da es für sie unerlässlich war, Teil eines weitreichenden Korrespondenznetzes zu sein: Als Botaniker anerkannt wurde nur, wer einen Austausch mit anderen pflegte und in deren Briefen ebenfalls genannt wurde, wie Anne Goldgar gezeigt hat.[4] Unzählige

1 Gessner über die Freundschaft mit Jan Frederik Gronovius. Brief Gessner an Scheuchzer, Leiden, 31.7.1727. ZBZ, Ms H 337, S. 321-328. Zitiert nach: Boschung, Universitäten, S. 68-71. Gronovius zog in seinem am Haus gelegenen Garten u.a. außereuropäische Pflanzen. Margócsy, Commercial Visions, S. 3.

2 Brief Gessner an Linné, Zürich, 30.10.1748. Linnean Society, London, IV, 427-428. Online unter: http://urn.kb.se/resolve?urn=urn:nbn:se:alvin:portal:record-224493 (abgerufen am 11.10.2023). Zitiert nach: De Beer, Correspondence, S. 231.

3 Brucker, Bilder-Sal, o. S; Hirzel, Denkrede; Gessner/Schinz, Tabulae phytographicae, S. III-XII, hier S. V f.

4 Anne Goldgar: Impolite Learning. Conduct and Community in the Republic of Letters 1680-1750, New Haven; London 1995, S. 156f. Als Beispiel dient ihr die Kontroverse zwischen zwei Männern (Garcin und Pingré): Die europäischen Botaniker, die sich doch alle untereinander kannten, hatten noch nie von »Mr. Pingré« gehört. Jemand, der nicht mit anderen Botanikern korrespondierte, so die Schlussfolgerung Garcins, konnte gar kein Botaniker sein. Bislang konnte nicht eindeutig geklärt werden, ob es sich dabei um den

Vorworte botanischer Abhandlungen listen daher die gelehrten Kontakte der jeweiligen Autoren auf. Die konkreten sozialen und wissenschaftlichen Praktiken sowie weniger prominente Akteure werden in solchen Texten jedoch kaum thematisiert, obwohl die Botanik des 18. Jahrhunderts als »science of networks« funktionierte, an der zahlreiche Akteure mit unterschiedlichen Interessen und verschiedenen Tätigkeiten beteiligt waren, wie es das vorherige Kapitel auch für Zürich gezeigt hat.[5] Auch die historische Forschung hat sich lange Zeit auf einzelne herausragende Akteure konzentriert, die scheinbar ohne großen Aufwand getrocknete Pflanzen und Samen zugeschickt bekamen und deren Vernetzung als selbstverständlich wahrgenommen wurde. Eine zentrale Erkenntnis der Netzwerkforschung ist, dass vorhandene Netzwerke die Entstehung weiterer fördern, weshalb im Folgenden ein besonderes Augenmerk auf die Entstehung der ersten botanisch orientierten Beziehungen gelegt wird, die Johannes Gessner knüpfte.[6] Gleichzeitig ist in den letzten Jahren das Bewusstsein dafür gewachsen, dass es nicht nur für den Aufbau, sondern auch für Pflege und Verstetigung sozialer Beziehungen materieller und immaterieller Ressourcen bedurfte.[7]

Diesen Überlegungen folgend, untersucht dieses zweite Hauptkapitel den Aufbau und die Pflege von Johannes Gessners botanischen Austauschbeziehungen und die Einbindung Zürichs in die botanischen Netzwerke des 18. Jahrhunderts. Da ein solches Beziehungsnetz sowohl für die soziale Anerkennung als auch für den Austausch von Büchern und Pflanzenmaterial zentral war, soll genau beleuchtet werden, wie es ihm gelang, Kontakte herzustellen und anschließend langfristig zu halten.[8] Dabei wird davon ausgegangen, dass das gemeinsame Interesse an Botanik dafür sorgte, dass die Akteure miteinander in Kontakt traten und diesen

Neuenburger Arzt Laurent Garcin handelte, was aber sehr gut möglich ist, da sich dieser 1731 noch in den Niederlanden aufhielt.

5 Spary, Botanical Networks Revisited, S. 63. Siehe zu botanischen Netzwerken zudem auch die anderen Beiträge im selben Band: Dauser et al., Wissen im Netz. Zu verschiedenen Teilnetzen und Entwicklungsphasen von Botaniker- und anderen Gelehrtennetzwerken siehe zudem: Schönhofer, Letters; Stuber et al., Hallers Netz; Laurence W.B. Brockliss: Calvet's Web. Enlightenment and the Republic of Letters in Eighteenth-Century France, Oxford; New York 2002.

6 Spary, Botanical Networks Revisited, S. 47.

7 Daniel Schläppi: Die Ökonomie sozialer Beziehungen. Forschungsperspektiven hinsichtlich von Praktiken menschlichen Wirtschaftens im Umgang mit Ressourcen, in: Brendecke, Praktiken der Frühen Neuzeit, S. 684-695. Vgl. ferner die Beiträge in: Gabriele Jancke/Daniel Schläppi (Hg.): Die Ökonomie sozialer Beziehungen. Ressourcenbewirtschaftung als Geben, Nehmen, Investieren, Verschwenden, Haushalten, Horten, Vererben, Schulden, Stuttgart 2015. Für ein Beispiel aus der frühneuzeitlichen Naturforschung besonders: Sebastian Kühn: Ein Sack Morcheln und die Astronomie. Ressourcenzirkulation und -konversion in der Naturforschung um 1700, in: Jancke/Schläppi, Ökonomie sozialer Beziehungen, S. 109-124.

8 Die Bedeutung des Beziehungsnetzes für die Beschaffung von Naturalien und Artefakten zeigen am Beispiel Albrecht von Hallers: Stuber et al., Materielle Kommunikation, S. 177-186.

fortlaufend pflegten.[9] Die Schweizer beschafften sich »ceylanische, indianische und andere Samen« und schickten im Gegenzug »Bergpflanzen zum Verpflanzen und Samen zum Säen nach Holland und England.«[10] Wiederum ausgehend von den Pflanzen, über welche die Akteure sprachen, wird im Folgenden danach gefragt, welche Interessen die Vernetzung förderten und wie Alpenpflanzen und Gewächse aus Ostindien dazu beitrugen, die Zürcher Aktivitäten in die botanischen Netzwerken des 18. Jahrhunderts zu integrieren.

Bevor jedoch Aufbau, Pflege und Verstetigung von Johannes Gessners Beziehungen untersucht werden, wird zunächst mithilfe einer Karte ein kurzer Überblick über sein Korrespondenznetz gegeben, wie es sich anhand der überlieferten Materialien darstellt (Abb. 14).[11]

Insgesamt sind fast zweitausend von und an Gessner geschriebene Briefe mit ungefähr 115 Korrespondenten überliefert. Fast alle diese Briefe behandeln naturkundliche Themen. Mit dem Großteil der heute bekannten Korrespondenten tauschte er sich über botanische Themen aus.[12] Die Korrespondenten informierten sich über gefundene Pflanzen und botanische Publikationsprojekte und Neuerscheinungen, schickten sich Bücher oder tauschten Pflanzen in Form von Samen, Herbarbelegen und Abbildungen aus. Geografisch erstreckte sich Gessners Korrespondenznetz mindestens von Debrecen bis London auf der Ost-West-Achse und von Pisa im Süden bis nach Uppsala im Norden.[13] Besonders viele Korrespondenzen pflegte der Zürcher innerhalb der Schweiz, mit Personen im Norden der italienischen Halbinsel und im Alten Reich. Von manchen Orten, dies macht die Darstellung auf der folgenden Seite deutlich, schrieben Gessner gleich mehrere: Sowohl in Zürich selbst als auch in Basel und Bern gab es jeweils mehr als fünf Korrespondenten. Auch aus der süddeutschen Universitätsstadt Tübingen sandten ihm mehr als fünf Personen Briefe. Zudem gelangten Nachrichten von mehr

9 Den Einfluss des »shared interest« betont auch: Hodacs, Linneans Outdoors, S. 202.

10 Brief Engel an Gessner, Aarberg, 9.6.1753. ZBZ, Ms M 18.28.6; Brief Engel an Gessner, Nyon, 25.10.1771. ZBZ, Ms M 18.28.110.

11 Dabei wird nicht zwischen verschiedenen Phasen der Entwicklung unterschieden, sondern die Gesamtheit der Korrespondenten gezeigt, da eine Einteilung in Lebensphasen, wie sie für die Netzwerke anderer Botaniker gemacht wurde, aufgrund der Überlieferungssituation keinen Sinn ergibt. Stuber et al., Hallers Netz, S. 65-84; Schönhofer, Letters.

12 Stefan Hächler und andere haben darauf hingewiesen, dass es »kaum rein botanische Korrespondenzen gab« und der auf Reziprozität beruhende Austausch nicht immer einen Tausch »Pflanze gegen Pflanze« bedeutete, sondern die Gegengaben je nach Interessenlage, Konstellation und Beziehung der beteiligten Akteure variierten. Hächler, Avec une grosse boete, S. 216.

13 Seinem Freund Albrecht von Haller berichtete Gessner zudem von Zusendungen von John Bartram und Benjamin Franklin (1706-1790) aus Philadelphia, allerdings sind, soweit bislang bekannt, keine Briefe dieser beiden amerikanischen Naturforscher an Johannes Gessner überliefert. Brief Gessner an Haller, Zürich, 30.4.1754. BB Bern, N Albrecht von Haller 105.20.164. Zitiert nach: Boschung, Johannes Gessner, S. 109.

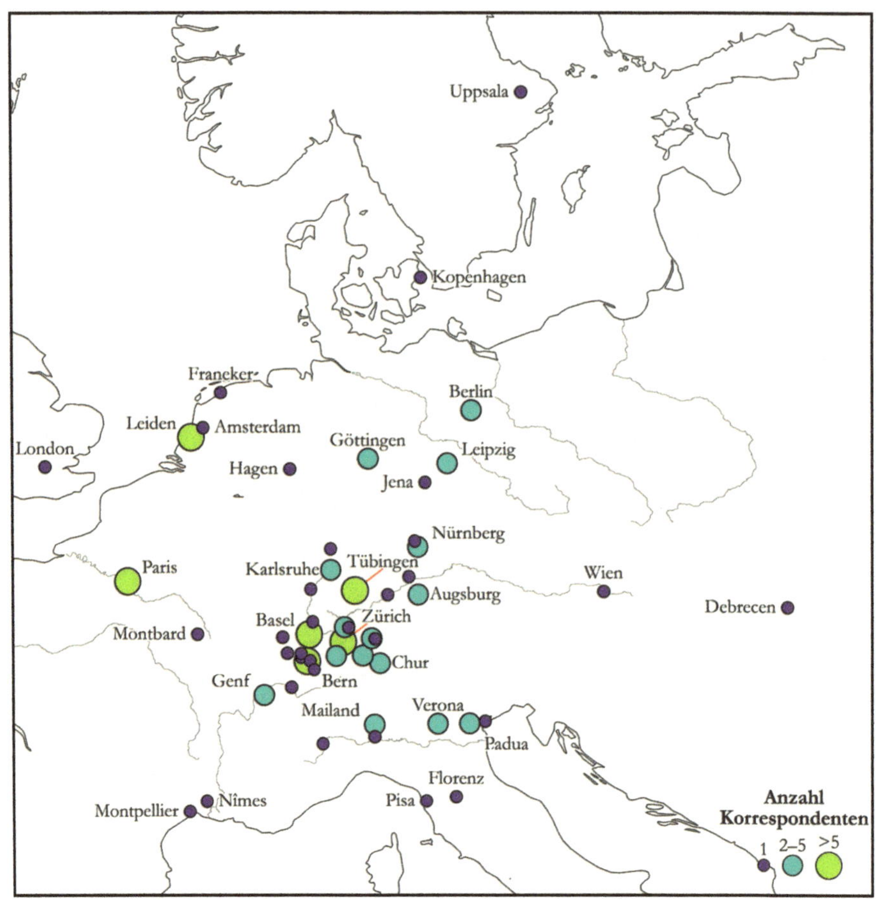

Abb. 14: Geografische Verteilung der Korrespondenzpartner Gessners gemäß der überlieferten Briefe, Karte © Christian Forney (hallerNet) 2024

als fünf Briefpartnern aus Leiden und Paris an Gessner. Die Gründe für die Entstehung dieser Knotenpunkte in Gessners Netz werden im Verlauf dieses Kapitels untersucht. Der Fokus auf die im Netz ausgetauschten Pflanzen ermöglicht es, die botanischen Sammelreisen in die Alpen, die Gessner und seine Schüler durchführten, sowie die Studienaufenthalte des Zürchers im Ausland und die Aufenthalte junger Mediziner in Zürich in den Blick zu nehmen, welche für die Entwicklung der botanischen Netzwerke von Bedeutung waren.

3.1 Aufbau der Beziehungen

Einen »weißen Steinbrech mit großen Blüten und schindelartigen, glatten, spitzen Blättern« (Abb. 15) und Dutzende andere seltene Spezimina hatten die Zürcher Johann Caspar Füssli und Hans Ludwig von Meiss auf der Alpenreise gesammelt, die sie im Sommer 1763 zusammen mit dem Berner Johann Jakob Dick unternommen hatten.[14] Insgesamt waren es mehrere hundert Pflanzen, die Johannes Gessner in der Auflistung der »seltenen Pflanzen, die die Herren Dick und Füssli während ihrer Alpenreise 1763 gesammelt hatten«, aufführte. Die Liste schickte er auch dem schwedischen Naturforscher Carl von Linné: Neben weiteren Steinbrech-Arten waren darunter auch Alpen-Flachbärlapp (*Lycopodium alpinum* bzw. *Diphasiastrum alpinum*), verschiedene Hahnenfuß-Arten, darunter der *Ranunculus alpestris*, sowie Baumheide *(Erica arborea)* und Klee *(Oxalis lutea)*.[15] Linné hatte sich 1742 an Gessner gewandt, um Alpenpflanzen zu erhalten, da er überzeugt war, dass der Zürcher Zugang zu Gewächsen aus den Schweizer Bergen habe.[16] Gessner schickte daraufhin immer wieder Pflanzen nach Schweden und bot seinem angesehenen Korrespondenten in Uppsala auch Exemplare der seltenen Alpenpflanzen an, die Dick und Füssli gesammelt hatten.

Alpenpflanzen waren regelmäßig Gegenstand von Gessners Austausch mit seinen Korrespondenten. Der Zürcher erhielt neue Spezimina aus den Schweizer Bergen und versorgte seine Briefpartner in Deutschland, Italien, Schweden und den Niederlanden mit diesen, wie er auch seinem schwedischen Korrespondenten Carl von Linné mitteilte: Nachdem er in seiner Jugend in den »abgelegensten der Schweizer Alpen« selbst Pflanzen gesammelt habe, bekomme er heute von verschiedenen Korrespondenten immer neue Spezimina für sein Herbarium und den Garten der Naturforschenden Gesellschaft in Zürich zugeschickt.[17] Laurenz

14 Brief Gessner an Haller, Zürich, 16.7.1763. BB Bern, N Albrecht von Haller 105.21.340. Zitiert nach: Boschung, Johannes Gessner, S. 114f. Zu Johann Jakob Dick siehe Rytz, Zwei vergessene Berner Botaniker. In der Universitätsbibliothek Leiden sind 21 Briefe Dicks an David van Royen überliefert, die der Botaniker in den 1760er- und 1770er-Jahren mitsamt Pflanzenspezimina aus Bolligen nach Leiden schickte: Universiteitsbibliotheek Leiden (UB Leiden), BPL 1900.

15 Brief Gessner an Linné, 14.11.1763. LS, IV, S. 429-434. Online unter http://urn.kb.se/resolve?urn=urn:nbn:se:alvin:portal:record-231724 (abgerufen am 11.10.2023). Zitiert nach: De Beer, Correspondence, S. 236-241.

16 Linné wünschte, nach Möglichkeit einige Samen von jeder Pflanze zu erhalten, die in den Alpen wuchs, und war bereit dafür zu bezahlen, was auch immer Gessner forderte. Brief Linné an Gessner, Uppsala, 8.8.1742. Uppsala University Library (Uppsala UB), G152a. Online unter: http://urn.kb.se/resolve?urn=urn:nbn:se:alvin:portal:record-223402 (abgerufen am 11.10.2023). Zitiert nach: De Beer, Correspondence, S. 226.

17 Brief Gessner an Linné, Zürich, 30.10.1748. Linnean Society, London, IV, 427-428. Online unter: http://urn.kb.se/resolve?urn=urn:nbn:se:alvin:portal:record-224493 (abgerufen am 11.10.2023). Zitiert nach: De Beer, Correspondence, S. 227-232.

Abb. 15: *Saxifraga* (Steinbrech), aus: Tab. 31, Gessner/Schinz, Tabulae phytographicae

Zellweger (1692-1764) schickte ihm Pflanzen aus den Appenzeller Alpen, Moritz Anton Kappeler sandte im Wallis gesammelte Gewächse und obendrein beauftragte Gessner junge Männer, die in den Alpen Pflanzen, Insekten und Mineralien sammeln sollten.[18] Der Zürcher unterhielt Beziehungen zu Naturforschern der

18 Ebd; Brief Gessner an Linné, 14.11.1763. Linnean Society, London, IV, 429-434. Online unter: http://urn.kb.se/resolve?urn=urn:nbn:se:alvin:portal:record-231724 (abgerufen am 11.10.2023). Zitiert nach: De Beer, Correspondence, S. 236-241. Siehe zu diesen Reisen: Meike Knittel: Devenir botaniste au XVIIIe siècle. Les premiers voyages de Gessner et des jeunes Zurichois dans les Alpes, in: Moret Petrini (Hg.): Jeunesse et voyages 1700-1830 (= Bulletin de l'Association Culturelle pour le Voyage en Suisse, Bd. 20), 2019, S. 5-9;

vorherigen ebenso wie der nachfolgenden Generation, er pflegte Kontakte in der Schweiz sowie in die hunderte Kilometer entfernten Städte Leiden und Uppsala.

In den 1720er-Jahren trug Gessner während eintägiger Exkursionen und mehrwöchiger Forschungsreisen zahlreiche Pflanzen zusammen. Teils schnitt er die Gewächse ab, teils ließ er sie mitsamt Erde und Wurzeln ausgraben und nach Zürich bringen.[19] Auf seiner ersten Alpenreise im Sommer 1723 sammelte er 180 »Bergpflanzen« und auch von seiner 1726 unternommenen Reise brachte Gessner »einen großen Vorrat« an Pflanzen mit.[20] Während seiner Exkursion in die Glarner Alpen im Sommer 1730 sammelte Gessner zahlreiche seltene Gewächse, darunter »eine Kuhschelle *(Pulsatilla)* mit gelber Blume, eine Alpenmaßlieb *(Bellis alpina minima)* mit Samen [...], einen krausblättrigen Hautfarn [sowie] viele alpine Pilze, Moose, Flechten.«[21] Im Sommer 1733 fand Gessner am Pilatus und auf der Rigi seltene Pflanzen, wie beispielsweise Frauenhaarfarn und Rauten, die er nie zuvor gesehen hatte.[22] Und auch unter den Pflanzen, die er 1735 auf der Gemmi sammelte, waren Arten, die er dort zum ersten Mal überhaupt sah, wie die »elegante Hauhechel *(Ononis)* mit großer schöner roter Blüte und breiten gezähnten Blättern«.[23] 1748 ließ der Zürcher »einige seltenere Pflanzen« vom Uetliberg in den Garten in der Stadt bringen und von einer Exkursion ins nahe gelegene Andelfingen brachte er 1751 eine Küchenschellenart mit, die im Zürcher Stadtgebiet nicht wuchs.[24] Die Reisen ermöglichten es Gessner, immer neue Pflanzen selbst in Augenschein nehmen zu können und Exemplare davon nach Zürich mitzubringen, um sie in sein Herbarium einzuordnen oder im Garten anzupflanzen. Eigenes Beobachten und Untersuchen war für die Botanik des 18. Jahrhunderts grundlegend, und das Sammeln auf Reisen stellte für Gessner eine Möglichkeit dar, seine Expertise unter Beweis zu stellen.

Der Zürcher erkundete vor allem das Gebiet der eidgenössischen und der Zugewandten Orte. Seine bekannteste Reise ist jene, die er zusammen mit Albrecht von Haller 1728 unternahm.[25] Mehrere Wochen reisten die beiden angehenden

dies./Reto Nyffeler: Flora Alpina, in: Tina Asmussen (Hg.): Montan-Welten. Alpengeschichte abseits des Pfades (= Æther, Bd. 3), Zürich 2019.

19 Brief Gessner an Haller, Zürich, 31.10.1730. BB Bern, N Albrecht von Haller 105.20.13. Zitiert nach: Boschung, Johannes Gessner, S. 53.

20 Autobiografie. ZBZ, Ms M 18.10. Zitiert nach: Boschung, Johannes Gessner, S. 30.

21 Brief Gessner an Haller, Zürich, 31.10.1730. BB Bern, N Albrecht von Haller 105.20.13. Zitiert nach: Boschung, Johannes Gessner, S. 53.

22 Brief Gessner an Haller, Zürich, 20.8.1733. BB Bern, N Albrecht von Haller 105.20.43. Zitiert nach: Boschung, Johannes Gessner, S. 67.

23 Brief Gessner an Haller, Leukerbad, 16.7.1735. BB Bern, N Albrecht von Haller 105.20.64. Zitiert nach: Boschung, Johannes Gessner, S. 70.

24 Brief Gessner an Haller, Zürich, 17.8.1751. BB Bern, N Albrecht von Haller 105.20.136. Zitiert nach: Boschung, Johannes Gessner, S. 99f.

25 Siehe hierzu: Aurélie Luther: Premier voyage dans les alpes et autres textes, 1728-1732 (= Travaux sur la Suisse des Lumières – Textes, Bd. 2), Genf 2008.

Ärzte mit der Absicht, Naturalien zu sammeln, von der Stadt Basel aus durch das Territorium des Basler Fürstbistums und weiter über Biel, Neuenburg und Lausanne nach Genf, wo sie den *Mont Salève* erkundeten. Auf dem Rückweg gingen sie am südlichen Ufer des Genfer Sees entlang und machten in Vevey, Roche und Leukerbad Station, bevor sie die Gemmi überquerten. Anschließend waren sie im Berner Haslital unterwegs und stiegen über den Jochpass nach Engelberg und von dort über den Surenenpass hinunter nach Altdorf, von wo aus sie nach Zürich gelangten.[26] In den 1730er-Jahren lag der geografische Schwerpunkt von Gessners Sammelreisen vor allem auf dem östlichen Teil der heutigen Schweiz. Er bereiste die Zürcher Landschaft sowie die Glarner, die Appenzeller und Toggenburger, die Schwyzer und Luzerner Alpen sowie das Gebiet der Drei Bünde, zu dem Zürich traditionell enge Beziehungen pflegte und wohin sein Lehrer Johann Jakob Scheuchzer zahlreiche Korrespondenzen unterhielt.[27] Währenddessen erkundete Haller die Berner Alpen, den Jura von Basel bis Genf, das Wallis sowie die Gotthardberge.[28] Die beiden Botaniker teilten sich die bereisten Gebiete auf, um möglichst schnell viel Material zusammenzutragen.

In seiner Autobiografie betont Gessner, dass er seine Sammlungen auf seinen Reisen selbst zusammengetragen habe.[29] Tatsächlich unternahm Gessner nur in den 1720er- und frühen 1730er-Jahren, das heißt, bevor er Professor an der Zürcher Hohen Schule war, größere Reisen.[30] Bereits zu dieser Zeit hatte er aus gesundheitlichen Gründen mehrfach geplante Exkursionen absagen müssen. Die Pläne für die große Italienreise, die er zusammen mit dem gleichaltrigen Zürcher

26 Autobiografie. ZBZ, Ms M 18.10. Zitiert nach: Boschung, Johannes Gessner, S. 35.

27 Siehe dazu: Simona Boscani Leoni: Tra Zurigo e le Alpi: le »Lettres des Grisons« di Johann Jakob Scheuchzer (1672-1733). Dinamiche della comunicazione erudita all'inizio del Settecento, in: Jon Mathieu/Simona Boscani Leoni (Hg.): Die Alpen! Zur europäischen Wahrnehmungsgeschichte seit der Renaissance / Les Alpes! Pour une histoire de la perception européenne depuis la Renaissance, Bern u.a. 2005, S. 157-171; dies.: La correspondance de Johann Jakob Scheuchzer (1672-1733). Un projet pour l'édition des »Lettres des Grisons«, in: Bulletin Societas Helvetica Pro Saeculo XVIIIo/Bulletin de la Société suisse pour l'étude du XVIIIe siècle 28 (2006), S. 8-12; dies. (Hg.): »Lettres des Grisons«. Wissenschaft, Religion und Diplomatie in der Korrespondenz von Johann Jakob Scheuchzer. Eine Edition ausgewählter Schweizer Briefe (1695-1731), hallerNet 2019, https://hallernet.org/edition/scheuchzer-korrespondenz (abgerufen am 11.10.2023).

28 Autobiografie. ZBZ, Ms M 18.10. Zitiert nach: Boschung, Johannes Gessner, S. 35-37. Die beiden Botaniker tauschten ihre Erkenntnisse in zahlreichen Briefen aus.

29 Autobiografie. ZBZ, Ms M 18.10. Zitiert nach: Boschung, Johannes Gessner, S. 44. Gessner und seine Mitreisenden trugen nicht nur jede Menge Pflanzen zusammen, sondern auch Mineralien, Fossilien und Insekten. Sie untersuchten Quellen und andere Gewässer sowie Bergwerke. Zudem nahmen sie Messungen mit Barometern vor. Ebd., S. 30.

30 Später unternahm er lediglich im Sommer kürzere botanische Exkursionen, beispielsweise, wenn er als Arzt Patienten auf dem Land besuchte oder um seinen Schülern das Botanisieren beizubringen. Autobiografie. ZBZ, Ms M 18.10. Zitiert nach: Boschung, Johannes Gessner, S. 37.

Kaufmannssohn Paul Usteri (1709-1757) machen wollte, musste Gessner ebenso ad acta legen wie die für mehrere Reisen in den Schweizer Bergen.[31] Auch die für den Sommer 1732 geplante Reise ins Berner Oberland mit Albrecht von Haller konnte er ebenso wenig antreten wie jene über den Gotthard im Sommer 1736 und nach Graubünden im Sommer 1738.[32] Gessner reiste gelegentlich zwar noch in Kurorte, in deren Umgebung er botanisierte, größere Sammelreisen realisierte er jedoch nicht mehr.[33] Und auch die Überwinterung der Alpenpflanzen in Zürich gestaltete sich schwierig.[34] 1740 dann klagte Gessner gegenüber seinem Freund Albrecht von Haller, dass er »kaum eine Pflanze [mehr] vorrätig« habe, weil er seit Jahren keine Alpenreise mehr habe unternehmen können.[35] Für ihn war es jedoch wichtig, Alpenpflanzen in Zürich zur Verfügung zu haben, damit er diese seinen Korrespondenten anbieten konnte und somit für diese als Tauschpartner interessant blieb.

Zu den Korrespondenten, die Gessner laut dem eingangs zitierten Brief an Linné immer wieder Pflanzen schickten, gehörte auch Laurenz Zellweger aus Trogen. Bereits im Februar 1726 sandte Zellweger Johannes Gessner einzelne Pflanzen aus dem Bündnerland, zwei *Echinaceae* sowie weitere Stücke, die ihm »aus dem

31 Usteri und Gessner planten, über Bern nach Turin und von dort nach Genua und Livorno zu reisen, anschließend über Pisa nach Florenz und weiter nach Bologna, um schließlich nach einem Abstecher nach Venedig über Graubünden nach Zürich zurückzukehren, wie Gessner an Haller schrieb. Mit dem Geld, dass sie aufgrund der abgesagten Italienreise gespart hatten, entschlossen sich die beiden, physikalische und mathematische Instrumente sowie Naturalien (»Merkwürdigkeiten«) und »nützliche« Bücher anzuschaffen. Autobiografie. ZBZ, Ms M 18.10. Zitiert nach: Boschung, Johannes Gessner, S. 37f.

32 Haller und Gessner planten ihre Reise für den Sommer 1732 im Detail und tauschten einige Briefe darüber aus: Gessner wollte am 14. Juli in Zürich starten und nichts als seine botanische Ausrüstung mitnehmen. Johann Heinrich Hegner (1715-1782) aus Winterthur, ein Medizinstudent, sowie dessen Diener sollten in begleiten. Auch Haller hatte vor, mehrere Begleiter mitzubringen. Brief Gessner an Haller, Zürich, 22.6.1732. BB Bern, N Albrecht von Haller 105.20.25. Zitiert nach: Boschung, Johannes Gessner, S. 58; Autobiografie. ZBZ, Ms M 18.10. Zitiert nach: Boschung, Johannes Gessner, S. 40; Brief Gessner an Haller, Zürich, 12.6.1738. BB Bern, N Albrecht von Haller 105.20.85. Zitiert nach: Boschung, Johannes Gessner, S. 75.

33 Autobiografie. ZBZ, Ms M 18.10. Zitiert nach: Boschung, Johannes Gessner, S. 39. Ob eine Reise erfolgreich war, hing nicht zuletzt auch vom Wetter ab: Im Sommer 1733 beispielsweise regnete es so viel, dass Gessner weniger Berge besteigen konnte als geplant. Brief Gessner an Haller, Zürich, 20.8.1733. BB Bern, N Albrecht von Haller 105.20.44. Zitiert nach: Boschung, Johannes Gessner, S. 67.

34 So gelang es den Zürcher Pflanzenliebhabern beispielsweise im Winter 1747/48 nur, ungefähr 30 Appenzeller Alpenpflanzen durch den Winter zu bringen. Brief Gessner an Haller, Zürich, 3.7.1748. BB Bern, N Albrecht von Haller 105.20.44. Zitiert nach: Boschung, Johannes Gessner, S. 95.

35 Brief Gessner an Haller, Zürich, 26.5.1740. BB Bern, N Albrecht von Haller 105.20.90. Zitiert nach Boschung, Johannes Gessner, S. 78.

Schaffhauser Gebiet in die Hand gekommen waren.«[36] In dem Brief, den er den Pflanzen beifügte, versicherte der angesehene Trogener Arzt, Ratsherr und Aufklärer dem fast zwei Jahrzehnte jüngeren Zürcher, dass sein langes Schweigen nach Gessners Briefen keinesfalls auf einen Mangel an Respekt und Wertschätzung zurückzuführen sei. Vielmehr sei er von politischen Geschäften abgelenkt worden und bot nun seine Dienste an. Zellweger war nicht der einzige Naturforscher außerhalb Zürichs, der an einer Korrespondenz mit dem erst siebzehnjährigen Gessner interessiert war. Schon vor Beginn seines Studiums tauschte der junge Zürcher Briefe mit zahlreichen »Gelehrten des Schweizerlands über die Naturhistorie« aus, wie er in seiner Autobiografie nicht ohne Stolz hervorhob: Neben Zellweger nennt Gessner dort die Luzerner Stadtärzte Moritz Anton Kappeler und Karl Nikolaus Lang (1670-1741), Johann Peter Tschudi (1696-1763) aus Glarus sowie Benedikt Stähelin (1695-1750) und Werner Huber (1700-1755) aus Basel namentlich als seine frühesten Korrespondenten.[37] Einige dieser Naturforscher versorgten den Zürcher in der Folge jahrzehntelang mit Pflanzen.

Kennengelernt hatte Gessner Laurenz Zellweger und andere seiner frühen Korrespondenten während der Reisen, die er Mitte der 1720er-Jahre von Zürich aus unternahm. Wie viele seiner Zeitgenossen nutzte der Zürcher die Exkursionen nicht nur zum Sammeln von Pflanzen und anderen Naturalien, sondern auch um »gelehrte Naturkundige unter seinen Landsleuten« aufzusuchen.[38] Während

36 Brief Zellweger an Gessner, Trogen, 17.2.1726. ZBZ, Autogr. Ott, Zellweger.

37 Autobiografie. ZBZ, Ms M 18.10. Zitiert nach: Boschung, Johannes Gessner, S. 30. Von den Korrespondenten sind zum Teil einzelne Briefe überliefert: Brief Lang an Gessner, Luzern, 1726. ZBZ, Autogr. Ott, Lang. Für die Korrespondenz mit Zellweger siehe die Bestände der Zentralbibliothek Zürich und der Staatsbibliothek zu Berlin sowie: Marlis Stähli: Kulturaustausch in Briefen. Laurenz Zellweger an Bodmer und Breitinger sowie weitere Zürcher nach den Quellen in der Zentralbibliothek Zürich, in: Heidi Eisenhut/Anett Lütteken/Carsten Zelle (Hg.): Europa in der Schweiz. Grenzüberschreitender Kulturaustausch im 18. Jahrhundert, Göttingen 2013, S. 203-230. An Tschudi, der zu dieser Zeit Pfarrer in Werdenberg war, schickte Gessner später ein Exemplar seiner Inauguraldissertation. In seinem Antwortbrief äußerte sich der Glarner lobend über Gessners Arbeit und dessen Familie sowie über Johann Jakob Scheuchzer. Brief Tschudi an Gessner, Glarus, 12.2.1730. ZBZ, Autogr. Ott, Tschudi.

38 Brucker, Bilder-Sal, unpag. Hanna Hodacs hat gezeigt, dass vor allem in der Linné'schen Naturforschung das Reisen eine Möglichkeit war, sich als Naturforscher zu etablieren. Dazu gehörte es nicht nur, Naturalien zu sammeln sowie Pflanzen und Tiere in der Natur zu beobachten, sondern auch Kontakte zu knüpfen, wie Hodacs am Beispiel verschiedener Schüler Carl von Linnés herausgearbeitet hat. In dem von ihr untersuchten Fall der Beziehung zwischen Johan Lindwall (1743-1796) und Sven Anders Hedin (1750-1821) mit Abraham Bäck (1713-1795) zeigt sich Naturgeschichte nicht als Selbstzweck, sondern vielmehr als Mittel zur Beziehungspflege. Hodacs, Linneans Outdoors. Zur Bedeutung des Reisens für die Vernetzung in der Gelehrtenrepublik siehe zudem: Paula Findlen: Possessing Nature. Museums, Collecting, and Scientific Culture in Early Modern Italy (= Studies on the History of Society and Culture, Bd. 20), Berkeley 1994; Goldgar, Impolite Learning.

einer Reise nach St. Gallen und Schaffhausen 1725 besuchte Gessner mehrere naturkundlich interessierte Ärzte, und auch als er 1726 ins Appenzell und von dort über Sargans, Pfäfers und Chur weiter bis Chiavenna reiste und auf dem Rückweg über Splügen, Einsiedeln und über die Rigi nach Schwyz und Luzern ging, von wo aus er über Baden nach Zürich zurückkehrte, traf Gessner zahlreiche Naturforschende persönlich.[39]

Die mehrwöchige Alpenreise 1726 diente dem jungen Zürcher außerdem dazu, die erlernten Fähigkeiten unter Beweis zu stellen und dadurch Zugang zur wissenschaftlichen Community zu erlangen.[40] Für die Feldforschung wichtige Fähigkeiten hatte er bei zahlreichen kürzeren Exkursionen mit seinem Lehrer und dessen anderen Schülern erworben. Schon 1720 hatte Scheuchzers Schüler Hans Georg Wegelin (1701-1734) aus Diessenhofen Gessner zum Botanisieren mitgenommen und in den folgenden Jahren sammelten die Scheuchzer-Schüler jeweils im Sommer Pflanzen in der Umgebung Zürichs.[41] Auf die Alpenreisen vorbereitet hatte Gessner sich mithilfe der botanischen Sammlungen und Schriften seines Lehrers in Zürich. Auf Basis von Scheuchzers Materialien erstellte er im Vorfeld ein »Verzeichnis der seltenen Gewächse des Schweizerlandes zum Gebrauch auf Bergreisen«, ein Handbuch, das ihm unterwegs helfen sollte, die gefundenen Pflanzen zu identifizieren.[42] Gessner konnte den Naturforschern in Trogen, Glarus und Luzern die zahlreichen Pflanzen zeigen, die er unterwegs gesammelt hatte, und von den auf den Bergen gemachten Beobachtungen erzählen. So gelang es ihm, bevor er Zürich verließ, um sein universitäres Medizinstudium aufzunehmen, sich in und mit der Schweizer Pflanzen- und Gelehrtenwelt bekannt zu machen.

Die Pflanzen und anderen Naturalien, die Gessner auf den Alpenreisen in den 1720er-Jahren sammeln und unterwegs sogleich den Korrespondenten seines Lehrers zeigen konnte, prägten die Entwicklung seines botanischen Netzwerks entscheidend. Die Naturforscher in Trogen, Luzern und Glarus zeigten sich an den Funden des jungen Zürchers interessiert, und so erfüllten diese Exkursionen zu innerhalb weniger Tage zu Fuß oder zu Pferd erreichbaren Orten für Gessner eine ähnliche Funktion wie für andere Botaniker des 18. Jahrhunderts die Forschungsreisen nach Japan oder in die Karibik.[43] Sie brachten Gessner mit Akteuren in Kontakt, die an

39 Für die Reiseroute von 1726 siehe: Autobiografie. ZBZ, Ms M 18.10. Zitiert nach: Boschung, Johannes Gessner, S. 30. 1725 reiste Gessner nach St. Gallen sowie nach Stein, Oerlingen, Berlingen und Oensingen. Dabei lernte er neben Laurenz Zellweger auch Hans Heinrich Keller (1688-1750) (1688-1750), Balthasar Pfister (1695-1763), Johann Friedrich Stokar (1682-1744) und Bernhard Wepfer (1684-1757) kennen. Ebd., S. 29.

40 Siehe zu dieser Funktion des Reisens: Hodacs, Linneans Outdoors, S. 188.

41 Autobiografie. ZBZ, Ms M 18.10. Zitiert nach: Boschung, Johannes Gessner, S. 26f.

42 Ebd., S. 30.

43 Hanna Hodacs: Linnaean Scholars Out of Doors. So Much to Name, Learn and Profit From, in: Arthur MacGregor (Hg.): Naturalists in the Field. Collecting, Recording and Preserving the Natural World from the Fifteenth to the Twenty-First Century (= Emergence

einem Austausch mit ihm interessiert waren, da sie sich davon weitere Pflanzen und Informationen sowie die Festigung ihrer Beziehungen nach Zürich erhofften.

Mit diesen Reisen beschritt der junge Zürcher jedoch keinesfalls neue Wege, sondern folgte vielmehr den Spuren seines Lehrers Johann Jakob Scheuchzer, der nicht nur sein gesammeltes Pflanzenmaterial und seine Aufzeichnungen, sondern auch seine Kontakte mit Gessner teilte.[44] Scheuchzers Vernetzung beeinflusste die Reiseroute und damit auch die Entstehung des botanischen Netzwerks seines Schülers maßgeblich, denn fast alle Personen, die Gessner unterwegs besuchte, waren langjährige Briefpartner seines Lehrers.[45] Gerade die ersten Kontakte junger Naturforscher in die Gelehrtenwelt wurden entscheidend durch das Beziehungsnetz des Lehrers beeinflusst. Auch Gessners Schüler waren später in den gleichen Regionen unterwegs wie zuvor ihr Lehrer: So bereiste beispielsweise Salomon Schinz, bevor er sein Medizinstudium begann, im Sommer 1753 ebenfalls die Appenzeller und die Bündner Alpen.[46] Der Kontakt mit älteren, gut vernetzten Naturforschern war für junge Medizinstudenten vor allem am Anfang ihrer Laufbahn von enormer Bedeutung. Die Reisen ermöglichten es Johannes Gessner, Kontakte zu knüpfen, die für seine weitere Karriere relevant waren.

Die Naturforscher, die Gessner in den 1720er-Jahren traf, beeinflussten nämlich auch die Wahl seiner Studienorte. Bereits während ihres ersten Treffens hatte Laurenz Zellweger Gessner mit Nachdruck das Studium bei Herman Boerhaave (1668-1738) in Leiden empfohlen und ihm ausführlich von seinen eigenen Erfahrungen dort berichtet sowie ein Buch des holländischen Medizinprofessors

of Natural History, Bd. 2), Boston 2018, S. 240-257. Siehe zum »career building« durch Forschungsreisen auch: Skuncke, Thunberg; Klemun/Hühnel, Jacquin.

44 Zu Scheuchzers Bergreisen: Bulinsky, Nahbeziehungen, S. 34-38.

45 Für die oben Genannten sind mit Ausnahme von Balthasar Pfister und Bernhard Wepfer für alle auch Korrespondenzen mit Johann Jakob Scheuchzer überliefert. Von Scheuchzer und Zellweger sind für den Zeitraum von 1710 bis 1728 74 Briefe erhalten. Besonders intensiv korrespondierte Scheuchzer auch mit Moritz Anton Kappeler: Es sind 278 Briefe überliefert. Rudolf Steiger: Verzeichnis des wissenschaftlichen Nachlasses von Johann Jakob Scheuchzer, in: Beiblatt zur Vierteljahrsschrift der Naturforschenden Gesellschaft in Zürich 78/21 (1933), S. 49-74. Auch wenn keine Belege dafür gefunden wurden, ist davon auszugehen, dass Scheuchzer seinem Schüler auch auf die Reise durch die Schweiz Briefe mitgab, die ihm die Kontaktaufnahme mit den Naturforschern vor Ort erleichterten, wie er es später tat, als Gessner Zürich zum Studium verließ. Siehe zu den Empfehlungen für die Universitätsstädte: Boschung, Basel und Leiden; ders., Tagebuch.

46 Von Chur aus gingen Schinz und seine Reisegefährten über den Splügenpass, den Piz Beverin und Hinterrhein nach Bellinzona. Brief Gessner an Haller, Zürich, 28.9.1753. BB Bern, N Albrecht von Haller 105.20.151. Zitiert nach: Boschung, Johannes Gessner, S. 104. Gessner sprach zudem vielfach Empfehlungen aus für Zürcher Reisende, so beispielsweise auch für seinen früheren Schüler Johann Jakob Köchlin (1721-1787), ein Mitglied der Naturforschenden Gesellschaft, der mit einer Gruppe »unserer jüngeren Politici« die »Sehenswürdigkeiten der Schweiz« besichtigen wollte. Brief Gessner an Haller, Zürich, 3.7.1754. BB Bern, N Albrecht von Haller 105.20.167. Ebd., S. 108f.

ausgeliehen.[47] In einem Brief aus dem darauffolgenden Jahr bestärkte Zellweger Gessner nochmals darin, tatsächlich nach Leiden zu gehen, und informierte ihn, dass Boerhaaves Vorlesungen inzwischen auch im Druck erhältlich waren.[48] Auch Benedikt Stähelin, der an der Universität Basel, wo Gessner sich zunächst einschrieb, Botanik unterrichtete, hatte in Leiden studiert und unterstützte die Idee, dass Gessner sein Studium in der holländischen Stadt fortsetzte.[49] Erfahrungsberichte und persönliche Kontakte wie diese trugen maßgeblich zur Auswahl der Studienorte bei und beeinflussten damit auch die weitere Entwicklung von Gessners Netzwerk, denn in Leiden lernte der junge Zürcher viele Pflanzeninteressierte kennen, mit denen er in den folgenden Jahrzehnten zahlreiche Pflanzen und Briefe austauschte.

Zunächst jedoch musste Gessner in Leiden, wie zuvor in Basel und später in Paris, Kontakte aufbauen. Um den Studenten den Zugang zu den angesehenen Botanikprofessoren am neuen Ort zu erleichtern, statteten deren Lehrer sie mit Empfehlungsschreiben und materiellen Gaben aus.[50] Als Gessner an seine Studienorte reiste, hatte er somit stets Pflanzensamen und Briefe seiner Lehrer im

47 Autobiografie. ZBZ, Ms M 18.10. Zitiert nach: Boschung, Johannes Gessner, S. 29. Boerhaave zog eine große Zahl ausländischer Studenten an, darunter zahlreiche Schweizer. Siehe für eine Auflistung und deren Biografien: Sabine Heller: Boerhaaves Schweizer Studenten. Ein Beitrag zur Geschichte des Medizinstudiums (= Zürcher medizingeschichtliche Abhandlungen, Bd. 169), Zürich 1984. Zur Bedeutung der Universität Leiden: Stearn, William T.: The Influence of Leyden on Botany in the Seventeenth and Eighteenth Century, in: The British Journal for the History of Science 1/2 (1962), S. 137-158. Herman Boerhaave seinerseits empfahl den Gessner-Brüdern dann von Leiden aus direkt nach Paris und nicht nach London zu gehen, da sie von dort nur »wenig Nutzen, [aber] bedeutende Kosten« zu erwarten hätten, und stattete sie direkt mit Empfehlungsschreiben für Paris aus. Brief Gessner an Scheuchzer, Leiden, 31.7.1727. ZBZ, Ms H 337, S. 321-328. Zitiert nach: Boschung, Basel und Leiden, S. 70. Darauf, dass die politischen Spannungen zwischen den reformierten Kantonen und Frankreich kein Hinderungsgrund für den Aufenthalt der jungen Zürcher in Paris waren, verweisen: Boschung, Basel und Leiden, S. 17f.; Catherine, Pratique et réseaux, S. 61.

48 Brief Zellweger an Gessner, Trogen, 1726. ZBZ, Autogr. Ott, Zellweger. Siehe dazu auch: Stähli, Kulturaustausch, S. 221f.

49 Als sich die Gelegenheit ergab, einem Studenten aus Glarus, der nach Basel reiste, einen Brief mitzugeben, bestätigte Gessner Stähelin dann auch, dass das Studium bei Boerhaave den Beschreibungen tatsächlich entsprochen hatte. Briefentwurf Gessner an Stähelin, Paris, 12.9.1727. Zitiert nach: Boschung, Tagebuch, S. 208.

50 Zur Bedeutung von Empfehlungsschreiben auf Reisen siehe: Emmanuelle Chapron: Du bon usage des recommandations. Lettres et voyageurs au XVIIIe siècle, in: Pierre-Yves Beaurepaire/Pierrick Pourchasse (Hg.): Les circulations internationales en Europe, années 1680-années 1780, Rennes 2010, S. 249-258. In anderen Fällen wurden den Reisenden zusätzlich zu den Empfehlungsschreiben neuartige wissenschaftliche Instrumente mitgegeben, beispielsweise gab der Basler Naturforscher Daniel Bernoulli Joseph Teleki für Buffon in Paris eines von Michelis Thermometern mit: Häner Dinge sammeln, S. 107.

Gepäck, die er deren Kontaktpersonen vor Ort übergeben konnte.[51] Sowohl Johann Jakob Scheuchzer als auch Herman Boerhaave versorgten die Gessner-Brüder mit entsprechenden Briefen und Paketen.[52] Auf ihrer Reise von Leiden nach Paris konnte Johannes Gessner dank Boerhaaves Empfehlung so beispielsweise Frederik Ruysch (1638-1731) in Amsterdam kennenlernen, der ihm Pflanzen aus seinem Herbarium schenkte.[53] Gleich am Morgen nach ihrer Ankunft in Paris wollten die Gessner-Brüder dann auch Antoine de Jussieu besuchen, um ihm die von Boerhaave mitgeschickten Spezimina zu übergeben, doch dieser war außer Haus. Erst drei Tage später trafen sie ihn nach wiederholten Versuchen an, wurden freundlich empfangen und besuchten die Jussieus in der folgenden Zeit mehrfach.[54] Die bestehenden Beziehungen der Lehrer und das Wissen, an welchen Themen und Dingen die Kontakte am Studienort interessiert waren, erleichterten den reisenden Medizinstudenten den Aufbau von Beziehungen entscheidend.

Zudem war die gemeinsam an einem Ort verbrachte Zeit für den Aufbau von Austauschbeziehungen von großer Bedeutung, wie unlängst auch Marianne Klemun und Helga Hühnel am Beispiel des Wiener Botanikers Nikolaus Joseph

51 Johannes Gessner reiste zusammen mit seinem Bruder Christoph am 29.10.1726 von Basel aus über Straßburg, Karlsruhe, Heidelberg, Frankfurt, Köln, Nimwegen und Utrecht nach Leiden, wo sie am 18. November eintrafen. Ein Bericht der Reise ist nicht überliefert. Gessner hat auch nicht näher notiert, wen sie unterwegs trafen, nur dass sie mit Gelehrten Bekanntschaft machten. Autobiografie. ZBZ, Ms M 18.10. Zitiert nach: Boschung, Johannes Gessner, S. 31.

52 Boschung, Basel und Leiden; ders., Tagebuch. Umgekehrt nutzte Boerhaave die Gelegenheit, Scheuchzer über Gessner ein Exemplar des soeben von ihm veröffentlichten *Botanicon Parisiense* von Sebastien Vaillant zuzuschicken. Brief Gessner an Scheuchzer, Leiden, 31.7.1727. ZBZ, Ms H 337, S. 321-328. Zitiert nach: Boschung, Basel und Leiden, S. 68.

53 Autobiografie. ZBZ, Ms M 18.10. Zitiert nach: Boschung, Johannes Gessner, S. 33. Beispielsweise ist ein Exemplar des *Piper longum* im ersten Band des Herbariums mit »ex HB Ruysch« angeschrieben. Vereinigte Herbarien Z+ZT der Universität und ETH Zürich, Hortus Siccus, Bd. 1. Aus der Zeit des Studienaufenthalts in Leiden ist auch der Index eines von Gessner nach Boerhaaves System angelegten Herbariums überliefert, der zudem eine Literaturübersicht der ihm damals bekannten botanischen Veröffentlichungen enthält. ZBZ, Ms Z VIII 308.

54 Boschung, Tagebuch, S. 189-192. Boerhaave stattete sie zudem mit Empfehlungsschreiben an Antoine-Tristan Danty d'Isnard (1663-1743) (1663-1743) und den Abbé Bignon (1662-1743) aus. Autobiografie. ZBZ, Ms M 18.10. Zitiert nach: Boschung, Johannes Gessner, S. 33. Gleichermaßen baten auch Gessners Schüler um Empfehlungen: Schinz bat Gessner um Empfehlungsschreiben an seine Pariser Kontakte, namentlich die Jussieus, Antoine-Joseph Dezallier d'Argenville und einen nicht näher bekannten Mr Vullyamoz. Brief Schinz an Gessner, Paris, 3.6.1756. ZBZ, Ms M 18.24.28 und Brief Schinz an Gessner, Paris, 7.6.1756. ZBZ, Ms M 18.24.29. Johann Georg Stokar (1736-1809) wünschte im November 1760 nach seiner Ankunft in Paris ein Schreiben für »M. de Jussieu«, um möglichst viel »von dem hiesigen Garten und dessen Botanicis« profitieren zu können. Brief Stokar an Gessner, Paris, 28.11.1760. ZBZ, Autogr. Ott, Stockar.

von Jacquin zeigten.[55] Damit jedoch aus kurzzeitigen tatsächlich dauerhafte Beziehungen wurden, musste ein gegenseitiges Interesse am weiteren Austausch bestehen. Bei der Abreise bekräftigten die Akteure daher jeweils, dass sie sich auch in Zukunft gegenseitig Pflanzenmaterial zukommen lassen wollten. Gessner bot seinen Korrespondenten in Leiden und Paris beispielsweise an, sie nach seiner Rückkehr in die Schweiz mit Pflanzenmaterial zu versorgen.[56] Umgekehrt erhielt er von Antoine de Jussieu bei der Abreise aus Paris »einen Erdbeerbaum *(Arbutus folio serrato)*«, vermutlich einen getrockneten Zweig der Pflanze, sowie das Versprechen, ihm künftig weitere getrocknete Pflanzen zu schicken.[57] Letztlich erwiesen sich die Kontakte mit Pariser Naturforschern jedoch als weniger dauerhaft als die mit Leidener Botanikern. Die zu Beginn des Kapitels erwähnten Briefe, die Gessner von verschiedenen Personen aus Paris erhielt, stammten vor allem von Zürchern, die sich in der Stadt an der Seine aufhielten.[58] Der Aufenthalt in Leiden hingegen prägte die Entwicklung von Gessners botanischem Netzwerk nachhaltig, da der Zürcher an den Pflanzen, die seine niederländischen Korrespondenten zu bieten hatten, interessiert war und diese hofften, von ihm Gewächse aus den Alpen oder später auch im botanischen Garten der Naturforschenden Gesellschaft Wachsendes zu bekommen.

Botanische Austauschbeziehungen entstanden aber auch infolge von Besuchen Pflanzeninteressierter *in* Zürich. Für den Garten der Naturforschenden Gesellschaft erhielten die Zürcher von den späten 1740er-Jahren an Pflanzensamen von vielen verschiedenen Orten. Zu den frühesten Unterstützern des Gartens gehörte der Sibirienreisende Johann Georg Gmelin (1709-1755), der sich nach seiner Rückkehr aus St. Petersburg in Zürich, Straßburg, Karlsruhe und Stuttgart aufhielt, bevor er in seiner Heimatstadt Tübingen als Professor berufen wurde. Durch ihn gelangten die Zürcher an zahlreiche Samen von sibirischen Pflanzen.[59] In den 1770er- und 1780er-Jahren schickten unter anderem der Groninger Universitätsprofessor Wijnold Munniks (1744-1806) und der Ravensburger Arzt Johann Merk hunderte Arten von Samen für den Garten der Naturforschenden Gesellschaft,

55 Klemun/Hühnel, Jacquin.

56 Boschung, Tagebuch, S. 204-206.

57 Boschung, Tagebuch, S. 265.

58 Bernard de Jussieu wandte sich 1733 nach Scheuchzers Tod an Gessner, um Informationen über dessen Sammlung einzuholen. Brief Jussieu an Gessner, Paris, 28.7.1733. ZBZ, Autogr. Ott, Jussieu. Allerdings interessierte sich Gessner noch Jahrzehnte später für Antoine de Jussieus Veröffentlichungen. Brief Séguier an Gessner, Paris, 14.7.1754. ZBZ, Ms M 18.25.19. Zudem hielten sich viele von Gessners Zürcher Schülern während ihrer Studienreise zumindest kurzzeitig in Paris auf. Siehe die Briefe von Salomon Schinz, Johann Georg Stokar, usw. an Gessner.

59 Brief Gmelin an Haller, Tübingen, 15.7.1748. BB Bern, N Albrecht von Haller 105.23.52. Zitiert nach: Boschung, Johannes Gessner, S. 96; Brief Gessner an Haller, Zürich, 24.6.1749. BB Bern, N Albrecht von Haller 105.20.120. Ebd., S. 98.

die sie sich unter anderem aus den Niederlanden, England und Südafrika besorgt hatten.[60] Auch diese beiden eifrigen Zuträger hatten zuvor Zürich besucht und während ihres Aufenthalts einen Eindruck von den botanischen Aktivitäten in der Limmatstadt erhalten. Die botanisch interessierten Mitglieder der Naturforschenden Gesellschaft versuchten, Besucher wie diese als Zuträger und Tauschpartner für den Garten der Sozietät zu gewinnen.

So zeigte Gessner Johann Georg Gmelin während dessen Besuch in Zürich 1748 seine umfangreichen Sammlungen und erläuterte dem unlängst aus Russland zurückgekehrten Pflanzenkenner die Pläne der Naturforschenden Gesellschaft, einen botanischen Garten einzurichten.[61] Es war eine gängige Praxis, das Herbarium und die übrigen Sammlungen Reisenden zu zeigen: Zahlreiche Besucher, die in der zweiten Hälfte des 18. Jahrhunderts nach Zürich kamen, besichtigten das Herbarium, das Gessner bereits als Schüler anzulegen begonnen hatte, sowie die Pflanzensammlung, die er als *Hortus siccus* der Zürcher Naturforschenden Gesellschaft weiterpflegte. In den 1740er-Jahren gehörte das Herbarium bereits zu den Sehenswürdigkeiten der Stadt.[62] Gmelin war von Gessners Persönlichkeit und der großen Zahl der zusammengetragenen *Naturalia* sehr beeindruckt und versprach, die Bemühungen der Gesellschaft zur Einrichtung des Gartens zu unterstützen.[63] Er sagte Gessner zu, den Zürchern Samen von Pflanzen zukommen zu lassen, die er während seiner Expedition nach Sibirien gesammelt hatte.[64] Gmelin, der ebenfalls am Aufbau botanischer Beziehungen interessiert war, hielt sein Versprechen und schickte wenig später tatsächlich Samen sibirischer Pflanzen in die Limmatstadt.[65] Dem Zürcher Garten brachte der Besitz

60 Zu Munniks und Merks Sendungen siehe die Dokumentation des botanischen Gartens der NGZH: StAZH, B IX 255.

61 Gessner versuchte zudem, seine Korrespondenten als Zuträger zu gewinnen. Brief Gessner an Haller, Zürich, 24.6.1749. BB Bern, N Albrecht von Haller 105.20.120. Boschung, Johannes Gessner, S. 98. Auch Carlo Allioni war zunächst ein Korrespondent Gessners und wurde dann zum eifrigen Tauschpartner für den Garten der Naturforschenden Gesellschaft. In seinen Briefen an Locher ließ er Gessner regelmäßig grüßen. StAZH, B IX 220.42-46.

62 Neben Gmelin berichtete auch der Basler Jakob Christoph Ramspeck (1722-1797) Haller von seinem Besuch in Zürich, wo er auf dem Rückweg seiner Reise nach Glarus und Graubünden einige Tage Halt machte, dass er aus dem Durchblättern von Gessners Herbarium einen »nicht zu verachtenden Nutzen gezogen« habe. Brief Ramspeck an Haller, Basel, 8.1.1754. BB Bern, N Albrecht von Haller 105.49.30. Zitiert nach: Boschung, Johannes Gessner, S. 105.

63 Brief Gmelin an Haller, Tübingen, 15.7.1748. BB Bern, N Albrecht von Haller 105.23.52. Zitiert nach: Boschung, Johannes Gessner, S. 96.

64 Brief Gessner an Haller, Zürich, 11.9.1748. BB Bern, N Albrecht von Haller 105.20.118. Zitiert nach: Boschung, Johannes Gessner, S. 97.

65 Gmelin berichtet Albrecht von Haller von den Botanikern, die er auf seiner Reise durch Süddeutschland und die Schweiz traf. Brief Gmelin an Haller, Tübingen, 15.7.1748. BB Bern, N Albrecht von Haller 105.23.52. Zitiert nach: Boschung, Johannes Gessner, S. 96.

dieser Neuheiten, die in ganz Europa begehrt waren, Prestige und machte ihn als Tauschpartner für andere Pflanzenliebhaber interessant. Indem er nicht nur seine Korrespondenten um Unterstützung bat, sondern auch Naturforscher, die nach Zürich kamen, um ihn und seine Sammlung kennenzulernen, trug Gessner mit seinem Herbarium maßgeblich dazu bei, dass Zürich zu einem Knotenpunkt in den botanischen Netzwerken des 18. Jahrhunderts wurde.

Aber auch andere Mitglieder der Naturforschenden Gesellschaft gewannen Zürichreisende als Zuträger für den botanischen Garten. So wurde auch der spätere Arzt Johann Merk aus Ravensburg nach einem Besuch in der Limmatstadt, bei dem er vermutlich den botanischen Garten besichtigt hatte, zu einem langjährigen Unterstützer, der hunderte Spezimina schickte.[66] Gleich nach der Rückkehr in seine Heimatstadt schrieb der künftige Mediziner an Hans Caspar Hirzel jr. (1751-1817) und berichtete von den Pflanzen, die in seinem Ravensburger Garten wuchsen, darunter Alpenpflanzen wie Einköpfiges Berufkraut, Echte Bärentraube und Alpendost sowie ein sehr schön aussehendes Fingerkraut.[67] In den folgenden Jahren bemühte sich Merk, für den botanischen Garten der Naturforschenden Gesellschaft fortlaufend Neuheiten aus Holland zu beschaffen, und entschuldigte sich dafür, nicht so viele verschiedene Samen schicken zu können.[68] Da gelehrter Austausch über naturkundliche Themen half, sich als Arzt zu etablieren, bemühten sich junge Mediziner wie Merk auf Reisen um Kontakte zu Ärzten und Naturforschern an anderen Orten und wollten durch das Anlegen von Sammlungen und Gärten ihre Expertise beweisen.[69] Die Zürcher Pflanzenliebhaber versuchten, dieses Interesse zu nutzen und Beziehungen zu den Reisenden aufzubauen, um so an immer neues Saatgut zu gelangen.

Auf die gleiche Art wie Merk wurde Angelo Gualandris (1750-1788) nach einem Besuch in Zürich zum Unterstützer des botanischen Gartens. Aus Mantua schickte er Ende der 1780er-Jahre gut 250 Arten von Samen für den Garten der

66 Zwischen 1779 und 1782 schickte Merk jährlich Samen nach Zürich und erhielt im Gegenzug drei Sendungen mit je circa einhundert verschiedenen Arten. StAZH, B IX 255. Merk, b.H.T. Accipit ab Illo Semina.

67 Brief Merk an Hirzel, Ravensburg, 3.3.1774. ZBZ, FA Hirzel 310-311. Merk (auch Maerck) studierte in Göttingen, wo ihm 1776 der Doktor in Medizin verliehen wurde. Merk und Hirzel tauschten sich in der Folge über ein Jahrzehnt lang zu Themen wie Geburtshilfe und Vermessung aus.

68 »*Erigeron uniflorum, Cacalia alpina, Arbutus uva* […] und eine *Potentilla*, die sehr schön ist.« Brief Merk an Hirzel, [Ravensburg], 10.3.1784. ZBZ, FA Hirzel 310-311.

69 Cook, Physicians and Natural History. Merk war kein Einzelfall, viele weitere Medizinstudenten und angehende Ärzte besuchten Zürich und waren am Kontakt zu Gessner und anderen Zürcher Medizinern interessiert. So auch ein Apothekersohn aus dem badischen Sulzburg, der begonnen hatte, Medizin zu studieren. Er bedankte sich bei Gessner für den Besuch, bei dem er dessen Naturalienkabinett gezeigt bekommen hatte, und bat ihn um Duplikate, um seine eigene Sammlung zu vergrößern. Brief Beck an Gessner, Sulzburg, 11.8.1763. ZBZ, FA Lavater 30.10.

Naturforschenden Gesellschaft.[70] Gualandris hatte Zürich im Oktober 1775 besucht. Gessner hielt sich zu dieser Zeit auf dem Land auf, sodass der aus Padua stammende Reisende warten musste, bis Jacob Pestalozzi, ein Schüler Gessners, ein Zusammentreffen organisieren konnte.[71] In der Zwischenzeit ließ sich Gualandris die Sammlungen der Naturforschenden Gesellschaft, deren agronomische Anbauversuche und den botanischen Garten zeigen und war überrascht, wie viele ›exotische‹ Pflanzen im Zürcher Garten wuchsen. Von diesen durfte Gualandris sogar einige mitnehmen, die er dem Bischof von Vicenza für dessen Garten übergab.[72] Nachdem er Gessners Sammlungen gezeigt bekommen hatte, war Gualandris beeindruckt vom guten Zustand der Pflanzen in dem umfangreichen Herbarium sowie der reichhaltigen Sammlung von Samen, unter denen ebenfalls viele außereuropäische waren. Die während seines Zürich-Besuchs gewonnenen Eindrücke wirkten über ein Jahrzehnt lang: 1785 schrieb Gualandris an den Direktor des Gartens der Naturforschenden Gesellschaft Johann Georg Locher, um einen Samentausch mit dem Zürcher Garten zu beginnen.[73]

Auch Wijnold Munniks wurde nach einem Besuch in Zürich zum Tauschpartner des Gartens der Naturforschenden Gesellschaft. Die Limmatstadt hatte einen positiven Eindruck bei dem niederländischen Medizinprofessor hinterlassen. Während seines Aufenthalts hatte er Johannes Gessner sowie Vater und Sohn Hirzel, Johann Caspar Lavater (1741-1801) und den Gartendirektor Johann Georg Locher kennengelernt.[74] Zurück in Groningen schrieb Munniks an Locher: »J'aime infiniment Zurich, ses habitants et surtout ses savants.« Er wünschte, in die Naturforschende Gesellschaft Zürich aufgenommen zu werden und einen Austausch mit Locher zu beginnen.[75] Dazu schickte Munniks aus Groningen sogleich 126

70 StAZH, B IX 255: »Gualandris, Professeur a Mantoue, mittit ad H.T. semina.«

71 Angelo Gualandris, Lettere Odiporiche, Venedig 1780. Ich danke Rossella Baldi für den Hinweis auf diese Quelle. Gualandris besuchte Gessner zunächst auf dem Land, wo ihm dieser versprach, in Kürze für einen Tag in die Stadt zurückzukehren, um Gualandris sein Kabinett zu zeigen. Gualandris, Lettere Odiporiche, S. 62.

72 Gualandris, Lettere Odiporiche, S. 55-56. Hans Caspar Hirzel jr. (1751-1817) und (Hans Caspar) Meyer (1715-1753) übernahmen es, den Gast herumzuführen. Zudem machten sie ihn mit Hans Heinrich Schulthess zu Hottingen bekannt, der Gualandris ebenfalls seine Sammlungen zeigte.

73 In seinem ersten Brief an Locher, den Gualandris während seines Aufenthalts nicht persönlich getroffen hatte, schrieb er, wie freundlich ihn Gessner, Schulthess von Hottingen, Hirzel, Pestalozzi und andere Zürcher behandelt hatten und wie sehr ihn die Sammlungen und der Garten beeindruckt hatten. Brief Gualandris an Locher, Mantua, 24.1.1785. StAZH, B IX 220.15.

74 Der Groninger Professor ließ diese auch noch Jahre später durch Locher grüßen. Brief Munniks an Locher, Groningen, 11.3.1783. StAZH, B IX 220.131.

75 Brief Munniks an Locher, Groningen, 4.3.1780. StAZH, B IX 220.130. Vermutlich hatte er während seines Aufenthalts den Garten besichtigt und eine Sitzung der Naturforschenden Gesellschaft miterleben können, wie es auch andere Reisende taten, die nach Zürich kamen.

Arten von Samen in die Limmatstadt, von denen er meinte, dass sie den Zürchern noch fehlten. Munniks war den Katalog des Gartens der Zürcher Gesellschaft aufmerksam durchgegangen und hatte daraufhin ein Paket mit Samen von Pflanzen zusammengestellt, die darin nicht aufgeführt waren. Zudem versprach der Groninger Professor, so bald wie möglich Stecklinge, Blumenzwiebeln und junge Pflanzen zu schicken.[76] In der zweiten Hälfte des 18. Jahrhunderts zog Zürich mit seinen Gelehrten, den naturkundlichen Sammlungen, der Naturforschenden Gesellschaft und dem botanischen Garten Pflanzeninteressierte wie Munniks an. Der persönliche Kontakt während des Besuchs in der Limmatstadt bildete die Grundlage für die folgenden botanischen Austauschbeziehungen.

Zur gleichen Zeit gelang es den Zürchern immer mehr, Kontakte zu Pflanzenliebhabern an anderen Orten aufzubauen. Indem sie ihre naturkundlichen Sammlungen und den botanischen Garten präsentierten, gelehrte Gespräche führten und anboten, mit Nachwuchsmedizinern zu korrespondieren, gewannen die botanisch interessierten Mitglieder der Naturforschenden Gesellschaft Reisende, die Zürich besuchten, als Austauschpartner. Naturforscher, die aus dem Ausland zurückkehrten, Medizinstudenten und Gelehrte zeigten sich am Kontakt mit den Verantwortlichen des Zürcher botanischen Gartens interessiert. Vor allem in den ersten Jahren nach der Gründung des Gartens hing der Aufbau von Beziehungen noch stark von einzelnen Akteuren wie Johannes Gessner und von persönlichen Begegnungen wie den soeben geschilderten ab. Mit der Zeit wurden jedoch naturkundliche Interessierte vermehrt vom Ruf des Gartens selbst angezogen.[77] Je mehr Pflanzen die Zürcher beschaffen und zum Blühen bringen konnten, desto mehr Interessierte boten sich als Tauschpartner an, sodass die Beziehungen nicht nur zahlreicher wurden, sondern ihr Aufbau auch weniger von individuellen Akteuren abhängig wurde.

3.2 Pflege der Beziehungen

Ob die Beziehungen dauerhaft Bestand hatten, hing davon ab, ob die Korrespondenten langfristig interessantes Pflanzenmaterial zu bieten hatten. Denn Unbekanntes und Neues, Seltenes und Schönes regte nicht nur die Kontaktaufnahme

So erinnerte sich beispielsweise der Göttinger Professor Johann Friedrich Blumenbach (1752-1840) mit großer Freude an seinen Besuch in Zürich, während dessen ihn Gessner mit zu einer Sitzung der Sozietät genommen und ihm deren Sammlungen gezeigt hatte. Brief Blumenbach an Gessner, Göttingen, 27.10.1784. ZBZ, Autogr. Ott, Blumenbach. Siehe zu den Gästen bei Sitzungen der Naturforschenden Gesellschaft auch: Baumgartner, Das nützliche Wissen.

76 Brief Munniks an Locher, Groningen, 4.3.1780. StAZH, B IX 220.130.

77 Jean-Laurent Garcin de Cottens hatte von einem Korrespondenten von den Beständen des botanischen Gartens und den Fähigkeiten des Gartendirektors Johann Georg Locher gehört und wünschte einen Austausch mit diesem zu beginnen. Brief Garcin an Locher, Cottens, 9.12.1777. StAZH, B IX 220.97.

an, sondern sorgte auch dafür, dass die Zürcher und ihre Korrespondenten die Beziehungen zueinander eifrig pflegten. Fortlaufend versprachen sich die Tauschpartner, alles zu schicken, von dem sie glaubten, dass es ihr Gegenüber interessieren würde.[78] Der Salzburger Kaufmann Franz Anton Ranftl versicherte, dass er in jedem Jahr andere, neue Samen senden würde, die »ganz verschieden von den vorjährigen« seien.[79] Jean-François Séguier, Gessners Korrespondent in Verona, äußerte seine Dankbarkeit für die Zusendung schöner und äußerst seltener Pflanzen.[80] Samuel Engel erwartete immer wieder »seltene Samen« aus London, während sein englischer Korrespondent an »seltenen Bergpflanzen« interessiert war.[81] Die Berichte von Besuchern im Garten von Willem van Hazen und die Kataloge, die der Leidener Pflanzenhändler regelmäßig veröffentlichte, versprachen die »rarsten Sachen« und sorgten dafür, dass die Zürcher van Hazens Angebot über Jahrzehnte hinweg verfolgten.[82] Die neuen und seltenen, teils außerordentlich ansehnlichen Pflanzen stammten oftmals aus den heute als Tropen und Subtropen bezeichneten Regionen, sodass sich die Pflanzenliebhaber in Zürich um den Zugang zu diesen besonders bemühten und teils auch dafür bezahlten, um diese wiederum ihren Korrespondenten anbieten zu können (Abb. 16).

Neben dem Wunsch nach Alpenpflanzen äußerten die Korrespondenten der Zürcher Naturforscher noch weitere Bitten: Pflanzen, die auch im Winter grünten, spezifische Mineralien und Steine oder Insekten.[83] Diese konkreten Wünsche ebenfalls zu erfüllen, war für die Fortsetzung des Austauschs oftmals unerlässlich, sodass sich die Zürcher anstrengten, die geforderten Objekte zu beschaffen. Carlo Allioni fragte den Direktor des botanischen Gartens, Johann Georg Locher, nach entomologischen Neuerscheinungen und bat um die Vermittlung eines Kontakts, mit dem er Insekten aus der Schweiz und Deutschland »contre les nôtres« tauschen könne.[84] Locher bemühte sich, auch diese Bitten des Turiner

78 Brief Garcin an Locher, Cottens, 12.5.1778, StAZH, B IX 220.98; Brief Allioni an Scheuchzer, Turin, 17.3.1791. StAZH, B IX 220.166.

79 Brief Ranftl an Schinz, Salzburg, 23.4.1785. StAZH, B IX 220.102.

80 Brief Séguier an Gessner, Verona, 1.6.1754. Universitäts- und Landesbibliothek Bonn, Autographensammlung. Zitiert nach der Transkription von Emmanuelle Chapron in NAKALA. Online unter: https://doi.org/10.34847/nkl.cdf358b1 (abgerufen am 9.10.2023)

81 Brief Engel an Gessner, Bern, 12.12.1759. ZBZ, Ms M 18.28.96.

82 Ehrhart, Beiträge zur Naturkunde, Bd. 2 (1788), S. 115. Auch in Bezug auf Versteinerungen beförderte das Interesse an Rarem und Lokalem den Austausch, siehe dazu beispielsweise Gessners Korrespondenz mit Jean-François Séguier.

83 Tagebuch NGZH Bd. 3, 18.8.1760. StAZH, B IX 181, S. 47f.; Brief Engel an Gessner, Bern 12.12.1759. ZBZ, Ms M 18.28.96.

84 Brief Allioni an Locher, Turin, 22.8.1777. StAZH, B IX 220.46. Nach den entomologischen Publikationen fragte Allioni über viele Jahre hinweg, zunächst bei Locher, später bei Scheuchzer und bei Römer: Brief Allioni an Locher, Turin, 26.10.1776. StAZH, B IX 220.42; Brief Allioni an Locher, Turin, 27.2.1779. StAZH, B IX 220.47. Brief Allioni an Scheuchzer, Turin, 20.3.1790. StAZH, B IX 220.172. Allioni veröffentlichte 1766 ein

NAAMLYST der ZAADGEWASSEN; te bekomen by WILLEM VAN HAZEN,
Bloemist te Leyden in Holland.
CATALOGUE *des* SEMENCES *a* FLEURS, *qui se trouvent chez* WILLEM VAN HAZEN, Fleuriste à Leyden en Hollande.

De Letteren voor de namen staande betekenen
a. Eenjarige Planten.
b. Dezulke die twee of meerder Jaren leven.
p. Soorten die op een Broeybak moeten werden gezaayt.
A. Soorten welke Bomen of Heesters werden.
De agter de namen staande Letteren geven te kennen.
B. Boerhaven index alter Plantarum ab Hermano Boerhave, apud Vander As 1720.
R. A. van Royen flora Lydensis prodromus, apud S. Luchtmans 1740.
Alwaar dito Soorten, op de daar by gevoegde Nommers te vinden zyn.

Les Lettres devant les Noms denottent
a. *Les Plantes qui ne durent qu'une Anée.*
b. *Plantes qui durent deux ou plusieurs Années.*
p. *Semences qui doivent etre Semées sur une Couche de fumier.*
A. *Signifie qui sont des Arbres ou Arbrisseaux.*
Les Lettres derniere les noms signifient
B. *Boerhaven index alter Plantarum ab Herm. Boerhave, apud Vander As 1720.*
R. *A. van Royen, flora Leydensis prodromus, apud Samuelum Luchtmans 1740.*
On en trouvé ces Especes aux Nombres qu'y sont adjoutées.

De volgende het 100 Soorten tot 5 Gulden.
Les sortes suivantes sont de 5 Florins le Centaine.

Abb. 16: *NAAMLYST der ZAADGEWASSEN; te bekomen bij WILLEM VAN HAZEN, Bloemist in Leyden in Holland [...]* in einer Handschrift der Zentralbibliothek überliefert

Tauschpartners zu erfüllen, um weiterhin Samen für den Zürcher Garten von Allioni zu bekommen.[85] Auch andere Pflanzenliebhaber in Gessners Netz versuchten unter großen Anstrengungen, die Wünsche ihrer Korrespondenten zu erfüllen. Trotz hoher Kosten und Mühe wollte Samuel Engel beispielsweise die gewünschten Naturalien für einen Korrespondenten beschaffen, weil er hoffte, im Gegenzug Korn- und Grassamen von diesem zu erhalten. Durch die Erfüllung der Wünsche versuchten die Tauschpartner, ihre Zuverlässigkeit zu beweisen.

Die Beziehungen zu manchen Korrespondenten waren so wichtig, dass die Pflanzenliebhaber, wenn sie deren Nachfrage nicht bedienen konnten, andere um Hilfe baten. Da Samuel Engel unbedingt in London gewachsene Zedernnüsse haben wollte, versuchte er die Bitte seines Korrespondenten um Samen von immergrünen Bäumen, die noch nicht in England wuchsen, zu erfüllen (Abb. 17).

Da er jedoch unsicher war, welche Arten er nach London schicken sollte, fragte Engel Johannes Gessner um Rat.[86] Und auch ein anderer Berner wandte sich mit einer entsprechenden Bitte nach Zürich: Da aber Schulthess von Hottingen dessen Anfrage nicht selbst beantworten konnte, reichte er sie an die Naturforschende Gesellschaft weiter, sodass die Frage nach immergrünen Pflanzen, die man nach England schicken könne, in der Sitzung der Gesellschaft thematisiert wurde.[87] Das Bedürfnis nach Neuheiten war so groß, dass die Pflanzenliebhaber auch ihr weiteres Umfeld einbezogen, um das gewünschte Tauschmaterial zu beschaffen. Gerade um die Kontakte nach England und in die Niederlande, die durch die kolonialen Handelsnetzwerke Zugang zu immer neuen Pflanzen aus entfernten Weltregionen hatten, waren die Pflanzenliebhaber in der Eidgenossenschaft sehr bemüht.

Wichtig war es zudem, regelmäßige Lieferungen sicherzustellen. So schickte Gessner an die Leidener Korrespondenten nach seinem Aufenthalt in der holländischen Stadt jahrzehntelang Alpenpflanzen. Im Gegenzug erhielt er von Jan Frederik Gronovius neue, teils noch nicht beschriebene Pflanzen aus der Karibik, vom amerikanischen Festland und aus Madagaskar.[88] Bereits während

Werk über lokale Insekten *(Manipulus insectorum Taurinensium)* und trug durch Reisen und Austausch eine reiche Sammlung zusammen. Carlo Ludovico Montacchini: Allioni naturalista, in: Allionia 27 (1985-1986), S. 81 f.

85 Umgekehrt bekräftigte auch Allioni regelmäßig seine Verpflichtung gegenüber den Zürchern und versprach, alles zu schicken, was er verfügbar hatte. Die großen Bemühungen, die Wünsche zu erfüllen, weisen also nicht unbedingt auf die Einseitigkeit einer Beziehung hin. Brief Allioni an Locher, Turin, 26.10.1776. StAZH, B IX 220.42.

86 Brief Engel an Gessner, Bern 12.12.1759. ZBZ, Ms M 18.28.96. Verschiedene Kieferarten (z.B. Zedern) waren noch im 19. Jahrhundert Luxusobjekte. Claudia Moll: Gartenkultur im Zürich des 19. Jahrhunderts. Zum Werk der Zürcher Kunsthandelsgärtner Theodor und Otto Froebel (Vortrag auf Einladung der Antiquarischen Gesellschaft Zürich), Zürich 31.10.2016.

87 Tagebuch NGZH Bd. 3, 18.8.1760. StAZH, B IX 181, S. 47f.

88 Brief Gronovius an Gessner, Leiden, 8.11.1730. ZBZ, Ms M 18.18.1; Brief Gronovius an Gessner, Leiden, 20.2.1734. ZBZ, Autogr. Ott, Gronovius; Brief Gronovius an Gessner,

Abb. 17: »Cedern« und andere »Coniferæ«, aus: Tab. 55, Gessner/Schinz, Tabulae phytographicae

seines Aufenthalts in Leiden hatte er durch die Freundschaft mit Gronovius, wie Gessner an seinen Lehrer Johann Jakob Scheuchzer schrieb, nicht nur botanische Kenntnisse erhalten, sondern auch zahlreiche Pflanzenexemplare für sein Herbarium.[89] Der Leidener Botaniker vermittelte in den folgenden Jahren zudem weitere Kontakte zu ebenfalls an Alpenpflanzen interessierten Botanikern in Schweden und England, die Gessner mit Spezimina aus weit entfernten Weltregionen versorgen konnten.[90] Auch mit Adriaan van Royen (1704-1779), den er ebenfalls während seines Studiums in Leiden kennengelernt hatte, hielt Gessner viele Jahre lang Kontakt und tauschte mit dem fast gleichaltrigen Botaniker und Nachfolger Boerhaaves als Leiter des botanischen Gartens Alpenpflanzen gegen »ausländische« aus.[91] Von Adriaans Neffe, David van Royen (1727-1799), bekamen die Zürcher in den 1780er-Jahren zudem hunderte Samen geschickt und erfüllten im Gegenzug die Wünsche der Leidener Pflanzenliebhaber, die unter anderem nach Gewächsen aus den Schweizer Bergen fragten.[92]

Leiden, 15.7.1732. UB Leiden, BPL 1886. Dort findet sich auch eine Übersetzung des Briefs ins Niederländische von H. J. Lam, der den Brief als Transkription sowie in englischer Übersetzung auch publizierte, da es sich um das einzige in Leiden überlieferte Schreiben von Gronovius handelt: Herman Johannes Lam: Gronovius to Gesner on American Plants, in: Chronica botanica 6/2 (1940), S. 28-30.

89 Zur Bekanntschaft mit Jan Frederik Gronovius siehe: Brief Gessner an Scheuchzer, Leiden, 31.7.1727. ZBZ, Ms H 337, 321-328. Zitiert nach: Boschung, Basel und Leiden.

90 Beispielsweise zu Johann Jacob Dillen. Brief Dillen an Gessner, London, 1732. ZBZ, Autogr. Ott, Dillenius.

91 Brief van Royen an Gessner, Leiden, 24.2.1738. ZBZ, Autogr. Ott, Royen van.

92 StAZH, B IX 256. Um die Pflanzentransfers zu organisieren, begann David van Royen einen Briefwechsel mit Johann Georg Locher, dem Direktor des botanischen Gartens, den er über viele Jahre hinweg pflegte. StAZH, B IX 220.70-81.

Für die Verstetigung der Kontakte waren ebenso wie für deren Aufbau von Studenten transportierte Pflanzensendungen von Bedeutung. Immer wieder nutzte Gessner die Gelegenheit, wenn Zürcher zum Studium nach Leiden gingen, und gab ihnen Briefe und Pflanzen für seine dortigen Korrespondenten mit.[93] Auf dem Weg nach Norden transportierten die jungen Zürcher so Alpenpflanzen, während sie auf dem Weg nach Süden beispielsweise Pflanzen aus Madagaskar mit nach Zürich nehmen konnten.[94] 1731 unternahm Gessner zusammen mit den Brüdern Johann Georg (1706-1757) und Melchior Scherb aus Bischofszell sogar eigens eine zehntägige Reise in die Appenzeller Alpen, um Pflanzen für seine niederländischen Korrespondenten zu sammeln, die seine Schüler dann mitnehmen und in Leiden an Jan Frederik Gronovius übergeben konnten.[95] Salomon Schinz, der auch Gessners Korrespondenten in Basel, Tübingen und Paris besuchte, schickte aus Leiden Abbildungen, die ihm Gronovius bei einem Besuch für Gessner mitgegeben hatte, sowie Samen, die er vom Gärtner des Leidener *Hortus* erhalten hatte.[96] Schinz besuchte auch van Royen während seines Aufenthalts in Leiden immer wieder und zeigte sich begeistert von dessen Pflanzenangebot, das ihm einen weiteren Austausch mit dem Leidener Professor lohnend

93 Von den während der Reise im Sommer 1730 gesammelten Pflanzen schickte er einige, die er mit Wurzeln hatte ausgegraben lassen, an Herman Boerhaave und über 300 getrocknete Exemplare an seinen Korrespondenten Jan Frederik Gronovius. Brief Gessner an Haller, 31.10.1730. BB Bern, N Albrecht von Haller 105.20.13. Zitiert nach: Boschung, Johannes Gessner, S. 53. Zu den reisenden Bekannten als Transporteure siehe auch: Stuber et al. Materielle Kommunikation in Hallers Netz, S. 172.

94 Brief Gronovius an Gessner, Leiden, 8.11.1730. ZBZ, Ms M 18.18.1.

95 Brief Gessner an Haller, 28.9.1731. BB Bern, N Albrecht von Haller 105.20.17. Zitiert nach: Boschung, Johannes Gessner, S. 56. Diese Reise diente ausschließlich dem Sammeln und auch wenn Gessner bedauerte, nicht genug Zeit zum Beobachten der Pflanzen an ihrem natürlichen Wuchsort gehabt zu haben, erfüllte sie ihren Zweck. Gronovius bedankte sich für die von Melchior Scherb und Escher überbrachten Pflanzen. Brief Gronovius an Gessner. Leiden, 3.12.1731. ZBZ, Ms M 18.18.2.

96 Schinz versicherte zudem, dass Jan Frederik Gronovius und dessen Sohn ihm »viele Höflichkeiten und recht angenehme Dienste« erwiesen und er wünschte diese Freundschaft dauerhaft zu pflegen. Brief Schinz an Gessner, Leiden, 24.3.1755. ZBZ, Ms M 18.24.12. Zu den Aufenthalten in Tübingen und Basel siehe: Brief Schinz an Gessner, Tübingen, 29.12.1753. ZBZ, Ms M 18.24.7. Achilles Mieg (1731-1799)) aus Basel erkundigte sich bei Gessner einige Zeit nach Schinz' Besuch nach dem Befinden des jungen Zürchers: Brief Mieg an Gessner, Basel, 3.9.1756. ZBZ, Autogr. Ott, Mieg. Später korrespondierten Mieg und Schinz auch direkt, z.B. über die in Basel durchgeführten Impfungen, wie Gessner Haller mitteilte. Brief Gessner an Haller, Zürich, 4.1.1764. BB Bern, N Albrecht von Haller 105.21.347. Zitiert nach: Boschung, Johannes Gessner, S. 115. Die Berichte wurden später zusammen mit den Erfahrungen von anderen Orten in den *Abhandlungen der Naturforschenden Gesellschaft* veröffentlicht: Bd. 3 (1766), S. 23-176.

erscheinen ließ.[97] Wie Gessners Alpenreisen es Johann Jakob Scheuchzer ermöglicht hatten, seine Kontakte zu pflegen, halfen die Studienaufenthalte junger Zürcher Johannes Gessner, seine bestehenden Kontakte mit Botanikern an anderen Orten zu aufrechtzuerhalten.

Die Zürcher Pflanzenliebhaber konnten sich für die Beziehungspflege jedoch nicht allein auf die reisenden Studenten verlassen. Es mussten Wege für den Transport gefunden werden, die regelmäßige und zuverlässige Lieferungen von Paketen, wie der »cassette de plusieurs curiosités naturelles [...] de l'Europe« und »quelques choses des Indes«, die Gessner aus Florenz erhielt, oder die Sendungen botanischer Bücher aus London zuließen.[98] Der Transport der Spezimina war deshalb ein häufiges Thema in der Korrespondenz. Besonders zu Beginn der Briefwechsel wurden die Modalitäten des Austauschs zwischen zwei Korrespondenten eingehend thematisiert. So beauftragte der Sammler Johann von Baillou (1684-1758) in Florenz gleich bei der Aufnahme seiner Austauschbeziehung mit Gessner das Handelsunternehmen Schalckhauser und Hügel in Venedig mit dem Versand seiner Pakete nach Zürich und nutzte dessen Dienste in den folgenden Jahren regelmäßig – zum Verschicken von Spezimina ebenso wie zur Abwicklung von Zahlungen.[99] Hans Conrad Gossweiler (1711-1771) bot Carlo Allioni in seinem ersten Brief an, Pakete *franco* bis Genf zu schicken, und bat den Turiner, umgekehrt genauso zu verfahren, da er sich eine Aufteilung der Transportkosten erhoffte.[100] Auch als Johannes Scheuchzer nach dem Tod Johann Georg Lochers die Korrespondenz mit den Zuträgern des botanischen Gartens der Naturforschenden Gesellschaft übernahm, wurden die Transportmodalitäten wiederholt: Scheuchzer solle die Sendungen »par le courrier de Milano« schicken und für kleine Pakete

97 »Unvergleichliche Saamen, die v[an] R[oyen] aus Indien empfangen«, habe er bei diesem gesehen, schrieb Schinz, weshalb ein weiterer Austausch mit dem Niederländer für die Zürcher attraktiv sei. Brief Schinz an Gessner, Leiden, 24.3.1755. ZBZ, Ms M 18.24.12.

98 Brief Baillou an Gessner, Florenz, 22.11.1738. ZBZ, Ms M 18.13.1; Brief Dillen an Gessner, London, 1732. ZBZ, Autogr. Ott, Dillenius. Entsprechend zur Perfektionierung der kaufmännischen Briefpraxis: Lucas Haasis: Papier, das nötigt und Zeit, die [drängt] übereilt. Zur Materialität und Zeitlichkeit von Briefpraxis im 18. Jahrhundert und ihrer Handhabe, in: Brendecke, Praktiken der Frühen Neuzeit, S. 305-319.

99 Brief Baillou an Gessner, Florenz, 22.11.1738. ZBZ, Ms M 18.13.1; Brief Baillou an Gessner, Florenz, 20.12.1741. Universitätsbibliothek Leipzig (UB), Slg. Römer/B/4; Brief Baillou an Gessner, Florenz, 14.1.1743. ZBZ, Ms Briefe, Baillou. Vermutlich handelt es sich dabei um die assoziierten Kaufleute Sebastian Schalckhauser aus der Nähe von Nürnberg und Johann Wilhelm Hügel aus Memmingen, die in der ersten Hälfte des 18. Jahrhunderts in Venedig aktiv waren. Siehe zu diesen: Henry Simonsfeld: Der Fondaco dei Tedeschi in Venedig und die deutsch-venetianischen Handelsbeziehungen. Quellen und Forschungen, Stuttgart 1887, S. 184 und S. 196.

100 Brief Gossweiler an Allioni, Zürich, 16.12.1763. Accademia delle Scienze di Torino (AdS Turin), Nr. 2357.

die Post nutzen, da dies in diesem Fall der schnellste und sicherste Weg sei.[101] Den Korrespondenzpartner über die Transportwege zu informieren, erleichterte den Austausch enorm und half, Unsicherheiten zu vermeiden, welche die Beziehungen zwischen den Korrespondenten gefährden könnten.

Denn oftmals gingen Briefe und Sendungen verloren. So kam beispielsweise Carl von Linnés Brief an Johannes Gessner nicht an, da er ihn nach Basel adressiert hatte.[102] Deshalb schrieben die Korrespondenten einander, wie zu Beginn der Beziehungen, auch beim Versand größerer Pakete, auf welchem Weg diese das Gegenüber erreichen sollten. In den Briefen, die zumeist schneller und zuverlässiger ankamen, teilten sie einander mit, wann sie die Pakete wem übergeben hatten, damit der Empfänger sich beim Ausbleiben der Sendung über deren Verbleib informieren konnte.[103] Die Angaben reichten von einzelnen Mittelsmännern bis zu komplexen Ketten. Gessner schrieb Haller detailliert, was er am Vortag der Post übergeben hatte: »Millers Gärtner-Lexicon, die Verhandlungen der Kaiserlich-deutschen Naturforscher-Akademie, die Fortsetzung des handschriftlichen Katalogs von Trews Bibliothek, Verschiedenes von Roesel, Seligmann und von Frau Blackwell.«[104] Eine Sendung Johann von Baillous an Gessner sollte über Franco Perini aus Florenz und die Erben des Sebastiano Bassi aus Bologna an Giovanni Antonio Sonzogno in Bergamo gelangen, um dort an Werdmüller und Sohn übergeben zu werden, welche sie dann nach Zürich bringen sollten.[105] Würden die Sendungen ausbleiben oder etwas aus dem Paket fehlen, wüsste der Adressat somit genau, was er wo zu suchen hätte. Gerade bei Sendungen teurer Bücher wie diesen war die Nachvollziehbarkeit der Transportroute relevant. So teilte auch Johann Jacob Dillen dem Zürcher mit, dass er seinen *Hortus Elthamensis*, für den Gessner subskribiert hatte, durch einen Nürnberger Kaufmann namens Wagner von London über Hamburg nach Nürnberg schicken werde, von wo aus ihn Christoph Jakob Trew nach Zürich weitersenden sollte.[106] So konnte etwaige Störfaktoren für die Beziehungen reduziert werden.

Für das Verschicken von Paketen mit getrockneten Pflanzen, Samen und Büchern spielten Kaufleute eine entscheidende Rolle. Johann von Baillou beauftragte neben Schalckhauser und Hügel gelegentlich auch Kaufleute aus Florenz, Bologna und Bergamo.[107] Jean-François Séguier wählte für Sendungen aus Verona

101 Brief Allioni an Scheuchzer, Turin, 15.3.1788. StAZH, B IX 220.175. Zu den Postgebühren und den Transportgeschwindigkeiten im Netz Albrecht von Hallers siehe: Stuber et al., Materielle Kommunikation, S. 174-177.

102 De Beer, Correspondence.

103 Brief Gessner an Séguier, Zürich, 24.10.1759. BN, Ms. 498.29.

104 Brief Gessner an Haller, Zürich, 10.5.1758. BB Bern, N Albrecht von Haller 105.21.252. Zitiert nach: Boschung, Johannes Gessner, S. 109.

105 Brief Baillou an Gessner, Florenz, 12.10.1739. ZBZ, Ms Briefe, Baillou.

106 Brief Dillen an Gessner, London, 1732. ZBZ, Autogr. Ott, Dillenius.

107 Brief Baillou an Gessner, Florenz, 12.10.1739. ZBZ, Ms Briefe, Baillou.

den Weg über Bergamo, wo Vertreter der Zürcher Firma Pestalozzi die Pakete entgegennehmen konnten, für Pakete nach Nîmes bevorzugte er die Dienste der Genfer Buchhändler Henri Albert Gosse et Compagnie, die auch eine Sendung Gessners in Lyon einem Kaufmann namens Vachon übergab, der sie nach Paris an Antoine-Joseph Dezallier d'Argenville (1680-1765) zustellte.[108] Jan Frederik Gronovius schickte untere anderem im Jahr 1734 amerikanische Pflanzen mit Amsterdamer Kaufleuten an die Handelsfirma Jacobus van de Walle in Frankfurt, von wo aus sie nach Zürich gelangen sollten.[109] Carlo Allioni konnte auf die Dienste Turiner Kaufleute zurückgreifen, da diese »beaucoup en relation avec ceux de Zurich« waren.[110] In anderen Fällen mussten die Pflanzen- und Büchersendungen aufgeschoben werden, bis Kaufleute – beispielsweise aus London – ohnehin Waren in Richtung Schweiz transportierten.[111] Nicht zuletzt boten auch Handelsmessen Gelegenheiten zur Übergabe von Paketen mit getrockneten Pflanzen und Büchern, da sich dort ohnehin Kaufleute aus verschiedenen Städten trafen.[112]

Bislang wurden keine Quellen gefunden, die Auskunft darüber geben, wie Zürcher Kaufleute wie die Pestalozzi oder Werdmüller für den Transport bezahlt wurden: Verlangten sie die üblichen Preise, gewährten sie Johannes Gessner und anderen Zürcher Naturforschern Nachlässe oder nahmen die Pflanzen- und Buchsendungen gar ohne Bezahlung mit? Belegen lässt sich zumindest, dass mehrere Vertreter beider Familien Mitglieder der Naturforschenden Gesellschaft waren.[113] Da in den Briefen jedoch fast nie Vornamen genannt werden, lassen

108 Brief Séguier an Gessner, Verona, 24.1.1751. ZBZ, Ms M 18.25.2; Brief Séguier an Gessner, Verona, 10.7.1751. ZBZ, Ms M 18.25.6; Brief Séguier an Gessner, Verona, 20.2.1755. ZBZ, Ms C 275 bzw. ZBZ, Ms M 18.25.21; Brief Séguier an Gessner, Verona, 15.8.1755. UB Amsterdam, OTM Hs. 57 I 2; Brief Gessner an Séguier, Zürich, 24.10.1759. BN, Ms. 498.29; Brief Gosse an Séguier, Genf, 13.10.1753. BN, Ms. 311/2. Zitiert nach der Transkription von François Pugnière in NAKALA. Online unter: https://doi.org/10.34847/nkl.f7520831 (abgerufen am 9.10.2023). Zu dem von Henri Albert Gosse (1712-1780) und seinen Brüdern geführten Unternehmen siehe: John Rochester Kleinschmidt: Les imprimeurs et libraires de la république de Genève 1700-1798, Genf 1948, S. 128-130.

109 Brief Gronovius an Gessner, Leiden, 20.2.1734, ZBZ, Autogr. Ott, Gronovius.

110 Brief Allioni an Locher, Turin, 26.10.1776. StAZH, B IX 220.42.

111 Brief Engel an Gessner, Bern, 12.3.1757. ZBZ, Ms M 18.28.78.

112 Brief Gessner an Haller, Zürich, 28.6.1746. BB Bern, N Albrecht von Haller 105.21.111. Zitiert nach: Boschung, Johannes Gessner, S. 89f. Auch andere nutzten Messen, beispielsweise sollte ein Paket Gessners an Antoine-Joseph Dezallier d'Argenville in Paris auf der Straßburger Weihnachtsmesse übergeben werden. Brief Dezallier d'Argenville an Gessner, Paris, 22.11.1758. ZBZ, Ms Z I 122.10.

113 Siehe zu diesen die Kurzbiografien bei: Rolf Graber: Bürgerliche Öffentlichkeit und spätabsolutistischer Staat. Sozietätenbewegung und Konfliktkonjunktur in Zürich 1746-1780, Zürich 1993, S. 246-259; Baumgartner, Das nützliche Wissen. Ulrich Pfisters Kollektivbiografie der Zürcher Textilkaufleute, die er anhand der Zollregister erarbeitet hat, die auf Seide, Wolle und Barchent erhobene Pfundzölle verzeichnen, beschränkt sich auf die Zeit von ca. 1550-1620 und umfasst z.T. auch andere Händler. Ulrich Pfister: Die

sich die Akteure, welche die Pakete zwischen Gessner und seinen Korrespondenten transportierten, nicht mit Sicherheit identifizieren. In jedem Fall waren unter den Zürcher Pflanzenliebhabern, die in der zweiten Hälfte des 18. Jahrhunderts Gärten anlegten, zahlreiche Kaufleute. Hans Conrad Gossweiler unterhielt jahrelang einen Samentausch mit Carlo Allioni in Turin und besorgte sich auch von anderen Pflanzenliebhabern, darunter Antoine Gouan in Montpellier und Abraham Gagnebin (1707-1800) in La Ferrière, Samen von seltenen Pflanzen mit schönen Blüten.[114]

Zusammenfassend lässt sich festhalten, dass die Beziehungen zwischen den Zürcher Pflanzenliebhabern und den Gleichgesinnten an anderen Orten nur in denjenigen Fällen dauerhaft Bestand hatten, in denen fortlaufend ein interessantes Angebot an Pflanzen verfügbar war und die Sendungen tatsächlich ankamen. Hatten Johannes Gessner und sein Umfeld neue Alpenpflanzen, wünschten die Leidener Botaniker, Exemplare davon zu bekommen. Erhielten die Niederländer Saatgut aus Übersee, versprachen sie sogleich ihrem Korrespondenten in der Limmatstadt davon zu schicken. Um die Transfers tatsächlich zu realisieren, bedurfte es nicht nur reisender Studenten, sondern auch der Hilfe von Kaufleuten, welche die Pakete mit getrockneten Pflanzen, Samen und Büchern zwischen den Korrespondenten hin- und hertransportierten. Blieben Lieferungen aus oder gingen verloren, störte dies die Beziehung zwischen den Korrespondenten erheblich, weshalb sie stets bemüht waren, den Empfänger im Vorfeld des Versands eines Pakets per Brief über den genauen Transportweg und die beauftragten Transporteure zu informieren.

Zürcher Fabriques. Protoindustrielles Wachstum vom 16. zum 18. Jahrhundert, Zürich 1992, S. 533-553. Eine vergleichbare Analyse für den in dieser Arbeit untersuchten Zeitraum existiert nicht.

114 Briefe Gossweiler an Allioni, Zürich, 1763-1771. AdS Turin, Nr. 2357-2371. Orto botanico di Torino, Biblioteca del Dipartimento di Scienze della Vita e Biologia dei Sistemi, Museum Botanicum Horti Taurinensis, Indice Scambi di Semi, Bd. 6-11. Für Johann Conrads Sohn Johann Jakob Gossweiler hatten allerdings nach dem Tod des Vaters Anfang 1772 die Handelsgeschäfte Priorität. Er bedankte sich noch für die erhaltenen Samen und schlug vor, dass Allioni, statt mit ihm zu korrespondieren, einen Briefwechsel mit Johann Georg Locher beginnen möge. Brief J.J. Gossweiler an Allioni, Zürich, April 1772. AdS Turin, Nr. 2372. Auch an anderen naturkundlichen Themen waren Zürcher Kaufleute interessiert: Hans Heinrich Schulthess zu Hottingen sammelte unter anderem Versteinerungen und korrespondierte mit Naturforschern wie Carlo Allioni. Bagliani La corrispondenza di Carlo Allioni (1728-1804), S. 273. Siehe auch die Kurzbiografie in: Graber, Bürgerliche Öffentlichkeit, S. 254. Die Sammlungen von Schulthess von Hottingen besuchten auch zahlreiche Zürich-Reisende, darunter Johann Georg Reinhard Andreae und Angelo Gualandris.

3.3 Verstetigung der Beziehungen

Letztlich ging es darum, die Beziehungen so zu verstetigen, dass der Pflanzen- und Samentausch zwischen den Zürchern und Botanikern an anderen Orten dauerhaft funktionierte. Für die Zürcher Pflanzenliebhaber war es dabei auch wichtig, dass die botanischen Kontakte nicht mit dem Tod der Person, welche die Beziehungen pflegte, abrissen. Für Johannes Gessner selbst bedeutete dies, dass er einen seiner Schüler zu seinem Nachfolger machte. Da er und seine Frau Katharina Escher selbst keine Kinder bekamen, Nachkommen in der frühneuzeitlichen Familienökonomie jedoch eine wichtige Rolle spielten, wählte der Zürcher Botaniker seinen Schüler Salomon Schinz als Nachfolger.[115] Dazu gehörte nicht nur, dass er dem jungen Zürcher Kaufmannssohn die nötigen botanischen Kenntnisse und manuellen Fertigkeiten beibrachte, sondern auch, dass Schinz in die Familie Gessner einheiratete.[116] 1757 ehelichte er Magdalena Gessner, die Tochter von Johannes' Bruder Christoph, die seit dem Tod ihres Vaters 1741 bei Katharina Escher und Johannes Gessner lebte, und wurde damit gewissermaßen zu Gessners Schwiegersohn.[117] Somit kann Gessners Rücktritt als Professor am *Collegium Carolinum* auch im Sinne einer Sicherung der Familienökonomie gesehen werden. Bereits 1778 wurde Salomon Schinz Gessners Nachfolger als Professor am *Collegium Carolinum*, wobei Gessner weiterhin die Einkünfte aus der Chorherrenstelle bezog und Schinz aus diesen bezahlte.[118] Gessners Ziel war es, die erworbenen Ressourcen in Hände zu geben, die dafür sorgten, dass sein Ruf als Botaniker dauerhaft gepflegt wurde.

115 In der bisherigen Forschung wurde Salomon Schinz vielfach als Gessners Neffe bezeichnet, was vermutlich auf Hans Caspar Hirzels Totenrede zurückzuführen ist, der Schinz als »würdigen Neffen […], den er sich zum Sohn erzogen hatte« bezeichnete. Hirzel, Denkrede, S. 145. Tatsächlich aber handelt es sich bei Schinz um einen Zürcher Kaufmannssohn mit drei älteren Brüdern, dessen Mutter (Regula Ott, 1707-1736) sehr früh und dessen Vater (Hans Rudolf Schinz, 1705-1760) bald nach Salomons Studienabschluss starb. Zu Schinz' Lebensdaten und den Namen der Eltern siehe: Hubert Steinke: »Schinz, Salomon«, in: Historisches Lexikon der Schweiz (HLS). Version vom 22.1.2018, https://hls-dhs-dss.ch/de/articles/026153/2018-01-22/ (abgerufen am 9.10.2023).

116 Zur Wissensweitergabe an Töchter, Söhne und im Haushalt lebende Schüler siehe: Sebastian Kühn: Wie man gelehrt wird. Bildungsmöglichkeiten von Kindern in Gelehrtenhaushalten der Frühen Neuzeit am Beispiel der Familie Kirch, in: Bildungsgeschichte. International Journal for the Historiography of Education 2 (2012), S. 51-72.

117 Boschung, Johannes Gessner, S. 19. Zur Bedeutung von Schwiegersöhnen in der Familienökonomie siehe: Daniel Schläppi: Schwiegersöhne als Stammhalter. Transgenerationeller Ressourcentransfer in Stellvertretung durch die Matrilinie (16.-21. Jahrhundert), in: Sebastian Kühn/Malte-Christian Gruber (Hg.): Dreiecksverhältnisse. Aushandlungen von Stellvertretung (= Beiträge zur Rechts-, Gesellschafts- und Kulturkritik, Bd. 13), Berlin 2016, S. 109-129, hier S. 122f. am Beispiel der Berner »Barettlitöchter«.

118 Hirzel, Denkrede, S. 146.

Die Weitergabe von Beziehungen war eine gängige Praxis, um die botanischen Beziehungen zu erhalten. Zu diesem Zweck begannen die Verantwortlichen des Zürcher Gartens, mit Briefpartnern der Gesellschaftsmitglieder zusätzliche Korrespondenzen zu pflegen. Sie versuchten, die Korrespondenten von Johannes Gessner und anderen Mitgliedern dauerhaft in den Samentausch mit dem Zürcher Garten einzubinden. So bemühte sich der Direktor des botanischen Gartens der Naturforschenden Gesellschaft Johann Georg Locher auch um eine Korrespondenz mit Carlo Allioni, der bereits seit mehreren Jahren über Johannes Gessner Samen für den Zürcher Garten geschickt hatte. Die passende Gelegenheit bot sich, als ein anderer Zürcher Tauschpartner Allionis verstarb und die Kontakte gewissermaßen vererbt wurden. Hans Jakob Gossweiler (1743-1803) schrieb nach dem Tod seines Vaters an Allioni, dass er sich wegen seiner Handelsgeschäfte nicht in der Lage sehe, sich um den Garten zu kümmern, weshalb er den Samentausch mit dem Turiner Botaniker nicht fortsetzen könne. Stattdessen schlug Gossweiler Allioni vor, einen Austausch mit Johann Georg Locher zu beginnen.[119] Zwar meldete sich Allioni daraufhin nicht sofort bei Locher, dieser aber nutzte die Gelegenheit, um dem Turiner einen Katalog des Gartens der Naturforschenden Gesellschaft zu schicken und anzubieten, dass er ihm – egal ob Samen oder Pflanzen – alles daraus schicken würde, was er wünschte. Vor allem, da Allioni in der Vergangenheit Johannes Gessner bereits Samen für den Garten der Gesellschaft geschickt hatte, stehe Locher dem Turiner Botaniker nur zu gern zu Diensten und hoffe auf weiteren Austausch.[120] Und tatsächlich entstand wenige Monate später ein reger Austausch zwischen Carlo Allioni und dem Direktor des botanischen Gartens der Naturforschenden Gesellschaft Zürich, der über Lochers Tod hinaus dauerte.[121] Das Interesse am weiteren Austausch von Pflanzensamen war so groß, dass die Beziehungen auch über die individuellen Kontakte hinaus Bestand hatten und Allioni gleich mit mehreren Zürchern Briefwechsel unterhielt.

Entsprechend war es auch im Fall des Salzburger Kaufmanns Franz Anton Ranftl. Es war Salomon Schinz gewesen, der den Kontakt zu Ranftl herstellte.[122] Durch Schinz' Vermittlung gelangten die Zürcher in den frühen 1780er-Jahren an zahlreiche verschiedene Arten von Samen für den botanischen Garten, darunter solche von Pflanzen aus Süd- und Mittelamerika.

119 Brief J.J. Gossweiler an Allioni, Zürich, April 1772. AdS Turin, Nr. 2372.

120 Brief Locher an Allioni, Zürich, 25.7.1772. AdS Turin, Nr. 2710. Briefe von Allioni an Locher sind erst aus späteren Jahren überliefert. Briefe Allioni an Locher, Turin, 1776-1785. StAZH, B IX 220.42-57.

121 Brief Locher an Allioni, Zürich, 25.7.1772. AdS Turin, Nr. 2710. In der Korrespondenz mit Locher ließ Carlo Allioni regelmäßig Grüße an Johannes Gessner ausrichten und erkundigte sich nach dessen Gesundheitszustand. Beispielsweise: Brief Allioni an Locher, Turin, 26.10.1776. StAZH, B IX 220.42; Brief Allioni an Locher, Turin, 22.1.1777. StAZH, B IX 220.43; Brief Allioni an Locher, Turin, 13.4.1785. StAZH, B IX 220.57.

122 Brief Ranftl an Schinz, Salzburg, 23.4.1785. StAZH, B IX 220.102.

Beispielsweise von der Andenbeere oder Kapstachelbeere (*Physalis peruviana*, Abb. 18), deren Früchte als Heilmittel verwendet werden konnten, und der Curaçao-Seidenpflanze *(Asclepias curassavica)* sowie von nordamerikanischen Gewächsen wie der Süßgrasart *Hordeum virginicum* (heute: *Elymus virginicus*) und der *Silene virginica* mit ihren auffälligen roten Blüten.[123] Als Ranftl dann seinen *Catalogus horti botanici in universitate Salisburgensi* veröffentlichte, besorgten sich die Zürcher von dem Salzburger Kaufmann weitere Samen. Nachdem Salomon Schinz jedoch gestorben war, drohte die ertragreiche Quelle zu versiegen. Deshalb bot Johann Georg Locher dem Salzburger Kaufmann an, den Austausch mit ihm fortzusetzen, was Ranftl interessiert annahm.[124] Während der Saatguttransfer zuvor zwischen Salomon Schinz und Franz Anton Ranftl erfolgt war und keinen Niederschlag in den Unterlagen der Gesellschaft fand, wurde er nach Schinz Tod gewissermaßen institutionalisiert.

Abb. 18: *Physalis* (Blasenkirsche), aus: Tab. 14, Gessner / Schinz, Tabulae phytographicae

So konnte sich dann nach Lochers Tod wenige Jahre später auch sein Nachfolger, Johannes Scheuchzer, wegen der Fortsetzung des Austauschs an den Salzburger Kaufmann wenden.[125] Scheuchzer verschickte eine Lebensbeschreibung Johann Georg Lochers, um die Tauschpartner über dessen Tod zu informieren und das Interesse

123 Liste »Ränfftl Mercator Saltzburgensis Mittit ad Hortum Tigurinum Semina. A° 1784.« StAZH, B IX 256.

124 Brief Ranftl an Locher, Salzburg, 22.2.1786. StAZH, B IX 220.104.

125 Brief Ranftl an Locher, Salzburg, 22.2.1786. StAZH, B IX 220.104; Brief Ranftl an Scheuchzer, Salzburg, 17.3.1788. StAZH, B IX 220.152 und Brief Ranftl an Scheuchzer, Salzburg, 23.10.1788. StAZH, B IX 220.150. Dass sich Kaufleute und insbesondere Textilhändler als exotisch wahrgenommene Pflanzen besorgten, war nicht unüblich, so war beispielsweise auch der einflussreiche Londoner Botaniker Peter Collinson, der zahlreiche amerikanische Gewächse nach Europa einführte, eigentlich Tuchhändler. Auch der Salzburger Franz Anton Ranftl, von dem die Naturforschende Gesellschaft für ihren Garten zahlreiche Samen erhielt, war »Handelsmann und Liebhaber der Botanik« und wollte dies so auf seinem Grabstein stehen haben. Testament Franz Anton Ranftl, 13.1.1813. Landesarchiv Salzburg, STSYN-Verlass 4496: Ranftl Franz Anton und Magdalena, Handelsmann, Salzburg; 1813-1826.

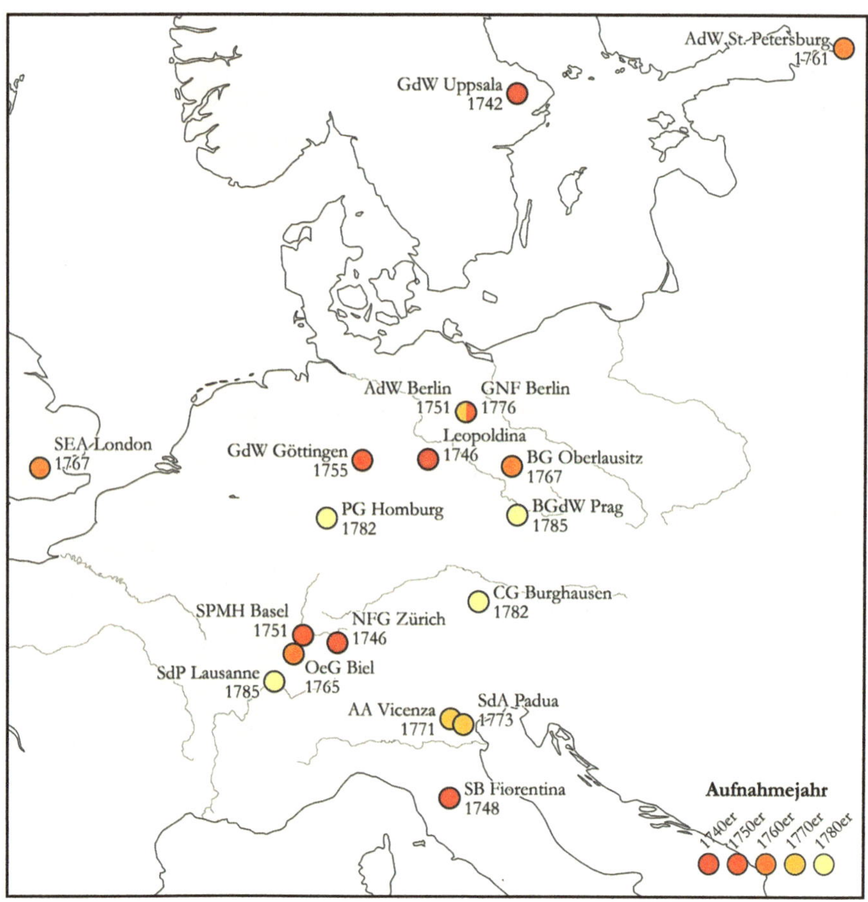

Abb. 19: Geografische Verteilung von Gessners Mitgliedschaften auf Basis von ZBZ, Ms. P 114 sowie Hirzel, Denkrede und Hans Jakob Holzhalb: Supplement zu dem allgemeinen helvetisch-eidgenössischen Lexicon, Zürich 1787, S. 503-507, Karte © Christian Forney (hallerNet) 2024

am Fortbestand des Austauschs auszudrücken.[126] Auch Ranftl zeigte sich interessiert daran, die Beziehungen weiterzupflegen: er lobte Scheuchzer als würdigen Nachfolger für Locher und berichtete, dass er ohnehin bereits Samen für den Zürcher Garten zusammengestellt habe und zusätzlich noch die von Scheuchzer gewünschten schicken wolle.[127]

126 Brief Ranftl an Scheuchzer, Salzburg, 23.10.1788. StAZH, B IX 220.150.
127 Brief Ranftl an Scheuchzer, Salzburg, 27.2.1788. StAZH, B IX 220.152.

Eine weitere Möglichkeit, die Kontakte zu verstetigen, bot die Aufnahme in Sozietäten. Johannes Gessner wurde wegen seiner naturkundlichen Aktivitäten als Mitglied zahlreicher Gesellschaften in der Schweiz, Deutschland und Italien berufen (Abb. 19).[128]

Die Sozietäten brachten ihr Interesse an der Kenntnis, Aufzucht und nützlichen Anwendung von Pflanzen in der Bildsprache ihrer Urkunden deutlich zum Ausdruck. Die großformatige Mitgliedsurkunde, die Gessner von der *Società Botanica Fiorentina* erhielt, schmückt ein Rahmen mit floralen Ornamenten und einen Garten, in dem mehrere Personen spazieren. Der Garten ist in gleichmäßigen Reihen angelegt und von einer Mauer umgeben, die ihn von der ihn umgebenden wilden Natur abgrenzt (Abb. 20).[129]

Gleichermaßen ziert auch das Schreiben der *Accademia Agraria di Vicenza*, das Gessner 1771 als Ehrenmitglied dieser Gesellschaft auszeichnete, ein Rahmen mit pflanzlichen Motiven: Getreide, Weinreben und andere Früchte umranken den Urkundentext (Abb. 21). Und auch auf der Urkunde der *Pubblica Accademia d'Agricoltura* in Padua sind Füllhörner mit Blumen und Früchten abgebildet (Abb. 22).[130] Das Siegel der *Königlichen Gesellschaft der Wissenschaften zu Göttingen* (Abb. 23) zeigt einen Garten, in dem – ebenso wie auf der Urkunde der *Churbairischen Gesellschaft der sittlichen und landwirtschaftlichen Wissenschaften zu Burghausen* – in Töpfen gepflanzte Sträucher und Bäume zu sehen sind (Abb. 24).[131]

128 Die Urkunden von 13 Mitgliedschaften Gessners sind in der Zentralbibliothek Zürich teils in handschriftlicher, teils in gedruckter Form überliefert: ZBZ, Ms P 114. Den überlieferten Urkunden zufolge war Gessner Mitglied in der Leopoldina, der *Societas Helevetica Physico-Mathematica Botanico-Medica* in Basel, der *Königlichen Akademie der Wissenschaften* und der *Gesellschaft Naturforschender Freunde* in Berlin sowie der *Physikalisch-oeconomischen Bienengesellschaft* der Oberlausitz, der landwirtschaftlichen Sozietäten in Vicenza und Padua, der *Churbairischen Gesellschaft der sittlichen und landwirtschaftlichen Wissenschaften* in Burghausen, der *Société patriotique de Hesse-Homburg*, der Sozietät für Physik- und Naturgeschichte in Lausanne und der *Böhmischen Gesellschaft der Wissenschaften* in Prag. Zudem war Gessner laut seinen Zeitgenossen Mitglied in der *Kungliga Vetenskaps-Societeten* in Uppsala, der Kaiserlichen Akademie in St. Petersburg sowie der Oekonomischen Gesellschaft Biel und der *Society for the Encouragement of Arts, Manufacture and Commerce in London*. Hirzel, Denkrede; Holzhalb, Supplement, S. 505f.

129 Zur Botanischen Sozietät in Florenz siehe: Marta Stefani: Linnaeus and the Botanical Society of Florence, in: Marco Beretta/Alessandro Tosi (Hg.): Linnaeus in Italy. The Spread of a Revolution in Science (= Uppsala Studies in History of Science, Bd. 34), Sagamore Beach 2007, S. 199-216.

130 ZBZ, Ms P 114.3 u. 11. Zur *Accademia Agraria di Vicenza*: Luca Ciancio: »Tuis impulsus consiliis«. Antonio Turra, the Vicenza Academy of Agriculture and the Reception of Linnaeus' Thought in the Venetian »Terraferma« (1758-1797), in: Beretta/Tosi, Linnaeus in Italy, S. 169-187.

131 ZBZ, Ms P 114.6. Zu Göttingen siehe: Rudolf Vierhaus: Etappen der Göttinger Akademiegeschichte (= Nachrichten der Akademie der Wissenschaften in Göttingen,

Abb. 20: Detail, Mitgliedsurkunde der *Società Botanica Fiorentina*

Doch nicht nur in der Gestaltung ihrer Urkunden, auch in der Namensgebung drückten sie ihre Ziele und Interessen aus: Ihrer Bezeichnung nach waren die Gesellschaften an den Wissenschaften im Allgemeinen oder im Besonderen an der Physik, der Naturgeschichte, der Botanik oder der Landwirtschaft interessiert.[132] Trotz ihrer unterschiedlichen Namensgebung und Verfasstheit spielte die

Philologisch-Historische Klasse, Bd. 2), Göttingen 2003; Holger Krahnke: Die Mitglieder der Akademie der Wissenschaften zu Göttingen 1751-2001, Göttingen 2001. Zu den Bemühungen in Burghausen: Richard van Dülmen: Die Gesellschaft der Aufklärer. Zur bürgerlichen Emanzipation und aufklärerischen Kultur in Deutschland, Frankfurt a. M. 1986.

132 ZBZ, Ms. P 114.7. Die Gesellschaften bezeichneten sich selbst als »gelehrt« oder als »patriotisch«; viele arbeiteten mit fürstlicher Unterstützung. Zu patriotisch orientierten Sozietäten im deutschsprachigen Raum: Henry Lowood: Patriotism, Profit, and the Promotion of Science in the German Enlightenment. The Economic and Scientific Societies, 1760-1815, New York u.a. 1991; Rudolf Vierhaus (Hg.): Deutsche patriotische und gemeinnützige Gesellschaften. Vorträge gehalten anlässl. d. 4. Wolfenbütteler Symposions vom 6.-9. September 1977 in d. Herzog-August-Bibliothek (= Wolfenbütteler Forschungen, Bd. 8), München 1980. In England: James E. McClellan: Science Reorganized. Scientific Societies in the Eighteenth Century, New York 1985.

Non v'è cosa che più ci stia a cuore del decoro e dei progressi della nostra publica Società Agraria stabilita con Sovrano eccitamento dell' Eccellentissimo Senato Veneto: Per la qual cosa impieghiamo ogni diligenza, acciocchè la stessa fiorisca e s'aumenti, in vantaggio dell'Economia rurale del Veneto Dominio, unico nostro oggetto. Poichè dunque ci sono abbastanza note le utili applicazioni Vostre negli Agronomici studj, nell' adunanza del giorno 16. Maggio 1771. con deliberazione unanime, abbiamo eletto Voi Cel. Sig. Giovanni Pesnero Pub. Prof. ascrivendovi nel numero de' membri onorarj di questa publica Società. Laonde crediamo opportuno farvi tenere il presente contrassegno della nostra stima, pregandovi comunicarci di tempo in tempo le Vostre scoperte, osservazioni ed esperienze, relative all' interessantissimo studio dell' Agricoltura pratica, per ornamento della nostra Società e per vantaggio della provincia.

Vicenza 3. Giugno 1771.

Agostino Negri

Antonio Pajello

Antonio Turra Seg.rio

Abb. 21: Mitgliedsurkunde der *Accademia Agraria di Vicenza*

Abb. 22: Mitgliedsurkunde der *Pubblica Accademia d'Agricoltura* (Padua)

Erforschung der Pflanzenwelt für die meisten Sozietäten, die Gessner zu ihrem Mitglied machten, eine entscheidende Rolle.

Im Kontext der aufklärerischen Sozietätsbewegung entstanden vor allem in der zweiten Hälfte des 18. Jahrhunderts zahlreiche naturforschende Gesellschaften. Diese trafen sich zu regelmäßigen Sitzungen und publizierten in vielen Fällen ihre Erkenntnisse in eigens dafür geschaffenen Zeitschriften. Darüber hinaus bestimmten die Mitglieder gemeinsam Regeln, nach denen sie in der Folge lokale und korrespondierende Mitglieder beriefen, und gaben sich programmatischen Statuten.[133] Die Programme spezifizierten den Gegenstand der Beobachtung und begründeten das Interesse an der Erforschung der Natur. Zudem legten sie fest, welche Personen für geeignet befunden wurden, naturgeschichtliche Forschungen zu betreiben, und gaben präzise Instruktionen zur Durchführung von Messungen, Experimenten und Beobachtungen. Damit schufen die Gesellschaften – nach dem Vorbild der seit dem 17. Jahrhundert existierenden naturkundlich orientierten Akademien wie der *Academia Naturae Curiosorum* (Leopoldina) und der *Royal Society* – Strukturen, in denen der Austausch von Messungen und Beobachtungen

133 Dietz, Aufklärung als Praxis, S. 240. Zu den Charakteristika siehe zudem: Erne, Die schweizerischen Sozietäten; Ulrich Im Hof: Das gesellige Jahrhundert. Gesellschaft und Gesellschaften im Zeitalter der Aufklärung, München 1982.

Abb. 23: Siegel auf der Mitgliedsurkunde der *Königlichen Gesellschaft der Wissenschaften zu Göttingen*

effizient funktionierte, und trugen dadurch zur Institutionalisierung des für die Naturforschung charakteristischen »kollektiven Empirismus« bei.[134]

Naturforschende Gesellschaften und ökonomische Sozietäten allerorten bemühten sich, anderswo Kooperationspartner zu gewinnen.[135] Die »Beobachtung und Erkenntnis der Natur, ihrer Merkwürdigkeiten und der engeren Verwandtschaft ihrer mannigfaltigen Produkte« an nur einem einzigen Ort oder in einer einzelnen Region genügten nicht, davon war die Gesellschaft Naturforschender Freunde zu Berlin überzeugt. Vielmehr sollten sich Naturforscher an unterschiedlichen Orten gegenseitig mit Schriften, aber auch mit Objekten versorgen. Es sei deshalb »unumgänglich nötig, in allerlei Gegenden und Landen günstige Freunde zu haben«, so die Sozietät auf der Urkunde, die sie Gessner anlässlich von dessen Aufnahme als Ehrenmitglied ausstellte.[136] Die Berliner Naturforschenden hofften, dass die materiellen und textlichen »Merckwürdigkeiten«, die die auswärtigen Mitglieder schicken würden, ihre Versammlungen »lehrreicher« und ihr Kabinett und ihre Bibliothek »schätzbarer« machen würden und der Sozietät so »Vorteil

134 Lorraine Daston: On Scientific Observation, in: Isis 99/1 (2008), S. 97-110, hier S. 102.

135 Zur Naturforschung als Gemeinschaftsprojekt siehe: Dietz, Aufklärung als Praxis.

136 Mitgliedsurkunde J. Gessner in Gesellschaft Naturforschender Freunde zu Berlin (GNF). ZBZ, Ms P 114.8. Zur GNF siehe: Katrin Böhme-Kaßler: Gemeinschaftsunternehmen Naturforschung. Modifikation und Tradition in der Gesellschaft Naturforschender Freunde zu Berlin 1773-1906 (Pallas Athene, Bd. 15), Stuttgart 2005. Zu den Sammlungen der GNF: Anke te Heesen: Vom naturgeschichtlichen Investor zum Staatsdiener. Sammler und Sammlungen der Gesellschaft Naturforschender Freunde zu Berlin um 1800, in: dies./E.C. Spary (Hg.): Sammeln als Wissen. Das Sammeln und seine wissenschaftsgeschichtliche Bedeutung, Göttingen 2001, S. 62-84.

Abb. 24: Detail, Mitgliedsurkunde der *Churbairischen Gesellschaft der sittlichen und landwirtschaftlichen Wissenschaften zu Burghausen*

und Nachdruck« verschaffen würden.[137] Gleichermaßen forderte auch die Churbairische Gesellschaft zu Burghausen Gessner anlässlich seiner Aufnahme auf, »schriftlich, oder mündlich, alles dasjenige werktätig beizutragen, was immer zum Flor und zur Aufnahme dieser Gesellschaft, und überhaupt zur wahren Ersprießlichkeit und zum echten Nutzen des Vaterlandes Bayern, gedeihlich sein« möge. Mit der Verleihung der Mitgliedschaft wollte die Gesellschaft Gessner zu weiteren Bemühungen in »sittlichen und landwirtschaftlichen Wissenschaften« verpflichten und wünschte, dass er seine Erkenntnisse auch »von Zeit zu Zeit dem Publikum bekannt« machen möge.«[138] Immer wieder wurde die Bedeutung der Zusammenarbeit mit »Mitarbeitern« oder »Freunden« an anderen Orten für die jeweiligen Sozietäten in den Urkunden hervorgehoben.[139] Der Austausch mit Naturforschenden anderswo widersprach dabei keineswegs der Selbstbezeichnung als patriotische, auf den Nutzen des eigenen »Vaterlandes« ausgerichtete Gesellschaft. Vielmehr verorteten die Sozietäten ihre Bemühungen damit im Kontext eines »globalen Erkenntnisprojekts«.[140]

137 Mitgliedsurkunde J. Gessner der Gesellschaft Naturforschender Freunde zu Berlin (GNF). ZBZ, Ms P 114.8.

138 Mitgliedsurkunde J. Gessner der *Churbairischen Gesellschaft zu Burghausen*. ZBZ, Ms P 114.7.

139 So auch in der Urkunde der *Böhmischen Gesellschaft der Wissenschaften*, die Gessner 1785 zu ihrem Mitglied machte. ZBZ, Ms P 114.9.

140 Dietz, Aufklärung als Praxis, S. 241; Cooper, Inventing the Indigenous, S. 179; Marie-Noëlle Bourguet: La collecte du monde. Voyage et histoire naturelle (fin XVIIe siècle-début XIXe siècle), in: Claude Blanckaert (Hg.): Le muséum au premier siècle de son histoire, Paris 1997.

So erfolgte die Aufnahme Gessners in die *Kungliga Vetenskaps-Societeten i Uppsala* mit dem Ziel, Zugang zu Pflanzenmaterial aus der Schweiz zu bekommen.[141] Nachdem er Professor in Uppsala geworden war, schrieb Linné an Gessner, weil er von ihrem gemeinsamen Bekannten Jan Frederik Gronovius Gutes über ihn gehört habe und weil er sich für die Flora der Schweiz interessiere. Seit dem Tod Johann Jakob Scheuchzers, so Linné, habe er keine Kontaktperson mehr in der Schweiz, und er besitze mit Ausnahme der *Betula foliis orbiculatis*, der in Hochmooren vorkommenden Zwerg-Birke *(Betula nana)*, keine alpinen Pflanzen.[142] Linné hoffte deshalb, von Gessner nicht nur Informationen über die botanischen Forschungen in der Schweiz zu erhalten, sondern ihm auch Samen von Alpenpflanzen abkaufen zu können. Die Samen sollte Gessner an die Adresse der Wissenschaftssozietät in Uppsala schicken.[143] Diese nahm Gessner in der Folge als Mitglied auf, worüber sich Gessner freute und worauf er in Selbstbeschreibungen in der Folge immer wieder Bezug nahm.[144]

Auch die Mitgliedschaft in der *Società Botanica* in Florenz, deren oben beschriebene Urkunde die Vielseitigkeit der Beschäftigung mit Pflanzen betonte, führte Gessner zu seiner Selbstbeschreibung gerne an.[145] Obwohl Gessner nie in Italien gewesen war, wurde er dort in mehrere Sozietäten aufgenommen. Zunächst in die Botanische Sozietät in Florenz, in den 1770er-Jahren dann in die landwirtschaftlich

141 Boschung, Johannes Gessner, S. 24. Eine Urkunde oder ein anderer Nachweis über die Mitgliedschaft ist nicht überliefert. Spätestens 1750 jedenfalls war Gessner Mitglied, da Linné ihn in seinem Brief vom Februar 1750 als solches ansprach. Brief Linné an Gessner, 13.2.1750. Uppsala UB, G152a. Online unter http://urn.kb.se/resolve?urn=urn:nbn:se:alvin:portal:record-224639 (abgerufen am 11.10.2023). Zitiert nach: De Beer, Correspondence, S. 234.

142 Diese Aussage bezieht sich auf Johannes Scheuchzer. Brief J. Scheuchzer an Linné, Zürich, 23.7.1737. LS, XIII, S. 270-271. Online unter: http://urn.kb.se/resolve?urn=urn:nbn:se:alvin:portal:record-222898 (abgerufen am 11.10.2023). Dort ist der Brief fälschlicherweise Johann Jakob Scheuchzer zugeordnet, der jedoch nicht mit Linné korrespondierte. Für diesen Hinweis danke ich Prof. Dr. Simona Boscani Leoni.

143 Boschung, Johannes Gessner, S. 11. Brief Linné an Gessner, Uppsala, 8.8.1742. Zitiert nach: De Beer, Correspondence, S. 226.

144 So beispielsweise in seiner Autobiografie: »ac Succicae Upsalienis, [...] Sodalis«. Zentralbibliothek Zürich, Handschriftenabteilung, Ms M 18.10. Zitiert nach: Boschung, Johannes Gessner, S. 24. Urs Boschung interpretierte Gessners Ausführungen entsprechend der Angaben bei Holzhalb (1787) und Hirzel (1790) als Mitgliedschaft in der *Akademie* der Wissenschaften, in welche Gessner allerdings nie aufgenommen wurde. Für die Auskunft danke ich Anne de Malleray, Archivarin am Centrum för Vetenskapshistoria, Kungl. Vetenskapsakademien (per E-Mail am 24.10.2016).

145 Zu Beginn seiner Autobiografie stellte er sich selbst vor als »Dr. der Medizin und Professor der Physik und Mathematik sowie Präsident der Zürcher Physicalischen Societät und Mitglied der Leopoldina, der Königlich-preußischen Akademie und der königlich-schwedischen Gesellschaft sowie der Physiko-botanischen Gesellschaft Florenz«. Transkription, aber mit anderer Übersetzung bei Boschung, Johannes Gessner, S. 24.

orientierten Gesellschaften in Vicenza und Padua. Die Aufnahmen lassen sich sowohl auf Gessners Korrespondenz mit italienischen Pflanzenliebhabern als auch auf seine Funktion als Präsident der Naturforschenden Gesellschaft Zürich zurückführen, deren Garten Tauschbeziehungen mit Botanikern im Norden der italienischen Halbinsel unterhielt.[146] Die *Società Botanica Fiorentina* gilt als die erste europäische Gesellschaft, die sich dezidiert der Botanik widmete, und blickte zum Zeitpunkt von Gessners Aufnahme bereits auf eine mehrere Jahrzehnte dauernde Tätigkeit zurück.[147] Und auch der botanische Austausch zwischen Florenz und Zürich wurde seit Längerem gepflegt: Pietro Antonio Micheli (1670-1737), einer der Gründer und der langjährige Direktor der Sozietät, hatte bereits mit Gessners Lehrer Johann Jakob Scheuchzer und dessen Bruder Johannes korrespondiert und zahlreiche Pflanzen nach Zürich geschickt.[148] Gessner selbst pflegte zwischen 1738 und 1749 den Kontakt nach Florenz zu Johann von Baillou, dem »Custos der Königlichen Galerien und Vorsteher der Denkmäler«.[149] De Baillou schickte nicht nur eine große Zahl Versteinerungen – unter anderem eine »50 Pfund schwere Kiste« – nach Zürich, sondern versorgte Gessner auch mit botanischen Neuigkeiten aus Florenz. Unter anderem berichtete er, dass er mit Giovanni Targioni Tozzetti (1712-1783), Michelis Nachfolger als Direktor des botanischen Gartens, gesprochen habe und dieser bereit sei, Samen und Pflanzen zu schicken.[150] Gessners Aufnahme in die botanische Sozietät Florenz ging also ein reger Austausch von Pflanzen voraus. In der Folge half die Mitgliedschaft, die Beziehungen nach Italien zu verstetigen.

Je mehr Auszeichnungen Johannes Gessner besaß, desto mehr bedeutete seine Aufnahme auch für die Sozietäten eine Prestigesteigerung. In den Urkunden nahmen die Gesellschaften deshalb immer wieder Bezug auf die Mitgliedschaften, die Gessner bereits von anderen Sozietäten verliehen worden waren: Die *Société des sciences physiques de Lausanne* nahm Gessner 1785 als »Präsidenten der Zürcher und Mitglied zahlreicher anderer Sozietäten und Akademien« auf und auch die *Berliner Gesellschaft der Naturforschenden Freunde* ernannte Gessner unter Bezugnahme auf seine bisherigen Mitgliedschaften – unter anderem in Uppsala, der Berliner Akademie, in Göttingen und Florenz – zu ihrem Mitglied. Ebenso stellte sich die noch nicht lange zuvor gegründete Göttinger Akademie mit der

146 1732 plante Gessner gemeinsam mit Paul Usteri eine Reise nach Italien zu unternehmen, die aber nie zustande kam. Boschung, Johannes Gesner, S. 38.

147 Gegründet wurde sie 1716. Stefani, Linnaeus and the Botanical Society of Florence, S. 199.

148 Brief Micheli an J.J.Scheuchzer, Florenz, 28.12.1715. ZBZ, Ms H 310, S. 79-86; Briefe Micheli an J. Scheuchzer, Florenz, 1715-1729. ZBZ, Ms H 348, S. 93-110. Siehe auch die Kommentare zu den von Micheli gesandten Pflanzen in Gessners Briefen an Haller. Boschung, Johannes Gessner, S. 70-72.

149 Brief Gessner an Haller, Zürich, 31.10.1739. BB Bern, N Albrecht von Haller 105.20.89. Zitiert nach: Boschung, Johannes Gessner, S. 78.

150 Brief Baillou an Gessner, Florenz, 12.10.1739. ZBZ, Ms Briefe, Baillou.

Aufnahme Gessners in eine Reihe mit der Wissenschaftssozietät in Uppsala, der preußischen Akademie der Wissenschaften in Berlin und der botanischen Gesellschaft in Florenz.[151] Aus Gessners Perspektive förderten die bereits bestehenden Mitgliedschaften weitere Aufnahmen, indem sie seinen Ruf unter den Botanikern des 18. Jahrhundert verbreiteten.[152]

Ebenso wie Sozietäten in Deutschland, Italien und der Schweiz daran interessiert waren, Gessner zu ihrem Mitglied zu machen, versuchte auch die Naturforschende Gesellschaft Zürich, engagierte Naturforscher und Pflanzeninteressierte an anderen Orten langfristig an sich zu binden.[153] Der Austausch mit diesen war für die Erforschung der Natur unerlässlich, dessen waren sich die Zürcher bewusst. Sie sammelten botanische Beobachtungen von verschiedenen Orten, über die Salomon Schinz im ersten Band der *Abhandlungen* der Sozietät dann einem weiteren Publikum berichtete: Zusammengewachsene Weinreben, Früchte, aus denen neue Blüten sprossen, Äpfel mit zwei Stielen – 1760 wurden in Zürich und im Umland zahlreiche »Seltenheiten aus dem Pflanzenreich« beobachtet. Ausführlich beschreibt Schinz in der Veröffentlichung die ungewöhnlichen Blüten und Früchte und bietet den Lesern auch Abbildungen. Zudem ordnet er die als außergewöhnlich wahrgenommenen Gewächse botanisch ein, indem er einen allgemeinen Überblick über die Morphologie der Pflanzen gibt und die Arten mit den binären linné'schen Namen benennt. Naturforschern, so Schinz, gäben die gesammelten Beobachtungen pflanzlicher Seltenheiten nicht nur Anlass, »die Harmonie, die Ordnung und die Kräfte der Natur zu bewundern«, sondern ermöglichten ihnen auch Erkenntnisse über die Entstehung solcher Besonderheiten. Durch die genaue Begutachtung und den Vergleich der verschiedenen Früchte und Blüten war es möglich, die ungewöhnlichen Fälle einzuordnen und zu verstehen, wofür es den Austausch mit Naturforschenden an anderen Orten brauchte.

Wer Berichte oder Belege – seien es getrocknete Pflanzen oder Abbildungen – einschickte, konnte sich des Danks der Zürcher Naturforscher und einer namentlichen Erwähnung in deren Abhandlungen sicher sein. In der ersten Publikation

151 Mitgliedsurkunden J. Gessner. ZBZ, Ms P 114.

152 Dass bereits bestehendes Prestige sich leicht vermehrte, verdeutlicht Anne Mariss am Beispiel von Johann Reinhold Forster, dem nach seiner Reise mit James Cook die Mitgliedschaften gewissermaßen »zuflogen«: Mariss, »A world of new things«, S. 57f. Dass Naturforscher die Mitgliedschaften anderer zur Kenntnis nahmen, zeigen Gessners Aufzeichnungen über die »ordentliche[n], wie auch Berlinische[n] und auswärtige[n] Ehrenmitglieder« der Gesellschaft Naturforschender Freunde. In den 1770er-Jahren verzeichnete er die Namen der neu Aufgenommenen, darunter auch einige seiner Korrespondenten. Repertorium. ZBZ, Ms Z VIII 12, nach S. 235.

153 Mitgliederverzeichnis NGZH, StAZH, B IX 206. Für die zur Verfügung gestellte Liste der fremden Mitglieder danke ich Sarah Baumgartner, die diese anhand von Angaben aus anderen Quellen ergänzt und überprüft hat. Siehe zur Aufnahme der fremden Mitglieder und zu thematischen Konjunkturen dabei: Baumgartner, Das nützliche Wissen.

der Gesellschaft wurde verschiedenen Zürchern für die Mitteilung über die auf ihren Landgütern gemachten Beobachtungen ausdrücklich gedankt: Blühende Birnen hatte Salomon Hess von seinem Landgut in Nürensdorf geschickt, »gedoppelte« Äpfel verschiedener Arten hatte die Gesellschaft von »Director« Werdmüller erhalten und der Landvogt von Grüningen, Felix Grebel, hatte einen Ast mit 44 Fichtenzapfen geschickt, der in seinem Territorium gefunden worden war. Auch Johann Martin Usteri, ein Ehrenmitglied der Zürcher Sozietät, hatte mehrere Äste mit außergewöhnlich vielen Zapfen mitgebracht.[154] Die Zürcher Gesellschaft präsentierte sich in dieser ersten Abhandlung als mit den Eliten auf der Landschaft gut vernetzt.

Ausdrücklich wurde in der im ersten Band der Abhandlungen abgedruckten Beschreibung der ungewöhnlichen Früchte und Blüten zudem dem Berner Karl Emanuel von Graffenried (1732-1780) gedankt. Dieser hatte den Zürchern verschiedene »merkwürdige Botanische Nachrichten« zukommen lassen.[155] Von Graffenried war bereits Mitglied der *Società botanica* in Florenz, wie er in seinem Brief deutlich vermerkte, und auch an einem Austausch mit der Zürcher Naturforschenden Gesellschaft interessiert. Als im Dezember 1760 auf seinem Landgut in Worb Obstbäume zu treiben begannen, teilte er dies Gessner in einem Brief mit, dem er auch eine Schachtel mit Blättern dieser Bäume beifügte.[156] Gessner übermittelte wie gewünscht den anderen Mitgliedern der Naturforschenden Gesellschaft von Graffenrieds Beobachtungen, sodass diese als einzige Mitteilung eines Nicht-Zürchers Eingang in die im selben Jahr gedruckten Abhandlungen fanden.

Neben den *Beobachteten Seltenheiten aus dem Pflanzenreich* behandelte der erste Band verschiedene weitere Themen, die das Interesse all jener für die Naturforschende Gesellschaft wecken konnten, die sich mit der nützlichen Anwendung von Pflanzen beschäftigten: Ärzte konnten sich unter anderem über die Wirkung von Fieberrinde informieren, Magistratspersonen über den Torfabbau. Zudem wurde in diesem ersten Band eine längere programmatische Abhandlung über den Nutzen naturforschender Sozietäten im Allgemeinen und den der Zürcher im Besonderen abgedruckt: Die Naturforschende Gesellschaft hatte es sich zum Ziel gesetzt, nützliches Wissen für Landwirtschaft und Handwerk zu sammeln.[157] Um Kenntnisse über die möglichen Anwendungen von Pflanzen zu gewinnen, war es nötig, deren Morphologie und Anatomie genau zu untersuchen.[158] Hierfür stellte sich die Gesellschaft eine gute Grundlage zusammen: Ihr Herbarium umfasse 36 Bände mit jeweils zweihundert Seiten, auf denen nicht nur fast alle schweizerischen Pflanzen und alle jene, die erfolgreich im Garten der Gesellschaft

154 Schinz, Beschreibung, in: Abhandlungen 1 (1761), S. 540-545.

155 Schinz, Beschreibung, in: Abhandlungen Bd. 1 (1761), S. 550.

156 Brief Graffenried an Gessner, o.O. [1761]. ZBZ, Autogr. Ott, Graffenried. Zu dessen sonstigen botanischen Aktivitäten siehe: Lienhard, Die fremdländischen Pflanzen.

157 Abhandlungen Bd. 1 (1761), S. 3.

158 Abhandlungen Bd. 1 (1761), S. 26-30.

angepflanzt würden, eingeordnet seien, sondern zudem auch Gräser aus Italien, Russland und dem Orient sowie hundert Moosarten und über vierhundert afrikanische Pflanzen und zudem in Ost- und Westindien gesammelte Exemplare. Insgesamt enthalte das Herbarium, so versicherte Hirzel den Lesern, fast alle in europäischen Gärten kultivierten Pflanzen.[159] Die Naturforschende Gesellschaft präsentierte sich damit als gut vernetzter botanischer Akteur.

Diesen ersten Band ihrer Abhandlungen, in dem so verschiedene botanische Themen diskutiert wurden, verschickte die Naturforschende Gesellschaft kurz nach Erscheinen an mehrere Schweizer Naturforschende mit dem Ziel, diese als Mitglieder zu gewinnen. Letztlich waren unter den in der Folge als »Schweizerische Ehrenmitglieder« Aufgenommenen primär angesehene Gelehrte wie Albrecht von Haller, Laurenz Zellweger und Moritz Anton Kappeler, mit denen sich Johannes Gessner bereits seit Jahrzehnten über Pflanzen austauschte.

In den folgenden Jahren wurde mehr als ein Dutzend naturkundlich Interessierte aus Basel, Bern und Schaffhausen, aus Biel und Mühlhausen, aus Brugg und Winterthur, aus Luzern und Solothurn, aus Trogen und Zug aufgenommen. Viele von ihnen gehörten als Stadtärzte oder Magistratspersonen zur Oberschicht ihrer Heimatorte, wie etwa der Berner Samuel Engel, der zum Zeitpunkt seiner Aufnahme Landvogt in Echallens war. Engel korrespondierte da bereits seit vielen Jahren regelmäßig mit Gessner: Er berichtete ihm von seinen Bemühungen, auf seinem Landgut in Aarberg ›exotische‹ Pflanzen zu ziehen, und half Gessner dabei, einen Teil des Herbariums des verstorbenen Laurent Garcin (1683-1752) zu kaufen.[160] Im September 1762 bedankte Engel sich bei Gessner für die Aufnahme in die Gesellschaft und bat ihn, seinen Dank nicht nur der Zürcher Sozietät als Ganzer, sondern im Besonderen auch den Mitgliedern Johann Conrad Heidegger (1710-1778) und Johann Jakob Ott auszurichten, die sich beide für seine Aufnahme eingesetzt hatten.[161] Aufnahmen wie die Engels, der bereits zuvor zahlreiche Kontakte in die Limmatstadt pflegte, ermöglichten den Zürcher Pflanzenliebhabern, ihre Beziehungen zu verstetigen.

Neben den bereits genannten Albrecht von Haller, Laurenz Zellweger, Moritz Anton Kappeler, Samuel Engel und Karl Emanuel von Graffenried hatten auch andere der 1762 als »schweizerische Ehrenmitglieder« aufgenommenen Männer zuvor mit Gessner korrespondiert.[162] Sowohl mit Johann Conrad Ammann

159 12.000 Arten seien bisher bekannt. Abhandlungen Bd. 1 (1761), S. 31. Über das Herbarium: Abhandlungen 1 (1761), S. 64.

160 Briefe Engel an Gessner, 1753-1774, ZBZ, Ms M 18.28.1-40; ZBZ, Ms Briefe Engel.

161 Brief Engel an Gessner, Echallens, 30.9.1762. ZBZ, Ms M 18.28.104.

162 Mit Johann Heinrich Lambert (1728-1777) aus Mühlhausen tauschte Gessner sich zu mathematischen Fragen und meteorologischen Messungen aus. In der ZBZ sind aus dem Jahr 1759 drei Briefe Lamberts als Manuskripte überliefert: Brief Lambert an Gessner, Mühlhausen, 17.11.1759. ZBZ, Ms M 18.20; 2 Briefe Lamberts an Gessner, Augsburg, 1759. ZBZ, Autogr. Ott, Lambert. Zudem wurden weitere acht Briefe bereits in den

(1724-1811) aus Schaffhausen als auch mit Johann Georg Stokar stand Gessner bereits im Vorfeld der Aufnahme in brieflichem Kontakt. So hatte sich Stokar im November 1760 aus Paris gemeldet, wo er sich zusammen mit dem aus Winterthur stammenden Johann Heinrich Ziegler aufhielt, der ebenfalls 1762 als Ehrenmitglied der Naturforschenden Gesellschaft aufgenommen wurde. Ziegler und Stokar hatten zuvor in Zürich Gessners Unterricht besucht und hielten während ihrer Studienreise den Kontakt zu ihrem ehemaligen Lehrer aufrecht. Auch Ziegler wurde 1762 als Ehrenmitglied in die Naturforschende Gesellschaft Zürich aufgenommen.[163] Mit der Aufnahme von Gessners Schülern und Korrespondenten als Mitglieder der Sozietät sollten diese dauerhaft als botanische Zuträger gewonnen und die Kontakte über die partikulare Korrespondenz mit dem Präsidenten hinaus verstetigt werden.

Ebenfalls auf die Fortsetzung einer bereits mit Gessner bestehenden Beziehung zielte die Aufnahme des Tübinger Botanikprofessors Gottlieb Conrad Christian Storr (1749-1821) ab, die der dann bereits über siebzig Jahre alte Gessner der Gesellschaft vorschlug. Storr bedankte sich in einem Brief an die Gesellschaft für die Aufnahme und pflegte auch in den folgenden Jahren den Kontakt, indem er Gessner immer wieder von seinen botanischen Aktivitäten berichtete und ihn bat, diese der Gesellschaft mitzuteilen.[164] Storr hatte 1781 eine erste Alpenreise unternommen, die ihn auch nach Zürich geführt hatte. 1784 publizierte Storr den ersten Band seines Berichts und widmete ihn der Naturforschenden Gesellschaft: »In dankbarstem Andenken an seinen vergnügten Aufenthalt in Zürich und in steter Verehrung des angenehmen Bandes wodurch ihn die gütigste Einladung der verdienstvollen Gesellschaft sich auf immer Eigen gemacht hat.«[165] Bereits im Vorfeld der Veröffentlichung hatte Storr Gessner und der Naturforschenden Gesellschaft ein Exemplar seines Berichts zukommen lassen und sich damit um die Beziehung zu den Zürcher Naturforschern bemüht.[166] Mit der Aufnahme belohnten diese Storrs Engagement und institutionalisierten den Kontakt mit dem Tübinger Botaniker.

1780er-Jahren in gedruckter Form veröffentlicht: Johann Bernoulli, III.: Johann Heinrich Lamberts deutscher gelehrter Briefwechsel, Bd. 2, Berlin 1782, S. 174-188.

163 Brief Stokar an Gessner, Paris, 28.11.1760. ZBZ, Autogr. Ott, Stockar. Auch von den später aufgenommenen schweizerischen Ehrenmitgliedern waren mehrere Korrespondenten Gessners: Christoph Jetzler aus Schaffhausen (aufgenommen 1766): UB Amsterdam, OTM: hs. 114 Bi Jetzler; Franz Ludwig Tribolet (1743-1819) aus Bern (aufgenommen 1772): ZBZ, Autogr. Ott, Tribolet; Johann Heinrich Koch aus Thun (aufgenommen 1774): ZBZ, Autogr. Ott, Koch; Johann Melchior Aepli aus Diessenhofen (aufgenommen 1774): ZBZ; Hss., Ms M 18.16. Auch der Basler Professor Achilles Mieg gehörte zu Gessners langjährigen Korrespondenten. Er teilte Gessner unter anderem seine in der Umgebung von Basel gemachten botanischen Entdeckungen mit. Brief Mieg an Gessner, Basel, 3.9.1756. ZBZ, Autogr. Ott, Mieg.

164 Tagebuch NGZH Bd. 10, 10.6.1782, 19.5.1783. StAZH, B IX 188, S. 29 bzw. S. 47.

165 Gottlieb Konrad Christian Storr: Alpenreise vom Jahre 1781, Leipzig 1784.

166 Brief Storr an Gessner, Tübingen, 26.5.1784. ZBZ, Autogr. Ott, Storr.

Auch bei der Aufnahme des Leidener Botanikprofessor David van Royen spielte Johannes Gessner eine maßgebliche Rolle, denn dieser bedankte sich direkt bei Gessner und versprach, zahlreiche Samen zu schicken.[167] Die Stelle als Professor für Botanik hatte David van Royen 1754 von seinem Onkel Adriaan übernommen. Gessner hatte Adriaan van Royen während seiner Studienzeit in Leiden kennengelernt, den Briefkontakt Ende der 1730er-Jahre fortgesetzt und sogleich Samen aus dem Leidener Garten von ihm erhalten.[168] Adriaan van Royen starb im Februar 1779, und noch im selben Jahr wurden sein Nachfolger in die Zürcher Gesellschaft aufgenommen und die Beziehungen dadurch auf weitere Jahre gesichert: Im Jahr seiner Aufnahme schickte David van Royen zusätzlich zu den 102 Spezies, welche die Zürcher bereits im Februar aus dem Leidener Garten erhalten hatten, weitere Samen von mehr als achtzig verschiedenen Arten und auch in den darauffolgenden Jahren wurden jährlich Samen zwischen dem Leidener Professor und dem Garten der Naturforschenden Gesellschaft ausgetauscht.[169]

Für die jungen Naturforscher war die Aufnahme umgekehrt interessant, um ihre Position in den Gelehrtennetzwerken zu verbessern. Viele der in den 1760er-Jahren aufgenommenen Ehrenmitglieder waren Ärzte, die im Ausland studiert hatten. Nach der Rückkehr in ihren Heimatort strebten sie zumeist eine Stelle als Stadtphysikus an, weshalb die Auszeichnung als Mitglied in Sozietäten wie der Zürcher für sie aus Prestigegründen interessant war. Mehrere Pflanzenliebhaber baten gezielt um die Aufnahme in die Naturforschende Gesellschaft Zürich, wie beispielsweise Johann Jakob Dick, der Pfarrer in Bolligen war und im April 1773 wegen seiner botanischen Forschungen als Ehrenmitglied aufgenommen wurde.[170] Dick hatte zunächst Theologie studiert und dann eine Stelle als Hauslehrer bei Albrecht von Haller angenommen. In der folgenden Zeit sammelte er in Hallers Auftrag unzählige Pflanzen und leistete damit einen bedeutenden Beitrag zur Erfassung der Schweizer Flora. Unter anderem hatte Dick im Frühsommer 1763 zusammen mit den Zürchern Johann Caspar Füssli und Hans Ludwig von Meiss das Bündnerland und das Veltlin bereist und unterwegs zahlreiche seltene Pflanzen zusammengetragen, sodass er den Zürchern bereits als eifriger Zuträger bekannt war.

Wie Dick bat auch der Zürcher Chirurg Johann Jakob Werndli um die Aufnahme als Ehrenmitglied. Bevor er nach Surinam aufbrach, um dort Aufseher einer

167 Brief D. van Royen an Gessner, Leiden, 1779. ZBZ, Autogr. Ott, Royen van.

168 Brief A. van Royen an Gessner, Leiden, 24.2.1738. ZBZ, Autogr. Ott, Royen van. Von der Sendung der »fünfzig Samen« berichtete Gessner zudem gleich nach Erhalt auch Haller: Brief Gessner an Haller, Zürich, 12.6.1738. Zitiert nach: Boschung, Johannes Gessner, S. 76.

169 StAZH, B IX 256. Royen. Die Sendungen van Royens hob Hans Caspar Hirzel in der Gedenkrede auf Johannes Gessner besonders hervor. Siehe: Rudio, Naturforschende Gesellschaft, S. 201.

170 Mitgliederverzeichnis. StAZH, B IX 206/54; Tagebuch NGZH Bd. 7, 5.4.1773. StAZH, B IX 185, S. 5.

Zuckerplantage zu werden, bot er der Gesellschaft seine Dienste an und wurde in der Hoffnung, dass er Pflanzen aus dem südamerikanischen Land schicken würde, bald darauf als fremdes Mitglied aufgenommen.[171] Sein Beitrag zum botanischen Garten, an den er tatsächlich Pflanzen aus Surinam schickte, wurde in historiografischen Arbeiten über die Naturforschende Gesellschaft immer wieder hervorgehoben.[172] Für Werndli bot die Aufnahme in die Sozietät und das Zusenden von Samen eine Möglichkeit, Kontakt mit der Oberschicht in seiner Heimat zu halten, für den 1767 als Ehrenmitglied aufgenommenen Chirurgen Johann Heinrich Waser galt dies ebenso.[173] Mehrfach schickte Waser von seiner Reise nach Batavia, während der er einige Zeit am Kap der Guten Hoffnung verbrachte, die er unter anderem zum Botanisieren nutzte, Pflanzen und Samen aus den dortigen Bergen. Und auch nach seiner Ankunft in Batavia sandte er immer wieder Samen für den botanischen Garten.[174] Mit der Aufnahme der im Ausland weilenden Zürcher versuchte die Gesellschaft, sich deren Mitarbeit zu sichern und Pflanzen aus entfernten Regionen wie Südafrika, Batavia und Surinam zu erhalten.

Auch die Ernennung fremder Mitglieder aus anderen Ländern stand häufig im Zusammenhang mit botanischen Zusendungen. Nathanael Gottfried Leske (1751-1786) aus Leipzig hatte Samen von 85 verschiedenen Arten, darunter auch Samen von amerikanischen Pflanzen wie *Malva peruviana* und *Arabis canadensis*, nach

171 Ebd. Wem die Plantage, auf der Werndli die Anstellung als Aufseher erhalten hatte, gehörte, ist bislang unklar. Siehe zu Schweizern in Surinam: Walter Bodmer: Schweizer Tropenkaufleute und Plantagenbesitzer in Niederländisch-Westindien im 18. und zu Beginn des 19. Jahrhunderts, in: Acta Tropica 3 (1946), S. 289-321, hier S. 306.

172 Rudio schreibt, dass Werndli »das Schicksal« [nach Surinam] verschlagen habe. Rudio, Naturforschende Gesellschaft, S. 190. Nach Werndlis Tod übergab sein Bruder weitere Sammlungen: Tagebuch NGZH Bd. 10, 7.4.1783, StAZH, B IX 188, S. 43. Siehe zu Werndlis Beitrag zu den zoologischen Sammlungen der Naturforschende Gesellschaft: Baumgartner, Nützliches Wissen; Simona Boscani Leoni: Züricher Naturaliensammlungen. Orte, Akteure und Objekte, in: Silke Förschler/Anne Mariss (Hg.): Akteure, Tiere, Dinge. Verfahrensweisen der Naturgeschichte in der Frühen Neuzeit, Köln 2017, S. 61-76, hier S. 75; Zangger, Koloniale Schweiz, S. 352.

173 StAZH, B IX 206/54. Siehe zur genauen Kategorisierung der Mitgliedschaften: Baumgartner, Das nützliche Wissen. Zum Verschicken von Dingen als emotionale Praktik der Zugehörigkeit: Dagmar Freist: »Ich schicke Dir etwas Fremdes und nicht Vertrautes.«. Briefpraktiken als Vergewisserungsstrategie zwischen Raum und Zeit im Kolonialgefüge der Frühen Neuzeit, in: dies., Diskurse – Körper – Artefakte, S. 373-404, hier S. 398.

174 Rudio, Naturforschende Gesellschaft, S. 201, folgt damit: Ferdinand Keller: Bericht über die Verhandlungen der Naturforschenden Gesellschaft in Zürich, Zürich 1838, S. VIII. Vermutlich reiste Waser als Chirurg im Dienst der Niederländischen Ostindien-Kompanie VOC nach Batavia. Ein Nachweis konnte bislang nicht erbracht werden. Zu den VOC-Chirurgen siehe: Iris Bruijn: Ship's Surgeons of the Dutch East India Company. Commerce and the Progress of Medicine in the Eighteenth Century, Leiden 2009. Zu den von Waser geschickten zoologischen Objekten: Zangger, Koloniale Schweiz, S. 352.

Zürich geschickt, bevor er als Mitglied in die Sozietät aufgenommen wurde.[175] Auch der Botaniker Antonio Turra (1730-1796) aus Vicenza schickte Samen und äußerte in dem beigefügten Brief den Wunsch, als korrespondierendes Mitglied in die Naturforschende Gesellschaft Zürich aufgenommen zu werden. Als Vorsitzender der *Società Agraria* in Vicenza hatte sich Turra bereits in den Jahren zuvor um Kontakt mit den Zürcher Pflanzenliebhabern bemüht und Gessner 1771 als Ehrenmitglied aufgenommen in der Hoffnung, er möge seine Erkenntnisse im Bereich der praktischen Landwirtschaft mitteilen.[176] Die Samen jedenfalls, die Turra nach Zürich schickte, entfalteten dort ihre Wirkung: In ihrer Sitzung vom 30. November 1772 entsprach die Zürcher Sozietät Turras Bitte, ernannte ihn zum Mitglied und erhielt in den folgenden Jahren regelmäßig Samen.[177]

Die Untersuchung der Aufnahmen in die Naturforschende Gesellschaft zeigte deutlich, dass die Ernennung fremder Mitglieder aus der Schweiz wie aus anderen Ländern häufig im Zusammenhang mit der Zusendung von Samen stand. Die Verleihung der Mitgliedschaften erfolgte zielgerichtet mit dem Wunsch nach Pflanzen aus bestimmten Regionen und der Hoffnung, Botaniker und Handelsgärtner an anderen Orten zu dauerhaften Zuträgern interessanter Pflanzenspezimina zu machen. Tatsächlich konnte Johann Georg Locher, der Vorsitzende des Gartens der Naturforschenden Gesellschaft, in der Folge in den Listen mit erhaltenen Samen, die er von 1779 an pflegte, hunderte von Arten aus den verschiedenen Regionen der Welt verzeichnen. Vom Kap der Guten Hoffnung, aus den jungen Vereinigten Staaten von Amerika, aus der Karibik und Ostindien konnte Locher Samen im Zürcher Garten aussähen, welche die fremden Mitglieder der Sozietät aus den niederländischen, italienischen und deutschen Gärten oder von ihrem Aufenthalt in Übersee schickten. Aus Sicht der Sozietäten diente die Verleihung der Mitgliedschaften dazu, die vorhandenen Beziehungen ihrer einzelnen Mitglieder zu verstetigen. Für die Aufgenommenen bedeuteten sie soziale Anerkennung, die sich im Fall von Handelsgärtnern auch in ökonomische Vorteile verwandeln ließen, da sie sich durch die Mitgliedschaft als Teil der Gelehrtenrepublik präsentieren konnten.

Zusammenfassend lässt sich sagen, dass in den Alpen wachsende Pflanzen, schön anzusehende oder seltene Gewächse von weit her und zu ungewöhnlichen Zeitpunkten blühende sowie unerwartet große Früchte tragende Bäume den Pflanzeninteressierten in Johannes Gessners Netz zahlreiche Gelegenheiten boten, um miteinander in Kontakt zu treten. Gärten sowie Sammlungen von Samen und getrockneten Pflanzen boten einen Rahmen für Besuche und den Austausch von Angesicht zu Angesicht. Mündliche und schriftliche Berichte über diese Orte

175 Liste geschickter Samen: StAZH, B IX 255. Leske, b.H.T. Accipit ab Illo Semina.
176 ZBZ, Ms P 114.3. Zur Sozietät in Vicenza: Ciancio, Antonio Turra.
177 Mitgliederverzeichnis. StAZH, B IX 206/59; Tagebuch NGZH Bd. 6, 30.11.1772. StAZH, B IX 184, S. 23.

regten gelehrte Botaniker, Verantwortliche universitärer und fürstlicher Gärten sowie private Gartenbesitzer und Sammler an, einander um Austausch zu bitten. Vielversprechende Aussichten auf immer neue, unbekannte Spezimina, die ihnen Ansehen in der Gelehrtenwelt und im städtischen Umfeld verschaffen würden, sorgten dafür, dass die Pflanzenliebhaber in Zürich, Bern und Verona, in Leiden, Turin und Uppsala viele Jahre lang miteinander in Kontakt blieben.

Anfangs beeinflussten vor allem die bestehenden Beziehungen seiner Lehrer und der frühen Korrespondenten die Entwicklung von Gessners Netz. Während der Alpenreisen, auf denen er Pflanzenmaterial sammelte, das – eingeordnet in ein Herbarium oder angepflanzt im Garten in der Stadt – allen, die es sahen oder davon hörten, seine Expertise bewies, lernte Gessner Schweizer Naturforscher kennen, die an einem Austausch mit ihm interessiert waren. Die Empfehlungen gut vernetzter Gelehrter, wie Johann Jakob Scheuchzer und Herman Boerhaave, erleichterten Gessner die Kontaktaufnahme mit Universitätsprofessoren an anderen Orten. Vor allem zu Beginn seiner Karriere waren persönliche Begegnungen auf Reisen für den Aufbau des botanischen Netzwerks des Zürchers essenziell. Später, als Gessner Professor am *Collegium Carolinum* und Präsident der Naturforschenden Gesellschaft war, suchten andere Naturforscher den Kontakt zu ihm zunehmend von sich aus.

Letztlich waren jedoch die wiederkehrende Erfüllung der Wünsche und das tatsächliche Funktionieren des Austauschs von zentraler Bedeutung für den Fortbestand der Beziehungen. Zum einen boten die Reisen junger Zürcher Gessner Gelegenheiten, um getrocknete Pflanzen und Samen zu übermitteln und somit seine Korrespondenten an sich zu binden. Außerhalb von solchen persönlichen Kontakte war zum anderen aber das zuverlässige Versenden von Paketen von enormer Wichtigkeit. Daher wurden in diesem Kapitel auch die Kaufleute, die Pakete mit getrockneten Pflanzen, Samen und Büchern transportierten, als Teil der botanischen Netzwerke des Zürcher Gelehrten thematisiert. Denn auch wenn keine Briefe von und an Kaufleute, Rechnungen über die Transportkosten oder Ähnliches überliefert sind, war die praktische Organisation des Austauschs ein wiederkehrendes Thema in der Korrespondenz. Gelehrte Botaniker verzeichneten in ihren Briefen ebenso wie Verantwortliche botanischer Gärten die Namen der beauftragen Kaufleute und Buchhändler sowie die vorgesehenen Transportrouten und das Datum des Versands. Der Aufbau wie die Pflege der Beziehungen kostete sie Mühe und Geld.

Der Zusammenschluss in Sozietäten stellte in dieser Situation eine Möglichkeit dar, den Austausch zu erleichtern. Zwar konnten Zürcher Studenten dank der Aufenthalte an ausländischen Universitäten oftmals die Kontakte ihrer Lehrer in der nächsten Generation weiterführen, doch der Fortbestand der Zürcher botanischen Beziehungen hing weitgehend vom Engagement Einzelner wie Johannes Gessner ab. Dies änderte sich mit der Gründung der Naturforschenden Gesellschaft, durch die sich individuelle in korporative, oftmals den Tod eines einzelnen

Akteurs überdauernde, Beziehungen überführen ließen. Die Verleihung einer Ehrenmitgliedschaft an Naturforscher außerhalb Zürichs ermöglichte es, Zuträger für den botanischen Garten anzulocken und an sich zu binden. Für die damit ausgezeichneten Pflanzeninteressierten bedeutete die Mitgliedschaft Sozialprestige, das für die Rückbindung an die Heimat während eines Aufenthalts in der Ferne, zur Erlangung akademischer Posten oder für die Werbung als Pflanzenhändler eingesetzt werden konnte. Das Interesse an Alpenpflanzen einerseits und an den Schweizern bisher unbekannten Gewächsen aus Übersee andererseits führte dazu, dass sich Zürich um Johannes Gessner herum zu einem Knotenpunkt in den botanischen Netzwerken des 18. Jahrhunderts entwickelte. Wie sich die Vernetzung auf die Möglichkeiten der Zürcher auswirkte, an botanische Publikationen, Herbarpflanzen sowie Samen und lebende Pflanzen zu kommen, wird im folgenden Kapitel untersucht.

Abb. 25: *Doliocarpus*, aus: Der Königl. Schwedischen Akademie der Wissenschaften neue Abhandlungen aus der Naturlehre, Haushaltungskunst und Mechanik 18 (1757), nach S. 250

4. Pflanzen beschaffen

4.1 Gedrucktes Pflanzenwissen

Die Gattung *Doliocarpus* trage »hochrote«, sehr schön aussehende Beeren, die hinsichtlich ihrer »Größe, Gestalt und Farbe« den reifen Früchten des Kaffeebaums glichen, und wachse »auf Sandrücken und mit Rasenhügeln überlaufenen Wiesen in Surinam« (Abb. 25).[1] So ist es im siebzehnten Band der Abhandlungen der Königlich-Schwedischen Akademie der Wissenschaften zu lesen. Über diesen *Doliocarpus*, eine »neue Gattung Pflanzen aus Amerika«, veröffentlichte Daniel Rolander (1723-1793) im Herbst 1756 einen Text in schwedischer Sprache, dem er auch eine Abbildung der Pflanze beifügte. Einzig die Charakteristika der Gattung teilt er darin in lateinischer Sprache mit, »da diese Sprache in der Kräuterkenntnis durchgängig angenommen« sei.[2] Zu Beginn der Abhandlung versichert Rolander seinen Lesern zunächst, dass er die geeignete Person sei, um die neue Pflanzengattung zu beschreiben. Denn er sei, »wenn [er] die berühmte Frau Merianin nicht rechne«, der einzige »von acht Kräuterkennern und Naturforschern«, der lebend aus Surinam nach Europa zurückgekehrt sei.[3]

Die von Rolander im Folgenden vorgestellte Pflanzengattung sei vor allem für Neuankömmlinge in dem südamerikanischen Land von Bedeutung, da ihre Beeren tödlich seien.[4] Dass die Pflanze giftig sei, habe er, der Schüler Linnés, wie er schildert, zwar sogleich anhand der Zahl der Staubfäden erahnt, welche den *Doliocarpus* als der Klasse der *Polyandriae* zugehörig auswiesen. Vor allem aber bestätigten es die unzähligen Fälle, von denen er gehört hatte und die vereinzelten Vorkommnisse, die er während seines Aufenthalts in der niederländischen Kolonie selbst miterlebte. Um die genaue Wirkung der Beeren zu erforschen, hatte

1 Daniel Rolander: Doliocarpus. En ört af nytt genus från America, in: Kongl. Svenska vetenskapsakademiens handlingar 17 (1756), S. 256-261. Für das Folgende wurde die von Gessner gelesene deutsche Übersetzung genutzt. Daniel Rolander: Doliocarpus. Eine neue Gattung Pflanzen aus America, in: Der Königlichen Schwedischen Akademie der Wissenschaften Abhandlungen aus der Naturlehre, Haushaltungskunst und Mechanik 18 (1757), S. 246-250. In seinem Notizbuch vermerkte Gessner, wo etwas zum *Doliocarpus* und den übrigen surinamischen Pflanzen vermerkt war: Repertorium. ZBZ, Ms Z VIII 12.

2 Rolander, Doliocarpus, S. 249. Der deutschen Übersetzung war ebenfalls eine Abbildung der Pflanze beigefügt.

3 Ebd., S. 246.

4 Rolander führte die Vorfälle vor allem auf Unwissenheit zurück und sah Kinder und Neuankömmlinge als besonders gefährdet an, sich mit den Beeren zu vergiften. Auch den Menschen, die sich aus der Sklaverei befreit hatten, attestierte Rolander Unerfahrenheit. Ebd., S. 247.

der Schwede sogar einen Selbstversuch unternommen, durch den er die tödliche Wirkung bestätigt sah.[5] Mit der Abhandlung über den *Doliocarpus* vermittelte Rolander einen Eindruck von den Gefahren, die er im Dienst der Wissenschaft auf sich genommen hatte, und gab Botanikern in ganz Europa einen Vorgeschmack, was sie von weiteren Publikationen aus seiner Feder erwarten konnten. Dabei machte er sich Narrative zunutze, die ihn selbst als Experten präsentierten, der sowohl Erfahrungswissen als auch systematische Botanikkenntnisse besaß. Das Wissen anderer, beispielsweise von Frauen und vormals versklavten Menschen, stellte er dabei als weniger bedeutend dar.

Johannes Gessner interessierte sich sehr für Publikationen wie diese, weil sie ihm erlaubten, Kenntnisse über den möglichen Nutzen und die Gefahren ihm bis dahin unbekannter Gewächse sowie allgemeiner zum Zusammenspiel von linné'scher Klassifikation und den Eigenschaften der Pflanzen zu erlangen. In seiner Bibliothek versammelte er zahlreiche gedruckte Texte, die Pflanzenwissen in ganz unterschiedlicher Form vermittelten.[6] Eine gut bestückte Bibliothek zu besitzen, war in der Frühen Neuzeit eine grundlegende Voraussetzung, um als Naturforscher anerkannt zu werden. Wie die Forschung gezeigt hat, präsentierten Pflanzenliebhaber des 18. Jahrhunderts ihre Bücher Besuchern, ordneten die Publikationen und schrieben darüber, mit dem Ziel, ihre Expertise und Weltgewandtheit zu beweisen.[7] Erhaltene Notizen in den Büchern selbst und überlieferte Aufzeichnungen in separaten Heften geben überdies einen Eindruck von den Lese- und Arbeitspraktiken frühneuzeitlicher Naturforscher.[8] Bei der Botanik des 18. Jahrhunderts handelte es sich nicht nur um eine »science of describing«, sondern um eine Buchwissenschaft, die von Querverweisen und Vergleichsmöglichkeiten profitierte, wie Bettina Dietz in ihrer Studie über das Publikationssystem der Botanik herausgearbeitet hat.[9] Denn auch wenn gelehrte Botaniker in der

5 Eine einzige der angenehm schmeckenden Beeren habe er gegessen und schon eine Viertelstunde später hatte er so heftige Schmerzen, dass er das bereitgehaltene Brechmittel einsetzen musste. Dieses wirkte zwar wie vorgesehen, doch litt Rolander noch zwei weitere Tage lang an Schmerzen. Ebd.

6 Zur Rolle von Büchern in der Wissensproduktion: Nicholas Jardine: Books, Texts, and the Making of Knowledge, in: Frasca-Spada et al., Books and the Sciences in History, S. 393-407; Adrian Johns: Natural History as Print Culture, in: Nicholas Jardine/Emma Spary/James A. Secord (Hg.): Cultures of Natural History, Cambridge 1996, S. 106-124.

7 David Elliston Allen: Books and Naturalists (The New Naturalist Library, Bd. 112), London 2010, S. 13. Die von Gessners Kollegen, wie beispielsweise Carl von Linné (Amsterdam 1736), Jean-François Séguier (1740) und Albrecht von Haller (Zürich 1771-1772) verfassten *Bibliothecae botanicae* dienten demnach ebenso dazu, deren Glaubwürdigkeit als Botaniker zu unterstreichen.

8 Ann Blair: Scientific Reading. An Early Modernist's Perspective, in: Isis 95/3 (2004), S. 64-74.

9 Dietz, Das System der Natur, S. 150; Lorraine Daston: Taking Note(s), in: Isis 95/3 (2004), S. 443-448.

Frühen Neuzeit zumeist betonten, dass ihre Ausführungen und besonders die von ihnen publizierten Abbildungen auf eigenen Beobachtungen beruhten, dienten ihnen in der Praxis nicht primär Pflanzenspezimina, sondern gedruckte Texte als Arbeitsinstrumente und bereits bestehende Bilder als Vorlagen.[10] Eine umfangreiche Bibliothek war somit auch für Johannes Gessner unerlässlich, da er Schüler unterrichtete, Vorträge vor der Naturforschenden Gesellschaft hielt und über sechzig Tafeln mit Pflanzenabbildungen anfertigen ließ.

Das folgende Teilkapitel fragt deshalb danach, welche Drucke sich der Zürcher Botaniker beschaffen und welches Pflanzenwissen er sich dadurch aneignen konnte. Gessner besaß von A wie Aldrovandis *Dendrologia* bis Z wie Zinns *Catalogus plantarum Gottingensium* knapp fünfhundert botanische Bücher (Abb. 26).[11] Anhand des posthum erstellten Katalogs seiner Bibliothek und seiner in einem separaten Buch gemachten Notizen wird im Folgenden untersucht, für welche Themenkomplexe sich der Zürcher Naturforscher interessierte.[12] Um das Gelesene zu ordnen und für seine eigene Arbeit nutzbar zu machen, legte Gessner ein großformatiges Notizbuch mit über 600 Seiten an, das Auskunft darüber gibt, welche Art von Pflanzenwissen er sich aneignete.[13] Die eingangs zitierte Abhandlung über den *Doliocarpus*, die Daniel Rolander im Anschluss an seine Reise nach

10 Nickelsen, Draughtsmen, bes. Kap. 6.

11 Insgesamt umfasste die Bibliothek weit über tausend Werke aus verschiedenen Bereichen. Neben den als »botanische Bücher« deklarierten Werken besorgte sich der Zürcher Naturforscher noch einige Dutzend weitere Publikationen, die sich auf die eine oder andere Art mit Pflanzen beschäftigten. Als die Bibliothek Ende des 18. Jahrhunderts zum Verkauf stand, war sie in die Bereiche Zoologie, Mineralogie, Naturgeschichte allgemein, Anatomie, Chemie und Physik, Mathematik, Ökonomie und Philosophie sowie Geografie und Geschichte unterteilt. Ob diese Ordnung der Gessners entsprach, kann aufgrund der Quellenlage nicht geklärt werden. Für den Buchbestand und die Ordnung der Bücher siehe den gedruckten *Catalogus librorum bibliothecae Joannis Gessneri*, ZBZ, Dr. O 456.4 und den handschriftlichen *Catalogue de la bibliothèque*, ZBZ, Ms Z II 620.

12 Der Katalog wurde nach Themenbereichen (Zoologie, Botanik, Mathematik usw.) und Buchformaten unterteilt. Gessner besaß fast einhundert botanische Bücher im Folioformat, ca. 120 ›*in quarto*‹ sowie ca. 280 im kleinen Oktavformat. Siehe: Catalogus librorum. ZBZ, Dr. O 456.4, S. 36-56.

13 Die hier als »Notizbuch« bezeichnete Quelle ist als »Repertorium« (ZBZ, Ms Z VIII 12) überliefert, da es zugleich die Eigenschaften eines Findbuchs erfüllt. Es enthält Verweise auf andere Materialien und ist anhand spezifischer Themen gegliedert. Die Seiten des ca. 36 cm x 21 cm großen Buches sind in zwei Spalten unterteilt, in die jeweils auf der rechten Seite nochmals schmalere Spalten eingezeichnet sind, in denen numerische Angaben wie Daten, Jahreszahlen und Bandnummern sowie Abbildungsnummern oder Seitenzahlen verzeichnet wurden. Dort finden sich darüber hinaus, in systematisch nach Themen organisierten Registern, die Autoren, Titel, Bandnummern und Seitenzahlen von Werken, in denen weiterführende Informationen zu verschiedenen Themen zu finden waren. Zudem machte Gessner Exzerpte des Gelesenen, beispielsweise zu Publikationen aus den Bereichen Mathematik, Physik und Technik, zu medizinischen Veröffentlichungen und auch

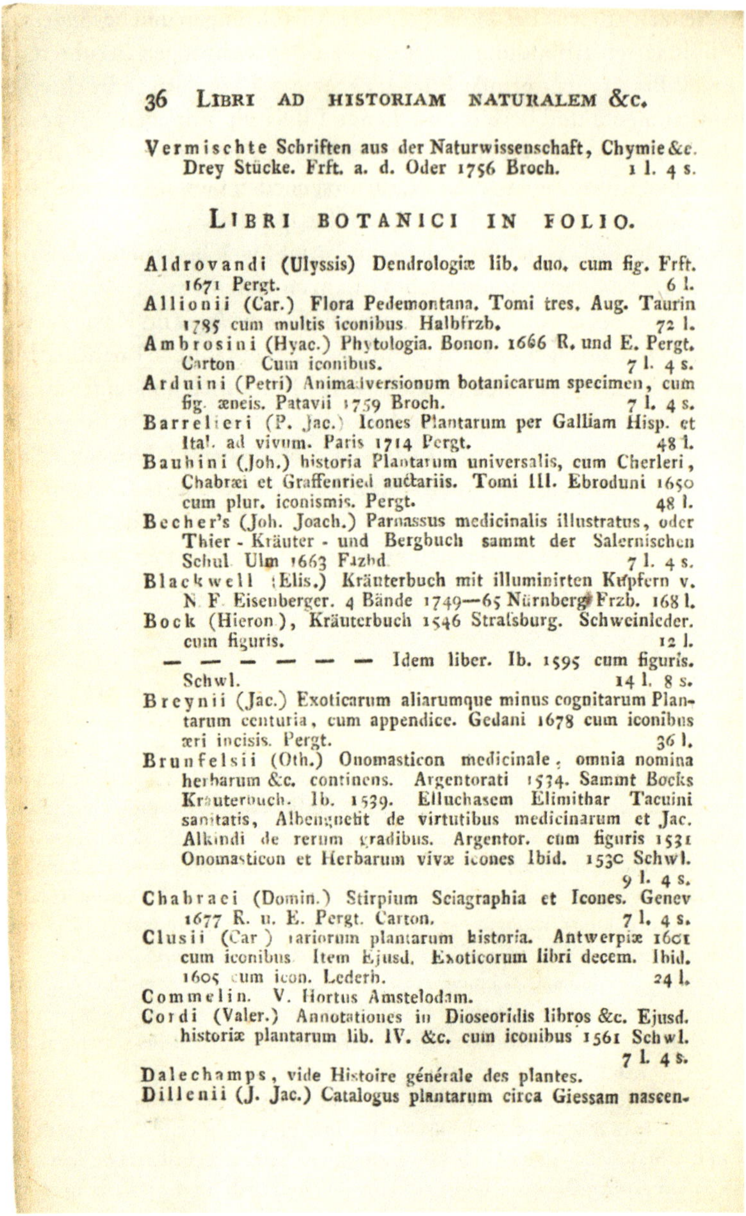

36 LIBRI AD HISTORIAM NATURALEM &c.

Vermischte Schriften aus der Naturwissenschaft, Chymie &c. Drey Stücke. Frft. a. d. Oder 1756 Broch. 1 l. 4 s.

LIBRI BOTANICI IN FOLIO.

Aldrovandi (Ulyssis) Dendrologiæ lib. duo. cum fig. Frft. 1671 Pergt. 6 l.
Allionii (Car.) Flora Pedemontana. Tomi tres. Aug. Taurin 1785 cum multis iconibus Halbfrzb. 72 l.
Ambrosini (Hyac.) Phytologia. Bonon. 1666 R. und E. Pergt. Carton Cum iconibus. 7 l. 4 s.
Arduini (Petri) Animadversionum botanicarum specimen, cum fig. æneis. Patavii 1759 Broch. 7 l. 4 s.
Barrelieri (P. Jac.) Icones Plantarum per Galliam Hisp. et Ital. ad vivum. Paris 1714 Pergt. 48 l.
Bauhini (Joh.) historia Plantarum universalis, cum Cherleri, Chabræi et Graffenried auctariis. Tomi III. Ebroduni 1650 cum plur. iconismis. Pergt. 48 l.
Becher's (Joh. Joach.) Parnassus medicinalis illustratus, oder Thier - Kräuter - und Bergbuch sammt der Salernischen Schul Ulm 1663 Fzbd 7 l. 4 s.
Blackwell (Elis.) Kräuterbuch mit illuminirten Kupfern v. N. F. Eisenberger. 4 Bände 1749—65 Nürnberg Frzb. 168 l.
Bock (Hieron.), Kräuterbuch 1546 Straſsburg. Schweinleder. cum figuris. 12 l.
— — — — — — Idem liber. Ib. 1595 cum figuris. Schwl. 14 l. 8 s.
Breynii (Jac.) Exoticarum aliarumque minus cognitarum Plantarum centuria, cum appendice. Gedani 1678 cum iconibus æri incisis. Pergt. 36 l.
Brunfelsii (Oth.) Onomasticon medicinale, omnia nomina herbarum &c. continens. Argentorati 1534. Sammt Bocks Kräuterbuch. Ib. 1539. Elluchasem Elimithar Tacuini sanitatis, Albengnefit de virtutibus medicinarum et Jac. Alkindi de rerum gradibus. Argentor. cum figuris 1531 Onomasticon et Herbarum vivæ icones Ibid. 1530 Schwl. 9 l. 4 s.
Chabraei (Domin.) Stirpium Sciagraphia et Icones. Genev 1677 R. u. E. Pergt. Carton. 7 l. 4 s.
Clusii (Car.) rariorum plantarum historia. Antwerpiæ 1601 cum iconibus Item Ejusd. Exoticorum libri decem. Ibid. 1605 cum icon. Lederb. 24 l.
Commelin. V. Hortus Amstelodam.
Cordi (Valer.) Annotationes in Dioscoridis libros &c. Ejusd. historiæ plantarum lib. IV. &c. cum iconibus 1561 Schwl. 7 l. 4 s.
Dalechamps, vide Histoire générale des plantes.
Dillenii (J. Jac.) Catalogus plantarum circa Giessam nascen-

Abb. 26: Erste Seite der als »botanisch« klassifizierten Bücher aus der Bibliothek Johannes Gessners, die 1798 zum Verkauf standen. Füßli, Johann Heinrich: Catalogus Librorum Bibliothecae Joannis Gessneri, Quond. Med. Doct. Et Canon. Etc., Qui Venales Prostant

Surinam verfasste, dient dabei als Ausgangspunkt für eine Fallstudie, die anhand der surinamischen Pflanzen untersucht, welche Rolle Gessners Buchbesitz für die Einbindung in die botanischen Netzwerke spielte und wie die Kontakte des Zürchers die Ausrichtung seiner Büchersammlung beeinflussten.

Mit dem *Doliocarpus* konnte Daniel Rolander der Gelehrtenwelt eine neue Gattung von Gewächsen vorstellen, »deren Merkmale und Eigenschaften noch keinem Naturforscher bekannt gewesen sind.«[14] Möglich geworden war diese Entdeckung und die Beschäftigung mit der bei Europäern noch wenig bekannten Pflanzenwelt Surinams, weil Rolanders Lehrer Carl von Linné ihm eine Stelle als Hauslehrer bei dem schwedischen Oberst Carl Dahlberg (1721?-1781) verschafft hatte. Dieser war durch seine Heirat mit einer holländischen Witwe in den Besitz einer Plantage in dieser niederländischen Kolonie im Nordwesten Südamerikas gelangt.[15] Zucker und Kaffee aus Surinam gehörten im 18. Jahrhundert zu den wichtigsten Handelsgütern der Niederländer. Als Maria Sibylla Merian (1647-1717) die Kolonie um 1700 bereiste, wurde sie gefragt, was sie dort suche, wenn nicht Zucker. Auch Gessners Freund Albrecht von Haller war sich während seines Aufenthalts in den Niederlanden in den 1720er-Jahren der Bedeutung des Zuckeranbaus in Surinam für die niederländische Wirtschaft bewusst.[16] Und so gelangte im Kontext des Zuckerhandels auch Daniel Rolander nach Surinam. Als Carl Dahlberg nach einem Aufenthalt in Schweden nach Paramaribo zurückkehrte, reiste Rolander mit ihm.

Unterwegs führte Daniel Rolander ausführlich Tagebuch.[17] Detailliert beschrieb er, was er sah und erlebte: die Menschen und die Landschaft, die Dörfer und Städte. Über Ystad und Warnemünde, dann weiter auf dem Landweg reiste die Gruppe nach Amsterdam, um von Texel aus nach Surinam zu segeln. Rolander notierte, welche Tiere und Pflanzen er sah, und verwendete zur Benennung der Arten –

zu Büchern aus den Bereichen Philosophie und Geschichte. Am umfangreichsten waren jedoch Gessners Aufzeichnungen im Bereich Naturgeschichte.

14 Rolander, Doliocarpus, S. 246.

15 Auch Carl Dahlberg selbst hatte Pflanzen an Linné geschickt: Charlie Jarvis: Order Out of Chaos. Linnaean Plant Names and Their Types, London 2007, S. 200.

16 Haller notierte in seinem Tagebuch, dass für den Handel, der bekanntermaßen »Hollands Seele« sei, neben dem Heringsfang und den ostindischen Gewürzen vor allem Zucker und Kaffee aus Surinam, wo nun eine »ungemein schöne Pflanzstatt« sei, von großer Bedeutung waren. Erich Hintzsche: Albrecht Hallers Tagebücher seiner Reisen nach Deutschland, Holland und England 1723-1727 (= Berner Beiträge zur Geschichte der Medizin und der Naturwissenschaften, Bd. 4), Bern; Stuttgart; Wien 1971, S. 33.

17 Daniel Rolander: The Suriname Journal. Composed During an Exotic Voyage, in: Lars Hansen (Hg.): The Linnaeus Apostles. Europe, North & South America (= The Linnaeus Apostles: Global Science & Adventure, Bd. 3.3), Whitby 2008. Der Text geriet in Vergessenheit und wurde erst 250 Jahre später in englischer Übersetzung veröffentlicht. Hier und im Folgenden meine Übersetzung aus dem Englischen.

ganz der Schüler Linnés – die binären Namen.[18] Die niederländische Grenze »empfing« die Reisegruppe in den ersten Januartagen des Jahres 1755 mit hohen, mit *Hedera helix* [Efeu] geschmückten Bäumen und schönen Büschen: *Ilex aquifolium* [Stechpalme], *Juniperus vulgaris* [Wacholder], *Quercus robur* [Eichen] und *Carpinus betulus* [Hainbuchen].«[19] Zwischen Deventer und Amersfoort waren alle Felder mit *Nicotiana*, also Tabak bepflanzt. »*Prunus spinosa* [Schlehendorn], eine weiche Buche mit trockenen rötlichen Blättern und *Ilex aquifolium* [Stechpalme] mit scharlachroten Beeren und Blättern in verschiedenen weißlich-grünen Farben, also mit einem eleganten und angenehmen Aussehen«, säumten die Felder.[20] Rolander beschrieb alle Pflanzen, die er unterwegs sah: die wild wachsenden wie die von Menschen angebauten.

Im *Hortus medicus* in Amsterdam, schrieb der Schwede nach seiner Ankunft in der Hafenstadt, fänden sich in prächtigen Treibhäusern unterschiedlicher Temperaturen Pflanzen aus allen Teilen der Welt.[21] Diese Faszination teilte Johannes Gessner: Auch ihn hatten die reich ausgestatteten Gärten während seines Aufenthalts in den Niederlanden beeindruckt. Der Zürcher war so fasziniert, dass er in den folgenden Jahrzehnten genau verfolgte, welche Pflanzen in die Niederlande importiert und dort kultiviert wurden. Von den Amsterdamer und Leidener Verlegern besorgte sich Gessner deshalb zahlreiche Gartenbeschreibungen. Er besaß gleich mehrere Darstellungen, die Caspar Commelin (1668-1731) vom Amsterdamer *Hortus medicus* mit all seinen seltenen und schönen Pflanzen angefertigt hatte.[22] Vom Leidener Garten beschaffte sich Gessner mehrere Beschreibungen verschiedenen Datums, genauer Paul Hermanns *Horti academici Lugduno-Batavi Catalogus* (1687) und dessen *Paradisus batavus* in zwei Auflagen. Dazu Herman Boerhaaves Pflanzenverzeichnisse von 1710 und 1720 sowie Adriaan van Royens *Flora Leidensis* (1740), die auch eine Handzeichnung des Leidener Gartens enthält.[23] Die Publikationen ermöglichten es Gessner, sich über den Garten, der ihn während seiner Studienzeit so beeindruckt hatte, und die darin wachsenden Pflanzen auf dem Laufenden zu halten.

Doch das Interesse des Zürchers beschränkte sich nicht auf die Veröffentlichungen über die beiden großen Gärten in Amsterdam und Leiden. Für seine Bibliothek schaffte er weitere Publikationen über die in Holland wachsenden

18 Wenn er während der Überfahrt vom Schiff aus keine Tiere und Pflanzen sah, notierte Rolander dies für jeden Tag einzeln.

19 Rolander, The Suriname Journal, S. 1231.

20 Ebd., S. 1233.

21 Beeindruckt notierte der Schwede zudem, dass, wie seinem Eindruck nach alles in dieser Stadt, auch die Pflanzen im botanischen Garten zum Verkauf standen. Ebd., S. 1236.

22 Sämtliche in den Beschreibungen von Jan und Caspar Commelin aufgelisteten Pflanzen untersuchte der Pflanzenbiologe Dirk Onno Wijnands im Detail: D. Onno Wijnands: The Botany of the Commelins, Rotterdam 1983.

23 Catalogus librorum. ZBZ, Dr. O 456.4, S. 54.

Pflanzen und das dort verfügbare Angebot an Pflanzen an. In seinem Bestand finden sich auch Gartenbeschreibungen von Pflanzenhändlern, wie ein Original von *De Nederlandse Bloem-Hof* des Leidener Gärtners Henrick van Oosten, das zu einem populären Handbuch wurde.[24] Zudem besorgte Gessner sich immer wieder Kataloge mit dem Angebot des Leidener Pflanzenhändlers Willem van Haazen, von denen auch ein Exemplar im 1798 gedruckten Auktionskatalog der Bibliothek zum Verkauf angeboten wurde.[25] Die Verzeichnisse der von den Gärtnereien angebotenen Pflanzen dienten Botanikern an anderen Orten nicht nur dazu, Samen zu bestellen, sondern halfen ihnen zudem, sich einen Überblick über die nach Holland importierten Pflanzen zu verschaffen. Gelehrte und kommerzielle Botanik waren somit nicht nur in den Niederlanden eng verbunden, sondern auch für Johannes Gessner in Zürich.

Aufgrund der kolonialen Handelsnetzwerke hatten die niederländischen Botaniker Zugang zu immer neuen, schön blühenden Pflanzen. Manche von ihnen reisten selbst, wie der spätere Direktor des Leidener *Hortus*, Paul Hermann (1646-1695), der als Arzt im Dienst der VOC auf Ceylon Pflanzen sammelte. Andere gaben in Amsterdam und Leiden Werke über Pflanzen heraus, die Soldaten, Kolonialbeamte und Kaufleute, Geistliche und Forschungsreisende, finanziert durch Handelsherren und Könige, in Ostindien, Südafrika und den Amerikas gesammelt hatten.[26] Gessner beschaffte sich zahlreiche Veröffentlichungen dieser Art, wie John Claytons (1694/5-1773) *Flora Virginica* und Leonhard Rauwolfs (1535-1596) *Flora Orientalis*, die Jan Frederik Gronovius publiziert hatte, sowie die von Johannes Burman veröffentlichten botanischen Werke *Thesaurus Zeylanicus*, Rumphius' *Herbarium Amboinense* und Charles Plumiers *Nova plantarum americanarum genera*. Auch die *Flora Indica*, die Burmans Sohn Nicolaas Laurens 1768 veröffentlichte, besorgte sich Gessner. Wie für unzählige Botaniker in ganz Europa waren es auch für den Zürcher diese Publikationen, die ihm erlaubten, die außereuropäische Flora kennenzulernen.

24 J. Kuijlen/Carla S. Oldenburger-Ebbers/D. Onno Wijnands: Paradisus Batavus. Bibliografie van plantencatalogi van onderwijstuinen, particuliere tuinen en kwekerscollecties in de Noordelijke en Zuidelijke Nederlanden, 1550-1839, Wageningen 1983, S. 59. Siehe zu van Oosten: T.T.Mantel: »The Leyden-gardener«: Het tuintraktaat van Henrick van Oosten, in: Esther van Gelder (Hg.): Bloeiende kennis. Groene ontdekkingen in de Gouden Eeuw, Hilversum 2012, S. 158-160. Gessner besaß auch die später veröffentlichte französische Version von van Oostens Handbuch. Catalogus librorum. ZBZ, Dr. O 456.4, S. 51.

25 Catalogus librorum. ZBZ, Dr. O 456.4, S. 49.

26 Leiden konnte Mitte des 18. Jahrhunderts bereits auf eine zweihundertjährige Tradition als ›botanischer Druckort‹ zurückblicken. Bereits zwischen 1500 und 1623 wurden dort mehr botanische Bücher gedruckt als in irgendeiner anderen europäischen Stadt. Siehe dazu die von dem Pflanzenbiologen Isaak Henry Burkill erstellte Karte bei Stearn, Influence of Leyden, S. 139.

Viele der Bücher in Gessners Besitz enthielten auch Abbildungen der beschriebenen Pflanzen. Schwarzweiß oder sogar in Farbe zeigten sie Zier- und Medizinalpflanzen, die vor Ort abgezeichnet oder aus den beiden Indien in die Niederlande importiert und dort in Gärten kultiviert wurden. Commelins *Horti medici Amstelaedamensis Plantae Rariores et Exoticae* (1716) zeigt knapp fünfzig in Kupfer gestochene Abbildungen seinerzeit im Amsterdamer Garten blühender Pflanzen. Paul Hermanns *Paradisus Batavus* (Auflage von 1705) enthält über hundert Illustrationen der im Leidener Garten wachsenden Pflanzen und Abraham Muntings *Phytographia curiosa* präsentiert 245 Abbildungen von Bäumen, Sträuchern, Gräsern und Blumen, die anhand von Gewächsen im Groninger Garten angefertigt wurden.[27] Die sechs Bände von Rumphius' *Herbarium Amboinense* enthielten teils über achtzig Abbildungen pro Band. Der Drucker und Verleger Pieter van der Aa (1659-1733) war nicht nur an den von den Leidener Botanikprofessoren herausgegebenen Werken beteiligt, er veröffentlichte auch ein eigenes Abbildungswerk mit Kupferstichen von ›exotischen‹ Pflanzen und Tieren, das Gessner ebenfalls kannte.[28] Die bebilderten niederländischen Veröffentlichungen prägten die Wahrnehmung der Flora weit entfernter Regionen und regten Botaniker in ganz Europa an, eigene Reisen zu unternehmen oder sich zumindest möglichst viele Spezimina in getrockneter Form oder als Samen für den lokalen Garten zu beschaffen.

Gessner besaß viele solcher illustrierten Veröffentlichungen, obwohl die großformatigen Werke mit Abbildungen sehr teuer waren.[29] Zu den Subskribenten solcher oft in mehreren Bänden erschienenen Abbildungswerke gehörten meist eher reiche Kaufleute und Adelige sowie Institutionen wie Bibliotheken. Dass Gessner sich diese teuren Druckwerke überhaupt leisten konnte, war keineswegs selbstverständlich.[30] Andere Botaniker – auch Carl von Linné – hatten nur durch ihre

27 Der von Abraham Muntings Vater Henricus in Groningen angelegte *Hortus Botanicus* war weithin bekannt. Zu den Verzeichnissen der in Muntings Groninger Garten wachsenden Pflanzen: Kuijlen et al., Paradisus Batavus, S. 204f.

28 »*Icones arborum, fruticum et herbarum exoticarum et animalium.* Lugd. Bat. apud van der Aa.« Repertorium. ZBZ, Ms Z VIII 12, S. 44.

29 Die Preise im Verkaufskatalog von 1798 machen deutlich, dass die Beschaffung der Bücher Gessner über die Jahrzehnte hinweg Einiges gekostet haben muss. Zwar sollten einzelne seiner Bücher beim Verkauf Ende des 18. Jahrhunderts nur zwischen acht und vierzehn Schilling kosten, die meisten aber wurden für mindestens 1 Pfund (1 l.) angeboten. Die günstigsten Bücher waren im handlichen Oktavformat gedruckt und zumeist nur broschiert. Für die Hälfte der angebotenen Publikationen waren jedoch zweistellige Pfundpreise notiert und für die teuersten sollten die Käufer laut Katalog sogar bis zu 192 Pfund bezahlen. Beispielsweise wurden für »Blackwell (Elis.) Kräuterbuch mit illuminierten Kupfern v.N.F.Eisenberger. 4 Bände 1749-5 Nürnberg Frzbd.« 168 l. verlangt. Catalogus librorum, ZBZ, Dr. O 456.4, S. 36. Der Preis für »Rumphii (Georg Everh.) herbarium Amboinense, editum a Burmanno […], Amstelaed. 1741-1755 cum plurimis iconibus« betrug 192 l. Ebd., S. 39.

30 Seitdem Gessner Ende der 1730er-Jahre Professor am *Collegium Carolinum* geworden war, verfügte er über Einkünfte aus einer Chorherrenstelle, die es ihm ermöglichten, Bücher zu

wohlhabenden Patrone Zugang zu solchen mehrbändigen, illustrierten Publikationen.[31] Die Besitzer dieser Werke konnten sich Besuchern, denen sie die Abbildungen als exotisch bezeichneter Pflanzen zeigten, und den Korrespondenten, denen sie davon berichteten, als wohlhabende Connaisseurs präsentieren. Die darin gezeigten Bilder gaben allen, die die Möglichkeit hatten, die Bücher durchzublättern, einen Eindruck von in weit entfernten Weltregionen wachsenden Pflanzen; sie halfen bei der Identifikation einzelner Spezimina und beim Verfassen eigener Arbeiten. So hatte auch der Zürcher Botaniker die Möglichkeit, sich durch Publikationen wie Commelins *Hortus Amstelaedamensis* und Rumphius' *Herbarium Amboinense* Wissen über außereuropäische Pflanzen anzueignen.

Wie Gessner und viele andere hatten die in Europa seltenen, teils bunt und ungewöhnlich blühenden Pflanzen, die er während seines Aufenthalts in den Niederlanden in Gärten und in bebilderten Veröffentlichungen gesehen hatte, auch Rolanders Lehrer Carl von Linné nachhaltig geprägt.[32] In den 1730er-Jahren hatte der junge schwedische Mediziner zunächst Johannes Burman beim Erstellen des *Thesaurus Zeylanicus* zur Hand gehen dürfen und wurde anschließend von dem wohlhabenden Pflanzenliebhaber George Clifford (1685-1760) angestellt, um dessen Garten in Hartekamp zu beschreiben. Zusammen mit dem dortigen Gärtner gelang es Linné, eine Bananenpflanze zu kultivieren, über die er eine eigene Schrift veröffentlichte.[33] Bei Clifford konnte Linné zudem die bereits erschienenen

kaufen. Wie sich die 1738 erfolgte Heirat mit Katharina Escher, im Detail auf seine finanzielle Situation und damit die Möglichkeit, Bücher zu erwerben, auswirkte, konnte aufgrund fehlender Quellen nicht geklärt werden. Katharina stammte aus einer der führenden Zürcher Familien. Ihr Vater Gerold Escher vom Luchs (1665-1738), der durch sein mit Tuschzeichnungen ausgestaltetes Regimentsbuch bekannt ist, war Ratsherr und 1716 Landvogt in Regensberg. Die Familie hatte zahlreiche Staatsämter inne und war durch Heiratsverbindungen mit Adelsgeschlechtern und Kaufmannsfamilien verbunden. Katja Hürlimann: »Escher«, in: Historisches Lexikon der Schweiz (HLS). Version vom 5.4.2012, https://hls-dhs-dss.ch/de/articles/023794/2012-04-05/ (abgerufen am 23.8.2023). So entstammte auch Katharinas Mutter, Anna Maria Werdmüller von Elgg (1672-1735) einer einflussreichen Familie von Kaufleuten und Militärunternehmern. Dies.: »Werdmüller«, in: Historisches Lexikon der Schweiz (HLS). Version vom 11.1.2015, https://hls-dhs-dss.ch/de/articles/023853/2015-01-11/ (abgerufen am 23.8.2023).

31 Charles E. Jarvis: Carl Linnaeus and the Influence of Mark Catesby's Botanical Work, in: E. Charles Nelson/David J. Elliott (Hg.): The Curious Mister Catesby. A »Truly Ingenious« Naturalist Explores New Worlds, Athens 2015, S. 189-204; Claus Nissen: Die botanische Buchillustration. Ihre Geschichte und Bibliographie. Supplement, Stuttgart 1966, S. 169. Auch Institutionen wie Bibliotheken und botanische Gärten gehörten zu den Subskribenten solcher Werke. Dazu: Schlup, Johannes Gessner, S. 95.

32 Auch Maria Sibylla Merian waren die Sammlungen in Amsterdam eine Inspiration für ihre Reise nach Surinam. Helmut Deckert/Maria Sibylla Merian (Hg.): Das Insektenbuch. Metamorphosis insectorum Surinamensium, Frankfurt a. M.; Leipzig [Amsterdam] 1994 [1705], S. 8.

33 Carl von Linné: Musa Cliffortiana florens Hartecampi, Leiden 1736.

Bände von Mark Catesbys *Natural History of Carolina, Florida, and the Bahama Islands* einsehen, die er nicht nur für den *Hortus Cliffortianus*, sondern auch zur Vorbereitung seiner anderen Werke nutzte, an denen er während seines dreijährigen Aufenthalts in den Niederlanden arbeitete.[34] Unterstützt von Jan Frederik Gronovius und weiteren niederländischen Gönnern veröffentlichte Linné 1735 in Leiden sein grundlegendes klassifikatorisches Werk *Systema Naturae*.

Gessner besorgte sich das Werk in acht verschiedenen Auflagen. Von seinen niederländischen Korrespondenten hatte der Zürcher früh Gutes von Linnés Ideen gehört und war schnell von dessen Klassifikationsmethode überzeugt. Insgesamt war Linné der am häufigsten vertretene Autor in Gessners Bibliothek. Gessner besorgte sich die systematischen Schriften, in denen Linné sein Klassifikationssystem entwarf und ausarbeitete, ebenso wie die Florenwerke, die Linné über die Pflanzenwelt von Sápmi, dem Land der Samen, sowie Schwedens und Ceylons publizierte. Allein unter den botanischen Büchern sind im Katalog 26 Veröffentlichungen des Schweden: Neben den Erstausgaben der *Critica Botanica* (Leiden 1737), der *Philosophia Botanica* (Stockholm 1751) und der *Species Plantarum* (Stockholm 1753) besaß Gessner verschiedene Neuauflagen von Linnés Werken sowie deutsche Übersetzungen seiner Schriften, die in Gotha, Frankfurt, Nürnberg, Göttingen und Leipzig gedruckt worden waren.[35] Der Zürcher Botaniker versuchte, sich stets auf dem aktuellsten Stand zu halten, und besorgte sich bis in die 1780er-Jahre die aktualisierten Auflagen, in denen der Schwede immer neues Pflanzenwissen, das Europa erreichte, verarbeitete.

Ob als Abhandlungen über in niederländischen Kolonien neu entdeckte Pflanzen wie den *Doliocarpus*, in Form von bebilderten Gartenbeschreibungen oder durch Linnés systematische Werke: Niederländische Publikationen beeinflussten die Wahrnehmung der außereuropäischen Pflanzenwelt von Botanikern wie Johannes Gessner maßgeblich. Indem sie europäischen Naturforschern wie Daniel Rolander ermöglichten, entfernte Gegenden der Welt zu bereisen, und Pflanzenliebhabern in Amsterdam und Leiden erlaubten, ihre Gärten mit exotischen Pflanzen zu füllen, sorgten die Netzwerke der niederländischen Kaufleute dafür, dass immer neues Pflanzenwissen nach Europa gelangte. Die zahlreichen niederländischen Publikationen ermöglichten auch Interessierten an anderen Orten, wie Johannes Gessner in Zürich, sich Wissen über Pflanzen anzueignen, die aus Surinam, Ostindien und vom Kap der Guten Hoffnung nach Europa gebracht wurden.

Daniel Rolander konnte letztlich, anders als erhofft, von seinen in Surinam gemachten Beobachtungen über die dort wachsenden Pflanzen nicht mehr als die Abhandlung über den *Doliocarpus* veröffentlichen, da er sich mit Carl von Linné

34 Jarvis, Influence of Mark Catesby, S. 192-197.

35 Catalogus librorum. ZBZ, Dr O 456.4, S. 51f.

zerstritt und dieser in der Folge Rolanders Pläne sabotierte.[36] Der *Doliocarpus* fand zwei Jahrzehnte später bei dem dänischen Naturforscher Christen Friis Rottbøll (1727-1797) Erwähnung: Die Früchte des *Doliocarpus volubilis* ähnelten den Beeren der Kaffeepflanze *(Coffea)*. Bei denen, die sie unvorsichtigerweise zu sich nahmen, führten sie zu Erbrechen und Fieber sowie zu einem Aufblähen des Körpers. Die versklavten, auf die surinamischen Plantagen verschleppten afrikanischen Menschen hätten diese bewusst genutzt, um sich selbst zu töten, berichtete Rottbøll seinem Publikum weiter und nannte auch das passende Gegenmittel: ein Brechmittel, das half, das Gift aus dem Körper zu entfernen.[37] Aus Mangel an Geld und Perspektiven hatte Rolander seine Aufzeichnungen und die gesammelten Spezimina in den 1760er-Jahren an Rottbøll, den Direktor des botanischen Gartens in Kopenhagen, verkauft. Dieser verfasste 1776 auf Basis dieser Materialien eine Dissertation, in der er die in Surinam wachsenden Pflanzen beschrieb und die zwei Jahre später in den *Acta literaria universitatis Hafniensis* veröffentlichte wurde.

Derartige Pflanzenbeschreibungen einzelner Regionen waren für Johannes Gessner, der die Anlegung einer Flora Turicensis anregte und zusammen mit Albrecht von Haller viele Jahre an einer Flora der Schweiz arbeitete und dafür mehrere Sammelreisen unternahm, sehr interessant. Für seine Bibliothek besorgte er sich zahlreiche gedruckte Florenwerke, welche die Pflanzen verzeichneten, die in Japan und rund um Ulm, auf Ceylon und in Sibirien wuchsen oder rund um Frankfurt an der Oder und Leipzig heimisch waren. Der Zürcher Botaniker beschaffte sich Publikationen zur schwedischen und englischen, zur norwegischen und dänischen Flora und die Verzeichnisse der Pflanzenwelt rund um Städte wie Straßburg und Danzig, Herborn, Frankfurt a. M. und Leipzig.[38] Zu den ersten Vertretern des Genres »Flora« gehörte die des nahe Nürnberg gelegenen Städtchens Altdorf: Die Pflanzenwelt rund um die in den 1620er-Jahren gegründete Universität wurde intensiv erforscht. Universitäten oder Akademien bildeten zusammen mit der frühneuzeitlichen Stadt und botanischen Gärten die idealen Entstehungsbedingungen für die in lateinischer Sprache gedruckten Verzeichnisse, die

36 Da Klima und Krankheiten ihm zu schaffen machten, schiffte sich Daniel Rolander bereits Anfang 1756 wieder nach Europa ein. Mit Carl von Linné überwarf Rolander sich, da er nicht bereit war, seinem Lehrer die komplette in Surinam zusammengetragene Sammlung zu überlassen. In der Folge sabotierte Linné Rolanders weitere Karriere und die Publikation seiner Aufzeichnungen. Diese gelten heute als die ältesten schriftlichen Aufzeichnungen über die Flora Surinams und wurden 2008 ins Englische übersetzt: Tinde van Andel/Paul Maas/James Dobreff: Ethnobotanical Notes from Daniel Rolander's Diarium Surinamicum (1754-1756). Are These Plants Still Used in Suriname Today?, in: Taxon 61/4 (2012), S. 852-863.

37 Christen Friis Rottbøll: Descriptiones plantarum surinamensium, in: Acta Literaria Universitatis Hafniensis 1 (1778), S. 267-304, hier S. 294. Erwähnt in: Repertorium. ZBZ, Ms Z VIII 12, S. 392.

38 Catalogus librorum. ZBZ, Dr O 456.4, S. 36-56. Die Nennung der Floren erfolgt hier chronologisch nach dem im Katalog von Gessners Bibliothek verzeichneten Erscheinungsdatum.

die Pflanzen in einem kleinen, zumeist in eintägigen Exkursionen zu durchforstenden Gebiet auflisteten.[39] Auf diese Weise wurden auch die rund um die Universitätsstädte Jena und Leiden wachsenden Pflanzen intensiv erforscht.

Zudem versuchten Botaniker – teils im Auftrag der Herrscher, teils in der Hoffnung auf anschließende Belohnung durch die Obrigkeit – auch, alle in einem konkreten Herrschaftsgebiet wachsenden Pflanzen zu katalogisieren.[40] Gessner besorgte sich von derartig ausgerichteten Publikationen die Floren der Kolonie Virginia, der Herzogtümer Krain und Holstein und des vom Haus Savoyen beherrschten Piemont. Manche Verfasser von Florenwerken beschränkten sich auf noch kleinere Einheiten und verzeichneten nur all jene Pflanzen, die auf einzelnen Landsitzen, wie dem dänischen Frederiksdal in der Nähe von Kopenhagen, oder in den Grenzen des Domänenamts der Herrnhuter Brüdergemeine in Barby wuchsen. Egal, ob es sich dabei um ein Gebiet handelte, in dem sie sich nur kurzzeitig oder dauerhaft aufhielten, naturkundlich Interessierte waren im 17. und 18. Jahrhundert darum bemüht, Verzeichnisse der in ihrer Umgebung wachsenden Pflanzen zu veröffentlichten. Dadurch konnten sie die Regionen, über die sie schrieben, als Knotenpunkte in die botanischen Netzwerke einflechten und sich selbst als Gesprächspartner für Botaniker an anderen Orten in Position bringen.

Allerdings publizierten auch Botaniker in Europa Abhandlungen zur Pflanzenwelt von Gebieten, die sie selbst überhaupt nicht bereist hatten, wie es der dänische Botaniker Christen Friis Rottbøll über die surinamischen Pflanzen getan hatte. Auf Basis getrockneter Spezimina und schriftlicher Aufzeichnungen veröffentlichten sie – teils erst lange Zeit, nachdem die Forschungsreisen stattgefunden hatten – Floren weit entfernter Weltregionen. Die *Flora Malabarica* als Register für den *Hortus Malabaricus* und die *Flora Orientalis* in Gessners Bibliothek wurden beispielsweise von niederländischen Botanikern erstellt, die die Malabarküste bzw. die Levante nicht selbst bereist hatten.[41] Auch Carl von Linné hatte die zahlreichen

39 Cooper, Inventing the Indigenous. Zu der in Gessners Bibliothek vorhandenen *Flora Altdorfina* siehe besonders S. 66-68. Lokalfloren wurden zunächst für die kleinflächigen Territorien des Heiligen Römischen Reichs angefertigt, später verbreitete sich das Genre auch anderswo in Europa und auch in den Kolonien. Ebd., S. 51-53.

40 Cooper, Possibilities. Über die alleinige Beschäftigung mit Pflanzen hinausgehende naturhistorische Inventarisierungen finden sich in Gessners Bibliothek ebenfalls sowohl für die Schweiz (z.B. Scheuchzer, Naturgeschichte des Schweitzerlandes, Zürich 1706) als auch für andere Herrschaftsgebiete: beispielsweise Gabriel Rzączyński: Historia naturalis curiosa Regni Poloniae (Sandomierz 1721) und die deutsche Übersetzung *Vorbereitung zur Naturgeschichte von Spanien* (Halle 1773) des *Aparato para la Historia Natural Española* (Madrid 1754), in der der Franziskaner-Missionar José Torrubia (1698-1761) u.a. seine Überlegungen zu Fossilien als Überresten vorsintflutlicher Lebewesen ausführte.

41 Stattdessen arbeiteten sie mit Material, das 20 bis 200 Jahre zuvor gesammelt worden war. Caspar Commelin fertigte ein Register der Pflanzen an, die Hendrik Adriaan van Rheede tot Draakenstein (1636-1691) in Indien gesammelt hatte: Caspar Commelin: Flora Malabarica sive horti Malabarici Catalogus, Leiden 1696. Jan Frederik Gronovius erstellte

Regionen nicht selbst bereist, von denen er in seinen *Amoenitates academicae* Verzeichnisse veröffentlichte, die Gessner sich ebenfalls besorgte. Die als Dissertationen an der Universität Uppsala entstandenen Texte thematisierten nicht nur die Floren europäischer Länder, sondern listeten auch die in Palästina, um das Kap der Guten Hoffnung, in Kamtschatka und auf Jamaika wachsenden Pflanzen auf.[42] Auch zu den *Plantae Surinamenses* veröffentlichte Linné in den *Amoenitates academicae* eine Abhandlung. Diese basierte auf Daniel Rolanders Materialien und wurde durch jene Pflanzen ergänzt, die sich Linné von Frédéric-Louis Allamand (1736- nach 1803), einem im Waadtland geborenen Schiffsarzt in niederländischen Diensten, besorgt hatte.[43] Ungeachtet dessen, ob die Floren entstanden waren, um einen Herrscher als fürsorglichen Landesvater zu inszenieren oder die Gelehrsamkeit eines Mediziners, die weitreichenden Beziehungen von Geistlichen, die Zuverlässigkeit eines Kolonialbediensteten oder den Wohlstand eines Kaufmanns zu belegen: Johannes Gessner ermöglichten sie, sich von Zürich aus die Pflanzenwelt um deutsche Städte und die Flora weit entfernter Weltregionen zu erschließen.

Ergänzend las Gessner ältere historisch-geografische Beschreibungen. Für Mittel- und Südamerika waren dies beispielsweise die deutsche Version der Aufzeichnungen des spanischen Dominikaners Bartolomé de Las Casas (1484/85-1566) über die »Indianischen Länder«, die als Kritik an den Spaniern vor allem in protestantischen Gebieten publiziert wurden, die deutsche Fassung der Reisebeschreibung nach Neu-Spanien des zum Protestantismus konvertierten vormaligen dominikanischen Geistlichen Thomas Gage (ca. 1597-1656) sowie Beschreibungen der Ostküste Südamerikas, Guyanas und Martiniques in französischer Sprache.[44] Welches Wissen über andere Weltregionen sich der Zürcher erschließen

eine Flora nach Linnés Methode auf Basis der von Leonhard Rauwolfs zwischen 1573 und 1575 unternommenen Reise nach »Syrien, Arabien, Mesopotamien, Babylonien und Assyrien«: Jan Frederik Gronovius: Flora Orientalis, Leiden 1755.

42 Catalogus librorum. ZBZ, Dr. O 456.4. Mit der *Flora Åkeröensis* war zudem den Gewächsen auf dem Landgut von Carl Gustaf Tessin (1695-1770), einem Förderer Linnés, eine eigene Flora gewidmet. Auch die Pflanzen im Garten der Kaufmanns- und Naturforscherfamilie Alströmer wurden in einer Dissertation behandelt. Die Dissertationen über seltene südafrikanische und in Kamtschatka wachsende Pflanzen sind dieser Art Auflistung ebenso zuzurechnen

43 David G. Frodin: Guide to Standard Floras of the World. An Annotated, Geographically Arranged Systematic Bibliography of the Principal Floras, Enumerations, Checklists, and Chorological Atlases of Different Areas, Cambridge 2001, S. 323. Zu Frédéric-Louis Allamand siehe: Ernst Schlunegger: »Allamand, Frédéric-Louis«, in: Historisches Lexikon der Schweiz (HLS). Version vom 26.4.2021, http://www.hls-dhs-dss.ch/textes/d/D43932.php (abgerufen am 11.10.2023).

44 Der Zürcher Naturforscher besorgte sich auch auf Reisen basierende Beschreibungen Kamtschatkas, Island und Siams und interessierte sich für Berichte über die Besteigung des schlesischen Zobtenbergs ebenso wie über Fahrten auf dem Indischen Ozean. Catalogus librorum. ZBZ, Dr O 456.4, S. 122f.

konnte, hing also nicht zuletzt von den Sprachen ab, in denen die Informationen publiziert wurden.

Die Veröffentlichungen in lateinischer Sprache ermöglichten einer Vielzahl von Akteuren Zugang zu immer neuem Pflanzenwissen. Wie Daniel Rolander in seiner Abhandlung über den *Doliocarpus*, die »neue Gattung aus Amerika«, ausdrücklich bemerkt hatte, war Latein bis weit ins 18. Jahrhundert die Sprache der Botanik. Der häufig proklamierte Aufstieg der Volkssprachen in der Frühen Neuzeit war deutlich ambivalenter als lange gedacht. Die lateinische Sprache wurde nicht einfach immer weiter verdrängt, sondern in spezifischen Kontexten, wie den entstehenden Naturwissenschaften und insbesondere der Botanik, weiter genutzt und als Wissenschaftssprache etabliert.[45] Dass Maria Sibylla Merians in Surinam gemachte Beobachtungen über Pflanzen und Insekten 1705 in Amsterdam einmal als *Verandering der Surinaamsche Insecten* für das niederländische Publikum und einmal als *Metamorphosis insectorum Surinamensium* in lateinischer Sprache erschienen, unterstrich nicht nur den wissenschaftlichen Anspruch der Publikation, sondern sorgte auch dafür, dass sie einen weiteren Personenkreis erreichte.[46] Merian selbst, so erklärte sie, wollte mit der Veröffentlichung die wunderbaren Lebewesen und Dinge, die Gott in Amerika geschaffen hatte, einem interessierten Publikum zugänglich machen.[47]

Auch die Bücher in Gessners Bibliothek reflektieren diese Funktion der lateinischen Sprache für die Botanik. Sowohl die 180 botanischen Bücher, die erschienen waren, noch bevor Gessner sich der Erforschung der Pflanzenwelt widmete (also vor 1720), als auch jene zwei Drittel der Sammlung, die zeitgenössisch publiziert wurden, sind bis auf einzelne Ausnahmen auf Latein. Unter den ungefähr 45 Publikationen aus dem 16. Jahrhundert finden sich die Kräuterbücher von Hieronymus Bock, Otto Brunfels und Leonhart Fuchs, die in den 1530er- und 1540er-Jahren in Straßburg und Basel teils direkt auf Latein gedruckt, teils zeitnah aus dem Deutschen übersetzt wurden, sowie zahlreiche Veröffentlichungen aus Antwerpen. Auch im 17. Jahrhundert war Latein die Standardsprache für naturhistorische

45 Brian Ogilvie: Science and Medicine, in: Sarah Knight/Stefan Tilg (Hg.): The Oxford Handbook of Neo-Latin, Oxford; New York; Auckland 2015, S. 263-277. Mit Linnés binärer Nomenklatur veränderte sich die Verwendung der lateinischen Sprache: Statt ausführlicher Beschreibungen mit angepasstem Kasus und zahlreichen Verben wurden fast nur noch einzelne Nomen und Adjektive verwendet und die lateinische Sprache damit zum Code. Ebd., S. 274.

46 Ebd., S. 272f.; Peter Burke: Cultures of Translation in Early Modern Europe, in: ders./R. Po-chia Hsia (Hg.): Cultural Translation in Early Modern Europe, Cambridge 2007, S. 7-38, hier S. 19.

47 Zitiert nach: Megan Baumhammer/Claire Kennedy: Merian and the Pineapple. Visual Representation of the Senses, in: Daniela Hacke/Paul Musselwhite (Hg.): Empire of the Senses. Sensory Practices of Colonialism in Early America, Boston 2017, S. 190-222, hier S. 220. Merian schrieb dies 1702 an Johann Georg Volkamer. Siehe: Natalie Zemon Davis: Women on the Margins. Three Seventeenth-Century Lives, Cambridge, Mass. 2003, S. 182.

Arbeiten gewesen. Egal, ob es sich um die Werke italienischer, englischer oder deutscher Autoren, um theoretische Abhandlungen oder Pflanzenverzeichnisse handelte: John Rays *Historia plantarum* wie auch die Verzeichnisse der in den Gärten und in der Umgebung der frühneuzeitlichen Universitäten wachsenden Pflanzen, die Gessner besaß, waren allesamt auf Latein.[48] Die lateinische Sprache bot dem Zürcher Naturforscher die Möglichkeit, sich Pflanzenwissen anzueignen, das in London und St. Petersburg sowie in verschiedenen schweizerischen, italienischen, deutschen, französischen und niederländischen Städten veröffentlicht worden war.

Gessner las auch zahlreiche auf Latein veröffentlichte wissenschaftliche Zeitschriften, beispielsweise die seit 1682 in Leipzig publizierten *Acta Eruditorum* und die *Acta literaria universitatis Hafniensis*. Aus der Kopenhagener Veröffentlichung erfuhr er auch von Rolanders Pflanzenfunden in Surinam. In einigen der Sozietäten und Akademien, deren lateinische Schriften er las, war Gessner selbst Mitglied, wie in der Akademie der Naturforscher Leopoldina, der Petersburger Akademie und der *Societas Physico-Medica* in Basel.[49] Auch die Schwedische Sozietät der Wissenschaften in Uppsala hatte Gessner zu ihrem Mitglied gemacht, wie der Zürcher 1748 von Linné erfuhr.[50] Deren *Acta Societatis Regiae Scientiarum Upsaliensis* veröffentlichten eine Beschreibung der *Mimosa africana*, die Fredrik Hasselquist (1722-1752) in Ägypten gefunden hatte, sowie der Pflanzen, die Cadwallader Colden (1688-1776) in der Umgebung New Yorks gesammelt hatte.[51] Auch die Erstbeschreibung der in Südafrika endemischen Gattung *Heliophila* durch den niederländischen Botaniker Nicolaas Laurens Burman war in den Abhandlungen der Königlichen Sozietät der Wissenschaften in Uppsala veröffentlicht worden. Die lateinischen Veröffentlichungen dieser Sozietäten ermöglichten Gessner folglich Zugang zu Informationen über neuentdeckte Pflanzen aus entfernten Regionen der Welt.

Auch die in der zweiten Hälfte des 18. Jahrhunderts immer zahlreicher werdenden deutschsprachigen Zeitschriften halfen ihm, sich über botanische Neuigkeiten zu informieren. Von überall im Reich besorgte sich Gessner wissenschaftliche Veröffentlichungen und arbeitete sie auf der Suche nach botanischen Informationen

48 Ogilvie Science and Medicine, S. 269. So beispielsweise die Verzeichnisse der universitären Gärten in Basel, Leiden, Montpellier und Edinburgh. Catalogus librorum. ZBZ, Dr O 456.4.

49 In beiden Gelehrtengesellschaften wurde Gessner sehr früh Mitglied. ZBZ, Ms P 114. Zur *Societas physico-mathematico-anatomica-botanico-medica helvetica*, die von 1751 bis 1787 existierte, siehe: Erne, Die schweizerischen Sozietäten, S. 54-56.

50 Gessner bedankte sich bei Linné für die Aufnahme. Brief Gessner an Linné, Zürich, 30.10.1748. Linnean Society, London, IV, 427-428. Online unter: http://urn.kb.se/resolve?urn=urn:nbn:se:alvin:portal:record-224493 (abgerufen am 11.10.2023). Zitiert nach: Beer, G.R. de The Correspondence between Linnaeus and Johann Gesner, S. 231.

51 Gessner notierte: »Acta Societas Regia Upsaliensis, Plantae Coldenghamia 43/81; 44/47; Haselquist, Mimosa africana 51/9.« Repertorium. ZBZ, Ms Z VIII 12, S. 70f.

durch. Gleichzeitig las er Publikationen, die sich an ein breiteres Publikum richteten und »Gesellschaftliche Erzählungen für die Liebhaber der Naturlehre«, »Seltenheiten der Natur und Oeconomie« oder »Unterricht und Vergnügen aus der Naturforschung« versprachen. Von dutzenden Publikationen, die teils von naturforschenden oder ökonomischen Sozietäten, teils von primär gewinnorientiert arbeitenden Verlegern herausgegeben wurden, versprach er sich, dass sie nützliche Informationen enthielten: über die Reisen Charles Marie de La Condamines in Südamerika und Gmelins in Sibirien, über die neueste Auflage von Linnés *Systema Naturae* und soeben veröffentlichte Pflanzenabbildungen oder über das Aufpropfen von Orangeriebäumen. Dabei war es ihm gleichgültig, ob die Beiträge auf eigenen Erfahrungen basierten oder es sich dabei um Übersetzungen aus ausländischen Magazinen handelte.[52] Mit der Lektüre der verschiedenen deutschsprachigen Publikationen blieb Gessner über die Gelehrtenwelt im Reich beschäftigende Neuigkeiten auf dem Laufenden und erweiterte sein Wissen über praktische Tätigkeiten.

Auch französischsprachige Zeitschriften durchsuchte Gessner nach nützlichen botanischen Informationen. Dass er Französisch anscheinend nicht aktiv beherrschte, hinderte Gessner nicht daran, Zeitschriften wie das *Journal œconomique,* das Neuigkeiten aus England, Italien, Deutschland und den Niederlanden aus ganz verschiedenen Bereichen thematisierte, sorgfältig durchzuarbeiten.[53] Aufmerksam nahm er Informationen über die amerikanischen Kolonien auf, die auf den Beobachtungen eines französischen Reisenden basierten.[54] Als interessante Informationen im Bereich ›Vegetabilia‹ sah Gessner praktische Hinweise zur Vorbereitung von Samen und zum Anbau von Mais oder Kartoffeln sowie zum Transport von Bäumen an. Er notierte, dass im *Journal œconomique* auch Wissen über die nützlichen Eigenschaften von Zypressen, über die Papierherstellung in Japan und das Trocknen von Blüten zu finden waren.[55] Die Interessen des Zürchers waren vielfältig und Zeitschriften wie diese erleichterten es ihm, einen Überblick über ganz unterschiedliche Themen und Neuigkeiten aus verschiedenen Ländern zu bekommen.

Französischsprachige Bücher finden sich nur vereinzelt in Gessners Bibliothek. Durch die Veröffentlichungen der Paulanerpater Charles Plumier und Louis Feuillée, welche die spanischen Kolonien als Spione im Dienst des französischen Königs bereist hatten, erfuhr der Zürcher Botaniker Details über die Heilkräfte und das Aussehen von in Südamerika wachsenden Pflanzen. Plumiers *Description des plantes de l'Amérique* enthielt unzählige Abbildungen amerikanischer Pflanzen, die *Histoire des plantes* von dessen Schüler Feuillée konzentrierte sich auf die in Peru und Chile wachsenden Medizinalpflanzen. Darüber hinaus finden sich

52 Repertorium. ZBZ, Ms Z VIII 12, S. 132f.; Ebd., S. 152f.

53 Es ist lediglich ein Brief Gessners in französischer Sprache in einem privaten Archiv überliefert, auch wenn ihm zahlreiche Korrespondenten auf Französisch schrieben. Brief Gessner an Gagnebin, Zürich, 24.6.1749 (Hinweis von Marcel S. Jacquat, 9.11.2023).

54 Repertorium. ZBZ, Ms Z VIII 12, S. 128.

55 Ebd., S. 193.

einzelne im 17. Jahrhundert in Paris gedruckte Werke, die sich mit dem Nutzen von Pflanzen als Heilmittel beschäftigten, und Texte, welche die im Umfeld von Paris und Aix-en-Provence wachsenden Pflanzen beschrieben und im Bild zeigten.[56] Zudem sind im Bibliothekskatalog verschiedene französischsprachige Veröffentlichungen zur Kultivierung von Zier- und Nutzpflanzen aufgelistet, darunter nicht nur in Frankreich gedruckte, sondern auch die in Amsterdam publizierte Schrift des Leidener Gärtners Henrick van Oosten, die Pflanzenliebhabern in französischer Sprache vermittelte, »comment on peut elever et cultiver toutes sortes des fleurs les plus curieuses.«[57] Der Text war zuvor nur auf Niederländisch und Englisch verfügbar gewesen. Auch Französisch diente dem Zürcher Naturforscher – ebenso wie Latein – als Vermittlersprache, wenn die Publikationen nicht auf Deutsch verfügbar waren.

Von einer Übersetzung ins Deutsche profitierte Gessner insbesondere im Fall der Abhandlungen der *Königl. Schwedischen Akademie der Wissenschaften.*[58] Von 1749 an veröffentlichte Abraham Gotthelf Kästner (1719-1800) in Leipzig mit ausdrücklicher Genehmigung seines Landesherren eine deutsche Version der *Kongl. Svenska vetenskapsakademiens handlingar*. Die Notizen zu den in *Der Königl. Schwedischen Akademie der Wissenschaften neue Abhandlungen aus der Naturlehre, Haushaltungskunst und Mechanik* diskutierten Themen füllen zahlreiche Seiten im Repertorium des Zürchers. Die Neuigkeiten aus Schweden in deutscher Sprache wiederzugeben erschien Kästner sinnvoll, denn er war überzeugt, dass »Lehren, die wir unter unseren Landsleuten ausbreiten wollen, […] am besten in

56 Bei Jacques Daléchamps (1513-1588) *Histoire générale des plantes* handelt es sich um einen Klassiker der Renaissance-Botanik, beim von Antoine de Jussieu verfassten und von Pierre L. Gandoger de Foigny posthum veröffentlichten *Traité des vertus des plantes* um ein Werk, das Pflanzen aus einem medizinischen Interesse heraus thematisierte.

57 Das Werk van Oostens war zuvor bereits auf Englisch und Niederländisch erschienen (*The Dutch Gardener*, 1711, *De Nederlandsen Hof*, 1715). Eine deutsche Übersetzung wurde 1728 in Wolfenbüttel gedruckt. Auch konsultierte Gessner den *Jardin de fleurs* des Zeichners und Kupferstechers Crispin de Passe des Jüngeren, der die in verschiedenen Jahreszeiten wachsenden »seltensten« und »vorzüglichsten« Blumen nicht nur beschrieb, sondern auch abbildete, sowie eine 1730 in Paris erschienene Neuauflage der *Instruction pour les jardins fruitiers et potagers* von Jean-Baptiste de la Quintinie, die auch Abbildungen von den im Garten zu verrichtenden Tätigkeiten enthielt. Der Autor war Ende des 17. Jahrhunderts Direktor der königlichen Nutzgärten in Versailles gewesen.

58 Abraham Gotthelf Kästner: Der Königl. Schwedischen Akademie der Wissenschaften neue Abhandlungen aus der Naturlehre, Haushaltungskunst und Mechanik; auf das Jahr 1741. Bd. 3., Leipzig 1750. Abraham Gotthelf Kästner ist vor allem als Mathematiker und Dichter bekannt. Siehe zu seiner Biografie, seinen literarischen Werken und seinem naturwissenschaftlichen Ansatz: Rainer Baasner: Abraham Gotthelf Kästner, Aufklärer. 1719-1800 (= Frühe Neuzeit, Bd. 5), Tübingen 1991. Über Kästners Tätigkeit als Herausgeber der *Stockholmischen Abhandlungen* ist nichts weiter bekannt, auch seine in Zürich und Amsterdam überlieferten Briefe an Gessner enthalten keine weiteren Informationen zu diesem Publikationsprojekt.

der ihnen bekannten Sprache vorgetragen« werden sollten.[59] Lateinische Fachausdrücke lehnte er ab, da Naturforscher, um wirklich nützliche Dinge zu entdecken, »zum Färber oder zu der Wäscherin in die Schule gehen« und sich mit diesen verständigen können müssten.[60] Dass hingegen in Schweden entstandene Erkenntnisse, wie beispielsweise die von Mårten Triewald (1691-1747) erfundenen Treibbeete, »ihren Nutzen nicht außer Schweden« verlören, stand für Kästner außer Frage.[61] Die Übersetzung ermöglichte Gessner in der Folge Zugang zu Pflanzenwissen aus Schweden und aus den Amerikas.

Auch bei den im Bibliothekskatalog verzeichneten botanischen Büchern auf Deutsch, die sich unter den in der zweiten Hälfte des 18. Jahrhunderts erschienenen Titeln vermehrt finden, handelt es sich vielfach um Übersetzungen. Zwar ist darunter auch Joseph Gottlieb Kölreuters *Vorläufige Nachricht von einigen das Geschlecht der Pflanzen betreffenden Versuchen und Beobachtungen* (1761), inklusive der drei Fortsetzungen (1763, 1764, 1765), in denen dieser den endgültigen Nachweis der Sexualität der Pflanzen erbrachte, und Gerhard August Honckenys *Verzeichnis aller Gewächse Deutschlands*, das 1782 zunächst in deutscher Sprache veröffentlicht wurde und erst zehn Jahre später auf Latein.[62] Viele der deutschen Titel sind jedoch Übersetzungen, vor allem aus dem Englischen, wie die deutschen Versionen von Philip Millers *Gardener's Dictionary* oder Humphry Marshalls 1785 ursprünglich in Philadelphia erschienenes Werk *Arbustrum Americanum: The American Grove*.[63] Die zeitnah zum Original veröffentlichten Übersetzungen

59 Kästner, unpag. Vorrede. Zu den Übersetzungen und Rezensionen der *Handlingar*: Ingemar Oscarsson: »...who has had the courage and ambition to learn Swedish«. The Handlingar of the Swedish Academy of Sciences in 18th Century European Translations, Adaptations, and Reviews, in: La Révolution française 13 (2018), S. 1-23. Das erste Deutsch-Schwedisch-Wörterbuch erschien erst 1749, zuvor wurde bei Unklarheiten der Umweg über das Lateinische gewählt. Burke, Cultures of Translation, S. 14.

60 Kästner, unpag. Vorrede. Der aus Preußen stammende Johann Ernst Crüger versuchte es von Venedig aus mit einer lateinischen Übersetzung der *Handlingar.* Unter dem Titel *Analecta transalpina* erschienen zwei Bände mit ungefähr 180 Übersetzungen von Beiträgen aus den Jahren 1739 bis 1752, für die Kästners deutsche Ausgabe als Grundlage diente. Oscarsson, Handlingar, S. 2.

61 Kästner, unpag. Vorrede.

62 Nach seinem Studium in Tübingen und Straßburg war Joseph Gottlieb Kölreuter (1733-1806) als Adjunkt an die Akademie der Wissenschaften in St. Petersburg berufen worden, wo er mit seinen Hybridisierungsversuchen begann. Nach seiner Rückkehr wurde er Professor der Naturgeschichte und Direktor der Hofgärten in Karlsruhe. Hans Kugler: »Kölreuter, Joseph Gottlieb«, in: Neue Deutsche Biographie 12 (1979), S. 325f. Online-Version, https://www.deutsche-biographie.de/pnd116288000.html#ndbcontent (abgerufen am 21.9.2023).

63 Die von Christian Friedrich Hoffmann (1762-1820) angefertigte deutsche Übersetzung von Humphry Marshalls (1722-1801) Werk erschien 1788 als »Beschreibung der wildwachsenden Bäume und Staudengewächse in den vereinigten Staaten von Nordamerika«. Catalogus librorum. ZBZ, Dr O 456.4, S. 53. Daneben besorgte sich Gessner aber auch die

erlaubten Gessner, sich auch Wissen über Bäume und andere Gewächse anzueignen, das eigentlich in englischer Sprache veröffentlicht worden war.

Johannes Gessner informierte sich durch Zeitschriften und Bücher verschiedener Formate über von europäischen Naturforschern erstmals beschriebene Pflanzen und den Anbau importierter Gewächse, indem er sich Veröffentlichungen in sämtlichen Sprachen besorgte, die er beherrschte. Die meisten Publikationen in seiner Bibliothek waren auf Latein, aber auch mehrere deutsche und französische Veröffentlichungen beschaffte er sich. Beispielsweise in Leipzig erschienene Übersetzungen erleichterten Gessner den Zugang zu Pflanzenwissen, das auf Schwedisch oder Englisch publiziert worden war.

Bei seiner Beschreibung der surinamischen Pflanzen in den *Acta literaria universitatis Hafniensis* legte Christen Friis Rottbøll einen besonderen Schwerpunkt auf Gewächse, die die Menschen vor Ort benutzten. Saftige Früchte, wie die in Südamerika heimische Ananas und die importierte Wassermelone, waren den Bewohnern Surinams als Flüssigkeitsspender willkommen. Die Ananas werde, wie anderswo auch, als Nahrung verwendet. Darüber hinaus sei in Surinam jedoch bekannt, dass der Saft der noch grünen Früchte als starkes Emmenagogum wirke, weshalb der Gebrauch schwangeren versklavten Frauen bei Strafe verboten sei.[64] Das Rohr der *Canna indica* werde sowohl von kolonialen Siedlern als auch von ehemals versklavten Menschen, die geflohen waren, zum Hausbau verwendet, und *Agave vivipara* nutzte die aus Afrika stammende Bevölkerung als Seife zum Waschen ihrer Kleidung.[65] Rinde, Holz und Wurzeln der *Quassia* konnten als Mittel gegen Fieber und andere Beschwerden eingesetzt werden und aus dem Holz der *Hymenaea* – das die Niederländer, wie der Autor wusste, in ganz Europa gewinnbringend verkauften – ließen sich viele nützliche Dinge herstellen und sogar ganze Häuser errichten.[66] Darüber hinaus listet Rottbøll unter den surinamischen Pflanzen auch Indigo und Zucker auf, die auf den Plantagen in der niederländischen Kolonie angebaut wurden. In dem zwanzigseitigen Text, der auf Rolanders Aufzeichnungen basierte, zählt Rottbøll sämtliche Pflanzen

Veröffentlichungen der in Leipzig wirkenden Botaniker Johann Christian Schreber (1739-1810) und Christian Gottlieb Ludwig (1709-1773), zu denen er selbst und die Verantwortlichen des Zürcher Gartens direkte Beziehungen aufbauten. StAZH, B IX 255-256.

64 Rottbøll, Descriptiones plantarum, S. 289. Siehe zu weiteren Abortiva in Daniel Rolanders Aufzeichnungen: Andel et al., Ethnobotanical Notes.

65 *Canna indica*: Rottbøll, Descriptiones plantarum, S. 283. *Agave vivipara*: Ebd., S. 289. Rolander war über die Verwendung gut informiert, in seinen Aufzeichnungen beschreibt er als Nahrung, zum Hausbau sowie zum Waschen verwendete Pflanzen. Während seines Aufenthalts hatte er Kontakt mit den verschiedenen Bewohnern des Landes, u.a. mit weißen Plantagenbesitzern, portugiesischen Juden, amerikanischen Indigenen, Kreolen und versklavten Menschen aus Afrika. Andel et al., Ethnobotanical Notes; Rolander, The Suriname Journal.

66 *Quassia*: Rottbøll, Descriptiones plantarum, S. 291. *Hymenaea*: Ebd., S. 290.

auf, denen eine heilende Wirkung zugeschrieben wurde, die bereits ökonomisch gewinnbringend angebaut wurden oder von denen man hoffte, sie in Zukunft auch in Europa als Nahrung oder anderweitig nützliches Mittel anpflanzen zu können.

Auch Gessner interessierte sich für diese Informationen, wie seine Aufzeichnungen belegen. Der Zürcher Botaniker konzentrierte sich nicht allein auf botanische Fragen im engeren, das heißt beschreibenden und ordnenden, Sinne. Neben den lateinischen Erstbeschreibungen in den schwedischen Veröffentlichungen notierte er sich auch, welche Veröffentlichungen sich zu Anwendungsmöglichkeiten äußerten, wie sie beispielsweise Rottbøll für die surinamischen Pflanzen beschrieb.[67] Auch wenn er diese Informationen in seinen zur *Phytographia sacra* gehörigen Dissertationen nur selten wiedergab, dokumentierte Gessner genau, welche Veröffentlichungen Auskunft darüber gaben, wie die Menschen vor Ort die Pflanzen verwendeten: So las Gessner auch die deutschsprachige »Beschreibung aller Nationen des Russischen Reichs« von Johann Gottlieb Georgi und informierte sich so über finnische, tatarische, samojedische und im von ihm als »Lappland« bezeichneten Gebiet der Sámi übliche »Gebräuche, Wohnungen, Kleidungen und übrigen Merkwürdigkeiten.«[68] Derartige Texte erlaubten dem Zürcher Botaniker, seine Kenntnisse über die vielfältigen Anwendungsmöglichkeiten von Pflanzen zu erweitern und seinen Glauben an die Sinnhaftigkeit der Schöpfung bestätigt zu sehen.

Auch was die Art und Weise der Präsentation von Pflanzenwissen angeht, rezipierte Gessner ein breites Spektrum von Veröffentlichungen. Während Rottbøll seine lateinischen Beschreibungen eher nüchtern und kurz formulierte, konnte Gessner bei Maria Sibylla Merian sowohl eindrucksvolle Bilder der surinamischen Pflanzen sehen, als auch sinnliche Beschreibungen lesen, die einen Eindruck vermittelten, wie sie sich anfühlten, schmeckten und rochen.[69] Die Früchte der Papaya besäßen einen angenehmen Geschmack und wenn man die nur halbreifen Früchte koche, schmeckten sie »wie die besten Rüben.«[70] Über die Ananas schrieb Merian: »Der Geschmack ist, als ob man Trauben, Aprikosen, Johannisbeeren, Äpfel und Birnen miteinander vermengt hätte, die man alle gleichzeitig schmecket.«[71] Eindrücklich beschrieb sie zudem, wie es war, in Surinam, wo Wassermelonen auf dem Boden wuchsen »wie in Holland die Gurken«, von der Frucht der Melone zu kosten: »Das Fleisch ist glänzend, im Mund schmilzt es wie Zucker. Es ist gesund und von angenehmem Geschmack, und es ist eine Erquickung für Kranke.«[72]

67 Repertorium. ZBZ, Ms Z VIII 12, S. 392.

68 Ebd.

69 Baumhammer et al., Merian and the Pineapple.

70 Zitiert nach: Deckert et al., Das Insektenbuch, S. 88. Siehe zu Merians religiöser Motivation für die Beschäftigung mit der Natur: Trepp, Glückseligkeit, bes. S. 277f.

71 Deckert et al. Das Insektenbuch, S. 12. Auch wenn die Ananas im 18. Jahrhundert bereits einige Male in Europa kultiviert worden war, behielt die Frucht ihren Status als Luxusobjekt. Baumhammer et al., Merian and the Pineapple, S. 221.

72 Deckert et al., Das Insektenbuch, S. 38.

Die Beschreibungen mussten den europäischen Lesern förmlich das Wasser im Mund zusammenlaufen lassen und das Bedürfnis anregen, diese Pflanzen ebenfalls zu besitzen.

Sowohl die Verzeichnisse ökonomischer Pflanzen als auch die vielversprechenden Beschreibungen des Geschmacks trugen dazu bei, dass europäische Pflanzenliebhaber sich bemühten, die ursprünglich in weit entfernten Regionen wachsenden Pflanzen auch in Europa zu kultivieren.[73] Gessner notierte beispielsweise, in welchen Publikationen er über Versuche mit Melonensamen gelesen hatte. In vier aufeinanderfolgenden Jahren hatte sich Mårten Triewald um die Anlage von Melonenbeeten bemüht und es war ihm gelungen, die Temperatur um die Pflanzen herum konstant so hoch zu halten, dass er in Schweden reife Melonen ernten konnte. Mehr noch, er hatte es nicht nur geschafft, die ›exotischen‹ Früchte zu kultivieren, sondern dabei auch noch auf Pferdemist verzichtet, der zur Düngung der Felder dringender gebraucht wurde. Stattdessen hatte Triewald die Melonen-, aber auch andere Treibhausbeete mit Rinde von Brennholz befüllt, wie er in den *Kongl. Svenska vetenskapsakademiens handlingar* stolz mitteilte.[74] Nach den geglückten Versuchen experimentierte der schwedische Kaufmann, Techniker und Naturforscher weiter mit dem Anbau von Melonen: In den *Philosophical Transactions* wurde 1743 ein Brief von Triewald, dem »Captain of Mechanics and Military Architect to the King of Sweden« abgedruckt, in dem er beschrieb, wie es ihm gelungen war, aus 42 Jahre alten Melonensamen, die er in einer naturhistorischen Sammlung gefunden hatte, Melonen zu kultivieren.[75] Bei seinen europäischen Naturforscherkollegen stießen die Versuche auf großes Interesse.

Auch Johannes Gessner begnügte sich nicht damit, zu wissen, wie die Pflanzen außerhalb Europas verwendet wurden. Der Zürcher informierte sich nicht nur über Triewalds Versuche mit den Melonensamen, sondern auch über dessen Bemühungen, »ausländische« Bäume und »die Glycyrrhiza oder das spanische Süßholz«

73 Vor allem Länder, die keinen direkten Zugang in Form von Kolonien hatten, bemühten sich um die Akklimatisierung. Siehe zu den schwedischen Bemühungen: Koerner, Linnaeus. Auch die Oekonomische Gesellschaft Bern besorgte sich Melonensamen, allerdings von einer Art, die ursprünglich in Asien heimisch war. Stuber, Kulturpflanzentransfer, S. 242 f.

74 Mårten Triewald: Et fördelaktigt Påfund att fylla Melon-Bånkar […], in: Kongl. Svenska vetenskapsakademiens handlingar 2 (1741), S. 114-116. Gessner las in der 1750 in Leipzig erschienenen deutschen Version der »Stockholmischen Abhandlungen« über diese Versuche. Mårten Triewald: Eine vorteilhafte Erfindung Melonenbeete anzulegen, die eine beständige Wärme acht Monate hintereinander behalten, vier aufeinander folgende Jahre versucht, in: Der Königl. Schwedischen Akademie der Wissenschaften neue Abhandlungen aus der Naturlehre, Haushaltungskunst und Mechanik, auf das Jahr 1741, Leipzig/Hamburg 1750, S. 138 f. Repertorium. ZBZ, Ms Z VIII 12.

75 Gessner notierte, dass in »No. 464 (1743): Observations Concerning the Vegetation of Melonseeds 42 Years old. By M. Triewald« zu finden waren. [Johannes Gessner]: Auszüge aus naturwissenschaftlichen Akademiepublikationen. ZBZ, Ms Z VIII 608.

in Schweden zu kultivieren.[76] Er vermerkte zudem, dass in den *Stockholmischen Abhandlungen* ein Bericht über den Anbau und die Nutzung von »Potatoes oder Erdbirnen« und einer über Kultivierung von Leinsamen im nordschwedischen Ångermanland zu finden waren.[77] Dass sich die Ausführungen auf die lokalen Anbaubedingungen der Pflanzen in Schweden bezogen, schien Gessner dabei nicht zu stören. Vielmehr nahm er die Erfahrungen anderer mit der Kultivierung und Akklimatisierung neuer Pflanzen interessiert auf und hoffte, dass davon auch die lokale Land- und Forstwirtschaft profitieren könne. Er notierte, dass die Leipziger Ökonomische Sozietät in ihren *Anzeigen* von 1772 den Anbau von Futterkräutern im Allgemeinen und von Luzerne und Esparsette im Besonderen thematisiert und sich obendrein zu Flachs- und Weinbau geäußert hatte.[78] Der Badische Geheimrat Johann Jacob Reinhard (1714-1772) hatte sich in seinen in den 1760er-Jahren herausgegebenen *Vermischten Schriften*, wie Gessner vermerkte, über die Pflanzung von Obst- und Maulbeerbäumen geäußert.[79] Wie Naturforscher der Aufklärung anderenorts interessierten sich auch Johannes Gessner und sein Umfeld dafür, wie Pflanzen vor Ort nutzbar gemacht werden konnten.

Wie deutlich wurde, waren Gessners Interessen sehr vielseitig: Er interessierte sich gleichermaßen für in holländischen Gärten wie in entfernten Regionen wachsende Pflanzen, und las über in Schweden gezogene Melonen ebenso wie über den ›neu entdeckten‹ *Doliocarpus*. Er konzentrierte sich nicht allein auf Fragen der Klassifikation von Pflanzen, wie es für Botaniker des 18. Jahrhunderts oftmals angenommen wurde. Zwar beschaffte er sich stets die Neuauflagen und auch die deutsche Übersetzung von Linnés *Systema Naturae*, doch auch Informationen über den ökonomischen Nutzen, ansprechende Abbildungen und konkrete Anleitungen zum Umgang mit Pflanzen – egal ob in Form von getrockneten Spezimina

76 Mårten Triewald, Anmerkungen über die Pflanzung ausländischer Frucht- und anderer Bäume in Schweden aus eigener Prüfung und Versuch vorgestellt von Martin Friedwald, Königl. Mechanico und Fortificationscapitain, in: Der Königl. Schwedischen Akademie der Wissenschaften neue Abhandlungen aus der Naturlehre, Haushaltungskunst und Mechanik, auf das Jahr 1739, Leipzig/Hamburg 1749, S. 250-254; Mårten Triewald, Ein glücklich abgelaufener Versuch, ob die *Glycyrrhiza* oder das spanische Süßholz in Schweden wachse, und unsern Winter aushalten kann, in: Der Königl. Schwedischen Akademie der Wissenschaften neue Abhandlungen aus der Naturlehre, Haushaltungskunst und Mechanik, auf das Jahr 1744, 6 (1751), S. 226-230. Gessner notierte sich jeweils das ursprüngliche Erscheinungsjahr und die Seitenzahl, auf der die entsprechende Abhandlung begann. Repertorium. ZBZ, Ms Z VIII 12.

77 Patrick Alströmer: Bericht wie Potatoes oder Erdbirnen zu pflanzen und zu nutzen sind, in: Der Königl. Schwedischen Akademie der Wissenschaften neue Abhandlungen aus der Naturlehre, Haushaltungskunst und Mechanik, auf das Jahr 1747, 9 (1753), S. 206-212; Haquin Huss: Bericht von Leinsamen und Verfahren damit, ebd., S. 110-116.

78 Repertorium. ZBZ, Ms Z VIII 12, S. 383. Zu Futterkräutern: Baumgartner, Das nützliche Wissen.

79 Repertorium, ZBZ, Ms Z VIII 12, S. 397.

oder Samen – zogen immer wieder die Aufmerksamkeit des Zürcher Botanikers auf sich. Daher besorgte er sich eine Vielzahl an Abhandlungen gelehrter und ökonomischer Sozietäten in ganz Europa, die aktuell und verhältnismäßig knapp über botanische Neuigkeiten informierten. Zudem beschaffte sich Gessner nach Möglichkeit Florenwerke von nahen und weit entfernten Regionen und eine Vielzahl von Veröffentlichungen, die Abbildungen neuer und seltener Pflanzen enthielten.

Es gelang ihm nicht nur, sich hunderte Bücher und Zeitschriften zu botanischen Themen zu beschaffen, er las diese auch, wie die untersuchten Notizen belegen. Egal ob das Pflanzenwissen in deutscher, lateinischer oder französischer Sprache vermittelt wurde, Gessner nahm die Mitteilungen interessiert auf und arbeitete gelegentlich auch Publikationen in anderen Sprachen durch. Mit seinem Notizbuch entwickelte er zudem eine Strategie, das Gelesene zu ordnen. Sowohl für Publikationen, die er sich auslieh, als auch für jene, die für seine eigene Bibliothek oder die der Naturforschenden Gesellschaft angeschafft werden konnten, machte er sich Notizen. Detailliert verzeichnete er, in welcher Ausgabe einer Gelehrtenzeitschrift Informationen zum Anbau oder zur Verwendung einer spezifischen Pflanzenart zu finden waren und wo Abbildungen welcher Gewächse abgedruckt waren. Die Exzerpte halfen ihm beim Austausch mit seinen Korrespondenten, beim Vorbereiten von Vorträgen – für die Mitglieder der Naturforschenden Gesellschaft oder seine Schüler – und beim Erstellen von Manuskripten.

Die Bücher und Zeitschriften, die Gessner und die Naturforschende Gesellschaft sich über gelehrte Korrespondenzbeziehungen und mit der Hilfe von Buchhändlern und Kaufleuten besorgen konnten, ermöglichten den Zürcher Pflanzenliebhabern, sich Wissen über Gewächse aus anderen Weltregionen zu beschaffen. Sie wussten über das Vorkommen der Pflanzen Bescheid, kannten verschiedene Anwendungsmöglichkeiten und nahmen Hinweise zur Akklimatisierung und zum Anbau von aus Übersee und entlegenen Gegenden wie Sibirien importierten Gewächsen auf. Wo sie sich Abbildungen besorgen konnten, gewannen Gessner und sein Umfeld auch einen Eindruck vom Aussehen der Pflanzen, selbst wenn sie noch kein Exemplar davon in den Händen gehalten hatten. Dadurch war der Zürcher Botaniker nicht nur über Pflanzen informiert, die in der Umgebung der Limmatstadt wuchsen und die er auf seinen eigenen Reisen sammeln konnte beziehungsweise von Schülern und Korrespondenten erhielt, sondern auch über solche, die aus Norwegen, Russland und Ostindien, aus Südafrika, Virginia und Mittelamerika stammten.

4.2 Getrocknete Pflanzen

Die von Johannes Gessner zusammengestellten Herbarien, dies belegen Beschreibungen in Gelehrtenzeitschriften und Überblickswerken, waren einem breiteren Personenkreis bekannt und galten als bemerkenswert. Wie seine Bibliothek konnte er auch die Sammlung getrockneter Pflanzen über die Jahre hinweg stetig vergrößern: In den 1720er-Jahren hatte er im Zuge seines Unterrichts bei Johann Jakob Scheuchzer in Zürich damit begonnen, ein Herbarium anzulegen, das schon bald 3000 Pflanzen umfasste.[80] In Antoine-Joseph Dezallier d'Argenvilles 1742 erstmals veröffentlichter Beschreibung der Sammlung ist zu lesen, dass Gessners Herbarium aus »4000 Pflanzen in 20 Bänden« bestand.[81] Als Gessner selbst seine Pflanzensammlung 1751 für den Eintrag in Bruckers und Haids *Bilder-Sal* beschrieb, umfasste sie »mehr als 6000 Pflanzen [...] in mehr als 30 Vol.«[82]

Gleichzeitig zu seiner eigenen Sammlung legte Gessner ein ähnlich umfangreiches Herbarium für die Naturforschende Gesellschaft an. Als Johann Georg Reinhard Andreae aus Hannover im September 1763 Zürich besuchte, lag dieser *Hortus siccus Societatis Physicae Tigurinae, collectus et Linnaeana methodo dispositus a Joanne Gesnero* bereits in den bis heute überlieferten 36 Bänden vor.[83] Diese Anzahl an Herbarbänden umfasst der als Teil der Vereinigten Herbarien der Universität (Z) und ETH Zürich (ZT) aufbewahrte Bestand bis heute: 31 Bände

80 Boschung, Basel und Leiden, S. 56.

81 Antoine-Joseph Dezallier d'Argenville: L'histoire naturelle éclaircie dans deux de ses parties principales, la lithologie et la conchyliologie, dont l'une traite des pierres et l'autre des coquillages, Paris 1742, S. 220. Das zehnte Kapitel des zweiten Teils (»Des plus fameux Cabinets de l'Europe touchant l'Histoire Naturelle«) berichtet über Sammlungen in Paris und den französischen Provinzen, den Niederlanden und England, Deutschland und der Schweiz, in Italien, Spanien und Portugal sowie in Schweden, Polen, Dänemark und Moskau. Für die Schweiz verzeichnete Dezallier d'Argenville Sammlungen in Einsiedeln, Luzern, Glarus, St. Gallen und Schaffhausen sowie die Kabinette von Genfern, Neuenburgern, Bernern, Baslern und Zürchern. In seinem späteren Werk *Conchyliologie* (erstmals 1752 in Paris veröffentlicht) aktualisiert, erweitert und spezifiziert er die Angaben (beispielsweise wird in späteren Ausgaben Genf separat von der Schweiz behandelt). Zur Theoretisierung des Sammelns: Baldi, Collectionner.

82 Autobiografie. ZBZ, Ms M 18.10. Zitiert nach: Boschung, Johannes Gessner, S. 45. Das sogenannte Handherbarium Gessners wurde erst nach Abschluss der vorliegenden Arbeit als solches identifiziert. Zuvor hatte die 10.000 Spezimina umfassende, in 40 Einheiten überlieferte Pflanzensammlung lange Zeit als Scheuchzer-Herbarium gegolten. Es war 1865 in den Besitz der ETH gelangt. Rothe et al., Pflanzensammler, S. 5f.

83 Andreae, Briefe aus der Schweiz, S. 64. Das Herbarium ist Teil der Vereinigten Herbarien Z+ZT der Universität und ETH Zürich und wurde in Auszügen als Quelle für die genannten Fragen konsultiert. Die vollständige Untersuchung aller 36 Bände erschien in Anbetracht der Fragilität des Materials nicht sinnvoll. Die umfassende Erforschung des Herbariums müsste mit einer Konservierung einhergehen und in Zusammenarbeit mit Botaniker:innen erfolgen. Für derartige Projekte siehe beispielsweise die konservatorischen Arbeiten von: Lea Dauwalder: Das Herbarium des Felix Platter. Die Erhaltung eines historischen Buch-Herbariums. Masterarbeit, Hochschule der Künste Bern 2012; Madlon Gunia: Ein vorlinnéisches Herbarium vivum mit schmückenden Kupferstichen in Form von Vasen und Spruchbändern. Untersuchung und Restaurierung des Buchherbars Ms2735(1) aus dem Bestand der Universitätsbibliothek Erlangen. Diplomarbeit, Technische Hochschule Köln 2006; Marlène Margez/Cécile Aupic/Denis Lamy: La restauration de l'herbier Haller du Muséum national d'histoire naturelle, in: Support/Tracé 5 (2005), S. 58-78.

mit klassifizierten Blütenpflanzen, vier Bände mit als Kryptogamen klassifizierten und ein Band mit nicht bestimmten Pflanzen.

Die Bedeutung von Herbarien als Instrumente wissenschaftlichen Arbeitens wird in wissenschaftshistorischen Handbuchartikeln zwar regelmäßig gewürdigt, über den konkreten Umgang mit den getrockneten Pflanzenspezimina und die Entstehung der Sammlungen ist jedoch nur wenig bekannt.[84] Dabei waren die Sammlungen getrockneter Pflanzen für die Botaniker des 18. Jahrhunderts nicht nur »Arbeits- [sondern auch] Legitimationsgrundlage für [ihr] botanisches Œuvre«.[85] Um diese Legitimationsfunktion näher beleuchten zu können, werden im Folgenden die Entstehung und der Inhalt der Pflanzensammlung untersucht: Welche Pflanzen konnte Gessner beschaffen? Von wo stammten die Pflanzen im Zürcher Herbarium? Wer war an der Beschaffung der Pflanzen beteiligt? Als Quellen zur Beantwortung dieser Fragen werden im Folgenden nicht nur zeitgenössische Beschreibungen der Pflanzensammlung und Korrespondenzen herangezogen, sondern auch das von Gessner für die Naturforschende Gesellschaft zusammengestellte Herbarium.

Herbarien wurden bislang eher selten als Quellen für historische Arbeiten genutzt, obwohl die Sammlungen getrockneter Pflanzen zusammen mit den Briefen und Gärten zentraler Bestandteil botanischer Praktiken des 18. Jahrhunderts waren: Pflanzen aus den Gärten wurden in den Herbarien konserviert, Informationen über die getrockneten Pflanzen per Brief ausgetauscht und den verschickten Paketen mit Spezimina beigefügt, sodass sie der Empfänger in sein eigenes Herbarium übertragen konnte. Ein Grund für die bisher ausgebliebene geschichtswissenschaftliche Nutzung ist, dass die überlieferten Herbarien in die Pflanzensammlungen botanischer Forschungseinrichtungen überführt wurden und somit getrennt von der schriftlichen Überlieferung aufbewahrt werden.[86] Im Folgenden

84 Zum Herbarium als Instrument wissenschaftlicher Arbeit siehe beispielsweise: Mary E. Sunderland: Specimens and Collections, in: Bernard V. Lightman (Hg.): A Companion to the History of Science, New York 2016, S. 489-499, hier S. 491; Müller-Wille, »Botanik«. Auf das Fehlen einer modernen Geschichte von Herbarien verweist u.a. ders.: Linnaeus' Herbarium Cabinet. A Piece of Furniture and Its Function, in: Endeavour 30/2 (2006), S. 60-64. Einen entsprechenden Versuch unternimmt Maura C. Flannery: In the Herbarium. The Hidden World of Collecting and Preserving Plants, New Haven 2023. Die Herkunft von Herbarpflanzen wurde nur für einzelne größere Sammlungen untersucht. Neben Linnés Herbarium beispielsweise: D. Onno Wijnands: The Origins of Clifford's Herbarium, in: Botanical Journal of the Linnean Society 106/2 (1991), S. 129-146. Siehe neuerdings auch die Arbeiten von Tinde van Andel et al., z.B. Marco de Jong/Anastasia Stefanaki/Tinde van Andel: Mediterranean Specimens of the Prussian Botanist Jacob Breyne (1637-1697) in the Van Royen Herbarium, Leiden, The Netherlands, in: Botany Letters 169/2 (2022), S. 294-301.

85 Dietz, Aufklärung als Praxis, S. 246.

86 Nur wenige Arbeiten führen die Materialien wieder zusammen. Als Beispiel kann die Studie der Historikerin Francesca Bagliani und der Botanikerin Giuliana Forneris genannt werden, die Carlo Allionis Herbarium im Kontext seiner Korrespondenz beleuchtet: Bagliani,

sollen die schriftlichen Quellen mit der materiellen Überlieferung zusammengeführt werden, um die genannten Fragen nach der Herkunft der Spezimina und dem Aufbau der Sammlung zu beantworten.

Auf einigen der Herbarbögen im *Hortus Siccus* der Naturforschenden Gesellschaft ist mehr oder weniger präzise die Herkunft der Pflanzen verzeichnet. Neben allgemeineren Angaben wie »in America collecta« finden sich auch konkretere wie »aus den Bahamas«, »aus Carolina« oder »lecta in Virginia« sowie »collecta Vera Cruce«.[87] Auch Herbarseiten mit getrockneten Pflanzen aus der näheren Umgebung Zürichs enthalten Angaben über die Regionen, in denen diese aufgelesen wurden. Die handschriftlichen Notizen informieren darüber, dass die Pflanzen »ex alpibus Helveticis«, »ex alpibus variis«, oder »ex alpibus Glaronensis et Abbatis.« – also aus den Glarner und Appenzeller Alpen kamen. Am konkretesten sind die Fundortangaben bei jenen Pflanzen, die Gessner von seinen Botanikerkollegen zugeschickt bekam, mit denen er einen langjährigen Briefwechsel pflegte. Von Abraham Gagnebin erhielt er ein Exemplar des Tannenwedels, einer Wasserpflanze, die dieser am Doubs gefunden hatte (Abb. 27).[88] Albrecht von Haller und Jean-François Séguier schickten Gessner Pflanzen, die sich – beispielsweise mit Jena, Göttingen und dem Monte Baldo – Gebieten zuordnen lassen, die nur einige Quadratkilometer groß waren. Die Zusammenschau der verschiedenen Quellen, also von Herbarium und Korrespondenz, macht deutlich, dass die Angaben zur Herkunft der Pflanze konkreter waren, je näher der Fundort an Zürich lag und je enger die Beziehung zum Korrespondenten war, der die Pflanze gesammelt hatte. Denn mit seinen langjährigen Korrespondenten, wie Haller und Séguier, tauschte Gessner nicht nur unzählige getrocknete Pflanzen aus, die gelehrten Botaniker hielten sich auch gegenseitig genau über ihre Sammelpläne auf dem Laufenden.

Auch wenn Gessner mit Jean-François Séguier in Verona anders als mit seinem Berner Kollegen kein gemeinsames Publikationsprojekt verfolgte, war er stets über dessen geplante und durchgeführte Sammelreisen informiert. Mehrfach botanisierte Séguier am Monte Baldo und den Küsten um Venedig, berichtete in

Corrispondenza, S. 5-14. Siehe zudem: Alexandra Cook: Laurent Garcin, M.D.F.R.S. A Forgotten Source for N.L. Burman's Flora Indica (1768), in: Harvard Papers in Botany 21/1 (2016), S. 31-53; Lienhard, »La machine botanique«; Oskar Sebald: Alexander Wilhelm Martini (1702-1788), ein Begleiter J.G. Gmelins auf der Sibirien-Reise und sein Herbarium, in: Stuttgarter Beiträge zur Naturkunde, Serie A 368 (1983), S. 1-24; Arno Wörz: Botanik. Die Herbarien Martini und Köstlin, in: Landesmuseum Württemberg (Hg.): Die Kunstkammer der Herzöge von Württemberg. Bestand, Geschichte, Kontext, Bd. 1, Ostfildern/Stuttgart 2017, S. 237-246.

87 Hortus siccus, Bd. 1.

88 Eigentlich gelesen als »le Doux« und dies auch entsprechend bei Haller bestätigt: Hipurus, Collecta dans le Doux a Gagnebin. Gemeint ist der Fluss Doubs: Claude Rebetez: »Doubs (Fluss)«, in: Historisches Lexikon der Schweiz (HLS). Version vom 15.2.2017, https://hls-dhs-dss.ch/de/articles/007146/2017-02-15/ (abgerufen am 9.10.2023).

Abb. 27: Von Abraham Gagnebin am Doubs gesammelter Tannenwedel (*Hippuris vulgaris* L.) im Herbarium der NGZH

seinen Briefen an Gessner von seinen Plänen und versprach, einige der gefundenen Pflanzen zu schicken. Nachdem Séguier eine für den Sommer 1752 geplante Reise zum Pflanzensammeln auf den Monte Baldo aus gesundheitlichen Gründen nicht durchführen konnte, war er im darauffolgenden Jahr erfolgreicher.[89] Im Anschluss an die Reisen berichtete Séguier, was er unterwegs gesehen hatte, und schickte Listen seiner Funde nach Zürich, sodass Gessner im Herbarium konkreter vermerken konnte, wo sein Korrespondent die Spezimina gesammelt hatte.

Die getrockneten Pflanzen aus Virginia, den Carolinas und der Karibik gelangten hingegen über Vermittler in Europa in die Zürcher Sammlung. Denn mit den Sammlern amerikanischer Spezimina korrespondierte Gessner mit Ausnahme von John Bartram (1699-1777) in Pennsylvania nicht direkt.[90] Gessner musste sich nähere Informationen über die Reisen in diesen Gebieten daher vor allem aus der Literatur erschließen, die oftmals jedoch erst Jahrzehnte nach dem Sammeln der Pflanzen publiziert wurde. Diese Publikationen trugen vor allem dann zum Wissen des Zürchers über weit entfernte Weltregionen bei, wenn sie auch Angaben zu den konkreten Fundorten machten: Wuchs die Pflanze in bergigem oder sumpfigem Gebiet? Bei welchen Temperaturen gedieh sie? Darüber hinaus vermittelten vereinzelt auch Karten, wie beispielsweise jene, die in der zweiten Auflage der *Flora Virginica* von dem Teil Virginias abgedruckt war, in dem John Clayton botanisiert hatte, einen Eindruck der Region, aus der die getrockneten Pflanzenexemplare in ihren Herbarien stammten. Die Beschaffung der neuesten gedruckten Abhandlungen war für die Klassifikation der Pflanzen aus anderen Teilen der Welt deshalb unerlässlich.

Besonders nützlich – aber auch besonders teuer – waren Publikationen wie Mark Catesbys (1683-1749) *Natural History of Carolina, Florida and the Bahama Islands*, die auch Abbildungen der thematisierten Spezimina enthielten. Catesby hatte während seiner Reisen in den 1720er-Jahren die gesehenen Pflanzen skizziert und im Anschluss an die Reise Abbildungen angefertigt.[91] Vier Teile dieser umfangreichen und kostspieligen Publikation, die erstmals die Flora und Fauna Nordamerikas im Bild zeigte, besaß Gessner in seiner Bibliothek.[92] Somit konnte er nicht nur anhand

89 Brief Séguier an Gessner, Verona, 29.6.1752. ZBZ, Ms M 18.25.11; Brief Séguier an Gessner, Verona, 7.10.1753. ZBZ, Ms M 18.25.14.

90 Bartram hatte ihm, wie er Haller im April 1754 berichtete, einen Brief und »Naturalien aller Art aus Virginia« geschickt. Gessner an Haller, Zürich, 30.4.1754. BB Bern, N Albrecht von Haller 105.20.164. Zitiert nach: Boschung, Johannes Gessner, S. 108. Da der Brief jedoch nach bisherigem Kenntnisstand nicht überliefert ist, bleibt unklar, ob darunter auch Pflanzen waren, die Eingang in das Herbarium fanden.

91 Carl von Linné beschwerte sich über den hohen Preis des Werks. Er hatte nur über seine reichen Patrone wie den niederländischen VOC-Direktor George Clifford und die schwedische Königin, die sich die Bände kauften, Zugang zu Catesbys Werk: Jarvis, Influence of Mark Catesby.

92 Catalogus librorum. ZBZ, Dr O 456, S. 26.

der Beschreibungen die Region kennenlernen, in der Catesby gesammelt hatte, die bebilderten Publikationen erlaubten es dem Zürcher Pflanzenliebhaber auch, die Klassifikation der Spezimina, die der Absender vorgenommen hatte, zu überprüfen.

Von einigen Pflanzen, die an weit entfernten Orten wuchsen, konnte Gessner keine vollständigen Exemplare beschaffen. Manche Herbarbelege enthielten keine Blüten, anhand derer Gessner sie hätte klassifizieren können, sodass er sich auf das Urteil seiner Kollegen verlassen musste, die die Pflanzen in blühendem Zustand gesehen und ihm das unvollständige getrocknete Exemplar zugeschickt hatten. In einzelnen Fällen bestanden die Belege sogar nur aus einzelnen Teilen: So findet sich beispielsweise vom medizinisch und ökonomisch bedeutenden Chinarindenbaum *(Cinchona officinalis)* im Herbarium nur ein winziges Blättchen.[93] Zwar war die Rinde als Heilmittel zur Behandlung von Fieberkrankheiten bekannt und auch in der Schweiz verfügbar. An ganze Pflanzen zu kommen, war jedoch schwierig, da die spanische Krone die Ausfuhr kontrollierte. Für die auf Tafel XIII der *Tabulae phytographicae* abgebildete Cinchona nutzte Gessner daher die Abbildung in Charles Marie de La Condamines Traktat von 1738 als Vorlage, wie der Vergleich der beiden Abbildungen nahelegt.[94] Im Herbarium konnte Gessner zumindest das einzelne Blättchen einordnen. Unvollständige Spezimina von seltenen oder in entfernten Weltregionen wachsenden Pflanzen einzuordnen, dies legt die Untersuchung des Herbariums nahe, war besser, als keinen Beleg einordnen zu können. Letztlich steigerten wohl allein schon die den getrockneten Pflanzen beigefügten Herkunftsangaben den Wert des Zürcher Herbariums. Die Spezimina, die »in Virginia aufgelesen«, »in Veracruz gesammelt« oder »aus den Bahamas« und »aus Carolina« beschafft werden konnten, waren Belege für die weitreichende Vernetzung der Zürcher Pflanzenliebhaber.

In die gleiche Richtung weisen auch die Vermerke im Herbarium, die auf die Herkunft der getrockneten Pflanzenexemplare aus namhaften botanischen Gärten oder von bekannten Gärtnern verweisen. Denn nicht nur aus dem Garten der Naturforschenden Gesellschaft wurden Pflanzen – beispielsweise mehrere Veronica-Arten und Pflanzen von weit entfernten Orten, wie die *Amethystea* – abgeschnitten, getrocknet und in das eigene Herbarium überführt, sodass sie noch Jahre später als Beleg für die Erfolge bei der Beschaffung und Aufzucht seltener Pflanzen zur Verfügung standen.[95] Im Herbarium der Naturforschenden Gesellschaft Zürich finden sich auch getrocknete Pflanzen aus den botanischen Gärten

93 Siehe zur Verfügbarkeit der Chinarinde: Stefanie Gänger: A Singular Remedy. Cinchona Across the Atlantic World, 1751-1820, New York u.a. 2020. Zu Transferversuchen: Crawford, Andean Wonder Drug.

94 Das Gebiet, in dem die Pflanze wuchs (»Loxa Peruviae«), gab er präzise an. Über die Reise hatte Gessner auch im *Hamburgischen Magazin* (T. LXXIII, 1747) gelesen. Repertorium, ZBZ, Ms Z VIII 12.

95 Die Pflanzen konnten dadurch auch im Winter genauer untersucht und im Rahmen der Gesellschaftssitzungen diskutiert werden. Zudem erlaubte das Sammeln der Pflanzen aus

in Karlsruhe, Göttingen, Amsterdam und Paris. Während Gessner die Spezimina aus dem Universitätsgarten in Göttingen von Haller und über die an der *Georgia Augusta* studierenden Zürcher erhielt, beschaffte er sich jene aus dem Garten der badischen Markgrafen und dem *Hortus* in Amsterdam über seine Kontakte in Zürich und mithilfe seiner Korrespondenten: Den Amsterdamer Garten leitete Johannes Burman, mit dem Gessner seit seinem Studienaufenthalt in den Niederlanden korrespondierte, aus dem Karlsruher Garten besorgte Gessner zunächst über den Zürcher Sammler Johannes Escher im Seidenhof (1697-1734) Pflanzen, später etablierte er zum Aufbau des Gartens der Naturforschenden Gesellschaft direkte Kontakte mit den Gartendirektoren in Karlsruhe.[96]

Die Pflanzen aus dem *Jardin du Roi* wird sich Gessner wohl bereits während seines Studienaufenthalts in Paris im Herbst 1727 besorgt haben.[97] Obwohl nach seiner Ankunft Mitte August 1727 keine Pflanzendemonstrationen mehr stattfanden, besuchte er mehrfach den königlichen Garten und die Sammlungen von »fremdländischen und Medizinalpflanzen«, die nur mit der Erlaubnis des Botanikprofessors Antoine de Jussieu besichtigt werden konnten.[98] Die Gessner-Brüder erfuhren während ihres Aufenthalts in Paris von Antoine und Bernard de Jussieu nicht nur in mündlicher und schriftlicher Form »Ehren- und Freundschaftsbezeugungen«, sondern erhielten auch zahlreiche Pflanzen geschenkt.[99] Von anderen

Gärten im eigenen Herbarium den Pflanzenliebhabern, die Gewächse zu konservieren, in deren Beschaffung und Aufzucht sie so viel Mühe und Kosten investiert hatten.

96 Gessner an Haller, Zürich, 4.6.1733. BB Bern, N Albrecht von Haller 105.20.39. Zitiert nach: Boschung, Johannes Gessner, S. 61f. Er berichtet Haller davon, dass [Johann Christoph] Gasque und [Christian] Thran (1701-1778) Saatgut angeboten hatten und sie seither »freigiebig und freundschaftlich« Samen austauschten. Gessner an Haller, Zürich, 11.9.1748. BB Bern, N Albrecht von Haller 105.20.118. Zitiert nach: Boschung, Johannes Gessner, S. 96f. Das Verhältnis zum Garten in der jungen markgräflichen Residenzstadt gestaltete sich so gut, dass die Zürcher 1752 sogar ihren Gärtner nach Karlsruhe schickten, um ihn ausbilden zu lassen. Brief Gessner an Haller, 3.12.1752. BB Bern, N Albrecht von Haller 105.20.143. Zitiert nach: Boschung, Johannes Gessner, S. 102f.

97 Ein einzelner späterer Brief, der im Bestand der Zentralbibliothek Zürich überliefert ist, verweist zwar darauf, dass der Kontakt mit Bernard de Jussieu in Paris über mehrere Jahre fortdauerte. Allerdings hat der Brief vom Juli 1733 Sammlungsverkäufe zum Thema und weist nicht auf einen späteren Pflanzentransfer hin. Brief Jussieu an Gessner, Paris, 28.7.1733. ZBZ, Autogr. Ott, Jussieu.

98 Dies erfolgte am 2.10.1727 sowie am 17.9.1727 gemeinsam mit Bernard de Jussieu und einem Botaniker, der zusammen mit Johann Christian Buxbaum (1693-1730) Russland bereist hatte. Gessner, Diarium Parisiense, ZBZ, Ms Z VII 113.2. Zitiert nach: Boschung, Tagebuch, S. 212-214; S. 220. Von Jussieu hatten die Gessners zudem das königliche Herbar mit den gezeichneten und getrockneten Pflanzen gezeigt bekommen. Boschung, Tagebuch, S. 219.

99 Gessner, Diarium Parisiense, 19.12.1727. ZBZ, Ms Z VII 113.2. Zitiert nach: Boschung, Tagebuch, S. 264. Auch in Leiden hatte er Pflanzen aus dem botanischen Garten entnehmen dürfen, um sie für sein Herbarium zu trocknen. Davon berichtete Gessner, laut

Studenten erfuhr Gessner aber auch, dass aus dem *Jardin du Roi* leicht seltene Pflanzen zu erhalten waren: Ein St. Galler namens Krumm hatte sich von dort »dank der Nachsicht des Gärtners« zahlreiche rare Gewächse beschaffen können, die Gessner bei einem Besuch in dessen Pariser Unterkunft Ende August 1727 einsehen konnte.[100] Die in seinem Tagebuch beschriebenen Besuche Gessners im königlichen Garten fanden stets in Begleitung mindestens eines der Jussieu-Brüder statt. Vermutlich schenkten sie ihm die im Herbarium mit dem Vermerk »H. R. Paris« versehenen Spezimina, denn es war eine gängige Praxis von Universitätsprofessoren wie auch von kommerzielle Interessen verfolgenden Gartenbesitzern, Gästen bei der Besichtigung von Gärten Pflanzen abzuschneiden.[101] Ziel war es, die Besucher als Kunden oder Tauschpartner zu gewinnen.

Auch die zahlreichen Pflanzen, neben denen der Name des Leidener Handelsgärtners van Hazen vermerkt ist, kamen wohl auf diese Weise in Gessners Sammlung. Den Garten, den Willem van Hazen am Marendijk zusammen mit seinem Geschäftspartner H. Valkenburgh unterhielt und sehr gerne reisenden Pflanzenliebhabern zeigte, hatte Gessner vermutlich während seines Aufenthalts in Leiden selbst besucht und bei dieser Gelegenheit zumindest einzelne der mit »v. Hazen« bezeichneten Exemplare erhalten. Zudem bezog Gessner in den folgenden Jahrzehnten Pflanzen aus van Hazens Angebot an »zaadgewassen« oder »semences a fleurs«, von denen dann auch einige ihren Weg in sein Herbarium fanden.[102] Der Verweis auf van Hazen belegt nicht nur die Beziehungen zu angesehenen Handelsgärtnern, er diente auch als Erinnerung, woher Samen für das entsprechende Gewächs bezogen werden konnten. Van Hazens immer wieder aktualisierter Katalog diente Gessner zudem als Referenzwerk aller verfügbaren Pflanzen.[103] Für Gessner, der eine vollständige Sammlung aller existierenden Pflanzen anstrebte, galt es, die darin aufgelisteten Sorten zu beschaffen.

seinem Tagebuch, Stähelin in Basel in einem Brief, den er ihm nach seiner Ankunft in Paris schickte. Gessner, Diarium Parisiense, 12.9.1727. ZBZ, Ms Z VII 113.2. Zitiert nach: Boschung, Tagebuch, S. 209.

100 Gessner, Diarium Parisiense, 31.8.1727. ZBZ, Ms Z VII 113.2. Zitiert nach: Boschung, Tagebuch, S. 198.

101 Easterby-Smith, Cultivating Commerce. Bei seinem Besuch (dessen Beschreibung er Gessner widmete) erhielt der aus Holderbank stammende Herrenhauser Gärtner Jakob Friedrich Ehrhart mehrfach Spezimina »für seine Kräutersammlung« abgeschnitten. Erhart, Beiträge zur Naturkunde, Bd. 2, S. 114.

102 Brief Engel an Gessner, 6.6.1755. ZBZ, Ms M 18.28.53. Auch sein Berner Korrespondent Samuel Engel bezog Samen von van Hazen. Siehe beispielsweise die folgenden Briefe: ZBZ, Ms M 18.28.24-26; 51-53.

103 Die *NAAMLYST der ZAADGEWASSEN; te bekomen bij WILLEM VAN HAZEN, Bloemist in Leyden in Holland [...]*, ein großformatiges Faltblatt, ordnete Gessner in den Band ein, in dem er Notizen zu den *Tabulae phytographicae* zusammenfügte. ZBZ, Ms Z VIII 4. Van Hazens Katalog von 1754 gilt als ältester überlieferter eines Leidener Pflanzenzüchters. Kuijlen et al., Paradisus Batavus, S. 59-61; S. 187.

Besonders zahlreich waren die zur vierzehnten, neunzehnten und fünften linné'schen Klasse gehörenden Pflanzen: Die *Didynamiae* (XIV. Klasse), füllten drei, die *Syngenesiae* (XIX. Klasse) vier Herbarbände.[104] Am meisten getrocknete Pflanzen konnte Gessner jedoch aus der Klasse der *Pentandria* (V. Klasse) sammeln: Fünf Bände umfasste die Sammlung der Pflanzen mit fünf gleich langen Staubfäden, darunter zahlreiche verschiedene Arten von Hartriegeln *(Cornus)*, Winden *(Convolvulus)* und Glockenblumen *(Campanula)*. Da sich Linnés Klassifikationsmethode allein für das Aussehen der fruchtbildenden Organe interessierte, finden sich darunter Pflanzen, die ganz unterschiedlich genutzt wurden: solche, die als Zierpflanzen interessant waren, wie auch solche, die wegen ihres medizinischen Nutzens erforscht wurden.

Immer wieder finden sich im Herbarium leere Seiten, auf denen lediglich die binären Namen notiert waren. So besorgte Gessner zum Beispiel aus der Gattung der Brandkräuter *(Phlomis)* einzelne Arten, die von weit her kamen, wie das aus der Kapflora stammende Afrikanische Löwenohr (*Phlomis leonorus*, heute *Leonotis leonorus*), das er – wie unter dem Spezimen vermerkt ist – aus dem Herbarium des Neuenburger Arztes Laurent Garcin erworben hatte (Abb. 28). Von anderen Arten, wie der *Phlomis zeylanica* und der *Phlomis indica*, wusste Gessner offenbar jedoch lediglich, dass diese existierten und von anderen beschrieben worden waren, wie die angelegten, aber leer gebliebenen Seiten schließen lassen (Abb. 29).[105]

Die *Phlomis indica* hatte Linné 1753 in seinen *Species Plantarum* beschrieben, zur *Phlomis zeylanica* dürfte Gessner in der *Flora Zeylanica* Näheres erfahren, die Linné 1747 auf Basis der von Paul Hermann während seines Aufenthalts als Arzt für die niederländische Ostindien-Kompanie (VOC) auf Sri Lanka gemachten Funde veröffentlichte.[106] Auch in Leonard Plukenets Ende des 17. Jahrhunderts erschienenem Werk *Almagestum botanicum* – darauf wies Linné in den *Species Plantarum* hin – ließen sich Angaben zur dieser Art finden.[107] Aus den gedruckten Texten eignete sich Gessner das Wissen über diese Arten an und versuchte, Exemplare für sein Herbarium zu beschaffen.

In der Hoffnung, dass ihm dies zu einem späteren Zeitpunkt gelingen würde, hielt er dafür die entsprechenden Seiten frei. Dies war eine Technik, die die

104 Andreae, Briefe aus der Schweiz, S. 64.

105 Hortus siccus, Bd. 18.

106 *Phlomis indica*: Linné, Species Plantarum (1753), S. 586. *Phlomis zeylanica*: ders., Species Plantarum ([2]1762), Bd. 2, S. 820.

107 In der zweiten Edition der *Species Plantarum* (S. 820) verweist Linné auf seine *Flora zeylanica*, S. 227 und Plukenets *Almagestum botanicum*. Diese besorgte sich Gessner ebenso für seine Bibliothek wie die Publikationen der Amsterdamer Botaniker Johannes und Nicolaas Laurens Burman, die die Art ebenfalls thematisierten. Die Zürcher hatten sich zumindest Samen der *Phlomis Zeylanica* besorgen können: Im Februar 1781 schickte van Royen aus Leiden einige davon für den Garten der Naturforschenden Gesellschaft. StAZH, B IX 256. Van Royen b.H.T. Accipit ab Illum, 4.

Abb. 28: *Phlomis leonorus* L. im Herbarium der NGZH

Abb. 29: Leer gelassene Seite für *Phlomis zeylanica* L. im Herbarium der NGZH

Besucher der Zürcher Pflanzensammlung für bemerkenswert hielten. So beschrieb der Hannoveraner Apotheker Andreae seinem Publikum Gessners Umgang mit den fehlenden Spezimina im Detail: »Wo in einem Geschlechte etwa eine oder die andere Pflanze gefehlet hat, da hat Herr G. in der gehörigen Ordnung Blätter ledig gelassen, um sie noch künftig dazwischen fügen zu können.«[108] Die Information war für all jene wertvoll, die wie Gessner die neuesten, nach Linnés Systematik organisierten Publikationen rezipierten und diese als Maßstab für ihre eigenen Sammelprojekte anlegten. Das 1753 erstmals erschienene und 1762 bereits in zweiter Auflage publizierte Werk *Species Plantarum* und die kleineren Florenwerke dienten ihnen als Kataloge aller bekannten – und damit potenziell zu beschaffenden – Pflanzen. Die Ziele beim Sammeln wurden somit entscheidend von den Publikationen beeinflusst, die sich Pflanzenliebhaber beschaffen konnten. Sowohl die Art und Weise des Sammelns als auch das Interesse an der Flora bestimmter Regionen hingen – das hat die Untersuchung des Aufbaus des Zürcher Herbariums gezeigt – von der Einbindung in die botanischen Netzwerke ab.

Einzelne Personen prägten dabei die Ausgestaltung und den Inhalt der Pflanzensammlung besonders stark. Bereits sehr früh hatte sich Gessner entschieden, sein Herbarium nach Linnés Methode anzulegen und die Pflanzen nach ihren Fruchtbildungsorganen in die 24 unterschiedlichen Klassen einzuteilen, auch wenn sich die Ordnung seiner Sammlung dadurch von der seiner Zürcher Lehrer unterschied. Von seinem Leidener Korrespondenten Jan Frederik Gronovius hatte er gleich im Mai 1736 die erste, 1735 erschienene Ausgabe von Linnés Schrift *Systema naturae* zugeschickt bekommen, in der das Klassifikationssystem erstmals vorgestellt wurde. Gronovius hatte den Druck des Werks finanziert und bemühte sich in der Folge auch um dessen Verbreitung.[109] Der Einfluss des zwei Jahrzehnte älteren, gut vernetzten Niederländers auf Gessners botanische Arbeit war enorm.

Schon während seines Aufenthalts in Leiden hatte Gessner von Gronovius zahlreiche Pflanzen erhalten.[110] In den folgenden Jahrzehnten vergrößerten die getrockneten Spezimina, die der Niederländer nach Zürich schickte, das Herbarium weiter: So fand beispielsweise das Exemplar der *Boerhavia erecta* wohl über Gronovius seinen Weg in Gesners Herbarium. Gesammelt hatte die Pflanze – so ist es auf dem Blatt vermerkt – »D. Houston in Veracruz«.[111] Der schottische Chirurg und Mediziner William Houston (1695?-1733) studierte ebenfalls in Leiden, immatrikulierte sich allerdings erst einige Monate nach Gessner, sodass

108 Andreae, Briefe aus der Schweiz, S. 64.

109 Brief Gessner an Haller, Zürich, 15.5.1736. BB Bern, N Albrecht von Haller 105.20.72. Zitiert nach: Boschung, Johannes Gessner, S. 71 f.

110 Brief Gessner an Scheuchzer, Leiden, 31.7.1727. ZBZ, Ms H 337, S. 325-328. Zitiert nach: Boschung 1994, S. 71.

111 Hortus siccus, Bd. 1. Siehe hierzu auch: Meike Knittel/Reto Nyffeler: Der Hortus siccus Societatis physicae Tigurinae, in: Vierteljahrsschrift der Naturforschenden Gesellschaft in Zürich 166:2 (2021), S. 12-15, hier S. 15.

sich die beiden in der holländischen Stadt wohl nicht persönlich begegneten.[112] Nachdem Houston sein Studium 1729 mit der Doktorprüfung abgeschlossen hatte, bereiste er als Chirurg im Dienst der *South Sea Company* die Amerikas. Auf dieser Reise, von der er 1731 nach London zurückkehrte, muss Houston auch die *Boerhavia erecta* gesammelt haben. Am 3. Dezember 1731 berichtete Gronovius in seinem Brief an Gessner jedenfalls, dass er gestern einen Brief von Houston aus England bekommen habe, der gerade aus Amerika zurückgekehrt sei. Er berichtete Gessner von Houstons Bemühungen und den Schwierigkeiten, mit denen dieser zu kämpfen gehabt hatte: Einmal war er von Piraten gefangen genommen worden, zweimal hatte er Schiffbruch erlitten – und so hatte er nur wenige Pflanzen mit nach England bringen können. Von diesen jedoch erwartete Gronovius eine Liste und auch einige getrocknete Exemplare, von denen er wohl einzelne, wie die *Boerhavia erecta*, Gessner zukommen ließ.

Auch die zahlreichen in Virginia gesammelten Pflanzen im Herbarium gelangten über Gronovius nach Zürich. Gesammelt hatte sie wohl alle John Clayton, der dort viele Jahre botanisierte.[113] Gronovius erhielt etliche der von Clayton gesammelten Pflanzen und veröffentlichte diese – ohne dessen Wissen – in seiner *Flora Virginica* (1739-1743). Gessner hatte er in seinen Briefen zuvor von dem reichhaltigen Material erzählt, dass ihm »sein Freund Clayton, ein Kaufmann und Botaniker in Virginia«, geschickt hatte. Gronovius berichtet davon, dass er diese geordnet hatte und das Werk zu veröffentlichen plane, wenn Clayton einverstanden sei.[114] Zudem schickte Gronovius dem Zürcher auch einige virginische Pflanzen. Neben einem getrockneten Exemplar aus der Gattung *Monarda* ist auf dem Herbarbogen sogar ausdrücklich vermerkt, dass Clayton dieses an Gronovius geschickt hatte.[115] Die Verweise auf die Herkunft der Pflanzen im Herbarium und auch die wenigen erhaltenen Briefe zeigen den Leidener Botaniker als bedeutenden Vermittler getrockneter Spezimina aus entfernten Regionen der Welt. So war es für Gessner nur folgerichtig, auch theoretisch die gleiche Richtung einzuschlagen und seine Pflanzen nach dem neuen System zu ordnen, dessen Publikation Gronovius finanziell unterstützt hatte.

112 Auch ihr gemeinsamer Korrespondent Gronovius war sich unsicher, ob sich die beiden persönlich getroffen hatten: Brief Gronovius an Gessner, Leiden, 20.2.1734. ZBZ, Autogr. Ott, Gronovius.

113 Zu Clayton siehe: Edmund Berkeley/Dorothy Smith Berkeley: John Clayton. Pioneer of American Botany, Chapel Hill 1963.

114 Brief Gronovius an Gessner, 12.4.1738, ZBZ, Ms M 18.18.4.

115 Hortus siccus, Bd. 1. Für die *Monarda* interessierte sich einige Jahre später auch Gessners Korrespondent Samuel Engel, der versuchte, Informationen über eine Sorte mit purpurfarbener Blüte zu finden. Doch die drei Arten, die Clayton in Virginia gesammelt hat, stimmten nicht mit der von ihm gesuchten überein, schrieb Engel an Gessner. Brief Engel an Gessner, Aarberg, 21.5.1753, ZBZ, Ms M 18.28.5.

Im letzten Band des Herbariums fasste Gessner Pflanzen zusammen, bei denen es ihm nicht gelungen war, sie einer von Linnés Klassen zuzuordnen. Darunter befinden sich auffällig viele mit der Bemerkung »(ex) HB Garcin« versehene Bögen mit getrockneten Spezimina.[116] Während Gessner einige der von Laurent Garcin gesammelten Pflanzen, wie zum Beispiel eine Art aus der Gattung der Schwertlilien oder das Afrikanische Löwenohr *(Phlomis leonurus)*, ihrer jeweiligen Klasse zu- und damit in den richtigen Band einordnen konnte, gelang ihm die Klassifikation bei anderen aus der Sammlung des Neuenburger Arztes erworbenen Pflanzen nicht, und so fasste er sie im letzten Band unter dem Titel »*Plantae vagae*« zusammen.[117]

Die getrockneten Pflanzen, die Gessner durch den Kauf des Herbariums von Laurent Garcin erhalten hatte, machen einen wichtigen Anteil an der Zürcher Sammlung aus.[118] Garcin hatte auf seinen Reisen, die er in den 1720er-Jahren als Chirurg in holländischen Diensten unternahm, die Pflanzenwelt Arabiens und Persiens, Südafrikas und Ostindiens erforscht.[119] Unterwegs hatte er viele Pflanzen mit eigenen Augen gesehen, wie er seinem Korrespondenten Abraham Gagnebin noch Jahre später stolz erzählte, als er die Pflanzenabbildungen in Maria Sibylla Merians Insektenwerk lobte: Die Pflanzen seien gut dargestellt, das könne er bestätigen, da er sie in Ostindien selbst gesehen habe.[120] Durch seine auf den Reisen erworbenen Pflanzenkenntnisse konnte Garcin auch Fehler in den Arbeiten anderer Botanikern entdecken, welche diese Pflanzen nur aus Büchern kannten.[121] Garcin untersuchte die Flora der fernen Weltgegenden jedoch nicht nur vor Ort,

116 Hortus siccus, Bd. 36.

117 Ebd. Für mit konkreten Arten identifizierte Spezimina siehe bspw. Hortus siccus, Bd. 2.

118 Auch Teile seiner übrigen naturkundlichen Sammlungen – er besaß auch umfangreiche Kollektionen von Amphibien, Vögeln, Fischen, Schmetterlingen und Muscheln – hatte Gessner als Ganzes von anderen Sammlern erworben. Dezallier d'Argenville informiert seine Leserschaft, dass die Kabinette von »Meicherianus [und] Hessianus« nun in Gessners Händen seien: Dezallier d'Argenville, Histoire naturelle, S. 220.

119 Zu Garcin siehe: »Garcin«, in: F.A.M. Jeanneret/J.H. Bonhôte (Hg.): Biographie Neuchâteloise, Bd. 1, Le Locle 1863, S. 373-379; Marcel S. Jacquat: »Laurent Garcin«, in: Michel Schlup/Patrice Allanfranchini (Hg.): Biographies neuchâteloises, Bd. 1, Hauterive 1996, S. 103-109. Zu seinem Beitrag zu Nicolaas Laurens Burmans *Flora Indica*: Cook, Laurent Garcin. Garcin gehörte zu den vielen nicht-niederländischen Chirurgen im Dienst der VOC, deren Anteil von 10% zwischen 1700 und 1725 auf 23,5% zwischen 1726 und 1750 anstieg. Bruijn, Ship's Surgeons, S. 140.

120 Brief Garcin an Gagnebin, 6.5.1745. Familienfonds Garcin. Zitiert nach: Jacquat, Garcin, S. 104. Merian selbst hatte zwar Surinam bereist, die ostindischen Pflanzen kannte sie jedoch v.a. getrocknet und von Abbildungen, die sie in Amsterdam zu sehen bekam, wie sie im Vorwort ihres Werks schreibt: Maria Sibylla Merian: Metamorphosis insectorum Surinamensium, Amsterdam 1705, [o S.].

121 In einem Brief an Gagnebin kritisierte er beispielsweise Albrecht von Haller dafür, dass dieser in seiner *Enumeratio* eine auch in der Schweiz zu findende *Coronilla*-Art mit der *Polygala valentina* aus Clusius *Historia* gleichsetzte, obwohl diese sich »nicht nur in ihrer Größe und Konsistenz, sondern auch in ihrer Gestalt, der Struktur ihrer Teile und

sondern brachte von seinen Reisen auch zahlreiche Pflanzen aus Arabien, vom Kap der Guten Hoffnung, aus Indien, Java, Sumatra und Ceylon mit. Nach der Rückkehr von seiner letzten Reise zeigte er die auf Papier befestigten Pflanzen Besuchern in seinem Haus in Neuchâtel, wo er sich 1732 niedergelassen hatte.[122]

Zudem teilte Garcin seine Funde mit anderen Botanikern. Eine umfangreiche Sammlung der in Asien gesammelten Pflanzen schickte er an Johannes Burman:[123] Einige davon waren in dessen *Thesaurus Zeylanicus* zu finden: Beeindruckt erzählte Gessners Korrespondent Abraham Gagnebin von einem Hufeisenklee (»Hippocrepis ou Ferrum equinum«) aus Persien, den er in Garcins Herbarium gesehen hatte, und schwärmte von einer Süßklee-Art, die er dort mit eigenen Augen bestaunen konnte: Das Exemplar des »Hedysarum trifoliatum frutescens, flore ac fructu inter duo foliola rotunda absconditis« in Garcins Sammlung sei von ebenjener Art, die in Johannes Burmans *Thesaurus Zeylanicus* abgebildet war.[124] Im Vorwort des 1737 veröffentlichten Werks, in dem er alle auf Ceylon wachsenden Pflanzen auflistete, von denen er Exemplare erhalten hatte und die er aus Büchern kannte, erwähnte Burman Laurent Garcin zwar nicht als Quelle für getrocknete Pflanzen von der ostindischen Insel, verwies jedoch auf Garcins Beiträge in den *Philosophical Transactions* der Royal Society in London.[125] In jedem Fall verwendete jedoch sein Sohn, Nicolaas Laurens Burman, später knapp einhundert Pflanzen, die Garcin in Persien und Indien, auf Ceylon und Java gesammelt hatte, für seine 1768 veröffentlichte *Flora Indica.*[126] Auch Gessner war an Garcins Pflanzen interessiert und ihr gemeinsamer Korrespondent Abraham Gagnebin versprach Ende der 1740er-Jahre, Garcin zu überzeugen, Gessner einige Pflanzen aus seiner Sammlung zu schicken.

Die zahlreichen Pflanzen aus Garcins Herbarium, die Gessner seiner Sammlung hinzufügte, erwarb er jedoch erst nach dessen Tod mit der Hilfe seines Berner Korrespondenten Samuel Engel von der Witwe des Neuenburger Arztes. Bevor Gessner die getrockneten Pflanzen in Zürich selbst in Augenschein nehmen

vor allem anhand der Früchte« deutlich unterschied. Brief Garcin an Gagnebin, [Neuchâtel], 13.6.1743. Familienfonds Garcin. Zitiert nach: Jacquat, Garcin, S. 104.

122 In das Fürstentum Neuenburg, wo Garcin in den folgenden Jahrzehnten als Arzt praktizierte, war seine Familie in Folge der Widerrufung des Edikts von Nantes gekommen, und bereits sein Vater Jean war dort als Arzt tätig gewesen. Jacquat, Garcin.

123 Cook, Laurent Garcin, S. 34.

124 Brief Gagnebin an Gessner, La Ferrière, 27.8.1749. ZBZ, Autogr. Ott, Gagnebin.

125 Johannes Burman, Thesaurus zeylanicus, exhibens plantas in insula Zeylana nascentes, Amsterdam, 1737. Dabei handelt es sich um die folgenden beiden Publikationen: II. Memoirs communicated by Mons. Garcin to Mons. St. Hyacinthe, F.R.S. […], in: Philosophical Transactions 36 (1730), S. 377-394; The Settling of a new Genus of Plants, called after the Malayans, MANGOSTANS; By Laurentius Garcin, M.D. and F.R.S., in: Philosophical Transactions 38 (1733), S. 232-242.

126 Dies hat Alexandra Cook im Detail herausgearbeitet: Cook, Laurent Garcin, bes. S. 42-52. Nicolaas Laurens Burman: Flora Indica: cui accedit series zoophytorum Indicorum, nec non prodromus florae Capensis, Amsterdam 1768.

konnte, musste zunächst der zu zahlende Preis ausgehandelt werden. Was in einer solchen Situation als angemessener Preis galt, hing von zahlreichen Faktoren ab.[127] Auch wenn Verkäufe naturkundlicher Sammlungen in der Frühen Neuzeit bislang nicht systematisch untersucht wurden, lassen sich aufgrund ähnlicher Fälle typische Elemente der Preisbildung für Verkäufe nach dem Tod des Sammlers skizzieren.[128] Zunächst äußerten die Erben eine – zumeist eher hoch angesetzte – Preisvorstellung, die eher den finanziellen Bedarf des Haushalts als einen konkreten materiellen Wert der Sammlung widerspiegelte: So mussten Schulden beglichen oder Publikationsprojekte zu Ende geführt sowie Ausbildungen und Vermählungen von Kindern finanziert werden.[129] Des Weiteren hing der Preis der Sammlung von der Zahlungsbereitschaft der potenziellen Käufer ab. Diese bemühten sich, Informationen über die enthaltenen Objekte, deren Zustand und Präsentation, sowie über die verwendeten Materialien, wie beispielsweise das Papier oder den Einband der Bücher, zu beschaffen.[130] Sie versuchten darüber hinaus zu bestimmen, welchen Nutzen sie aus dem Erwerb der Sammlung ziehen könnten. Im Fall von Garcins Herbarium bedeutete dies zu fragen: Würden der eigenen Sammlung durch den Erwerb des Herbariums neue Pflanzen hinzugefügt? Handelte es sich dabei um seltene Pflanzen, die nur wenige andere Personen besaßen? Ließ der Zustand der getrockneten Spezimina es zu, diese eindeutig zu identifizieren und in die eigene Sammlung einzuordnen? Machten Pflanzen – beispielsweise durch die Form und Farbe der Blüten – auch visuell Eindruck? Waren sie

127 Auch in der Annonce, die der Glarner Johann Peter Tschudi Anfang der 1730er-Jahre drucken ließ, da er seine Sammlungen (darunter ein sechsbändiges Herbarium mit »helvetischen« und »exotischen« Pflanzen), die er »summo cum Studio Industriaque« zusammengetragen hatte, war keine konkrete Summe genannt. Stattdessen hieß es in dem auf Deutsch veröffentlichten Anzeigentext, der bis nach Frankreich verbreitet wurde, dass Tschudi seine Sammlungen zu »justo pretio« abgeben wolle. Beilage zu Brief Jussieu an Gessner, Paris, 28.7.1733. ZBZ, Autogr. Ott, Jussieu.

128 Für eine Übersicht und mehrere Fallstudien zum 19. und 20. Jahrhundert siehe: Nils Güttler/Ina Heumann (Hg.): Sammlungsökonomien, Berlin 2016. Als Vergleichsfall kann der Verkauf der Sammlungen des Basler Naturforschers Benedikt Stähelin dienen: Als Stähelins Sammlungen nach dessen Tod verkauft wurden, zahlte der Nürnberger Arzt und Naturforscher Christoph Jakob Trew 150 Gulden für gemalte Abbildungen der »Funges oder Schwämme« und 130 Gulden für handschriftliche Notizen und Abbildungen zur Entwicklung des Vogeleis. Dazu kamen die Kosten für den Versand der Sammlung. Der Vermittler des Verkaufs, ein Pedell der Universität Basel namens Rosenburg, erhielt Kaffee und Zucker. Häner, Dinge sammeln, S. 74f.

129 Siehe zur Arbeitsökonomie des Kaufes: Kühn, Wissen, Arbeit, Freundschaft.

130 Gessner berichtete Albrecht von Haller von dem zum Verkauf angebotenen Herbarium Johann Jakob Scheuchzers unter anderem von der hervorragenden Papierqualität und der Art der Fixierung der getrockneten Pflanzen. Brief Gessner an Haller, Zürich, 12.9.1735. BB Bern, N Albrecht von Haller 105.20.66. Zitiert nach: Boschung, Johannes Gessner, S. 70.

klassifiziert und enthielten die Herbarbögen auch schriftliche Informationen?[131] Zur Abklärung dieser Fragen mussten Naturforscher meist auf die Einschätzungen von Personen vor Ort vertrauen.[132]

Die sozialen Beziehungen zwischen Verkäufer und Käufer sowie den Personen, die den Verkauf vermittelten, spielten somit beim Aushandeln des Verkaufs eine entscheidende Rolle. Gessners Berner Korrespondent Samuel Engel hoffte, dass das enge Verhältnis seines Neuenburger Kontakts Ostervald zu Garcins Witwe es ermöglichen würde, einen günstigen Preis auszuhandeln.[133] Als Engel erfuhr, dass auch Abraham Gagnebin sich gegenüber Garcins Witwe wegen Gessners Interesse an der Sammlung geäußert und ihr sogar mitgeteilt hatte, dass Gessner bereit sei, den geforderten Preis von 15 *Ecus neufs* zu zahlen, war Engel verärgert.[134] Seine persönlichen Beziehungen hätten ihm ermöglicht, schrieb er seinem Zürcher Korrespondenten, einen günstigeren Preis auszuhandeln. Nun werde Gessner zwar auf jeden Fall den Vorzug vor anderen Interessenten erhalten, müsse aber den vollen Preis zahlen.[135] Das unkoordinierte Handeln hatte, so scheint es, dazu geführt, dass

131 Interesse am Erwerb von Nachlässen zeigten zudem typischerweise Verleger, die hofften, mit der Publikation bereits existierender Texte und vor allem von Abbildungen Gewinn machen zu können. Abhängig davon, ob die Familienmitglieder dazu in der Lage waren, wurden Publikationsprojekte auch weiterverfolgt. Siehe dazu das Kapitel »Pflanzen abbilden« in dieser Arbeit sowie: Cooper, Picturing Nature.

132 So versuchte beispielsweise Bernard de Jussieu Gessner als Informanten vor Ort zu gewinnen, nachdem der französische Botschafter bei der Eidgenossenschaft, Jean-Louis d'Usson, Marquis de Bonnac (1672-1738), potenzielle Interessenten in Paris innerhalb von knapp vier Wochen über den Tod Scheuchzers und den anstehenden Verkauf seiner Sammlungen informiert hatte. Brief Jussieu an Gessner, Paris, 28.7.1733. ZBZ, Autogr. Ott, Jussieu.

133 Engel nennt keinen Vornamen. Vermutlich handelt es sich jedoch um das Neuenburger Ratsmitglied und späteren Mitbegründer der *Société typographique* Frédéric-Samuel Ostervald (1713-1795), der auch eigene Landesbeschreibungen verfasste. Siehe zu diesem: Jacques Rychner/Michel Schlup: Frédéric Samuel Ostervald. Homme politique et éditeur, in: Schlup/Allanfranchini, Biographies neuchâteloises, S. 197-202.

134 Brief Engel an Gessner, Aarberg, 30.3.1753. ZBZ, Ms M 18.28.2. Für Scheuchzers Herbarium, das über 3000 Pflanzen umfasste, »die auf sauberstem holländischem Papier mit Papierstreifen aufgeklebt« waren, verlangten die Erben 1734 24 Louis d'or. Direkte Erkundigungen Gessners bei den Erben ergaben, dass die Pflanzensammlung 50 Thaler kosten solle. Brief Gessner an Haller, Zürich, 12.9.1735. BB Bern, N Albrecht von Haller 105.20.66. Zitiert nach: Boschung, Johannes Gessner, S. 70; Brief Gessner an Haller, Zürich, 1.5.1734. BB Bern, N Albrecht von Haller 105.20.49. Zitiert nach: Boschung, Johannes Gessner, S. 69. Gessner erfuhr, dass Stähelins Herbarium für 115 Gulden an Trew ging und die Naturforschende Gesellschaft, die 120 Gulden geboten hatte, leer ausging. Brief Gessner an Haller, Zürich, 29.1.1751. BB Bern, N Albrecht von Haller 105.20.131. Zitiert nach: Boschung, Johannes Gessner, S. 99.

135 Letztlich ist auf Basis von Engels Briefen allein nicht eindeutig zu klären, was sich zugetragen hat. Hatte Gessner Gagnebin beauftragt, seine Zahlungsbereitschaft zu signalisieren? Vertrat einer der Vermittler (Gagnebin oder Ostervald) vielleicht vielmehr das Interesse der Witwe, der an einem schnellen Verkauf zu einem hohen Preis gelegen war?

Gessner beim Kauf des Herbariums gewissermaßen zu seinem eigenen Konkurrenten geworden war und dadurch den zu zahlenden Preis in die Höhe getrieben hatte.

Die Enttäuschung darüber, dass er seinem Zürcher Korrespondenten keinen Gefallen hatte erweisen können und ein anderer Botaniker sich im Verkauf als Gessners Vertreter präsentiert hatte, brachte Engel in den folgenden Wochen immer wieder zum Ausdruck. Als die Sammlung bei ihm in Aarberg ankam und er sie begutachten konnte, bevor er sie nach Zürich weiterschickte, äußerte er sich sehr kritisch über den bezahlten Preis: Dieser sei seiner Meinung nach nicht angemessen gewesen, da die Pflanzen »durch das Hin- und Herschütteln in nicht gar gutem Zustand« seien.[136] Einerseits bereitete Engel Gessner damit auf das zu Erwartende vor, denn immerhin gelangte die Sammlung ja über seine Kontaktperson und ihn in die Hände des Zürchers: Es war Ostervald, der den Verkauf mit der Witwe Garcins abgewickelt hatte, und sowohl der Informationsaustausch als auch der Versand der Spezimina liefen allein über Engel. Andererseits erinnerte der Berner Landvogt mit seiner kritischen Bemerkung über den Zustand der Sammlung und den nicht gerechtfertigten Preis Gessner auch daran, dass nicht er das Verhandlungsergebnis zu verantworten habe.

Als Gessner die neu erworbenen Pflanzen wenige Tage später in Zürich auspackte, war er jedoch zufrieden mit seinem Kauf. Erfreut berichtete er Engel, dass die Sammlung nicht nur sehr umfangreich sei, sondern unter den »gedörrten Pflanzen« von Garcin auch sehr seltene Arten waren.[137] Eine umfangreiche Sammlung mit Pflanzen, die nur wenige andere besaßen, das wusste Gessner, machte bei den Pflanzenliebhabern Eindruck und würde seinen Ruf als Botaniker verbessern. Deshalb zeigte er sein Herbarium auch gerne seinen Besuchern und schenkte diesen großzügig einzelne, vermutlich mehrfach vorhandene, der neu erworbenen Exemplare.[138] Die Besucher, wie der Basler Botaniker Jakob Christoph Ramspeck, berichteten in der Folge von der eindrucksvollen Sammlung, den Spezimina aus weit entfernten Regionen und der Großzügigkeit des Sammlers und trugen damit entscheidend zu Gessners Ruf als Botaniker in der Gelehrtenwelt bei. Menge und Seltenheit der Pflanzen in seinem Herbarium, waren – dies belegen Gessners Äußerungen nach dem Auspacken der Spezimina aus Garcins Sammlung sowie die Bemerkungen der Besucher sehr deutlich – auch für einen »wissenschaftlichen« Botaniker von Bedeutung. Garcins Pflanzen erfüllten diese beiden Kriterien und der Kauf der Sammlung war für Gessner somit ein Gewinn.

Im Laufe der Zeit zeigt sich Engel mehr und mehr enttäuscht von Ostervald (z.B. Brief Engel an Gessner, Aarberg, 22.9.1753. ZBZ, Ms M 18.28.15). Zumindest aber belegt das eilige Handeln der beteiligten Akteure, dass Gessner die Sammlung unbedingt besitzen wollte.

136 Brief Engel an Gessner, Aarberg, 21.4.1753. ZBZ, Ms M 18.28.3.

137 Engel zeigte sich angesichts dieser Rückmeldung Gessners sehr erfreut. Brief Engel an Gessner, Aarberg, 21.5.1753. ZBZ, Ms M 18.28.5.

138 Ramspeck an Haller, Basel, 8.1.1754. BB Bern, N Albrecht von Haller 105.49.30. Zitiert nach: Boschung, Johannes Gessner, S. 105.

Problematisch war jedoch, dass die Pflanzensammlung ohne schriftliche Erläuterungen geliefert wurde. Gleich nach Erhalt der Herbarpflanzen im Mai 1753 bat Gessner Engel deshalb darum, ein Verzeichnis der enthaltenen Pflanzen nachzuliefern.[139] In den folgenden Wochen bemühte sich Engel intensiv darum, schriftliche Informationen zu den getrockneten Pflanzen zu beschaffen. Immer wieder versicherte er, dass er Ostervald deswegen geschrieben habe.[140] Bis auf Weiteres musste er Gessner jedoch mit Ostervalds Hinweis auf publizierte Werke vertrösten. Da Garcin sämtliche Dubletten gleich nach seiner Rückkehr nach Europa Leidener Botanikern überlassen habe, sei es möglich, dass diese Informationen zu den Pflanzen publiziert hätten. Gessner solle beispielsweise in Rumphius' *Herbarium Amboinensis* nachsehen, ob er dort Informationen über die in der Sammlung enthaltenen Pflanzen finde.[141] Für Gessner minderte die fehlende Beschriftung der Herbarbögen den Wert der Pflanzensammlung erheblich, da vor der Benutzung weitere Investitionen notwendig waren.

Um die zahlreichen und seltenen Pflanzen auch wissenschaftlich nutzbar zu machen, bedurfte es aufwendiger Vergleiche mit der Literatur. Es handelte sich um eine Aufgabe, die viel Zeit brauchte und für deren Erledigung die Beschaffung sämtlicher Publikationen zu den Floren der von Garcin bereisten Weltgegenden unerlässlich war.[142] Bei zahlreichen Pflanzen gelang Gessner mit der Zeit die Einordnung in sein Herbarium. Hilfreich waren dabei sicher nicht nur die Veröffentlichungen seines Amsterdamer Korrespondenten Johannes Burman und die 1768 von dessen Sohn Nicolaas Laurens publizierte *Flora Indica*, die auch Informationen zu am Kap der Guten Hoffnung wachsenden Pflanzen beinhaltet, sondern auch Arbeiten wie die des schwedischen Naturforschers Peter Jonas Bergius (1730-1790). In seinen 1767 in Stockholm veröffentlichten *Descriptiones plantarum ex capite Bonae Spei*, die Gessner für seine Bibliothek anschaffte, beschrieb Bergius die südafrikanischen Pflanzen nicht nur, sondern lieferte auch eigene Kupferstiche von Pflanzen der Kapflora.[143] Gessner musste sich entsprechende Publikationen in

139 Brief Engel an Gessner, Aarberg, 7.5.1753. ZBZ, Ms M 18.28.4.

140 Brief Engel an Gessner, Aarberg, 7.5.1753. ZBZ, Ms M 18.28.4; Brief Engel an Gessner, Aarberg, 21.5.1753. ZBZ, Ms M 18.28.5.

141 Das *Herbarium Amboinense* hatte Gessners Amsterdamer Korrespondent Johannes Burman 1741 veröffentlicht. Brief Engel an Gessner, Aarberg, 21.5.1753. ZBZ, Ms M 18.28.5. Engel bzw. Ostervald zufolge hat Garcin die Dubletten [Pieter van] Musschenbroek (1692-1761) überlassen. Gagnebin hatte Gessner 1749 geschrieben, dass Garcin die Pflanzen an Burman gegeben hatte. Brief Gagnebin an Gessner, La Ferrière, 27.8.1749. ZBZ, Autogr. Ott, Gagnebin.

142 Jakob Christoph Ramspeck, der die von Garcin gesammelten Pflanzen während seines Besuchs bei Gessner gesehen hatte, traute diese Aufgabe niemand anderem zu als seinem Lehrer Albrecht von Haller, wie er diesem schrieb. Brief Ramspeck an Haller, Basel, 8.1.1754. BB Bern, N Albrecht von Haller 105.49.30. Zitiert nach Boschung, Johannes Gessner, S. 105.

143 Peter Jonas Bergius: Descriptiones plantarum ex capite Bonae Spei: cum differentiis specificis, nominibus trivialibus, et synonymis auctorum justis: secundum systema sexuale / ex

den folgenden Jahrzehnten über Buchhändler und mithilfe seiner Korrespondenten beschaffen, wobei gerade die Werke mit Abbildungen sehr kostspielig waren.

Zunächst versuchte Gessner deshalb intensiv, über Engel schriftliche Informationen zu Garcins Sammlung von dessen Erben zu erhalten. Engel musste Gessner jedoch im Sommer 1753 immer wieder mitteilen, dass er trotz wiederholter Nachfragen noch nichts von Ostervald gehört habe.[144] Stattdessen schickte er Gessner in der Zwischenzeit »von seinen besten« Pflanzen, wie er versicherte, darunter empfindliche, auf seinem Landgut gezogene Mimosengewächse und erst am Vortag aus dem Karlsruher Garten erhaltene Sukkulenten.[145] Auch das Angebot, das Engel in dieser Zeit machte, nämlich Gessner auch die Sammlung schweizerischer und europäischer Pflanzen aus Garcins Nachlass zu überlassen, die er eigentlich für sich selbst erworben hatte, ist als Versuch zu verstehen, Gessner zu besänftigen.[146] Er bot an, dass er die zwei großen Foliobände mit getrockneten Pflanzen zu dem Preis abgeben würde, den Gessner zu zahlen bereit sei, wobei Engels zurückhaltende Beschreibung der Sammlung durchaus zeigte, dass er diese gerne selbst behalten wollte: Unter den europäischen Pflanzen seien kaum seltene außer einem »Cahier Bergpflanzen« und einem mit Moosen.[147] Da sich Engel aber der Bedeutung der fehlenden Informationen für Gessner bewusst war und er negative Auswirkungen auf das Verhältnis zu seinem Zürcher Korrespondenten befürchtete, bemühte er sich währenddessen, weiterhin schriftliche Informationen von Garcins Witwe einzuholen.

Immer wieder schrieb er an Ostervald und erkundigte sich nach den schriftlichen Informationen zu den gesammelten Pflanzen, bekam jedoch keine Antwort. Als er im August 1753 schließlich Neuigkeiten von Ostervald erhielt, boten diese wenig Anlass zur Hoffnung. Ostervald teilte Engel mit, dass Garcins Sohn wieder nach Genf gereist sei, ohne die Informationen aus den Hinterlassenschaften zusammenzustellen. Deshalb wolle Ostervald die Manuskripte nun selbst durchgehen und die Informationen baldmöglichst übermitteln. Engel berichtete Gessner zwar sofort davon, dass er nach wochenlanger Stille nun endlich Antwort bekommen hatte, dämpfte aber gleichzeitig die Erwartungen: Von Ostervalds Versprechen halte er nicht allzu viel, da dieser »von der Art Leuten ist, die allezeit beschäftiget sind und wenig verrichten.«[148] Mit der Zeit wurde immer klarer, dass Garcin

autopsia concinnavit atque solicite digessit Petrus Jonas Bergius, Stockholm 1767. Catalogue ZBZ, Z II 620 sowie ZBZ, Alte Drucke, Dr O 456. Ein Exemplar des Werks ist in der Bibliothek der Naturforschenden Gesellschaft überliefert: ZBZ, Alte Drucke, NB 704.

144 Brief Engel an Gessner, Aarberg, 2.7.1753. ZBZ, Ms M 18.28.8; Brief Engel an Gessner, Aarberg, 12.7.1753. ZBZ, Ms M 18.28.9.

145 Engel an Gessner, Aarberg, 12.7.1753. ZBZ, Ms M 18.28.9.

146 Ebd.; Brief Engel an Gessner, Aarberg, 21.5.1753. ZBZ, Ms M 18.28.5; sowie Ms M 18.28.23. Die Weitergabe an Gessner erfolgte im Sommer 1754: Brief Engel an Gessner: 15.7.1754, ZBZ, Ms M 18.28.28.

147 Brief Engel an Gessner, Aarberg, 23.6.1754. ZBZ, Ms M 18.28.24.

148 Brief Engel an Gessner, Aarberg, 18.8.1753. ZBZ, Ms M 18.28.14.

die Pflanzen in seinem Herbarium nie mit Namen versehen hatte und Gessners Hoffnungen, diese noch geliefert zu bekommen, vergebens waren.

Der unkoordinierte Ablauf der Verhandlungen im Vorfeld des Kaufs führte dazu, dass zahlreiche Pflanzen aus Garcins Sammlung im Herbarium des Zürchers für immer »Plantae vagae« blieben. Gessners Kontaktpersonen hatten dem Verkauf vorschnell zugestimmt, bevor sie ausreichend Informationen eingeholt hatten. So zahlte Gessner einen hohen Preis für zwar als exotisch und selten wahrgenommene, jedoch nicht klassifizierte Pflanzen. In der Folge nahm er Engels Angebot an und ließ sich auch die Sammlung mit Garcins europäischen Pflanzen schicken.[149] Dies war zumindest eine kleine Entschädigung, da er diese Stücke leichter einordnen und die Dubletten gegen weitere neue Exemplare eintauschen konnte. In der Außenwahrnehmung wirkten sich die fehlenden Informationen insgesamt nicht negativ aus, da Gessner seinen weit entfernten Korrespondenten nur die frohe Kunde von der Neuerwerbung berichtete und dabei die Probleme verschwieg.[150] So rief die Botschaft vom Zuwachs des Herbariums nur positive Reaktionen hervor und verbesserte seinen Ruf in der Gelehrtenwelt weiter.[151]

Letztlich wurde die Pflanzensammlung, die Gessner für die Naturforschende Gesellschaft Zürich zusammentrug, durch den Kauf von Garcins Herbarium enorm erweitert. Das Hinzufügen von Teilen bereits bestehender Sammlungen oder ganzer Herbarien war eine gute Möglichkeit, weitere Pflanzenarten und Spezimina aus einzelnen Regionen zu bekommen, in denen der Vorbesitzer intensiv gesammelt hatte. Über Giovanni Targioni Tozzetti in Florenz gelangte Gessner beispielsweise auch an Pflanzen aus dem Herbar von Pietro Antonio Micheli, dessen Schwerpunkt auf Gräsern lag.[152] Auch der Schaffhauser Arzt Johann Conrad Ammann bereicherte Gessners Herbarium.[153]

Bis in die 1760er-Jahre hatte Gessner in Zürich um die fünftausend getrocknete Pflanzen in 36 Foliobänden zusammengetragen. Besonders artenreich waren seine Sammlungen der Gattungen Passionsblume *(Passiflora)* mit zehn Arten, Ehrenpreis *(Veronica)* und Salbei *(Salvia)* mit je über dreißig Arten, wie der Hannoveraner Apotheker Johann Gerhart Reinhart Andreae, der das Herbarium während seines Besuchs in Zürich 1763 besichtigte, in seinen *Briefen aus der Schweiz* ausdrücklich

149 Brief Engel an Gessner, Aarberg, 15.7.1754. ZBZ, Ms M 18.28.28.

150 Brief Gessner an Séguier, Zürich, 22.9.1753. BN, Ms. 498.17.

151 Seinem Korrespondenten in Verona berichtete er, dass er eine 300 Spezimina umfassende Pflanzensammlung von Garcin erworben habe. Séguier antwortete: »J'ai été charmé d'apprendre que votre herbier s'accroit tous les jours.« Brief Séguier an Gessner, Verona, 7.10.1753. ZBZ, Ms M 18.25.14.

152 Brief Gessner an Haller, 31.10.1739. BB Bern, N Albrecht von Haller 105.20.89. Zitiert nach Boschung, Johannes Gessner, S. 78. Eduard Rübel bemerkte Mitte des 20. Jahrhunderts über das Herbarium, dass es »beinahe alle Schweizerpflanzen, [...] die meisten durch Scheuchzer, Micheli, Buxbaum entdeckten Gräser« enthielt. Rübel, Geschichte, S. 127.

153 Brief Gessner an Séguier, Zürich, 22.9.1753. BN, Ms. 498.17.

bemerkte.[154] Die handschriftlichen Vermerke auf den Herbarbögen zeigen, dass Gessner Ehrenpreis aus den Glarner und Appenzeller Alpen, aus Basel und Paris zusammentrug. Bereits in den 1720er-Jahren hatte Gessner auf seinen Alpenreisen in der Schweiz wachsende Ehrenpreis-Arten gesammelt. Weitere hatte er von seinen Lehrern Johann Jakob Scheuchzer und Johannes von Muralt geschenkt bekommen.[155] Einzelne Ehrenpreis-Exemplare konnte Gessner später direkt im Garten der Naturforschenden Gesellschaft Zürich abschneiden und für das Herbarium trocknen. Andere hatten seine Korrespondenten für ihn gesammelt: Von Jean-François Séguier erhielt Gessner beispielsweise eine *Veronica*-Pflanze, die dieser am Monte Baldo gesammelt hatte, Albrecht von Haller schickte eine in Göttingen gefundene. Auch wenn nur ein geringer Teil der Pflanzen im Herbarium mit Angaben über den Fundort oder die Person, die das Exemplar gesammelt hat, versehen ist, verdeutlichen die handschriftlichen Hinweise, wie es Gessner gelang, getrocknete Pflanzen von vielen unterschiedlichen Orten zu beschaffen.

Während zahlreiche *Veronica*- und *Salvia*-Arten auf ein- oder mehrtägigen botanischen Exkursionen von Gessner und seinen Korrespondenten gesammelt werden konnten, war die Beschaffung der verschiedenen Arten der Passionsblume weitaus mühevoller. Die Pflanzen mit den interessant geformten, farbigen Blüten wuchsen vor allem in Mittel- und Südamerika und mussten in Europa mit viel Aufwand in botanischen Gärten gezogen werden (Abb. 30).[156] Mitte des 18. Jahrhunderts wussten Europäer von Passionsblumen in Virginia, Mexiko und den Karibischen Inseln, Guyana, Peru und Brasilien.[157] Der Schwede Johan Gustaf Hallman (1726-1795) widmete der Passionsblume gar eine eigene Monografie: 22 Arten unterscheidet er in seiner Dissertation mit dem Titel »Passiflora«, diskutiert den medizinischen und ökonomischen Nutzen und thematisiert auch die religiöse sowie poetische Bedeutung der Pflanze.[158] Voller Begeisterung zählt Hallman zu Beginn der 1745 im ersten Band von Linnés *Amoenitates academicae* abgedruckten Schrift die botanischen Reichtümer auf, die Amerika der Alten Welt beschert hat: Contrayerva, Cinchona, Tabak, Sassafras, Guajak und viele mehr. Allein durch Plukenets Werk hätten die

154 Andreae, Briefe aus der Schweiz, S. 64.

155 Einzelne Veronica-Arten im Herbarium sind mit »HB Scheuchzer« und »HB Muralt« angeschrieben. In seiner Autobiografie erwähnt Gessner, dass er von Scheuchzer sehr früh zahlreiche getrocknete Pflanzen erhalten hatte. Autobiografie. ZBZ, Ms M 18.10. Zitiert nach: Boschung, Johannes Gessner, S. 30. Auch von seinem Basler Lehrer Benedikt Stähelin hatte Gessner Pflanzen für sein Herbarium erhalten, darunter Gräser. Einzelne Pflanzen (z.B. *Phleum*) wurden noch später mit Hinweisen versehen wie »Pflanze u. Etikette von J. Scheuchzer aus dem vorh. Jahrhundert« (ETH-Beschriftung einzelner Pflanzen).

156 Zum ersten Mal in Europa wurde eine Passionsblume 1612 in Paris gezogen.

157 Für die genaue Liste mit den Orten, von denen bekannt war, dass dort *Passiflora*-Arten wuchsen, siehe: Linné, Carl von (Pr.)/Johan Gustaf Hallman (Resp.): Passiflora, Stockholm (18. Dezember) 1745, in: Amoenitates academicae, Bd. 1, Stockholm 1749, S. 211-242, hier S. 238.

158 Hallman, Passiflora.

Abb. 30: *Passiflora* (Passionsblumen), aus: Tab. 54, Gessner/Schinz, Tabulae phytographicae

Europäer 900 neue Arten kennengelernt und andere – Hallman nennt unter anderem Houston, Clayton und Gronovius – hätten dem noch weitere hinzugefügt.[159] Unter all diesen neuen amerikanischen Pflanzen dürfe man wahrhaftig die Passionsblume nicht verschweigen, so Hallman weiter, die mit ihrem einzigartigen Aussehen nicht nur die Aufmerksamkeit der »abergläubischen Katholiken« auf sich gezogen habe. Nicht ohne Stolz schreibt Hallman, dass im botanischen Garten in Uppsala mehrere *Passiflora*-Arten blühten. Diese habe er genau begutachtet und könne nun 22 Arten unterscheiden. Für jede einzelne listete er in der Folge auf, von welchen Autoren sie bereits beschrieben worden war und welche Namen sie trug. Zudem beschrieb er die Wurzeln, Blätter und Blüten in den lateinischen Termini, die Botaniker an anderen Orten verstehen würden, und fügte zum Schluss auch eine Tafel mit Abbildungen der verschiedenen Blüten- und Blattformen bei.

Ob Gessners Sammlung durch die Lektüre von Hallmans Dissertation inspiriert wurde oder er bereits vor 1745 damit begonnen hatte, Passionsblumen zusammenzutragen, bleibt unklar. Sicher ist jedoch, dass er den ersten Band der

159 Ebd., S. 211 f.

Amoenitates academicae aufmerksam gelesen hatte und Hallmans Ausführungen ihm hilfreiche Informationen für die Identifikation und Einordnung der Spezimen boten, die er in seinem Herbarium zusammentrug.[160] Für die *Tabulae phytographicae* konnte Gessner sechzehn verschiedene Arten von Passionsblumen in Kupfer stechen lassen, die sich beispielsweise anhand der Farbe – es gab kupferfarbene *(Passiflora cuprea)*, rote *(Passiflora rubra)* und gelbe *(Passiflora lutea)* – oder anhand der Form der Blätter – die Abbildung zeigt säge- *(Passiflora serratifolia)*, lorbeer- *(Passiflora laurifolia)* und siebenblättrige *(Passiflora pedata)* Passionsblumen – unterscheiden ließen.[161] Einzelne Abbildungen konnten vielleicht sogar auf Basis blühender Pflanzen angefertigt werden, zumindest gelang es in späteren Jahren, die aus Nordamerika stammende gelbe *(Passiflora lutea)* und die blaue *Passiflora caerulea*, die beide auch den Winter in Zürich überstehen konnten, und die aus den wärmeren Gegenden der Amerikas stammende *Passiflora foetida* oder *Stinkende Passionsblume* in Zürich zu kultivieren.[162]

Mit Passionsblumen, Salbei und Ehrenpreis legte Gessner zwar Schwerpunkte auf bestimmte Pflanzengattungen, grundsätzlich versuchte er aber, alle verfügbaren Pflanzen – von den *Monandriae* bis zu den *Cryptogamiae* – zu bekommen und diese nach den 24 Klassen Linnés in das Herbarium, das er für die Zürcher Sozietät pflegte, einzuordnen. Um möglichst viele verschiedene Arten zusammenzutragen, bediente er sich unterschiedlicher Quellen: Er sammelte selbst, bezog aktuelle Publikationen, die ihm Auskunft über die bekannten – und damit zu beschaffenden – Arten gaben, und versuchte, sich getrocknete Pflanzen von seinen Korrespondenten zu besorgen. Dabei beschaffte Gessner nicht nur getrocknete Exemplare für das Herbarium, sondern auch Samen, aus denen erst noch Pflanzen herangezogen werden mussten. Anhand aktueller Publikationen, die er sich mithilfe seiner Korrespondenten beschaffte, informierte sich Gessner dazu über einzelne Gattungen und die Pflanzenwelt weit entfernter Weltregionen. Dabei waren seine Interessen durch die Einbindung in die botanischen Netzwerke geprägt, die sich zwischen Zürich, den Niederlanden, Virginia, der Karibik, Uppsala, Verona, dem Kap und Ostindien aufspannten.

Ob aus den Alpen, den Amerikas, aus Sibirien oder vom Kap: Für das Herbarium der Naturforschenden Gesellschaft Zürich konnte Gessner getrocknete Pflanzen aus der näheren Umgebung und aus weit entfernten Regionen der Welt besorgen. Um die Pflanzensammlung zu erweitern, botanisierte Gessner nicht nur selbst. Seine Korrespondenten in Göttingen, Verona, Leiden und an anderen Orten teilten ihre selbstgesammelten Pflanzen mit dem Zürcher und ließen ihm auch getrocknete Spezimina zukommen, die sie sich ihrerseits von Korrespondenten

160 Mehrfach zitiert Gessner in seinen eigenen Dissertationen aus den *Amoenitates academicae*, bspw. Phytographia sacra (1759), 24 und Phytographia sacra (1760), S. 13.

161 Gessner/Schinz, Tabulae phytographicae, S. 91 f.

162 Naturforschende Gesellschaft in Zürich, Catalogus Horti Botanici, [o.S.].

beschafft hatten. Je nach eigenen Interessen hofften die Akteure, im Gegenzug für ihre Sendungen Alpenpflanzen oder andere Spezimina aus Gessners Sammlung zu bekommen, ihn als Kunden für ihren Samenhandel gewinnen zu können oder eine konkrete Geldsumme zu erhalten. Während sich die Kosten für Gessner im Fall von Sammlungsankäufen, wie im Fall der von Laurent Garcin während seiner Reisen in niederländischen Diensten zusammengetragenen Kollektion, präzise benennen lassen, sind die für die Beschaffung von getrockneten Pflanzen und Informationen notwendigen Investitionen weniger konkret fassbar. Zwar wendeten die Zürcher Pflanzenliebhaber über Jahrzehnte hinweg große Mühen und nicht geringe finanzielle Mittel auf, um Pflanzen für das Herbarium zu besorgen. Entscheidend für die Beschaffung von Pflanzen war jedoch in erster Linie die erfolgreiche Positionierung als attraktiver Tauschpartner, der bereits über interessante Pflanzen verfügte, gegenüber Botanikern und Gärtnern in Deutschland, Italien und den Niederlanden.

Dabei war die Gestaltung des Herbariums keineswegs nebensächlich: Das Verzeichnen der Fundortangaben neben den Spezimina war nicht nur von unmittelbarer wissenschaftlicher Bedeutung, sondern trug auch zum Prestige des Herbariums und der Legitimation seines Besitzers als Botaniker bei. Ebenso spielte auch das Verzeichnen des Namens der jeweiligen Person oder Institution, die Gessner das getrocknete Exemplar zugeschickt hatte, eine wichtige Rolle: Die Namen bekannter Botaniker wie Haller und Gronovius und angesehener Handelsgärtner wie van Hazen machten bei Pflanzenliebhabern, die das Zürcher Herbarium besichtigten, Eindruck. Die Beziehungen zu namhaften Gärten wie dem *Jardin du Roi* in Paris und dem Amsterdamer *Hortus*, auf die die getrockneten und beschrifteten Pflanzenexemplare verwiesen, trugen zum Ansehen der Zürcher Sammlung ebenso bei wie die Tatsache, dass das Herbarium Pflanzen aus großen bekannten Sammelreisen wie Johann Georg Gmelins Sibirienreise, John Claytons Exkursionen in Virginia und William Houstons Sammlungen während seines Aufenthalts auf den westindischen Inseln enthielt. Die Herkunftsangaben zu den Herbarexemplaren zeigten jenen, welche die Pflanzensammlung besichtigten oder über sie lasen, dass Gessner und die Zürcher Pflanzenliebhaber in seinem Umfeld in die weitgespannten botanischen Netzwerke ihrer Zeit eingebunden waren und von ihnen potenziell getrocknete Pflanzen aus den Alpen und aus Übersee zu bekommen waren.

4.3 Samen, Zwiebeln und Setzlinge

Die Zürcher Pflanzenliebhaber beschafften sich Papayasetzlinge, die der Berner Landvogt Samuel Engel in Aarberg gezogen hatte, besorgten sich über Giovanni Targioni Tozzetti Pflanzen aus dem botanischen Garten in Florenz und bezogen von dem mit Hans Caspar Hirzel korrespondierenden Ravensburger Arzt Johann Merk Samen aus Holland.[163] Samen von Pflanzen, die zwischen Moskau und Astrachan wuchsen, schickte der Theologe Salomon Brunner (1732-1806) über Johann Jakob Breitinger für den botanischen Garten der Naturforschenden Gesellschaft.[164] Samen aus Surinam, vom Kap der Guten Hoffnung und aus Batavia für den Garten erhielten die Zürcher von Landsleuten, die sich an diesen Orten aufhielten.[165]

Gleich mehrere Zürcher Pflanzenliebhaber erhielten zudem Samen aus dem botanischen Garten in Turin: Nicht nur an Johannes Gessner, sondern auch an Hans Conrad Gossweiler und den Gartendirektor Johann Georg Locher schickte Carlo Allioni, der Leiter des dortigen Gartens, in den 1760er- und 1770er-Jahren Samen von Spezies aus Nord- und Mittelamerika, aus Südostasien, Westafrika und dem Mittelmeerraum.[166] Im Gegenzug erhielt Allioni Samen für den Turiner Garten:

163 StAZH, B IX 255-256. Briefe Engel an Gessner, Aarberg, 1753-1754. ZBZ, Ms M 18.28.6-23; Brief Gessner an Haller, Zürich, 31.10.1739. BB Bern, N Albrecht von Haller 105.20.89. Zitiert nach: Boschung, Johannes Gessner, S. 78; Brief Merk an Hirzel, Ravensburg, 10.3.1784. ZBZ, FA Hirzel 310-311. Zu Pflanzentransfers in Korrespondenzen siehe: Hächler, Avec une grosse boete.

164 Der Theologe Salomon Brunner (1732-1806) wirkte von 1768 an als Pfarrer der reformierten Kirche in Moskau. Siehe: Ulrike Leuschner (Hg.): Johann Heinrich Merck. Briefwechsel, Bd. 5, Göttingen 2007, S. 509. Beim ersten Mal schickte Brunner Samen an Johann Jakob Breitinger (1701-1776), der diese dann an Gessner weiterleitete, welcher sie sogleich im botanischen Garten aussähen ließ. So hielten die Zürcher nur knapp zwei Jahre nach Beginn der von Katharina II. entsandten Expedition in den Süden des Russischen Reiches bereits Samen in den Händen, die der aus Riga stammende Johann Anton von Güldenstädt (1745-1781) zwischen Moskau und Astrachan gesammelt hatte. Auch in den folgenden Jahren schickte Brunner Samen für den Zürcher Garten. Tagebuch NGZH Bd. 5, 23.7.1770. StAZH, B IX 183, S. 18f.; Zu Güldenstädt: Alois Fauser: »Güldenstädt, Johann Anton«, in: Neue Deutsche Biographie 7 (1966), S. 254-255. Online-Version, https://www.deutsche-biographie.de/pnd120640759.html#ndbcontent (abgerufen am 11.10.2023).

165 Brief J[ohann] J[akob] Werndli an Hirzel, o.O., 1774. ZBZ, FA Hirzel 237.21; Hirzel, Denkrede, S. 131. Der Zürcher Chirurg Johann Heinrich Waser schickte Spezimina vom Kap der Guten Hoffnung und aus Batavia. Rudio, Naturforschende Gesellschaft, S. 201, bzw. Keller, Bericht, S. VIII.

166 Darunter waren auch Pflanzen aus Ägypten, wo Allionis Vorgänger Vitaliano Donati (1717-1762) 1759 botanisiert hatte. Die Austauschbeziehungen der Zürcher Pflanzenliebhaber mit dem Turiner Botaniker sind in den Unterlagen des *Orto Botanico dell'Università di Torino* und in den Beständen der *Accademia delle Scienze* in Turin dokumentiert. Der

von Guaven, Kürbissen und Erdbeerspinat sowie verschiedenen Salbeiarten aus dem Mittelmeerraum, aus Indien und den Amerikas.[167] Die den Austausch begleitende Korrespondenz belegt zudem, dass Gossweiler zahlreiche bunt blühende Ranunkeln und Anemonen nach Turin schickte und ihm im Gegenzug nicht nur Pflanzenmaterial, sondern auch Trüffel aus dem Piemont willkommen waren.[168] Um weitere Pflanzen aus dem Turiner Garten, der Beziehungen zu Gartenbesitzern in Lissabon, Sardinien und Stockholm pflegte, zu bekommen, bemühte sich Locher, Allioni neu erschienene Bücher über Insekten zu besorgen.[169] Ihre persönlichen Kontakte und über viele Jahre gepflegten Korrespondenzen ermöglichten Johannes Gessner und den Pflanzenliebhabern in seinem Umfeld immer wieder Zugang zu Samen und Pflanzen aus verschiedenen Weltregionen. Spätestens mit dem Bau des Gewächshauses im Garten der Naturforschenden Gesellschaft organisierten die Verantwortlichen des Zürcher Gartens jedoch weit über diese Sendungen von Einzelpersonen hinausgehende, umfangreichere und regelmäßigere Transfers.[170]

Bislang wurden Pflanzentransfers zum einen aus umwelthistorischer Perspektive beleuchtet, zum anderen erfuhren die in der zweiten Hälfte des 18. Jahrhunderts im Zuge staatlich finanzierter Forschungsexpeditionen durchgeführten Transfers, an denen die botanischen Gärten, beispielsweise in Madrid, Paris und Kew, beteiligt waren, besondere Aufmerksamkeit, da sie in den Quellen der beteiligten Institutionen besser dokumentiert sind als Austauschprozesse zwischen nichtstaatlichen Akteuren.[171] Dabei wurde eine Zunahme von Kulturpflanzentransfers in der zweiten Hälfte des 18. Jahrhunderts festgestellt.

erste dokumentierte Tauschverkehr zwischen Turin und Zürich ist die Sendung von Samen an Gossweiler im Jahr 1765/1766: Università degli studi di Torino, Biblioteca – Sede di Biologia vegetale, Museum Botanicum Horti Taurinensis, Indice, Bd. 5.

167 Gossweiler schickte im Oktober 1767 Samen für das folgende Jahr. Indice, Bd. 7.

168 Brief Gossweiler an Allioni, Zürich, 14.1.1769. AdS Turin, Nr. 2264.

169 U.a. Brief Locher an Allioni, Zürich, 20.3.1779. AdS Turin, Nr. 2597; Brief Locher an Allioni, Zürich, 1.8.1780. AdS Turin, Nr. 2598. Zur Korrespondenz siehe zudem: Bagliani, Corrispondenza, bes. S. 146f.

170 Transfer wird hier im Sinne einer Weitergabe verstanden. Einzelne Aspekte der Pflanzentransfers ließen sich auch den von der Kulturtransferforschung herausgearbeiteten Teilschritten kultureller Transfers zuordnen: Vor allem die Praktiken der Selektion (an welchen Pflanzen waren die Zürcher interessiert?) und der Vermittlung (wie gelangten die Pflanzen von A nach B?) werden im Folgenden beleuchtet. Aussagen über die Rezeption, genauer die »produktive Reproduktion«, d.h. die Akklimatisierung, Aufzucht und Gewinnung von Samen lassen sich hingegen nur schwer fassen. Siehe für eine Analyse des Transfers einer Kulturpflanze die Untersuchung der Färberröte in: Stuber, Kulturpflanzentransfer. Nicht immer war ein Transfer von spezifisch botanischen Kenntnissen mit dem Transfer der Pflanze selbst verbunden: Klemun, Globaler Pflanzentransfer.

171 Crosby, Columbian Exchange; Daniel R. Headrick: Botany, Chemistry, and Tropical Development, in: Journal of World History 7/1 (1996), S. 1-20. Norbert Ortmayr bezeichnet das 18. Jahrhundert als »Zäsur in der Geschichte des Kulturpflanzentransfers«, weil zum einen mit dem Pazifik, Australien und Neuseeland neue Räume mit dem

Untersuchungen zu botanischen Gärten des 18. Jahrhunderts konzentrierten sich bisher vor allem auf universitäre und koloniale Gärten. Die Studien untersuchten in erster Linie die Bedeutung der botanischen Gärten für den medizinischen Unterricht und deren Einbindung in imperiale Transfernetzwerke.[172] Über die Aktivitäten und Vernetzung nichtimperialer, nichtuniversitärer Gärten, die auch keine fürstliche Unterstützung erfuhren, ist jedoch kaum etwas bekannt. Das folgende Kapitel möchte dazu beitragen, diese Forschungslücke zu schließen. Es widmet sich den Transfers des botanischen Gartens der Naturforschenden Gesellschaft und untersucht die Praktiken des Pflanzen- und Samenaustauschs mit verschiedenen Institutionen und Privatpersonen an anderen Orten und die Praktiken der Aufzucht und des Anbaus von Pflanzen in Zürich und der Schweiz: Welche Pflanzen konnten sich Gessner und seine Zürcher Mitstreiter besorgen? Waren dies die gleichen, die sich auch universitäre Gärten in Norditalien, Botaniker in freien Reichsstädten, höfische Gärten und solche an Orten mit Beziehungen zu Indien-Kompanien und kolonialen Besitzungen beschafften? Woher beschafften sie sich Samen und wohin verschickten sie diese ihrerseits? Wie wurde der Austausch konkret organisiert? Welche Praktiken und Interessen teilten die Zürcher mit Pflanzenliebhabern an anderen Orten?

Ziel ist es, konkret zu zeigen, wie sich Gessner die Pflanzen beschaffte, die er untersuchte, besprach und abbilden ließ. Damit leistet die Arbeit einen Beitrag zur Erforschung europäischer Gärten und des Pflanzentransfers im 18. Jahrhundert. Sie weitet den Blick über einen einzelnen Garten hinaus auf die Verflechtung der unterschiedlichen am Austausch von Pflanzen und Samen beteiligten Akteure. Die Untersuchung der Transferlisten des botanischen Gartens der Naturforschenden Gesellschaft Zürich ermöglicht, Erkenntnisse über die in den Korrespondenzen

europäischen in Kontakt kamen, zum anderen der Austausch zunehmend systematisch organisiert, besser dokumentiert und von staatlichen Organisationen finanziert wurde. Ortmayr, Kulturpflanzen, S. 73 f.

172 Zum Unterricht in botanischen Gärten: Puig-Samper, Enseñanza; Klemun/Hühnel, Jacquin. Zur Einbindung einzelner Gärten in weitreichende Transfernetzwerke: Emma C. Spary: Utopia's Garden. French Natural History from Old Regime to Revolution, Chicago 2000. Für das 19. Jahrhundert siehe hierzu die wegweisende Analyse des botanischen Netzwerks der Royal Botanic Gardens Kew: Brockway, Science and Colonial Expansion. Für die deutsche Kolonialzeit: Katja Kaiser: Wirtschaft, Wissenschaft und Weltgeltung. Die Botanische Zentralstelle für die deutschen Kolonien am Botanischen Garten und Museum Berlin (1891-1920) (= Zivilisationen und Geschichte, Bd. 66), Berlin u. a. 2021. Zudem wurden die repräsentative Funktion und Fragen der Gartengestaltung untersucht bei: Chandra Mukerji: Territorial Ambitions and the Gardens of Versailles, Cambridge; New York 1997; Heike Palm: Die landesherrliche Plantage in Herrenhausen. Ein Instrument zur Förderung des Obstbaus und der Gartenkultur im Kurfürstentum Hannover, in: Sylvia Butenschön (Hg.): Frühe Baumschulen in Deutschland. Zum Nutzen, zur Zierde und zum Besten des Landes (= Arbeitshefte des Instituts für Stadt- und Regionalplanung der Technischen Universität Berlin, Bd. 76), Berlin 2012, S. 69-109.

greifbaren individuellen Austauschbeziehungen hinausreichenden botanischen Netzwerke im Europa des 18. Jahrhunderts zu gewinnen.

Als Quellen für die Untersuchung der Pflanzentransfers werden im Folgenden nicht nur Briefe genutzt, sondern auch Kataloge der in einem Garten vorhandenen Pflanzen, Wunschlisten mit jenen Spezies, die ein Akteur zu erhalten hoffte, sowie Listen, welche die tatsächlich realisierten Sendungen dokumentierten. Derartige Verzeichnisse spielten in der frühneuzeitlichen Naturforschung eine wichtige Rolle, da sie halfen, die Welt zu ordnen und den Austauschprozess zu vereinfachen.[173] Die überlieferten Briefe an Johannes Gessner und an die Verantwortlichen des botanischen Gartens der Naturforschenden Gesellschaft enthielten häufig seitenlange Pflanzenlisten und bestätigen Valentina Puglianos Feststellung, dass Listen mit den Namen verschiedener Spezies »more often than not« die Briefe frühneuzeitlicher Naturforscher begleiteten.[174] Im Folgenden sollen deshalb die in den Unterlagen des botanischen Gartens der Naturforschenden Gesellschaft überlieferten Pflanzenlisten als materielle Hinterlassenschaften der Aufzeichnungs- und Ordnungspraktiken untersucht werden: Welche Informationen wurden notiert? Wie wurden die Kataloge und Listen genutzt?

Die Botaniker der Naturforschenden Gesellschaft Zürich legten drei verschiedene Arten von Pflanzenlisten an: Sie schrieben erstens Kataloge mit den Beständen anderer Gärten ab, legten zweitens Wunschlisten mit Spezies an, die sie von ihren Tauschpartnern zu erhalten hofften, und fertigten Kopien der von anderen erhaltenen Wunschlisten an.[175] Drittens dokumentierten sie den tatsächlich

173 Siehe hierzu: James Delbourgo/Staffan Müller-Wille: Introduction. Focus: Listmania, in: Isis 103/4 (2012), S. 710-715; Dietz, Contribution and Co-production. Elizabeth Yale zeigt zudem, wie »query lists« (Fragebögen, die gezielt offene naturgeschichtliche Fragen ansprachen) aufgrund ihrer intellektuellen und materiellen Flexibilität nicht nur der Informationsbeschaffung, sondern auch der Kontaktpflege dienten. Elizabeth Yale: Making Lists. Social and Material Technologies in the Making of Seventeenth-Century British Natural History, in: Smith et al., Ways of Making and Knowing, S. 280-301.

174 Valentina Pugliano: Specimen Lists. Artisanal Writing or Natural Historical Paperwork?, in: Isis 103/4 (2012), S. 716-726, hier S. 716. Pugliano zeigt, wie die Praktiken von Apothekern und Gewürzhändlern die Aufzeichnungspraktiken frühneuzeitlicher Wissenschaftler beeinflusst haben. Während die Listen, die den Briefen beigelegt wurden, relativ häufig überliefert sind, ist die Überlieferungssituation für den Samentausch im großen Stil schlechter. Im Rahmen dieser Arbeit hat die Verfasserin für alle Gärten, mit denen der botanische Garten der Naturforschenden Gesellschaft Zürich Pflanzen austauschte, nach Verzeichnissen recherchiert, welche die Austauschbeziehungen dieser Gärten dokumentierten. Hierfür hat sie u.a. die Nachfolgeinstitutionen kontaktiert. Lediglich in den Beständen der *Biblioteca del Dipartimento di Scienze della Vita e Biologia dei Sistemi* der Universität Turin wurden entsprechende Dokumente gefunden.

175 Die mit *Catalogus* betitelten Zürcher Pflanzenlisten verzeichnen die Bestände eines bestimmten Gartens zu einem konkreten Zeitpunkt. Derartige Verzeichnisse spielten für den Austausch eine wichtige Rolle, sind jedoch bislang kaum erforscht. Michael und Monika Kiehn verorten, in Anknüpfung an Fritz Kümmel, die frühesten Samenkataloge am Ende

erfolgten Samentausch und listeten die verschickten wie die erhaltenen Arten auf.[176] Diese Bestandsverzeichnisse und Wunschlisten sowie Listen der realisierten Sendungen waren für den Pflanzentausch zentral, wie die folgenden Ausführungen zeigen werden. Die Auswertung der Verzeichnisse erlaubt Einblicke in die Transfer- und Aufzeichnungspraktiken und ermöglicht Erkenntnisse zu den Austauschbeziehungen des Zürcher Gartens, bezüglich der Arten und Mengen der transferierten Spezimina sowie der praktischen Organisation des Austauschs.

Samen aus dem niederländischen Groningen und aus Narbonne, aus Berlin und aus Wien, ins Waadtland und nach Florenz: Die Aufzeichnungen der Verantwortlichen des botanischen Gartens der Naturforschenden Gesellschaft Zürich belegen für die Zeit nach 1779 einen umfangreichen Samentausch mit über dreißig Gärten und Pflanzenliebhabern, die sich geografisch gesehen vor allem auf die Vereinigten Niederlande, die italienische Halbinsel und das Reich konzentrierten.[177] Unter den Tauschpartnern waren sowohl langjährige Korrespondenten Gessners als auch

des 18. Jahrhunderts: Michael Kiehn/Monika Kiehn: Frühe Pflanzenlisten und Samenkataloge als Quellen wissenschaftlicher Korrespondenz. Ein Schreiben von Pál Kitaibel an Joseph Franz von Jacquin im (Buda)Pester Samenkatalog von 1809, in: Ingrid Kästner/Jürgen Kiefer (Hg.): Botanische Gärten und botanische Forschungsreisen. Beiträge der Tagung vom 7. bis 9. Mai 2010 an der Akademie Gemeinnütziger Wissenschaften zu Erfurt (= Europäische Wissenschaftsbeziehungen, Bd. 3), Aachen 2011, S. 221-230; Fritz Kümmel: Pflanzen- und Samenverzeichnisse des Botanischen Gartens der Universität Halle seit 1749, in: Schlechtendalia 20 (2010), S. 57-78, hier S. 59. Für Zürich und die Tauschpartner Gessners und der Naturforschenden Gesellschaft sind jedoch mehrere früher gedruckte Exemplare belegt: Das erste Verzeichnis des *Hortus Botanicus Societatis Physicae Turicensis* wurde 1772 publiziert und in den folgenden Jahren mehrfach aktualisiert und nachgedruckt. Franz Anton Ranftls *Catalogus* seines Salzburger Gartens erschien erstmals 1783 und umfasste 25 Seiten (*Catalogus horti botanici in universitate Salisburgensi pro anno 1783 et per collectionem seminum et plantarum auctus,* Salzburg 1783, Supplement 1786). Auch von Giovanni Antonio Scopoli ist in den Unterlagen des botanischen Gartens Zürich ein gedruckter *Catalogus Plantarum Horti Regii Botanici Ticinensis* von 1785 überliefert.

176 Die Fachbibliothek Botanik der Universität Wien pflegt eine Sammlung von Pflanzenkatalogen aus dem 19. Jahrhundert. Aus Zürich finden sich dort jedoch auch Kataloge aus dem späten 18. Jahrhundert. Für diese Auskunft danke ich Prof. Dr. Michael Kiehn (per E-Mail am 7.3.2017). Einen Eindruck über die Häufigkeit derartiger gedruckter Kataloge im 17. und 18. Jahrhundert gewinnt man beispielsweise bei der Durchsicht von Marcus Salomon Krügers *Bibliographia botanica: Handbuch der botanischen Literatur*, Berlin 1841, S. 82.

177 Ob die Verantwortlichen des botanischen Gartens Zürich zuvor einen Aufruf starteten, der den Austausch intensivierte oder ob lediglich zu diesem Zeitpunkt mit der genauen Dokumentation begonnen wurde, ist unklar. Ein Exemplar einer solchen Verlautbarung ist nicht überliefert bzw. war bisher nicht aufzufinden. Im Folgenden wird der Austausch bis 1790 (Gessners Todesjahr) untersucht. Nach 1790 erhielt die Naturforschende Gesellschaft für ihren Garten zudem Saatgut aus Winterthur (Clairville), Basel (Meisner, Burckhardt), Mannheim (vom dortigen Hofrat), Frankenhausen (Sulzner), Ingolstadt (Schranck), Regensburg (Bot. Sozietät), Jena (Batsch), Bremen (Roth), Utrecht (van Geuns) sowie von Fibig (vermutlich aus Mainz) und von Carl Peter Thunberg.

Akteure, mit denen die Zürcher angesichts dieses Samentauschs erstmals in Kontakt traten. In erster Linie handelte es sich bei den Absendern um universitäre botanische Gärten, vor allem in deutschen und norditalienischen Städten. Hinzu kamen knapp ein Dutzend Einzelpersonen, vor allem studierte Mediziner, die auf ihren Landsitzen oder in ihren städtischen Gärten Pflanzen zogen, sowie drei fürstliche Gärten, nämlich jene in Karlsruhe, Stuttgart und Herrenhausen (Hannover).[178] Die weitreichenden Austauschbeziehungen belegen, dass der Zürcher Garten ein attraktiver Tauschpartner für Gärten im Reich, in Italien und den Niederlanden war.

178 Zu den als Einzelakteuren aufgeführten Personen: José Antonio Cavanilles (1745-1804) schickte 1789 Samen, unklar ist, wo er sich in diesem Moment aufhielt. Als Mitglied in die NGZH aufgenommen wurde er 1792, als er in Madrid lebte. Zu den Mitgliedern: Baumgartner, Das nützliche Wissen. Jean-Laurent Garcin ließ sich 1771 auf dem Landgut Cottens, im zu Bern gehörigen Waadtland nieder. Jean-Daniel Candaux: »Garcin, Jean-Laurent«, in: Historisches Lexikon der Schweiz (HLS). Version vom 17.8.2005, https://hls-dhs-dss.ch/de/articles/025939/2005-08-17/ (abgerufen am 21.9.2023). Jodocus (von) Ehrhart (1740-1805) war Stadtarzt in Memmingen und ab 1772 Mitglied der Leopoldina. Johann Daniel Ferdinand Neigebaur: Geschichte der kaiserlichen Leopoldino-Carolinischen deutschen Akademie der Naturforscher während des zweiten Jahrhunderts ihres Bestehens, Jena 1860, S. 230. Luzius Pol (1754-1828) war von 1776 bis 1790 Pfarrer in Luzein. Marti-Weissenbach, Karin: »Pol, Luzius«, in: Historisches Lexikon der Schweiz (HLS). Version vom 28.9.2010 (abgerufen am 21.9.2023). Peter Salzwedel (1752-1815) übernahm 1778 die Frankfurter Schwanen-Apotheke von seinem Vater Johann Jacob (1714-1778). Henkel, Christopher: »Salzwedel, Peter«, in: Frankfurter Biographie (1994/96) in: Frankfurter Personenlexikon (Onlineausgabe). Version vom 20.3.1995, https://frankfurter-personenlexikon.de/node/987 (abgerufen am 21.9.2023). Der Mediziner und spätere Direktor des Königlichen Botanischen Gartens Carl Ludwig Willdenow (1765-1812), der 1789 bis 1793 die von seinem Vater übernommene Apotheke in Berlin führte, hat sein Interesse an Samen aus dem Zürcher Garten 1788 gegenüber Paul Usteri zum Ausdruck gebracht. Gerhard Wagenitz/Hans Walter Lack: Carl Ludwig Willdenow (1765-1812), ein Botanikerleben in Briefen, in: Annals of the History and Philosophy of Biology 17 (2012), S. 1-289, hier S. 26. Der Kleriker Pierre André Pourret (1754-1818) botanisierte bevorzugt im Umfeld seiner Heimatstadt Narbonne. Roger L. Williams: Botanophilia in Eighteenth-Century France. The Spirit of the Enlightenment, Dordrecht; Boston; London 2001, S. 109f. Johann David Schöpf aus Wunsiedel (1752-1800) war als Chirurg der ansbach-bayreuthischen Hilfstruppen nach Nordamerika gelangt. Wolf-Dieter Müller-Jahncke: »Schoepf, Johann David«, in: Neue Deutsche Biographie 23 (2007), S. 427f. Online-Version, https://www.deutsche-biographie.de/pnd116889462.html#ndbcontent (abgerufen am 21.9.2023). Beim Schaffhauser Wipf handelt es sich vermutlich um den Chirurgen Johann Caspar Wipf (1726-1814), der als Oberrichter und Landvogt wirkte. Jakob Wipf: Ein Stück Schaffhauser Sippenkunde, in: Schaffhauser Beiträge zur vaterländischen Geschichte 18 (1941), S. 136-158, hier S. 153f. Zu den fürstlichen Gärten: Für 1790 ist eine Sendung von Samen von [Karl Christian] Gmelin (»Prof. Carolsruhanus«) dokumentiert. StAZH, B IX 255. Zuvor bestand bereits ein Austausch mit Johann Christoph Gasque und Christian Thran. Brief Gessner an Haller, Zürich, 11.9.1748. BB Bern, N Albrecht von Haller 105.20.118. Zitiert nach: Boschung, Johannes Gessner, S. 96f. Zu Martini siehe: Sebald, Martini; Wörz, Herbarien.

Universitätsgärten	Einzelakteure	Fürstliche Gärten
Groningen (Munniks)	Cavanilles [Paris?/Madrid?]	Karlsruhe (Gmelin)
Leiden (van Royen; Brugmans)	Garcin de Cottens [Cottens]	Stuttgart (Martini)
Göttingen (Murray)	Ranftl (Salzburg)	Herrenhausen (Ehrhart)
Leipzig (Leske; Hedwig)	Ehrhart (Memmingen)	
Altdorf (Vogel)		
Erlangen (Schreber)	Merk/Maerck (Ravensburg)	
Heidelberg (Zuccharius)	Pol (Luzein)	
Straßburg (Spielmann; Hermann)	Saltzwedel (Frankfurt)	
Tübingen (Storr)		
Wien (Jacquin)	Steudel (Berlin)	
Mailand (Vitman)	Willdenow (Berlin)	
Turin (Allioni)	Pourret [Narbonne]	
Florenz (Zuccagni)	Schöpf von Wunsiedel (New York)	
Mantua (Gualandris; Nocca)	Wipf (Schaffhausen)	
Pavia (Scopoli; Brusati)		
Vicenza (Turra)		

Tab. 1: Übersicht: Tauschpartner des botanischen Gartens, 1779-1790

Mit den verschiedenen Gärten und Einzelpersonen tauschten die Zürcher jeweils Samen in großen Mengen aus.[179] Die umfangreichsten Saatgutlieferungen kamen aus den universitären Gärten wie Turin (über 1000 Einheiten), Pavia und Göttingen (jeweils über 500 Einheiten), Leipzig (über 400), Straßburg, Leiden und Groningen (jeweils über 300) sowie Mantua (über 200). Aber auch Einzelakteure schickten große Mengen Saatgut: Der Zürcher Garten erhielt Samen von dem Salzburger Kaufmann Franz Anton Ranftl (über 900) und dem Ravensburger Arzt Johann Merk (über 200) sowie dem Stuttgarter Hofbotaniker Alexander Wilhelm Martini, der über 300 Einheiten schickte.[180] Die Verantwortlichen des

179 Die bisherige Forschung hat vor allem Pflanzentransfers im Rahmen von Korrespondenzen einzelner Pflanzenliebhaber untersucht. Siehe beispielsweise: Dauser et al., Wissen im Netz.

180 StAZH, B IX 255-256.

Zürcher Gartens sandten ihrerseits große Mengen Saatgut an die Gärten in Leiden und Altdorf (über 1000), Pavia (über 700), Straßburg (über 600), Turin (knapp 600), Groningen (über 500), Mantua (über 300) und Göttingen (knapp 200) sowie an den Berliner Arzt Steudel (über 500) und an Merk in Ravensburg (über 300).[181] Die Anzahl der erhaltenen und verschickten Samen belegt den Umfang des Austauschs und macht deutlich, dass es sich dabei keineswegs nur um gelegentliche Einzeltransfers handelte.

Zudem zeigt die Auswertung der Listen, welche Kontakte den Garten maßgeblich erweiterten. Ältere Arbeiten über den botanischen Garten der Naturforschenden Gesellschaft Zürich erwähnten vor allem jene Akteure als wichtige Tauschpartner, die zu ihrer Zeit zu den bekannten Gelehrten zählten und deren Namen bei der informierten Leserschaft Eindruck machten. Mit dem Verweis auf die Verbindung zu diesen Akteuren versuchten sie, die Bedeutung des Zürcher Gartens herauszustreichen. Der Zürcher Wissenschaftshistoriker Ferdinand Rudio (1856-1929) beispielsweise nennt in seiner Geschichte der Naturforschenden Gesellschaft, die er 1896 anlässlich des 150-jährigen Bestehens veröffentlichte, als wichtige Absender von Samen für den Zürcher Garten in den 1780er-Jahren »die Herren Wittmann in Mailand, Leske in Leipzig, Münnik in Gröningen, Steudel und Willdenow in Berlin, v. Clairville in Winterthur, Wendtland in Hannover.«[182] Die meisten dieser Botaniker waren nicht nur Ende des 18. Jahrhunderts als ›Fremde Mitglieder‹ der Zürcher Naturforschenden Gesellschaft berufen worden, sie waren darüber hinaus auch Rudios Zeitgenossen durch ihre Tätigkeit an botanischen Gärten und ihre Veröffentlichungen bekannt.[183] Somit

181 StAZH, B IX 255-256. Die Unterlagen des botanischen Gartens in Turin zeigen zudem, dass Allioni von Locher bereits zuvor Pakete mit Samen mit mindestens mehreren Dutzenden, mehrfach aber auch weit über hundert verschiedene Arten erhalten hatte. Indice, Bd. 13, 15, 17.

182 Rudio, Naturforschende Gesellschaft, S. 202. Mit Wendland nennt Rudio einen weiteren Tauschpartner, der in den Tauschlisten des botanischen Gartens (StAZH, B IX 255-256) nicht sichtbar wird. Die Spezimina aus den Herrenhäuser Gärten hatte der aus Holderbank stammende (Jakob) Friedrich Erhart nach Zürich geschickt. Die Gärtnerfamilie Wendland war jedoch weit bekannt, da sie die Herrenhäuser Gärten im 19. Jahrhundert maßgeblich prägte. Vgl. Hubert Rettich: Johann Christoph, Heinrich Ludolph und Hermann Wendland. 125 Jahre in direkter Folge Hofgärtner in Herrenhausen, in: Heike Palm (Hg.): Königliche Gartenbibliothek Herrenhausen. Eine kostbare Sammlung, ihre Geschichte und ihre Objekte (= Schatzkammer, Bd. 2), Hannover 2016, S. 234-265.

183 Beispielsweise war Carl Ludwig Willdenow 1810 Direktor des botanischen Gartens der Berliner Universität geworden. Clemens König: »Willdenow, Karl Ludwig«, in: Allgemeine Deutsche Biographie 43 (1898), S. 252-254. Online-Version, https://www.deutsche-biographie.de/pnd117387436.html#adbcontent (abgerufen am 11.10.2023). Der gebürtige Franzose Joseph Philippe de Clairville (1742-1830) hatte sich 1782 erfolgreich um die Niederlassung in Winterthur beworben und in den 1790er-Jahren sieben Hefte

konnten sie als Zeugen dienen für das Ansehen, das der Zürcher Garten seit seiner Gründung genossen hatte.

Zahlenmäßig bedeutend waren aber – neben den Sendungen der von Rudio genannten Nathanael Gottfried Leske und Wijnold Munniks (Groningen) – weniger die übrigen in der Jubiläumsschrift angeführten Naturforscher als die Saatgutlieferungen aus den Universitätsgärten in Turin (Carlo Allioni), Pavia (Giovanni Antonio Scopoli) und Göttingen (Johan Andreas Murray) sowie aus Straßburg (Jacob Reinbold Spielmann, Jean Hermann) und Leiden (van Royen). Zudem blieben die umfangreichen Sendungen des Salzburger Kaufmanns Franz Anton Ranftl unerwähnt. Von ihm bezogen die Zürcher Naturforschenden für den botanischen Garten zwischen 1786 und 1793 mehrfach Sendungen mit jeweils mindestens 200 Arten von Samen.[184] Die quantitative Auswertung der überlieferten Pflanzenlisten ermöglicht es, die Akteure unabhängig von ihrem Ansehen bei Zeitgenossen und ihrer Bewertung in der Historiografie zu untersuchen.

Die Untersuchung der Listen machte deutlich, dass es den Zürcher Pflanzenliebhabern gelang, Saatgut aus zahlreichen Gärten und von Privatpersonen zu beschaffen. Aus Italien, den Niederlanden und dem Reich, von Botanikprofessoren, Ärzten und Kaufleuten erhielten sie hunderte verschiedene Arten von Pflanzen, die ursprünglich in den Amerikas, in Südafrika, Indien und Südostasien wuchsen. Die Zürcher Pflanzenliebhaber beschafften sich dabei nicht nur vereinzelte Pflanzenpakete aus diesen weit entfernten Regionen: Die Analyse der Listen machte vielmehr deutlich, dass die Transferaktivitäten dieses Gartens, der weder staatliche Unterstützung erfuhr noch in großem Maße von globalen Handelsbeziehungen lokaler Kaufleute profitieren konnte, weitaus umfangreicher und regelmäßiger waren, als es bisherige Forschungen zu botanischen Gärten im 18. Jahrhundert hätten vermuten lassen.

Auch wenn große Mengen Saatgut ausgetauscht wurden, bedeutet dies nicht, dass die Transfers in den Netzwerken mühelos vonstattengingen. Im Folgenden wird daher am Beispiel der Papaya, die Gessner von seinem Berner Korrespondenten

über Gartenpflanzen und Sträucher sowie 1811 sein Hauptwerk »Manuel d'herborisation en Suisse et en Valais« veröffentlicht: Heinz Balmer: »Clairville, Joseph Philippe de«, in: Historisches Lexikon der Schweiz (HLS). Version vom 17.8.2012, https://hls-dhs-dss.ch/de/articles/031968/2012-08-17/ (abgerufen am 11.10.2023).

184 Wie die meisten solcher langjährigen Austauschbeziehungen – beispielsweise auch jene mit Benedict Christian Vogel in Altdorf und Giovanni Antonio Scopoli in Pavia – wurden die wiederholten Transfers mit Franz Anton Ranftl von Briefen begleitet. In den Briefen informierten sich die Korrespondenten nicht nur über die verfügbaren Samen – Ranftl berichtete beispielsweise davon, dass sein Angebot wegen des schlechten Wetters eingeschränkt war, welche Pflanzen bei ihm eingegangen waren, und schickte jeweils den aktuellen Katalog nach Zürich –, sondern besprachen auch die Details des Austauschs: Ranftl teilte Locher mit, wann und auf welchem Weg er die Samen nach Zürich losgeschickt hatte. Bspw. Brief Ranftl an Locher/Scheuchzer, Salzburg, 7.2.1787. StA B IX 220.105 und Brief Ranftl an Locher, Salzburg, 23.4.1785. StAZH, B IX 220.102.

Samuel Engel erhielt, der Umgang mit den Herausforderungen beleuchtet, vor denen diejenigen standen, die in der zweiten Hälfte des 18. Jahrhunderts Samen und Pflanzen verschicken und in ihrem Garten kultivieren wollten. Wie gelang es den Zürchern, aus den erhaltenen Samen tatsächlich blühende Pflanzen zu ziehen? Wie funktionierte der Transfer der Papayasetzlinge, die Gessner besorgen konnte, konkret? Wie gingen die am Austausch beteiligten Akteure mit den Problemen um, die sich ihnen beim Transport und bei der Aufzucht der Spezimina stellten?

Über die materiellen Praktiken des Austauschs und Anbaus, die für das Gelingen der Pflanzentransfers des 18. Jahrhunderts entscheidend waren, wissen wir bislang nur wenig, obwohl sich die Forschung in den letzten Jahren zunehmend für die materielle Bedingtheit von Wissen interessiert hat.[185] Lediglich einzelne Studien zu Instruktionen zum Verpacken und Verschicken von Pflanzen und anderen naturkundlichen Objekten geben erste Einblicke, wie sich die am Transfer beteiligten Akteure bemühten, den Herausforderungen des Transports zu begegnen. Der Schwerpunkt der bisherigen Untersuchungen lag jedoch auf dem Transport von Pflanzen übers Meer, da erfolgreiche Überseetransfers für europäische Botaniker essenziell waren.[186] Über das praktische Funktionieren des Austauschs zwischen Akteuren in botanischen Netzwerken, die sich, wie das der Zürcher Pflanzliebhaber, vor allem über Europa erstreckten, ist nur wenig bekannt. Es soll daher am Beispiel der Papaya untersucht werden, die die Schweizer Botaniker zu kultivieren versuchten (Abb. 31).

»Die reifen Früchte [sind] von süßem Geschmack, in der Mitte zwischen Feige und Melone, roh eine häufige Speise der Indianer. Unreif gekocht, mit Zucker und Limonensaft, [ergeben sie] ein vorzügliches Gewürz«, schrieb Gessner 1760 im ersten praktischen Teil seiner *Phytographia sacra* über die Papaya.[187] Den Papayabaum *(Carica papaya)* thematisierte er aber nicht nur in dem Verzeichnis, in dem er sämtliche Pflanzen auflistete, die als Nahrung, Getränk oder Gewürz genutzt wurden, sondern ließ auch eine Abbildung der Pflanze für seine *Tabulae phytographicae* anfertigen.[188]

Die aus Mittelamerika stammende Nutzpflanze war bei Gessner und den Pflanzenliebhabern in seinem Umfeld begehrt: Papayasamen standen immer wieder auf den Wunschlisten, die die Zürcher an den botanischen Garten in Leiden richteten.

185 Zur Diskussion über die Materialität des Wissens siehe beispielsweise: Mariss, »A world of new things«.

186 Zu Seewegen, aber auch zum Landtransport u.a. mittels Karawanen: Yves-Marie Allain: Une histoire des jardins botaniques. Entre science et art paysager, Versailles 2012, S. 56.

187 Gessner, Phytographia sacra (1760), S. 43.

188 Gessner/Schinz, Tabulae phytographicae, Tab. 58; Gessner, Phytographia sacra (1760). Die Papaya stammt wahrscheinlich ursprünglich aus Mexiko und Costa Rica. Im 16. Jahrhundert wurde die Pflanze von den Spaniern in die Karibik und nach Südostasien gebracht. In den Tropen trägt sie ganzjährig Früchte und ist daher eine wichtige Nahrungsquelle. John G. Vaughan: The New Oxford Book of Food Plants, Oxford [2]2009, S. 130.

Abb. 31: *Carica papaya* (Papaya), aus: Tab. 58 Gessner/Schinz, Tabulae phytographicae

Der Leidener Botaniker David van Royen verfügte über ausreichend Samen der *Carica papaya*, sodass er Anfang der 1780er-Jahre jedes Jahr davon in die Limmatstadt schicken konnte.[189] Das Interesse an der Pflanze und ihren Früchten wurde durch Reiseberichte angeregt und gefördert: Bereits die ersten Europäer, die nach Amerika gelangt waren, hatten von der Frucht und ihrer wohltuenden Wirkung berichtet, die sie bei den amerikanischen Indigenen beobachtet hatten. Im 17. und 18. Jahrhundert mehrten sich die Berichte, dass die Pflanze inzwischen auch in Ostindien angebaut wurde. Auf Grundlage der Berichte aus den beiden Indien äußerten sich auch Botaniker wie Clusius, Tournefort und Linné in ihren Schriften zum Papaya- oder Melonenbaum und weckten damit das Interesse zahlreicher Pflanzenliebhaber in Europa.

Johannes Gessner konnte bereits in den 1750er-Jahren selbst Papayapflänzchen in Augenschein nehmen. Sein Berner Korrespondent Samuel Engel hatte im Frühjahr 1753 mit Unterstützung seines Gärtners ganze 16 Pflänzchen gezogen und wollte Gessner einige davon schicken. Gespannt wartete er auf die Lieferung der begehrten Gewächse, die sich immer wieder verzögerte: Anfang Juni waren die Pflanzen noch nicht kräftig genug, sodass Engel entschied, sie noch etwas zurückzuhalten, und auch zwei Wochen später musste er Gessner noch vertrösten, da sein Gärtner ihm geraten hatte, nochmals vierzehn Tage mit dem Versenden der Papayapflänzchen zu warten, sodass Engel die Pflanzen letztlich erst im Juli nach Zürich

189 StAZH, B IX 255-256.

schickte.[190] Der richtige Zeitpunkt war für den Transport von Pflanzen – der insgesamt schwieriger war als der von Samen und Zwiebeln – entscheidend.[191] Sie mussten kräftig genug, durften aber nicht zu groß und schwer sein. Zudem spielten die Witterung und die Jahreszeit eine Rolle. Die meisten Pflanzen verkrafteten den Transport bei wärmeren Temperaturen besser, manche aber – wie beispielsweise Magnolien – überstanden den Transfer eher während der Winterruhe.[192]

Allerdings war auch für den Saatguttransfer der Zeitpunkt der Sendung von großer Bedeutung. Die Samen mussten rechtzeitig im Frühjahr eintreffen, damit sie noch im selben Jahr ausgesät werden konnten.[193] Über die Hälfte der Briefe an die Verantwortlichen des botanischen Gartens wurden so auch in den ersten drei Monaten des Jahres geschrieben, drei Viertel der Schreiben erreichten die Limmatstadt vor Juni. In den seltenen Fällen, in denen Samen erst Ende April verschickt wurden, wurde dies kommentiert und zu relativieren versucht.[194] Gelang es den Pflanzenliebhabern nicht, die Transfers rechtzeitig zu realisieren, mussten sie im jeweiligen Jahr komplett auf Samen verzichten.[195] Grundsätzlich waren deshalb alle am Pflanzentausch beteiligten Akteure bemüht, die Samen in den ers-

190 Brief Engel an Gessner, Aarberg, 9.6.1753, ZBZ, Ms M 18.28.6.

191 Siehe hierzu beispielsweise: Brief Ranftl an Schinz, Salzburg, 23.4.1785. StAZH, B IX 220.102.

192 Brief Ranftl an Scheuchzer, Salzburg, 27.2.1788. StAZH, B IX 220.152. Zum Transport der Magnolien siehe die Bemerkungen des Londoner Kaufmanns Peter Collinson. Brigitte Sigel: Wagen, Schiffe und Buchhändler. Transportvehikel für Pflanzen und Samen, in: Annemarie Bucher (Hg.): Pflanzen auf Reisen. Von Sammlerlust und Invasionen, Zürich 2011, S. 7-10.

193 Der Tatsache, dass die Aussaatsaison je nach geografischer Lage unterschiedlich war, waren sich die Pflanzenliebhaber in Gessners Umfeld bewusst, wie beispielsweise der Brief des Turiner Botanikers Carlo Allioni an Carl von Linné in Schweden belegt. Brief Allioni an Linné, Turin, 10.5.1768. Linnean Society, London, I, 36-37. Online unter: http://urn.kb.se/resolve?urn=urn:nbn:se:alvin:portal:record-231879 (abgerufen am 11.10.2023). Zu Jahreszeiten außerdem: Brief Ranftl an Locher, Salzburg, 7.2.1787. StAZH, B IX 220.105.

194 So versicherte beispielsweise der Straßburger Botaniker Jean Hermann (1738-1800) in seinem Schreiben an Johann Georg Locher Ende April 1784, dass die Samen, die er schickte, noch ausgesät werden konnten, da er selbst die Aussaat in diesem Jahr noch nicht abgeschlossen hatte und auch noch auf Samen warte. Brief Hermann an Locher, Straßburg, 24.4.1784. StAZH, B IX 220.2.

195 »La saison etant trop avancée, je n'ose vous demander des graines [...] cette année.« Brief Allioni an Scheuchzer, Turin, 20.5.1789. StAZH, B IX 220.174. Es passierte auch, dass die Samen so spät eintrafen, dass »die beste Zeit [zur Aussaat bereits] verflossen« war. Brief Ranftl an Locher, Salzburg, 10.5.1787. StAZH, B IX 220.107. Zwiebeln konnten auch noch in der zweiten Jahreshälfte ausgetauscht werden, sodass das Interesse an Hyazinthen und anderen Zwiebelgewächsen in den Briefen im Frühjahr bereits bekundet wurde, der Austausch aber später realisiert wurde: Brief Ranftl an Scheuchzer, Salzburg, 23.4.1789. StAZH, B IX 220.149.

ten Monaten des Jahres zu liefern, weshalb auch Mehrfachlieferungen keine Seltenheit waren. Rechneten die Tauschpartner des Zürcher Gartens nach der ersten Sendung mit weiteren Samen von ihren Kontakten, so warteten sie nicht auf deren Ankunft, sondern sandten bei deren Eintreffen lieber erneut ein Paket in die Limmatstadt.[196] So schickte der Salzburger Pflanzenhändler Ranftl das Päckchen an den Zürcher Garten Ende März 1786 wegen der »herannahenden Säzeit« ab, obwohl er noch auf weitere Samen wartete.[197] Die Kosten für die erneute Sendung waren dabei, so scheint es, weniger relevant als die Chancen für die erfolgreiche Aufzucht der Spezimina. Dafür musste der Austausch in den botanischen Netzwerken zwischen Zürich und Salzburg, Turin und Leiden schnell erfolgen.

Dichter Austausch von Informationen war für das Funktionieren des Transports entscheidend. Die Korrespondenten besprachen im Voraus, welcher Transportweg von Leiden, Turin, Verona oder London nach Zürich zu wählen war und welche Kaufleute als zuverlässig galten.[198] Blieb ein Antwortschreiben über längere Zeit aus, sorgten sich die Korrespondenten, ob die vorangegangene Sendung überhaupt angekommen oder nicht zur Zufriedenheit des Tauschpartners gewesen war.[199] Als Samuel Engel beispielsweise im Frühjahr 1754 auf Samen aus dem *Chelsea Physics Garden* wartete, versuchte er, Informationen über den Verbleib der Sendung einzuholen. Als ihm dies über mehrere Wochen hin nicht gelang, musste er damit rechnen, dass die Samen verloren gegangen seien. Bis nach Amsterdam, wo sie ans Postamt übergeben worden war, ließ sich die Sendung noch nachverfolgen, danach verlor sich ihre Spur.[200] Keiner der am Transfer Beteiligten, bei denen Engel nachfragte, wusste jedoch über den weiteren Verbleib der »Samen aus Chelsea« Bescheid. Trotz engmaschiger Kommunikation kam es immer wieder zum Verlust ganzer Sendungen.

Und auch wenn die Samen und Pflanzen an ihrem Bestimmungsort ankamen und diesen obendrein rechtzeitig erreichten, war dies noch keine Garantie für das

196 Siehe dazu die datierten Listen in: StAZH, B IX 255-256. Grundsätzlich versuchten die Akteure immer, einen Teil der Samen schnell weiterzugeben, damit sie frisch waren. Auch andere ›verderbliche‹ naturkundliche Objekte boten die Sammler an, sobald sie mehrere von einer Sorte zusammengetragen hatten, weil die getrockneten Pflanzen, Insekten etc. dann am wertvollsten waren, wenn sie in einem guten Zustand waren. Siehe beispielsweise: Brief Allioni an Locher, Turin, 22.8.1777. StAZH, B IX 220.46.

197 Brief Ranftl an Locher, Salzburg, 31.3.1786. StAZH, B IX 220.103.

198 Gronovius erkundigt sich, ob er die Sendungen über »Dr. van der Wallen« oder über die Post abwickeln solle. Brief Gronovius an Gessner, Leiden, 15.7.1732. UB Leiden, BPL 1886. Ranftl, der die zahlreichen Pakete mit Samen von meist über hundert verschiedenen Arten stets per Postwagen schickte, schrieb den Zürchern für jede einzelne Sendung, dass die Samenpakete auf diesem Weg geschickt wurden. Siehe u.a.: StAZH, B IX 220.102; 146-148; 150-152.

199 Allioni fragte im Februar 1779 nach, ob Locher die im Vorjahr über Mailand geschickte Sendung erhalten habe. Brief Allioni an Locher, Turin, 19.5.1770, StAZH, B IX 220.47.

200 Brief Engel an Gessner, 20.6.1754. ZBZ, Ms M 18.28.23.

Gelingen des Transfers. So wurden die Papayapflänzchen, die Samuel Engel mit Mühe gezogen hatte, auf dem Weg von Aarberg nach Zürich beschädigt, da das Transportgeschirr zerbrach.[201] Immer wieder litten die verschickten Samen und Pflanzen unterwegs. Lieferungen aus Holland wie aus Karlsruhe kamen beschädigt in der Schweiz an.[202] Solche Misserfolge beim Pflanzentransfer waren keine Einzelfälle. Sie zu verhindern, stellte vielmehr eine ständige Herausforderung dar: Pflanzen vertrockneten oder erfroren, Samen wurden feucht und begannen zu keimen oder zu schimmeln. Für die Pflanzenliebhaber bedeutete dies finanzielle Verluste und fehlendes Pflanzenmaterial zur Untersuchung. Die Korrespondenten in Gessners Netz informierten sich deshalb nicht nur darüber, ob und auf welchen Wegen sie die Pakete mit Samen und Pflanzen verschickt hatten sowie in welchem Zustand die Pflanzen angekommen waren, sondern auch über die richtige Verpackung während des Transports: Die Rede ist von Schachteln, Paketen und Geschirren, in denen die Samen zwischen den Korrespondenten hin- und hergeschickt wurden.

Explizitere Anweisungen für den Transport wurden meist zu Beginn des Austauschs formuliert oder wenn es Probleme gab. Nach Möglichkeit sollten die Spezimina in geflochtenen Körben, gepolstert mit Moos oder Baumwolle, verschickt werden.[203] Es war wichtig, dass die Sendungen nicht zu schwer waren und dass die Samen trocken blieben. Wurden sie trocken aufbewahrt, konnten die meisten Samen noch Monate oder gar Jahre später keimen. Nur ölhaltige Samen mussten, da sie nach kurzer Zeit die Fähigkeit zu keimen verloren, in Erde ausgesät transportiert werden. Die am Pflanzentransfer beteiligten Akteure entwickelten schnell ein Bewusstsein für die unterschiedliche Haltbarkeit von Samen.[204] Die

201 Brief Engel an Gessner, Aarberg, 6.7.1754. ZBZ, Ms M 18.28.27.

202 Brief Engel an Gessner, Bern, 7.5.1753, ZBZ, Ms M 18.28.4.

203 Beispielsweise: Brief Hermann an Locher, 24.4.1784, StAZH, B IX 220.2. Die Körbe wurden aus Weiden, Binsen und Schilf geflochten. Als Verpackungsmaterial war zudem Stroh und Rinde üblich. All diese Verpackungsmaterialien wurden bis in die zweite Hälfte des 20. Jahrhunderts hauptsächlich verwendet. Allain, Histoire, S. 56f. Auch auf Schiffen wurden die Sendungen mit Moos und Erde geschützt in Kisten verpackt, die dann teilweise wie andere Güter mit geringem Volumen und großem Wert unter dem Bett des Kapitäns verstaut wurden. Sigel, Transportvehikel. Im Pariser *Jardin des Plantes* wurde Ende des 18. Jahrhunderts je nach Wert des Inhalts unterschiedliches Verpackungsmaterial verwendet. Dieses Wissen verschriftlichte der Direktor des Gartens, André Thouin, um 1800. Allain, Histoire, S. 57. Zu Thouins Bemühungen um die Akklimatisierung von Pflanzen siehe zudem: Bourguet, Measurable Difference.

204 Bereits im 17. Jahrhundert wurde Saatgut danach eingeteilt, wie lange nach der Entnahme noch Pflanzen aus den Samen gezogen werden konnten. Allain, Histoire. Der Transport von lebenden Pflanzen wurde in den 1830er mit dem »Wardian Case« revolutioniert, einem transportablen Miniaturgewächshaus. Der Erfolg: 90% der Pflanzen kamen in gutem Zustand an, auch wenn sich mit der Einführung der Cases zunächst neue Probleme beim Schiffstransport ergaben, da die Pflanzen nun auf Deck gelagert werden mussten. Siehe zum Wardian Case: McCook, Squares of Tropic Summer.

Verpackung und Konservierung war für die Pflanzenliebhaber des 18. Jahrhunderts daher von großer Bedeutung.

Gerade jene Akteure, die mit Pflanzen handelten, bemühten sich, den Transport zu optimieren, und verfassten zahlreiche Instruktionen, wie das Saatgut und die lebenden Pflanzen zu transportieren seien.[205] Zu den ersten bekannten Anleitungen dieser Art gehört John Woodwards *Brief instruction for making observations in all parts of the world; as also for collecting, preserving and sending over natural things* (1696).[206] Im 18. Jahrhundert zirkulierten unter anderem Henri-Louis Duhamel du Monceaus (1700-1782) 1753 in Paris gedruckte Schrift *Avis pour le transport par mer des arbres, des plantes vivaces et diverses autres curiosités d'histoire naturelle*, die als erste dieser Art in französischer Sprache gilt.[207] Vor allem jene Pflanzenliebhaber, die mit ihrem Engagement finanzielle Risiken eingingen, reflektierten darüber, wie diese zu minimieren seien, und hielten ihre Überlegungen schriftlich fest.[208] Für die Zürcher Pflanzenbegeisterten waren diese gedruckten Anleitungen sehr nützlich, da sie ihnen ermöglichten, auf die Erfahrungen und Kenntnisse anderer zurückzugreifen und die Fehlerquellen zu reduzieren.

Und auch wenn sie zahlreiche Rückschläge erleiden mussten, versuchten die Pflanzenliebhaber in Gessners Netz weiter, Samen zu bekommen und daraus Pflanzen zu ziehen. Im Jahr nach dem von Schwierigkeiten geprägten Transport der erfolgreich gezogenen Papayasetzlinge nach Zürich säte Engel auf seinem Landgut in Aarberg erneut Samen ›exotischer‹ Pflanzen aus. Während sich die meisten davon gut entwickelten, bereitete ihm die Papaya in diesem Jahr Probleme:

205 Vom 16. Jahrhundert an formulierten private Sammler, in erster Linie aber Handelskompanien, Anleitungen für Seeleute und andere Pflanzensammler, die in weit entfernten Territorien Samen, Zwiebeln und »frische« Pflanzen sammelten. Laird/Bridgman, American Roots. Im 19. Jahrhundert wurden vermehrt von staatlicher Seite Instruktionen für sammelnde Naturforscher ausgegeben. Allain, Histoire, S. 55.

206 Derartige Anleitungen sollten das Sammeln und Tauschen vereinfachen. Siehe zu den Arbeitsökonomien der Naturforschung: Kühn, Wissen, Arbeit, Freundschaft.

207 Allain, Histoire. In spanischer Sprache zirkulierte Casimiro Gomez Ortegas (1741-1818) Instrucción sobre el modo más seguro y económico de transportar plantas vivas por mar y tierra a los países más distantes (1779 in Bologna erschienen).

208 Laird/Bridgman, American Roots; Christopher M. Parsons/Kathleen Murphy: Ecosystems under Sail. Specimen Transport in the Eighteenth-Century French and British Atlantics, in: Early American Studies 10/3 (2012), S. 503-539. Für den Erfolg des Überseetransports war die Zusammenarbeit mit Seeleuten unerlässlich, gestaltete sich aber oftmals schwierig, da diese mit den Pflanzen um das mitgeführte Trinkwasser konkurrierten. Die Pflanzen mussten nicht nur gegossen, sondern auch mit Wasser vom Salzstaub auf den Blättern befreit werden. Anweisungen, wie Pflanzen während des Transports zur See konserviert werden konnten, veröffentlichte der Engländer John Ellis mit seinen *Directions for Ship's Captains.* Ellis war ebenso wie Peter Collinson Stoffhändler und naturkundlich interessiert. Als *Royal Agent for West Florida* (1764) und *Dominica* (1770) gehörte es zu seinen Aufgaben, ökonomisch nützliche Pflanzen zu importieren. Laird/Bridgman, American Roots, S. 173; Figueroa, Packing Techniques.

Statt zu keimen und zu Setzlingen heranzuwachsen, verfaulten die Samen. Den genauen Grund für den Misserfolg konnte Engel nicht nennen, da die möglichen Ursachen zahlreich waren: Samen, die nicht mehr frisch waren, zu viel Wasser oder die Zusammensetzung der Erde.[209]

Besonders schwierig gestalteten sich die Versuche der Pflanzenliebhaber in Europa, die Samen, die sie aus weit entfernten Weltregionen besorgt hatten, zu vermehren.[210] Berichte über derartige Fehlschläge finden sich in den Briefen an die Verantwortlichen des Zürcher Gartens häufig: Die von weit her besorgten Samen keimten erst gar nicht oder gingen ein, bevor Samen entnommen werden konnten.[211] Als Grund für den daraus resultierenden Samenmangel wurde oftmals das schlechte Wetter angeführt.[212]

Für die erfolgreiche Aufzucht von Spezimina aus anderen Temperaturzonen war ein Gewächshaus, wie es die Zürcher Naturforschende Gesellschaft 1781 in ihrem Garten errichten ließ, daher unumgänglich (Abb. 32). Viele Jahre lang hatte Gessners Korrespondent Samuel Engel sein Unverständnis darüber geäußert, dass sich der Zürcher nicht längst mit anderen Pflanzenliebhabern zusammengetan hatte, um ein großes Glashaus zu errichten.[213] Denn ein Gewächshaus sei für das Gedeihen der *Parkinsonia* und der Gehölzsamen aus Virginia, die Engel Gessner geschickt hatte, und nicht zuletzt für die erfolgreiche Kultivierung der Papayapflanzen entscheidend, meinte der Berner Pflanzenliebhaber.[214] Bezüglich der Papaya waren es weniger die kalten Temperaturen im Winter, die Engel Sorge bereiteten, da sich für einige Monate zumeist ein warmer Ort finden ließ, um die Pflanzen unterzustellen. Vielmehr waren es die schwankenden Temperaturen im Herbst und im Frühling, die den Papayabäumchen schadeten. Selbst im Sommer wollte die Papaya »keine oder sehr wenig Luft haben«, wie Engel selbst hatte feststellen müssen, als er seine Bäumchen im Juli umtopfte. Nur ganz kurz hatte er die Papayapflanzen draußen stehen lassen und »in wenigen Minuten« verblassten die Blätter. Im Glashaus erholten sie sich jedoch glücklicherweise innerhalb eines Tages wieder. Ein Glashaus wie seines, davon war Engel überzeugt, konnte und sollte sich deshalb jeder zulegen – sei es zur Aufzucht oder zur Überwinterung der so mühevoll beschafften Pflanzen.[215]

209 Brief Engel an Gessner, Aarberg, 23.6.1754 ZBZ, Ms M 18.28.24.

210 Brief Allioni an Locher, Turin, 26.10.1776. StAZH, B IX 220.42. Allioni konnte keine Samen liefern, da die im Turiner Garten wachsende *Magnolia grandiflora* noch nicht geblüht hatte. Brief Allioni an Scheuchzer, Turin, 15.3.1788. StAZH, B IX 220.175.

211 Brief Ranftl an Locher, Salzburg, 22.2.1786. StAZH, B IX 220.104.

212 Brief Ranftl an Locher, Salzburg, 7.2.1787. StAZH, B IX 220.105.

213 Brief Engel an Gessner, Bern, 4.5.1754. ZBZ, Ms M 18.28.19.

214 Brief Engel an Gessner, Aarberg, 16.5.1754, ZBZ, Ms M 18.28.20.

215 Brief Engel an Gessner, Bern, 20.6.1754, ZBZ, Ms M 18.28.23. Detailliert berichtete er seinem Zürcher Korrespondenten dann auch, dass er es so hatte aufstellen lassen, dass es von morgens bis zwei Uhr nachmittags in der Sonne lag.

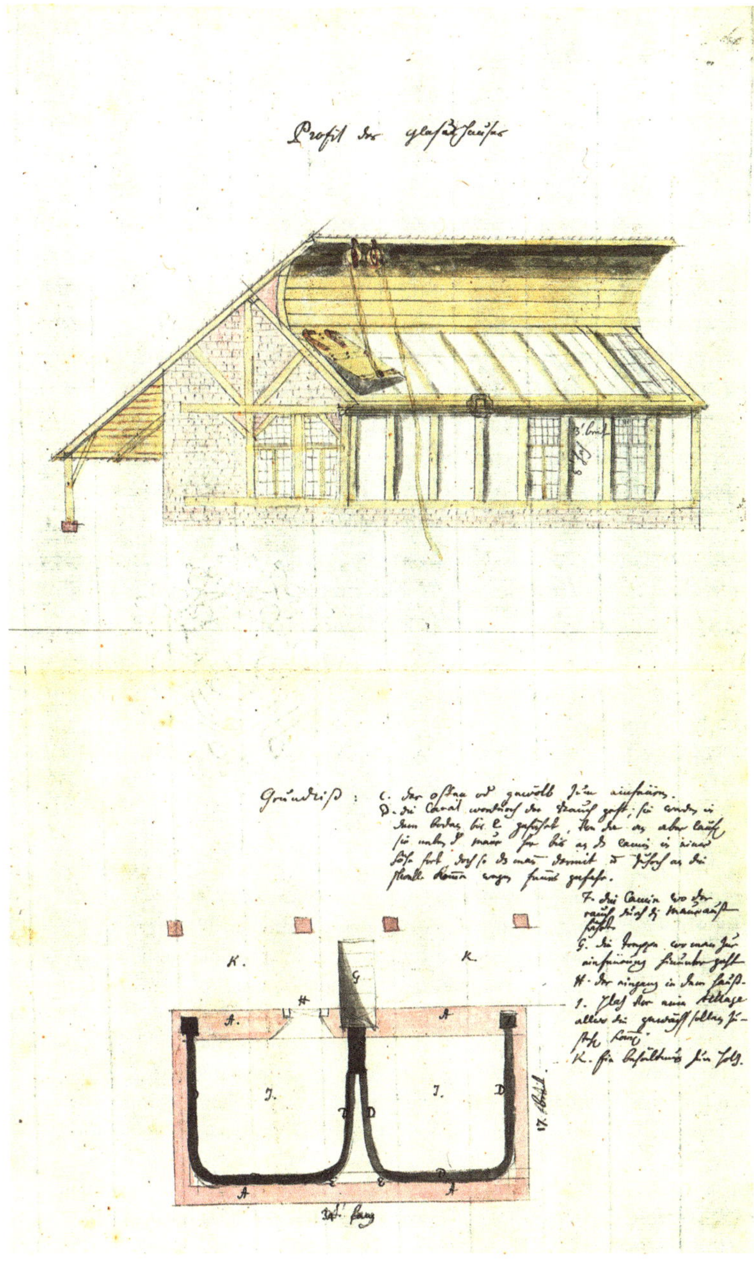

Abb. 32: Pläne für Glashäuser im Garten der der Naturforschenden Gesellschaft in Zürich, ca. 1746-1760

Außer einem Glashaus brauchte es auch andere Materialien: Ohne Holz und Nägel, Töpfe, Gefäße und Kisten wären die Anbauversuche der Zürcher Pflanzenliebhaber erfolglos geblieben.[216] Lokale Handwerker, die über das nötige Wissen verfügten, wie die Pflanzen geschützt und ausreichend feucht gehalten werden konnten oder von den Gartendirektoren instruiert wurden, stellten passende Gefäße zur Aufbewahrung der Pflanzen her. Vor allem diejenigen Pflanzen, die zeitweise durch ein Gewächshaus geschützt werden mussten, wurden bevorzugt in Töpfe und Kübel gepflanzt, sodass sie bewegt werden konnten.[217] All diese Materialien mussten bezahlt werden. In den Rechnungen des botanischen Gartens der Naturforschenden Gesellschaft machen die Ausgaben dafür einen nicht geringen Teil aus.

Der größte Ausgabenpunkt war jedoch die Bezahlung der verschiedenen Personen, die für den Unterhalt des Gartens arbeiteten. Am höchsten war ein Gärtner zu bezahlen, eine Ausgabe, welche für die Zürcher Pflanzenliebhaber jedoch in Zusammenarbeit zu bewältigen sein sollte, wie Gessners Korrespondent Samuel Engel fand.[218] Im botanischen Garten der Universität Göttingen unterstützten Tagelöhner den Gärtner und seinen Gehilfen bei Aufgaben, für welche die Mithilfe der Lehrlinge nicht ausreichte: Sie trugen Wasser herbei, gruben Wege, jäteten Beete und schnitzten die Beschriftungstafeln.[219] Die meisten Personen, die für ihre Arbeit im botanischen Garten der Naturforschenden Gesellschaft eine Bezahlung erhielten, wurden anhand ihres Handwerks genannt: ein Maurer, ein Glaser, ein Maler und ein Schlosser sowie andere Metallarbeiter wurden für ihre Dienste entlohnt.[220] Die Zahlungen für die zahlreichen Handwerker zeigen die Vielfalt der Personen, die zum Blühen des botanischen Gartens beitrugen. Auch wenn wir ihre Namen

216 Für Holz und Nägel wurden in den 1750er-Jahren jährlich 150 Gulden ausgegeben, in den späten 1760er-Jahren sogar 230 Gulden pro Jahr. StAZH, B IX 222.

217 In Ranftls Garten in Salzburg wurden die empfindlichen Pflanzen aus den wärmsten Regionen in Glaskästen gestellt und zudem Pferdemist um die Geschirre verteilt, um sie vor der Kälte zu schützen. Hübner, Beschreibung, S. 579.

218 Brief Engel an Gessner, Bern, 4.5.1754. ZBZ, Ms M 18.28.19; Brief Engel an Gessner, Aarberg, 16.5.1754, ZBZ, Ms M 18.28.20. Engel zahlte seinem Gärtner nicht nur einen direkten Lohn, sondern auch Arbeitskleidung wie Hosen und Kittel. Ebd.

219 Ihren Lohn erhielten die Arbeiter in Göttingen wöchentlich am Sonntag vom Gärtner: Silke Wagener: Pedelle, Mägde und Lakaien. Das Dienstpersonal an der Georg-August-Universität Göttingen 1737-1866 (= Göttinger Universitätsschriften, Serie A, Bd. 17), Göttingen 1996.

220 StAZH, B IX 222. In einzelnen Fällen finden sich auch Zahlungen an Personen, die mit dem Vornamen benannt wurden. Allerdings konnte nicht geklärt werden, welche Tätigkeit diese im botanischen Garten übernahmen. Die Arbeiter im Garten der Naturforschenden Gesellschaft in Zürich erhielten Wein und Brot für ihre Anstrengungen. In den 1770er-Jahren kostete Brot laut den Zürcher *Donnstagsnachrichten* sechs Schilling, während Wein für ungefähr zwei Gulden pro Maß verkauft wurde, sodass beachtliche Ausgaben für den botanischen Garten der Naturforschenden Gesellschaft zusammenkamen.

nur selten erfahren, zeigt sich doch, dass Bau und Unterhalt des Gartens nicht das Werk einzelner gelehrter Botaniker waren, sondern auf vielen Schultern ruhten.

Die Pflanzentransfers des 18. Jahrhunderts spielten sich nicht allein in der partikularen Korrespondenz zweier Botaniker wie Carlo Allioni und Johannes Gessner ab. Neben Gessner pflegten auch mehrere andere Zürcher Beziehungen zu Pflanzenliebhabern an anderen Orten. Die Tatsache, dass nicht nur Institutionen wie botanische Gärten, sondern auch Einzelakteure für die Pflanzentransfers eine wichtige Rolle spielten, bedeutet nicht, dass es sich dabei um gelegentliche Einzelsendungen und Freundschaftsdienste handelte. Vielmehr bemühten sich die Pflanzenliebhaber in Zürich und in Städten im Reich, den Niederlanden und Norditalien, einen regelmäßigen Austausch von Samen in großen Mengen zu organisieren. Sie informierten sich darüber, welche Pflanzen in universitären Gärten und bei Pflanzenhändlern in Europa verfügbar waren und erbaten bei den verschiedenen Akteuren ganz gezielt bestimmte Arten.

Die Untersuchung der Pflanzenlisten machte deutlich, dass es den Zürcher Pflanzenliebhabern in den 1780er-Jahren gelang, über ihre Tauschpartner Samen von tausenden Pflanzen zu besorgen, die eigentlich in weit entfernten Weltregionen wuchsen. Aus botanischen Gärten sowie von Privatpersonen in Europa besorgten sich die Zürcher Saatgut aus den Amerikas, vom Kap der Guten Hoffnung und aus Ostindien. Die weitreichenden Kontakte wie auch die ausgetauschten Pflanzenarten zeigen, dass es dem Zürcher Garten gelang, Zugang zu den gleichen Pflanzenarten zu erhalten wie Gärten im Reich, Italien und den Niederlanden, die fürstliche Unterstützung erfuhren oder auf die Netzwerke kolonialer Handelsgesellschaften zurückgreifen konnten.

Mit dem Garten der Naturforschenden Gesellschaft schufen die Zürcher Pflanzenliebhaber vor Ort Bedingungen, die es ihnen erlaubten, die als exotisch wahrgenommenen Gewächse auch erfolgreich zu kultivieren. Um das Risiko von Verlusten zu minimieren, eigneten sie sich Kenntnisse über den Transport und die Aufzucht der neuartigen Pflanzen an. Interessiert nahmen sie Erfahrungsberichte und Anweisungen von anderen – Gärtnern wie Kaufleuten – auf, um möglichst viele der Pflanzen im Zürcher Garten zum Blühen zu bringen. Indem der Zürcher Garten im Austausch gegen neue Arten nicht nur Samen von Alpenpflanzen, sondern auch von ›exotischen‹ Gewächsen anbieten konnte, wurde er zu einem attraktiven Tauschpartner und damit zu einem Knotenpunkt in den botanischen Netzwerken des 18. Jahrhunderts.

5. Fazit

In der zweiten Hälfte des 18. Jahrhunderts war in Zürich ein gut bestückter botanischer Garten entstanden. Gut fünfzig Jahre vor der Gründung des heute als »Alter Botanischer Garten« bezeichneten ersten Universitätsgartens, der 1837 auf dem Bollwerk »zur Katz« eingerichtet wurde, war es botanisch interessierten Zürchern gelungen, den Garten in Wiedikon einzurichten und mit Pflanzen von allen ihnen bekannten Kontinenten zu füllen. Damit wurde das bereits von Conrad Gessner zwei Jahrhunderte zuvor anvisierte Vorhaben endlich realisiert. Zudem konnten lokale Pflanzeninteressierte und Reisende in der Limmatstadt umfangreiche Herbarien und kolorierte Kupferstiche von tausenden, teils aus weit entfernten Regionen kommenden Gewächsen in Augenschein nehmen oder ihre Pflanzenkenntnisse mithilfe der zahlreich vorhandenen Bücher und Zeitschriften erweitern.

Die Etablierung dieser botanischen Infrastruktur war das Ergebnis einer erfolgreichen Einbindung der Zürcher Pflanzenliebhaber in weitreichende Netzwerke, die sich auf dem europäischen Kontinent von Uppsala bis Pisa und von London bis Wien erstreckten und darüber hinaus bis nach Sibirien, Südafrika und Ostindien sowie in die Amerikas reichten. In diesen Netzwerken wurden die botanisch interessierten Zürcher zu Tauschpartnern von Universitätsprofessoren und Ärzten, Apothekern und Kaufleuten, Landvögten und den Verantwortlichen fürstlicher Gärten im Reich, dem habsburgischen Einflussgebiet und Frankreich sowie in der Alten Eidgenossenschaft, in savoyischen und niederländischen Städten.

Dies bedeutete, dass die Zürcher nicht nur Samen und Pflanzen empfingen, sondern auch versandten: ins Waadtland, nach Graubünden und Schaffhausen, Ravensburg und Memmingen, Salzburg und Berlin. Selbst den großen Universitätsgärten konnten die Zürcher noch manchen Wunsch erfüllen. Der zu dieser Zeit bereits seit fast zwei Jahrhunderten existierende, mit Pflanzen aus der ganzen Welt ausgestattete Leidener *Hortus botanicus* erhielt im Februar 1781 Samen von mehr als 120 Arten, darunter einige Salbei-, Bergfenchel- und Ehrenpreis-Arten. Auch Carlo Allioni bekam von den Zürchern mit den in Form von Samen zugesandten sechshundert Pflanzenarten in den 1780er-Jahren viel Gesuchtes für den seinerseits gut vernetzten Turiner Garten. Gleiches gilt für die universitären Gärten in Groningen, Göttingen, Mantua, Straßburg und Tübingen, die zur selben Zeit Saatgut in großen Mengen erhielten. Giovanni Antonio Scopoli bekam für den Garten in Pavia neben hunderten Samen 1784 sogar elf bereits gezogene Pflanzen, die ursprünglich in Afrika, Asien und den Amerikas wuchsen. Die Zürcher schickten ihren Tauschpartnern demnach nicht lediglich alpine Gewächse oder belieferten nur abseits von Universitäten tätige Ärzte oder Apotheker, sondern waren auch für Universitätsgärten gefragte Lieferanten von Samen von ursprünglich beispielsweise im Mittelmeerraum, Ostasien oder Nordamerika verbreiteten Pflanzen. Zürich war zu einem Knotenpunkt in den botanischen Netzwerken des 18. Jahrhunderts geworden.

Dieser Befund ist neu. Überraschen mag er jedoch allenfalls, wenn die Zürcher Botanik des 18. Jahrhunderts lediglich anhand der zu dieser Zeit in der Limmatstadt publizierten Werke betrachtet wird oder als Maß für die Bedeutung der vormodernen Beschäftigung mit Pflanzen allein die heutige Bekanntheit ihrer Akteure über die Stadt hinaus angelegt wird. In diesem Fall mögen die botanischen Aktivitäten der Zürcher im Vergleich zu denen von Zeitgenossen wie Carl von Linné oder auch Albrecht von Haller als Randphänomene erscheinen. Verwundern mag der umfangreiche Zugang der Pflanzenliebhaber aus der Limmatstadt zu Publikationen und Samen aus anderen Weltregionen auch dann, wenn koloniale Botanik lediglich im Sinne direkter Transfers zwischen Siedlungskolonien oder den Einflussgebieten europäischer Handelsgesellschaften und Zentren wie London, Amsterdam oder Madrid gedacht wird.[1] Wenn hingegen Eigenheiten frühneuzeitlicher Wissenspraktiken berücksichtigt werden, zeigen sich lokale und transnationale Verflechtungen, die erlauben, die Einrichtung, das längerfristige Fortbestehen sowie den Wandel von Orten der Wissensproduktion in ihrer Kontingenz zu verstehen.[2]

So waren die botanischen Aktivitäten im Zürich des 18. Jahrhunderts eingebettet in ein bereits bestehendes Beziehungsgeflecht, das die Stadt insbesondere mit anderen protestantischen Orten in der Alten Eidgenossenschaft und darüber hinaus verband. Etablierte Verteidigungsbündnisse erleichterten den Austausch mit Pflanzenliebhaberinnen und -liebhabern in Fürstentümern wie beispielsweise der Markgrafschaft Baden-Durlach, Handelsbeziehungen der Zürcher Kaufleute begünstigten Transfers aus Orten südlich der Alpen sowie in Messestädte wie Leipzig und Hafenstädte wie Amsterdam.[3] Auch bei der Wahl ihrer Studienorte folgten die Zürcher Traditionen, die einen translokalen Austausch begünstigten.

1 Eine transimperiale Fallstudie, die um Akteure aus der Alten Eidgenossenschaft erweitert werden könnte: Karel Davids: The Scholarly Atlantic. Circuits of Knowledge Between Britain, the Dutch Republic and the Americas in the Eighteenth Century, in: Gert Oostindie/Jessica V. Roitman (Hg.): Dutch Atlantic Connections, 1680-1800. Linking Empires, Bridging Borders, Leiden/Boston 2014, S. 224-248.

2 Zur Mobilität von Schweizer Wissenschaftlern und Gelehrten: Holenstein, Mitten in Europa, S. 58-68. Für Beispiele materieller Verflechtungen der Schweiz mit dem Kolonialen siehe: Noémie Étienne/Claire Brizon/Chonja Lee/Étienne Wismer (Hg.): Exotic Switzerland? Looking Outward in the Age of Enlightenment, Zurich/Paris/Berlin 2020.

3 Holenstein, Mitten in Europa, S. 103 f. Zu den Bündnissen und zur Einbindung Zürichs in protestantische Netzwerke: Sarah Rindlisbacher Thomi: Botschafter des Protestantismus. Außenpolitisches Handeln von Zürcher Stadtgeistlichen im 17. Jahrhundert (= Frühneuzeit-Forschungen, Bd. 23), Göttingen 2022.

Seit Jahrhunderten waren Zürcher zum Studium nach Paris, Tübingen und Straßburg gegangen. Die Universität Leiden war seit dem 17. Jahrhundert der am häufigsten gewählte Studienort, zunächst für Theologie- und Jurastudenten, ab dem frühen 18. Jahrhundert auch für das Medizinstudium.[4] So studierten Johannes Gessner und weitere Zürcher Pflanzenliebhaber beeinflusst von bestehenden zürcherisch-niederländischen Verbindungen und bestärkt durch den Zuspruch von Leidener Alumni wie Laurenz Zellweger und Benedikt Stähelin in der holländischen Universitätsstadt.

Die Einbindung Zürichs in die transnationalen botanischen Netzwerke wurde zudem durch den »Imagewandel« der Schweiz im 18. Jahrhundert und dem damit verbundenen Anstieg von Reisen in das Alpenland befördert. Angeregt durch die Veröffentlichungen, die die Schweiz als ursprünglich, von den negativen Folgen der Zivilisation unberührt darstellten, und angezogen von der Möglichkeit, einer großen Zahl Gelehrter an einem Ort begegnen zu können, kamen in der zweiten Hälfte des 18. Jahrhunderts zahlreiche Besuchende aus dem deutschsprachigen Raum und darüber hinaus in die Limmatstadt.[5] Unter ihnen waren auch einige der späteren Zuträger des botanischen Gartens der Naturforschenden Gesellschaft, beispielsweise Johann Georg Gmelin, Wijnold Munniks und Johann Merk. Mit der Publikation ihrer Reiseberichte beförderten Besucher wie Gottlieb Conrad Christian Storr und Angelo Gualandris ihrerseits das Interesse am Austausch mit den Zürcher Pflanzenliebhabern weiter.

Diese Bedingungen begünstigten die Einbindung Zürichs in ein Netzwerk, das entscheidend durch die botanischen Aktivitäten in den Niederlanden beeinflusst war. In Amsterdam und Leiden publizierte Bücher, insbesondere mit Abbildungen ausgestattete Floren und Gartenverzeichnisse, prägten die Wahrnehmung der außereuropäischen Pflanzenwelt. Sie gewährten beispielsweise Einblicke in die Flora der britischen Kolonie Virginia, der von der Niederländischen Ostindien-Kompanie (VOC) beherrschten Insel Ambon und der Malabarküste sowie des Umlandes der niederländischen Plantagen in Surinam. Gleichermaßen finden sich im für die Naturforschende Gesellschaft angelegten Herbarium unzählige Spezimina aus Übersee, die über Leiden nach Zürich gelangten oder von

4 Hanspeter Marti: »Leiden«, in: Historisches Lexikon der Schweiz (HLS). Version vom 20.11.2008, https://hls-dhs-dss.ch/de/articles/006615/2008-11-20/ (abgerufen am 23.8.2023); Heller, Boerhaaves Schweizer Studenten; Stearn, Influence of Leyden.

5 Zum »Imagewandel«: Uwe Hentschel: Das Bild vom eigenen Land. Schweizer Aufklärer in der ersten Hälfte des 18. Jahrhunderts und der deutsche Philhelvetismus, in: Simona Boscani Leoni (Hg.): Wissenschaft – Berge – Ideologien. Johann Jakob Scheuchzer (1672-1733) und die frühneuzeitliche Naturforschung, Basel 2010, S. 309-317. Zur großen Zahl der Gelehrten: ders.: Die Zürcher Aufklärung im Spiegel der deutschen Reiseliteratur, in: Anett Lütteken/Barbara Mahlmann-Bauer/Katja Fries (Hg.): Bodmer und Breitinger im Netzwerk der europäischen Aufklärung (= Das achtzehnte Jahrhundert, Bd. 16), Göttingen 2009, S. 598-619.

in niederländischen Diensten stehenden Chirurgen, Ärzten und Plantagenaufsehern gesammelt worden waren. Den Zugang zu diesen Materialien ermöglichten in erster Linie die während der Studienaufenthalte in Leiden geknüpften und gepflegten Kontakte.

Sie beeinflussten auch die Art und Weise der Beschäftigung mit Pflanzen sowie die behandelten Themen. Zum einen wirkte das Medizinstudium bei Herman Boerhaave auf die botanischen Praktiken der Zürcher, zum anderen kamen die Zürcher durch ihre niederländischen Kontakte, insbesondere zu Jan Frederik Gronovius, früh mit den Veröffentlichungen Carl von Linnés in Kontakt und wendeten dessen Überlegungen in ihrer praktischen Arbeit an.[6] Auch unter ihren Korrespondenten und Tauschpartnern waren zahlreiche frühe Anwender des linné'schen Systems. Auch sie organisierten die Gärten, für die sie verantwortlich waren, entsprechend, fertigten Listen mit binären Namen an und korrespondierten vielfach selbst mit dem schwedischen Naturforscher.[7] Linnés taxonomische Veröffentlichungen, die über die Flora anderer Weltregionen gemachten Beobachtungen seiner Schüler und die Berichte über Akklimatisierungsbemühungen in Schweden interessierten die Zürcher und ihre Tauschpartner gleichermaßen.

Wie lässt sich also die frühneuzeitliche Botanik abseits von Universitäten sowie höfischer und kolonialer Zentren charakterisieren? Die vorliegende Untersuchung zur Beschäftigung mit Pflanzen im Zürich des 18. Jahrhunderts macht in erster Linie die enge Verflechtung und die geteilten Praktiken zwischen diesen Wissensräumen deutlich. Wie die universitäre Botanik blieben auch die botanischen Aktivitäten an Orten ohne Universitäten eng mit der medizinischen Hochschulausbildung und ärztlichen Praxis verbunden. Dies äußert sich zum einen in der Ausbildung der Tauschpartner. Denn auch ein Großteil der nicht an Universitäten tätigen Botaniker im untersuchten Netzwerk hatte ein Medizinstudium absolviert. Botanisch interessierte Zürcher wie Johannes Gessner, Johann Georg Locher, Johannes Scheuchzer und Hans Caspar Hirzel hatten diese Ausbildung auch mit Tauschpartnern gemein, die wie sie Gärten unabhängig von Universitäten pflegten. Dazu gehörten Ärzte in Memmingen, Ravensburg und Berlin ebenso wie Johann David Schöpf, der auf seiner im Anschluss an seine Tätigkeit

6 Linné war seinerseits, wenn auch indirekt, durch Boerhaave beeinflusst: Sigrist, Social Characteristics, hier S. 206. Den Zusammenhang zwischen Ausbildungsbeziehungen und der Entstehung von Beziehungen untersucht mittels Sozialer Netzwerkanalyse: René Sigrist / Widmer, Eric D.: Training Links and Transmission of Knowledge in 18th Century Botany. A Social Network Analysis, in: REDES- Revista hispana para el análisis de redes sociales 21 (2011), S. 347-387.

7 Dies taten allerdings auch seine Kritiker wie bspw. Albrecht von Haller und Jean-François Séguier. Zur Auseinandersetzung mit Linnés Arbeiten an verschiedenen Orten in Europa immer noch grundlegend: Frans A. Stafleu: Linnaeus and the Linnaeans. The Spreading of their Ideas in Systematic Botany, 1735-1789 (= Regnum vegetabile, Bd. 79), Utrecht 1971; sowie für das heutige Italien die Beiträge in: Beretta/Tosi, Linnaeus in Italy.

als Chefchirurg der ansbach-bayreuthischen Hilfstruppen im Amerikanischen Unabhängigkeitskrieg durch die Vereinigten Staaten gemachten Reise gesammelte Samen nach Zürich schickte.[8]

Zum anderen wurden botanische Praktiken auch abseits von Universitäten in Unterrichtskontexten vermittelt beziehungsweise erlernt und botanische Gärten zu Lehrzwecken unterhalten. Die von italienischen und deutschen Universitäten bekannten Praktiken der Demonstrationen und Herbationen glichen der Art und Weise, wie Zürcher im Privatunterricht und in den Sitzungen der Naturforschenden Gesellschaft die Bestimmung und Konservierung von Pflanzen erlernten. Und auch die für den Zürcher Garten zu Tauschpartnern gewordenen höfischen Gärten wurden zu Unterrichtszwecken unterhalten. So gaben beispielsweise Alexander Wilhelm Martini und Karl Christian Gmelin an den Hohen Schulen in Stuttgart und Karlsruhe der künftigen Elite naturkundlichen Unterricht.[9] Die Beispiele für Sammelreisen, während denen das Erlernte unter Beweis gestellt werden konnte, sind zudem zahlreich. Den in dieser Studie untersuchten Fällen ließe sich der des ebenfalls mit Gessner korrespondierenden späteren Basler Botanikprofessors Werner de Lachenal (1736-1800) hinzufügen, der im Anschluss an sein Medizinstudium im Auftrag Albrecht von Hallers unter anderem die Schweizer Alpen bereiste.[10]

Über die Medizin hinausgehend wurde die Botanik in der Aufklärungszeit auch in Zürich und in den untersuchten Netzwerken zur geselligen Praxis. Sie zielte nicht auf wissenschaftliche Publikationen ab, sondern machte Themen wie das Sammeln, die Bestimmung und der Anbau von Pflanzen zum Gegenstand der Sitzungen der Naturforschenden Gesellschaft.[11] Deren Mitglieder, zu denen Kaufleute, Pfarrer und Handwerker gehörten, interessierten sich für ertragreiche Getreide- und Holzsorten, erprobten Futterkräuter und studierten außergewöhnliche Früchte und Blüten.[12] Der vornehmlich durch Handel mit in ländlicher Heimarbeit hergestellten Seiden- und Baumwolltextilien erworbene Wohlstand erlaubte in der zweiten Hälfte des 18. Jahrhunderts – wie schon Zeitgenossen beobachteten –, einer größeren Zahl von Zürcher Stadtbürgern »Meister ihrer Zeit« zu sein, was »Neugier und [...] Beobachtungsgeiste freyere Entfaltung« ermöglichte.[13] Sie legten Sammlungen und Gärten an, die ihnen erlaubten, mit

8 StAZH, B IX 255-256.

9 Dies galt gleichermaßen für Genf: René Sigrist/Patrick Bungener: The First Botanical Gardens in Geneva (c. 1750-1830). Private Initiative Leading Science, in: Studies in the History of Gardens & Designed Landscapes 28/3-4 (2008), S. 333-350.

10 Dietz, Aufklärung als Praxis, S. 245f.

11 Ebd., S. 252.

12 Dazu ausführlicher: Baumgartner, Das nützliche Wissen.

13 Hentschel, Zürcher Aufklärung, hier S. 601. Für einen Überblick zum in der zweiten Hälfte des 18. Jahrhunderts stark anwachsenden Kapital in Zürich: Holenstein, Mitten in Europa, S. 99f.

Pflanzenliebhabern an anderen Orten in Beziehung zu treten. Im Kontext der zwinglianisch geprägten und von zahlreichen aufklärerischen Gesellschaften belebten Stadt legitimierten die Zürcher diese Aktivitäten mit der Möglichkeit der Gotteserkenntnis durch das Studium von Pflanzen sowie mit dem Nutzen für das eigene Vaterland – also für Zürich und die Zürcher Landschaft –, wie dies Naturforschende auch an anderen Orten taten.[14]

Deutlich gezeigt hat diese Arbeit, dass botanische Forschungen sozial und ökonomisch eingebettet waren. Auf lokaler Ebene in die Haushalte und Verwandtschaftsbeziehungen der als Sammler, Gartenbesitzer und seltener als Autoren sichtbar gewordenen männlichen Pflanzenliebhaber sowie in städtische Einrichtungen wie beispielsweise Hohe Schulen und Waisenhäuser, translokal in die Verteidigungsbündnisse und Handelsbeziehungen der vormodernen Stadt. Die Forschungen universitärer Botaniker im 18. Jahrhundert wurden begünstigt durch eine weit verbreitete Beschäftigung mit Pflanzen. Per Brief und in einer steigenden Zahl auch in gedruckter Form verbreiteten sich die Ergebnisse geselliger Zusammenkünfte und gemeinschaftlich unternommener Bemühungen, Samen in großen Mengen auszutauschen und unter verschiedenen klimatischen Bedingungen zu kultivieren. Beteiligt waren daran, dies wurde durch die vorliegende Arbeit zu den botanischen Praktiken im Zürich des 18. Jahrhunderts deutlich, nicht nur Pflanzeninteressierte in Universitäts- und Hafenstädten, höfischen, imperialen und kolonialen Zentren. Das Verständnis dieser weitverzweigten, ins Hinterland des europäischen Kontinents und zugleich weit darüber hinausreichenden Netzwerke, die eine Vielzahl an Person unterschiedlicher sozialer Hintergründe umfasste, hat die vorliegende Studie um den Blick auf einen zur Alten Eidgenossenschaft gehörigen Stadtstaat erweitert.

Weitere Untersuchungen sollten das Zusammenwirken von städtischem Leben und Wissensproduktion aus der Perspektive einer frühneuzeitlichen *Urban History of Knowledge* beleuchten, wie sie unlängst von Julia Schmidt-Funke am Beispiel von Frankfurt und Danzig erprobt und als ein über Metropolen hinausgehender Ansatz vorgeschlagen wurde. Diese fragt nach den Bedingungen, die eine Beschäftigung mit der Natur begünstigten, dem Einfluss der Naturforschung auf die städtische Entwicklung und interessiert sich zudem für die Einbettung der urbanen Wissensproduktion in die unmittelbare Umgebung der Stadt.[15] In diesem Sinne wäre beispielsweise intensiver nach den Verflechtungen der Stadtzürcher

14 Julia Schmidt-Funke: Urban Fabric and Knowledge of Nature. Physicians as Naturalists in Early Modern Commercial Towns, in: Anna Marie Roos/Vera Keller (Hg.): Collective Wisdom. Collecting in the Early Modern Academy (= Techne, Bd. 10), Turnhout 2022, S. 183-209, hier S. 194-199. Zur Divergenz zwischen aufklärerischen Ansprüchen und Wirklichkeit: Graber, Bürgerliche Öffentlichkeit.

15 Schmidt-Funke, Urban Fabric, S. 187; Bert de Munck/Antonella Romano: Knowledge and the Early Modern City. An Introduction, in: dies. (Hg.): Knowledge and the Early Modern City. A History of Entanglements, London; New York 2020, S. 1-30, hier S. 9.

mit den botanischen Praktiken auf der Zürcher Landschaft oder in Winterthur zu fragen. Welche sozialen, politischen und wirtschaftlichen Faktoren begünstigen die dortige Beschäftigung mit Pflanzen? Darüber hinaus wäre nach den lokalen Auswirkungen dieser botanischen Verflechtungen von Interesse: Inwiefern beeinflussten diese die staatlichen Maßnahmen zur Ernährung der Bevölkerung oder die ökonomischen Investitionen von Zürchern anderswo? Wo prägten eingeführte Pflanzen die städtischen Gärten und die Zürcher Landschaft?

Mit Blick auf die Alte Eidgenossenschaft böte sich ein Vergleich Zürichs mit Bern an, wo vier Jahrzehnte später – ebenfalls aus einer Naturforschenden Gesellschaft heraus – ein botanischer Garten gegründet wurde, die Aktivitäten Samuel Engels in den 1750er-Jahren jedoch eher kritisch beäugt worden waren.[16] Aber auch die Kontrastierung Zürichs in seinem protestantisch geprägten Netzwerk mit einem der katholischen Orte kann helfen, das Verständnis der frühneuzeitlichen botanischen Aktivitäten zu schärfen, indem beispielsweise gefragt wird: Welche kommerziellen oder handwerklichen Berufe, welche politischen oder kirchlichen Ämter begünstigten die Beschäftigung mit Pflanzen? In welchen Lebensphasen widmete sich die städtische Bevölkerung der Botanik? Wie gestaltete sich das Zusammenwirken von urbaner Oberschicht und Landbevölkerung im Austausch von Pflanzenwissen?[17] Dadurch ließe sich beispielsweise auch die Nutzung der alpinen Flora durch städtische Naturforschende als Kapital in den botanischen Netzwerken besser verstehen.

Zudem regt der Ansatz einer *Urban History of Knowledge* an, die Überlieferungsbedingungen von Zeugnissen frühneuzeitlicher Wissenspraktiken in Städten zu reflektieren.[18] Wo hinterließen der gesellige Austausch in Gärten und Sammlungen oder die Mitarbeit von Haushaltsmitgliedern und Waisen bis heute sichtbare Spuren? Wie beeinflusste der posthume Umgang mit den materiellen Hinterlassenschaften wie Herbarien, unveröffentlichten Manuskripten und Korrespondenzen das moderne Verständnis frühneuzeitlicher Botanik? Beim näheren Hinsehen ergibt sich dadurch ein reichhaltigeres, weit über die medizinisch-universitären Kontexte hinausgehendes Bild botanischer Praktiken – in kommerziellen Zentren am Atlantik ebenso wie in einem zur Alten Eidgenossenschaft gehörigen Stadtstaat.

16 Paul Pulver: Samuel Engel ein Berner Patrizier aus dem Zeitalter der Aufklärung, 1702-1784, Bern 1937, S. 74. Eine Basis für einen diachronen Vergleich böte die Untersuchung botanischer Praktiken im Basel des 16. Jahrhunderts: Davina Benkert: Ökonomien botanischen Wissens. Praktiken der Gelehrsamkeit in Basel um 1600 (= Basler Beiträge zur Geschichtswissenschaft, Bd. 188), Basel 2020.

17 Dazu: Simona Boscani Leoni: Mondi interconnessi. Johann Jakob Scheuchzer (1672-1733), la storia naturale e la scoperta delle Alpi in epoca moderna. Habilitationsschrift, Universität Bern 2022.

18 Schmidt-Funke, Urban Fabric, S. 199-202.

Quellen- und Literaturverzeichnis

Archivalien

Amsterdam, Universiteitsbibliotheek Amsterdam, Bijzondere Collecties

OTM hs. 114 Bi, Jetzler an Gessner
OTM hs. 57 I 2, Séguier an Gessner
OTM hs. 76 V, Kölreuter an Gessner

Bern, Burgerbibliothek Bern (BB Bern)

N Albrecht von Haller 105.20-21, Gessner an Haller
N Albrecht von Haller 105.23.52, Gmelin an Haller
N Albrecht von Haller 105.49.30, Ramspeck an Haller

Bonn, Universitäts- und Landesbibliothek Bonn

Autographensammlung
Zitiert nach der Transkription von Emmanuelle Chapron in NAKALA. Online unter: https://doi.org/10.34847/nkl.cdf358b1 (abgerufen am 9.10.2023)

Leiden, Universiteitsbibliotheek Leiden, Bijzondere Collecties

BPL 1900, Dick an van Royen
BPL 1886, Gronovius an Gessner

Leipzig, Universitätsbibliothek Leipzig

Sammlung Römer/B/4, Baillou an Gessner

London, Linnean Society (LS)

I, 36-37, Allioni an Linné. Online unter: http://urn.kb.se/resolve?urn=urn:nbn:se:alvin:portal:record-231879 (abgerufen am 11.10.2023)
IV, 427-428, Gessner an Linné. Online unter: http://urn.kb.se/resolve?urn=urn:nbn:se:alvin:portal:record-224493 (abgerufen am 11.10.2023)
IV, 429-434, Gessner an Linné. Online unter: http://urn.kb.se/resolve?urn=urn:nbn:se:alvin:portal:record-231724 (abgerufen am 11.10.2023)
XIII, S. 270-271, J. Scheuchzer an Linné. Online unter: http://urn.kb.se/resolve?urn=urn:nbn:se:alvin:portal:record-222898 (abgerufen am 11.10.2023)

Nîmes, Bibliothèque Carré d'Art (BN)

Ms. 498.17, Gessner an Séguier
Ms. 498.29-30, Gessner an Séguier
Ms. 967/1, Gessner an Séguier
Ms. 311/2, Gosse an Séguier. Zitiert nach der Transkription von François Pugnière in NAKALA. Online unter: https://doi.org/10.34847/nkl.f7520831 (abgerufen am 9.10.2023)

Salzburg, Landesarchiv Salzburg

STSYN-Verlass 4496, Ranftl Franz Anton und Magdalena, Handelsmann, Salzburg; 1813-1826

Turin, Accademia delle Scienze di Torino, Archivo

2264, Gossweiler an Allioni
2357-2372, Gossweiler an Allioni
2597-2598, Locher an Allioni
2710, Locher an Allioni

Turin, Orto botanico di Torino, Biblioteca del Dipartimento di Scienze della Vita e Biologia dei Sistemi

Museum Botanicum Horti Taurinensis, Indice Scambi di Semi, Bd. 5-17

Zürich, Vereinigte Herbarien Z+ZT der Universität und ETH Zürich

Hortus siccus Societatis Physicae Tigurinae, collectus et Linnaeana methodo dispositus a Joanne Gesnero, 1751

Zürich, Staatsarchiv Zürich

StAZH, B IX 163, Jahresberichte NGZH, 1747-1751, 1757
StAZH, B IX 173, Protokoll NGZH
StAZH, B IX 179, Tagebuch NGZH Bd. 1, 1757-1758
StAZH, B IX 180, Tagebuch NGZH Bd. 2, 1758-1759
StAZH, B IX 181, Tagebuch NGZH Bd. 3, 1760-1763
StAZH, B IX 182, Tagebuch NGZH Bd. 4, 1764-1768
StAZH, B IX 183, Tagebuch NGZH Bd. 5, 1769-1770
StAZH, B IX 184, Tagebuch NGZH Bd. 6, 1771-1772
StAZH, B IX 185, Tagebuch NGZH Bd. 7, 1773-1774
StAZH, B IX 188, Tagebuch NGZH Bd. 10, 1780-1784
StAZH, B IX 206, Mitgliederverzeichnis
StAZH, B IX 220, Korrespondenz Botanischer Garten
StAZH, B IX 222, Rechnungen Botanischer Garten
StAZH, B IX 241, Abhandlungen der Naturforschenden Gesellschaft
StAZH, B IX 255-B IX 256, »Horti Soc. Physicae Tigurinae Protocollum, Tom. I-II«

Zürich, Zentralbibliothek Zürich

Abteilung Alte Drucke

Dr O 456, Johann Heinrich Füssli: Catalogus librorum bibliothecae Joannis Gessneri quond. Med. Doct. et Canon. etc. qui venales prostant, Zürich 1798
NFF 3 und NFF 4, Johannes Gessner: Museum

Handschriftensammlung

Autogr. Ott, Baden Durlach von, Karoline Luise von Baden an Gessner
Autogr. Ott, Blumenbach, Blumenbach an Gessner
Autogr. Ott, Dillenius, Dillen an Gessner
Autogr. Ott, Gagnebin, Gagnebin an Gessner
Autogr. Ott, Graffenried, Graffenried an Gessner
Autogr. Ott, Gronovius, Gronovius an Gessner
Autogr. Ott, Jussieu, Jussieu an Gessner
Autogr. Ott, Lambert, Lambert an Gessner
Autogr. Ott, Lang, Lang an Gessner
Autogr. Ott, Mieg, Mieg an Gessner
Autogr. Ott, Royen van, A. und D. van Royen an Gessner

Autogr. Ott, Spielmann, Spielmann an Gessner
Autogr. Ott, Stockar, Stokar an Gessner
Autogr. Ott, Storr, Storr an Gessner
Autogr. Ott, Tribolet, Tribolet an Gessner
Autogr. Ott, Tschudi, Tschudi an Gessner
Autogr. Ott, Zellweger, Zellweger an Gessner
Ms Briefe, Baillou, Baillou an Gessner
Ms Briefe, Engel, Engel an Gessner
Ms H 310, S. 79-86, Micheli an J.J.Scheuchzer
Ms H 337, S. 321-328, Gessner an Scheuchzer
Ms H 348, S. 93-110, Micheli an J. Scheuchzer
Ms M 18.3a.1-3, Escher vom Berg an Gessner
Ms M 18.10, Autobiographie Johannes Gessner, Zürich 1751
Ms M 18.13, Baillou an Gessner
Ms M 18.15, Bernoulli an Gessner
Ms M 18.16, Aepli an Gessner
Ms M 18.18, Gronovius an Gessner
Ms M 18.19, Haller an Gessner
Ms M 18.20, Lambert an Gessner
Ms M 18.24, Schinz an Gessner
Ms M 18.25, Séguier an Gessner
Ms M 18.28, Engel an Gessner
Ms P 114, Diplome und Urkunden gelehrter Gesellschaften für Johannes Gessner, 1730-85
Ms Z I 122.10, Dezallier d'Argenville an Gessner
Ms Z II 620, Catalogue de la Bibliothèque de Jean Gesner
Ms Z VIII 3, Joh. Gessner: Zusammenstellung der Pflanzen von Klasse XIV und XV des Linné'schen Systems
Ms Z VIII 4, Joh. Gessner: Kompendium der systematischen Botanik
Ms Z VIII 5, Joh. Gessner: Ad Institutiones rei herbariae brevis introductio
Ms Z VIII 12, [Johannes Gessner]: Repertorium
Ms Z VIII 308, Index hortis sicci Gesneriani dispositus iuxta methodum Boerhavianam
Ms Z VIII 608, [Johannes Gessner]: Auszüge aus naturwissenschaftlichen Akademiepublikationen
FA Hirzel 237.21, Brief J.J.Werndli an Hans Caspar Hirzel
FA Hirzel 310-311, Briefe Merk an Hans Caspar Hirzel
FA Lavater 30.10, Brief Beck an Gessner

Gedruckte Quellen

Alströmer, Patrick: Bericht wie Potatoes oder Erdbirnen zu pflanzen und zu nutzen sind, in: Der Königl. Schwedischen Akademie der Wissenschaften neue Abhandlungen aus der Naturlehre, Haushaltungskunst und Mechanik 9 (1753), S. 206-212.
Andreae, Johann Gerhard Reinhard: Briefe aus der Schweiz nach Hannover geschrieben, in dem Jare 1763. Zweiter Abdruck, Zürich/Winterthur 1776.
Anonym: Description of a New Botanic Thermometer, Constructed upon Rational Principles, in: Gentleman's Magazine (1751), S. 273.
Anonym: Rezension, in: Göttingische Gelehrte Anzeigen 18 (1759), S. 172f.
Anonym: Rezension, in: Tübingische Berichte 24 (1762), S. 346.
Anonym: Rezension, in: Jenaische Zeitungen von gelehrten Sachen 40 (1769), S. 334f.
Anonym: Rezension, in: Physikalisch-ökonomische Bibliothek 6:4 (1775), S. 592-595.

Anonym: Rezension, in: Annalen der Botanick 15 (1795), S. 109-113.
Anonym: Rezension, in: Allgemeine Literatur-Zeitung 172 (1801), S. 588.
Bergius, Peter Jonas: Descriptiones plantarum ex capite Bonae Spei: cum differentiis specificis, nominibus trivialibus, et synonymis auctorum justis: secundum systema sexuale/ex autopsia concinnavit atque solicite digessit Petrus Jonas Bergius, Stockholm 1767.
Bernoulli, Johann, III.: Johann Heinrich Lamberts deutscher gelehrter Briefwechsel, Bd. 2, Berlin 1782.
Brucker, Johann Jakob: Bilder-sal heutiges Tages lebender, und durch Gelahrheit berühmter Schrifft-steller [...], Neuntes Zehend, Augsburg 1752.
Burman, Nicolaas Laurens: Flora Indica, cui accedit series zoophytorum Indicorum, nec non prodromus florae Capensis, Amsterdam 1768.
Commelin, Caspar: Flora Malabarica sive horti Malabarici Catalogus, Leiden 1696.
Coxe, William: Travels in Switzerland and the Country of the Grisons, Bd. 1, London 1789.
Deckert, Helmut/Merian, Maria Sibylla (Hg.): Das Insektenbuch. Metamorphosis insectorum Surinamensium, Frankfurt a. M.; Leipzig 1994 [Amsterdam 1705].
Dezallier d'Argenville, Antoine-Joseph: L'histoire naturelle éclaircie dans deux de ses parties principales, la lithologie et la conchyliologie, dont l'une traite des pierres et l'autre des coquillages, Paris 1742.
Ehrhart, Friedrich: Beiträge zur Naturkunde, und den damit verwandten Wissenschaften, besonders der Botanik, Chemie, Haus- und Landwirthschaft, Arzneigelahrtheit und Apothekerkunst, Bd. 2, Hannover 1788.
Fibig, Johannes: Einleitung in die Naturgeschichte des Pflanzenreichs nach den neuesten Entdeckungen, Mainz 1791.
Garcin, Laurent: II. Memoirs communicated by Mons. Garcin to Mons. St. Hyacinthe, F.R.S. [...], in: Philosophical Transactions 36 (1730), S. 377-394.
– : The Settling of a new Genus of Plants, called after the Malayans, MANGOSTANS, in: Philosophical Transactions 38 (1733), S. 232-242.
Gessner, Johannes: De Hydrscopiis constantis mensurae disquisitiones physicomathematico, Zürich 1754.
– : Abhandlung vom Gebrauche des Thermoscops bey Wartung der Pflanzen, in: Hamburgisches Magazin 16 (1756), S. 288-303.
– : Phytographia sacra generalis, Zürich 1759.
– : Dissertation sur le thermomètre botanique, Basel s.d. [1760].
– : Phytographiae sacrae generalis pars practica prior [–septima], Zürich 1760-1767.
– : Entwurf von den Beschäftigungen der Physicalischen Gesellschaft, in: Abhandlungen der Naturforschenden Gesellschaft Zürich 3 (1766), S. 1-22.
– : Phytographiae sacrae specialis pars prima [–altera], Zürich 1768-1773.
– : Aphorismi physico-mathematici, institutionibus philosophiae naturalis praemittendi, Zürich 1774.
–/Müller, Hans Konrad/Fäsi, Beat: Theses physicae miscellaneae speciatim de thermoscopio botanico, Zürich 1755.
–/Schinz, Christoph Salomon: Johannis Gessneri Tabulae phytographicae; analysin generum plantarum exhibentes/cum commentatione edidit Christ. Sal. Schinz, Med. Doct., Zürich 1795-1804.
Gronovius, Jan Frederik: Flora Orientalis, Leiden 1755.
Gualandris, Angelo: Lettere Odiporiche, Venedig 1780.
Haller, Albrecht von: Epistolarum ab eruditis viris ad Alb. Hallerum scriptarum pars 1. Latinae, Bern 1773-1775.
Herrliberger, David: Schweitzerischer Ehrentempel, In welchem die wahren Bildnisse [...] Berühmter Männer [...] samt Lebensbeschreibungen vorgestellet werden, Tl. 2, Zürich 1758.

Hirzel, Johann Caspar: Denkrede auf Johannes Gessner, weiland Lehrern der Naturlehre und Mathematik, Chorherrn des Karolinischen Stiffts zum großen Münster in Zürich, Mitglied der meisten europäischen Akademien der Wissenschaften, Stifftern und Vorstehern der Naturforschenden Gesellschaft in Zürich, Zürich 1790.
Holzhalb, Hans Jakob: Supplement zu dem allgemeinen helvetisch-eidgenössischen Lexicon, Zürich 1787.
Hübner, Lorenz: Beschreibung der hochfürstlich-erzbischöflichen Haupt- und Residenzstadt Salzburg und ihrer Gegenden verbunden mit ihrer Geschichte, Bd. 2, Salzburg 1793.
Huss, Haquin: Bericht von Leinsamen und Verfahren damit, in: Der Königl. Schwedischen Akademie der Wissenschaften neue Abhandlungen aus der Naturlehre, Haushaltungskunst und Mechanik 9 (1753), S. 110-116.
Kästner, Abraham Gotthelf: Der Königl. Schwedischen Akademie der Wissenschaften neue Abhandlungen aus der Naturlehre, Haushaltungskunst und Mechanik; auf das Jahr 1741. Bd. 3., Leipzig 1750.
Linné, Carl von: Musa Cliffortiana florens Hartecampi, Leiden 1736.
– : Species Plantarum ([2]1762), Bd. 2, S. 820. ([2]1762), Bd. 2.
– (Pr.)/Johan Gustaf Hallman (Resp.): Passiflora, Stockholm (18. Dezember) 1745, in: Amoenitates academicae, Bd. 1, Stockholm 1749, S. 211-242.
– (Pr.)/Johan Gustaf Wollrath (Resp.): Horticultura academica, Uppsala (18. Dezember) 1754, in: *Amoenitates academicae*, Bd. 4, Stockholm 1759, S. 210-229.
Merian, Maria Sibylla: Metamorphosis insectorum Surinamensium, Amsterdam 1705.
Miller, Philip: Das englische Gartenbuch, Oder Philipp Millers Gärtners der preiswürdigen Apothekergesellschaft in dem Kräutergarten zu Chelsea, und Mitgliedes der Königl. englischen Societät der Wissenschaften, Gärtner-Lexicon [...], übersetzt von Georg Leonhart Huth, Nürnberg 1751, Bd. 2.
Naturforschende Gesellschaft in Zürich: Abhandlungen der Naturforschenden Gesellschaft in Zürich, 3 Bde., Zürich 1761-1766.
– : Catalogus Horti Botanici Societatis Physicae Turicensis, Zürich 1776.
Pfenninger, Heinrich: Helvetiens beruehmte Maenner in Bildnissen, nebst kurzen biographischen Nachrichten von Leonard Meister, Bd. 2, 2. Auflage, Zürich 1799.
Rolander, Daniel: Doliocarpus. En ört af nytt genus från America. Kongl. Svenska vetenskapsakademiens handlingar 17 (1756), S. 256-261.
– : Doliocarpus. Eine neue Gattung Pflanzen aus America, in: Der Königlichen Schwedischen Akademie der Wissenschaften Abhandlungen aus der Naturlehre, Haushaltungskunst und Mechanik 18 (1757), S. 246-250.
– : The Suriname Journal. Composed During an Exotic Voyage, in: Lars Hansen (Hg.): The Linnaeus Apostles. Europe, North & South America (= The Linnaeus Apostles: Global Science & Adventure, Bd. 3.3), Whitby 2008.
Rottbøll, Christen Friis: Descriptiones plantarum surinamensium, in: Acta Literaria Universitatis Hafniensis 1 (1778), S. 267-304.
Rzączyński, Gabriel: Historia naturalis curiosa Regni Poloniae, Sandomierz 1721.
Schinz, Salomon: Beschreibung einiger Ao. 1760 beobachteten Seltenheiten aus dem Pflanzenreich, in: Abhandlungen der Naturforschenden Gesellschaft Zürich 1 (1761), S. 507-551.
– : Anleitung zu der Pflanzenkenntniss und derselben nützlichsten Anwendung, mit hundert illuminirten Tafeln, Zürich 1774.
– : Primae lineae botanicae ex tabulis phytographicis Cl. D. Ioannis Gesneri ductae/Erster Grundriss der Kräuterwissenschaft aus den characteristischen Pflanzentabellen des Herrn D. Johannes Gessners gezeichnet, Zürich 1775.
Storr, Gottlieb Konrad Christian: Alpenreise vom Jahre 1781, Leipzig 1784.

Swinden, Jan Henri van: Dissertation sur la comparaison des thermomètres, Amsterdam 1778.
Triewald, Mårten: Et fördelaktigt Påfund att fylla Melon-Bånkar [...], in: Kongl. Svenska vetenskapsakademiens handlingar 2 (1741), S. 114-116.
– : Anmerkungen über die Pflanzung ausländischer Frucht- und anderer Bäume in Schweden aus eigener Prüfung und Versuch vorgestellt von Martin Friedwald [sic!], Königl. Mechanico und Fortificationscapitain, in: Der Königl. Schwedischen Akademie der Wissenschaften neue Abhandlungen aus der Naturlehre, Haushaltungskunst und Mechanik 1 (1749), S. 250-254.
– : Eine vorteilhafte Erfindung Melonenbeete anzulegen, die eine beständige Wärme acht Monate hintereinander behalten, vier aufeinander folgende Jahre versucht, in: Der Königl. Schwedischen Akademie der Wissenschaften neue Abhandlungen aus der Naturlehre, Haushaltungskunst und Mechanik, auf das Jahr 1741, Leipzig/Hamburg 1750, S. 138f.
– : Ein glücklich abgelaufener Versuch, ob die Glycyrrhiza oder das spanische Süßholz in Schweden wachse, und unsern Winter aushalten kann, in: Der Königl. Schwedischen Akademie der Wissenschaften neue Abhandlungen aus der Naturlehre, Haushaltungskunst und Mechanik 6 (1751), S. 226-230.

Literatur

Allain, Yves-Marie: Une histoire des jardins botaniques. Entre science et art paysager, Versailles 2012.
Allen, David Elliston: Books and Naturalists (= The New Naturalist Library, Bd. 112), London 2010.
Ambrosoli, Mauro: The Wild and the Sown. Botany and Agriculture in Western Europe, 1350-1850, Cambridge 1997.
Anagnostou, Sabine: Missionspharmazie. Konzepte, Praxis, Organisation und wissenschaftliche Ausstrahlung (= Sudhoffs Archiv: Beiheft, Bd. 60), Stuttgart 2011.
Andel, Tinde van/Maas, Paul/Dobreff, James: Ethnobotanical Notes from Daniel Rolander's Diarium Surinamicum (1754-1756). Are These Plants Still Used in Suriname Today?, in: Taxon 61/4 (2012), S. 852-863.
Appadurai, Arjun (Hg.): The Social Life of Things. Commodities in Cultural Perspective, Cambridge;New York 1986.
Arber, Agnes: Herbals their Origin and Evolution. A Chapter in the History of Botany, 1470-1670, Cambridge 1912.
Auslander, Leora: Beyond Words, in: American Historical Review 104/4 (2005), S. 1015-1045.
Baasner, Rainer: Abraham Gotthelf Kästner, Aufklärer. 1719-1800 (= Frühe Neuzeit, Bd. 5), Tübingen 1991.
Bach, Thomas/Breidbach, Olaf: Die Lehre im Bereich der »Naturwissenschaften« an der Universität Jena zwischen 1788 und 1807, in: NTM. Zeitschrift für Geschichte der Wissenschaften 9 (2001), S. 152-176.
Bagliani, Francesca: La corrispondenza di Carlo Allioni (1728-1804). Territorio, flora e giardini nei rapporti internazionali del »Linneo piemontese«, Turin 2008.
Baldi, Rossella: Collectionner la nature dans la région neuchâteloise à la moitié du XVIIIe siècle, in: xviii.ch – Jahrbuch der Schweizerischen Gesellschaft für die Erforschung des 18. Jahrhunderts 3 (2012), S. 91-108.

– : La circulation du savoir botanique par le texte et par l'image. Le Species plantarum d'Abraham Gagnebin, in: Claire Jaquier/Timothée Léchot (Hg.): Rousseau botaniste. Je vais devenir plante moi-même. Recueil d'articles et catalogue d'exposition, Fleurier 2012, S. 15-24.

Baldwin, Martha: Danish Medicines for the Danes and the Defense of Indigenous Medicines, in: Allen G. Debus/Michael Thomson Walton (Hg.): Reading the Book of Nature. The Other Side of the Scientific Revolution (= Sixteenth Century Essays & Studies, Bd. 41), Kirksville 1998, S. 163-180.

Balmer, Heinz: »Clairville, Joseph Philippe de«, in: Historisches Lexikon der Schweiz (HLS). Version vom 17.8.2012, https://hls-dhs-dss.ch/de/articles/031968/2012-08-17/ (abgerufen am 11.10.2023)

– : Die Naturwissenschaften in Zürich im 18. Jahrhundert (Zürcher Taschenbuch 104), Zürich 1984, S. 14-73.

Barrera-Osorio, Antonio: Experiencing Nature. The Spanish American Empire and the Early Scientific Revolution, Austin 2006.

Batsaki, Yota/Tchikine, Anatole/Burke Cahalan, Sarah (Hg.): The Botany of Empire in the Long Eighteenth Century, Baltimore 2017.

Baumgartner, Sarah: Medien und Kommunikationspraxis der physikalischen Gesellschaft Zürich und ihrer ökonomischen Kommission, in: xviii.ch – Jahrbuch der Schweizerischen Gesellschaft für die Erforschung des 18. Jahrhunderts 6 (2015), S. 45-60.

– : »Nützliche Gras-Arten und Kräuter«. Die Zürcher Ökonomische Kommission und das Wissen vom Klee- und Wiesenbau, in: Simona Boscani Leoni/Martin Stuber (Hg.): Wer das Gras wachsen hört. Wissensgeschichte(n) der pflanzlichen Ressourcen vom Mittelalter bis ins 20. Jahrhundert (= Jahrbuch für Geschichte des ländlichen Raumes, Bd. 14), Innsbruck; Wien; Bozen 2017, S. 133-150.

– : Das nützliche Wissen. Akteure, Tätigkeiten, Kommunikationspraxis und Themen der Naturforschenden Gesellschaft Zürich (1746-1833). Dissertation, Universität Bern 2019.

Baumhammer, Megan/Kennedy, Claire: Merian and the Pineapple. Visual Representation of the Senses, in: Daniela Hacke/Paul Musselwhite (Hg.): Empire of the Senses. Sensory Practices of Colonialism in Early America (= Early American History Series, Bd. 8), Boston 2017, S. 190-222.

Benkert, Davina: The »Hortus Siccus« as a Focal Point. Knowledge, Environment, and Image in Felix Platter's and Caspar Bauhin's Herbaria, in: Susanna Burghartz/Lucas Burkart/Christine Göttler (Hg.): Sites of Mediation. Connected Histories of Places, Processes, and Objects in Europe and Beyond, 1450-1650 (= Intersections, Bd. 47), Leiden; Boston 2016, S. 212-239.

– : Ökonomien botanischen Wissens. Praktiken der Gelehrsamkeit in Basel um 1600 (= Basler Beiträge zur Geschichtswissenschaft, Bd. 188), Basel 2020.

Bensaude-Vincent, Bernadette: A Historical Perspective on Science and Its »Others«, in: Isis 100/2 (2009), S. 359-368.

–/Blondel, Christine (Hg.): Science and Spectacle in the European Enlightenment, Aldershot; Burlington 2008.

Beretta, Marco/Tosi, Alessandro (Hg.): Linnaeus in Italy. The Spread of a Revolution in Science (= Uppsala Studies in History of Science, Bd. 34), Sagamore Beach 2007.

Berkeley, Edmund/Berkeley, Dorothy Smith: John Clayton. Pioneer of American Botany, Chapel Hill 1963.

Blair, Ann: Scientific Reading. An Early Modernist's Perspective, in: Isis 95/3 (2004), S. 64-74.

Bleichmar, Daniela: Books, Bodies, and Fields. Sixteenth-Century Transatlantic Encounters with New World Materia Medica, in: Londa Schiebinger/Claudia Swan (Hg.): Colonial

Botany. Science, Commerce, and Politics in the Early Modern World, Philadelphia 2005, S. 83-99.

Bodmer, Walter: Schweizer Tropenkaufleute und Plantagenbesitzer in Niederländisch-Westindien im 18. und zu Beginn des 19. Jahrhunderts, in: Acta Tropica 3 (1946), S. 289-321.

Böhme-Kaßler, Katrin: Gemeinschaftsunternehmen Naturforschung. Modifikation und Tradition in der Gesellschaft Naturforschender Freunde zu Berlin 1773-1906 (Pallas Athene, Bd. 15), Stuttgart 2005.

Boscani Leoni, Simona: Tra Zurigo e le Alpi: le »Lettres des Grisons« di Johann Jakob Scheuchzer (1672-1733). Dinamiche della comunicazione erudita all'inizio del Settecento, in: Jon Mathieu/Simona Boscani Leoni (Hg.): Die Alpen! Zur europäischen Wahrnehmungsgeschichte seit der Renaissance / Les Alpes! Pour une histoire de la perception européenne depuis la Renaissance, Bern u.a. 2005, S. 157-171.

– : La correspondance de Johann Jakob Scheuchzer (1672-1733). Un projet pour l'édition des »Lettres des Grisons«, in: Bulletin Societas Helvetica Pro Saeculo XVIII°/Bulletin de la Société suisse pour l'étude du XVIIIe siècle 28 (2006), S. 8-12.

– : Johann Jakob Scheuchzer und sein Netz. Akteure und Formen der Kommunikation, in: Klaus-Dieter Herbst/Stefan Kratochwil (Hg.): Kommunikation in der Frühen Neuzeit, Frankfurt a. M.; New York 2009, S. 47-67.

– (Hg.): Wissenschaft – Berge – Ideologien. Johann Jakob Scheuchzer (1672-1733) und die frühneuzeitliche Naturforschung, Basel 2010.

– : Men of Exchange. Creation and Circulation of Knowledge in the Swiss Republics of the Eighteenth Century, in: André Holenstein/Hubert Steinke/Martin Stuber (Hg.): Scholars in Action. The Practice of Knowledge and the Figure of the Savant in the 18th Century, Bd. 2 (= History of Science and Medicine Library, Bd. 34/9), Leiden 2013, S. 507-533.

– : Züricher Naturaliensammlungen. Orte, Akteure und Objekte, in: Silke Förschler/Anne Mariss (Hg.): Akteure, Tiere, Dinge. Verfahrensweisen der Naturgeschichte in der Frühen Neuzeit, Köln 2017, S. 61-76.

– (Hg.): »Lettres des Grisons«. Wissenschaft, Religion und Diplomatie in der Korrespondenz von Johann Jakob Scheuchzer. Eine Edition ausgewählter Schweizer Briefe (1695-1731), hallerNet 2019, https://hallernet.org/edition/scheuchzer-korrespondenz (abgerufen am 11.10.2023).

– : Mondi interconnessi. Johann Jakob Scheuchzer (1672-1733), la storia naturale e la scoperta delle Alpi in epoca moderna. Habilitationsschrift, Universität Bern 2022.

– /Stuber, Martin (Hg.): Wer das Gras wachsen hört. Wissensgeschichte(n) der pflanzlichen Ressourcen vom Mittelalter bis ins 20. Jahrhundert (= Jahrbuch für Geschichte des ländlichen Raumes, Bd. 14), Innsbruck; Wien; Bozen 2017.

Boschung, Urs: Zwanzig Briefe Albrecht von Hallers an Johannes Gessner (= Berner Beiträge zur Geschichte der Medizin und der Naturwissenschaften, Neue Folge Bd. 6), Bern; Stuttgart; Wien 1972.

– : Acht Briefe von Albrecht von Haller an Johannes Gessner, in: Gesnerus 31/3-4 (1974), S. 267-287.

– : Johannes Gessners Pariser Tagebuch 1727 (= Studia Halleriana, Bd. 2), Bern; Stuttgart; Toronto, 1985.

– : Die Universitäten Basel und Leiden im Urteil eines Medizinstudenten. Zwei Briefe von Johannes Gessner an Johann Jakob Scheuchzer, 1726, 1727, in: Carlo Maccagni/Guido Cimino (Hg.): La storia della medicina e della scienza tra archivio e laboratorio. Saggi i memoria di Luigi Belloni (= Biblioteca di physis, Bd. 2), Firenze 1994, S. 55-72.

– : Johannes Gessner (1709-1790). Der Gründer der Naturforschenden Gesellschaft in Zürich; seine Autobiographie – aus seinem Briefwechsel mit Albrecht von Haller; ein Beitrag zur Geschichte der Naturwissenschaften in Zürich im 18. Jahrhundert (= Neujahrsblatt der Naturforschenden Gesellschaft in Zürich, Bd. 198), Alpnach-Dorf; Zürich 1995.

– : Erkenntnis der Natur zur Ehre Gottes und zum Nutzen des werten Vaterlandes. Der Naturforscher Johannes Gessner (1709-1790), in: Helmut Holzhey/Simone Zurbuchen (Hg.): Alte Löcher – neue Blicke. Zürich im 18. Jahrhundert, Zürich 1997, S. 299-318.
– : »Gessner, Johannes«, in: Historisches Lexikon der Schweiz (HLS), Version vom 11.12.2006, https://hls-dhs-dss.ch/de/articles/014377/2006-12-11/ (abgerufen am 9.10.2023).
Bourguet, Marie-Noëlle: La collecte du monde. Voyage et histoire naturelle (fin XVIIe siècle-début XIXe siècle), in: Claude Blanckaert (Hg.): Le muséum au premier siècle de son histoire, Paris 1997.
– : Measurable Difference. Botany, Climate, and the Gardener's Thermometer in Eighteenth-Century France, in: Londa Schiebinger/Claudia Swan (Hg.): Colonial Botany. Science, Commerce, and Politics in the Early Modern World, Philadelphia 2005, S. 270-286.
–/Licoppe, Christian/Sibum, Heinz Otto (Hg.): Instruments, Travel and Science. Itineraries of Precision from the Seventeenth to the Twentieth Century (= Studies in the History of Science, Technology and Medicine, Bd. 16), London; New York 2002.
Braun-Bucher, Barbara: Hallers Bibliothek und Nachlass, in: Hubert Steinke/Urs Boschung/Wolfgang Proß (Hg.): Albrecht von Haller. Leben – Werk – Epoche (= Archiv des Historischen Vereins des Kantons Bern, Bd. 85), Göttingen 2008, S. 515-526.
Brendecke, Arndt: Von Postulaten zu Praktiken. Eine Einführung, in: ders. (Hg.): Praktiken der Frühen Neuzeit. Akteure, Handlungen, Artefakte (= Frühneuzeit-Impulse, Bd. 3), Köln 2015, S. 13-20.
Brenna, Brita: Clergymen Abiding in the Fields. The Making of the Naturalist Observer in Eighteenth-Century Norwegian Natural History, in: Science in Context 24/2 (2011), S. 143-166.
Brockliss, Laurence: Science, the Universities, and other Public Spaces. Teaching Science in Europe and the Americas, in: Roy Porter (Hg.): Eighteenth-Century Science. The Cambridge History of Science, Bd. 4, Cambridge 2003, S. 44-86.
– : Calvet's Web. Enlightenment and the Republic of Letters in Eighteenth-Century France, Oxford; New York 2002.
Brockway, Lucile H.: Science and Colonial Expansion. The Role of the British Royal Botanic Gardens, New Haven; London 1979.
Bruijn, Iris: Ship's Surgeons of the Dutch East India Company. Commerce and the Progress of Medicine in the Eighteenth Century, Leiden 2009.
Bulinsky, Dunja: Nahbeziehungen eines europäischen Gelehrten. Johann Jakob Scheuchzer (1672-1733) und sein soziales Umfeld, Zürich 2020.
Bungener, Patrick: Les rapports de Saussure avec la botanique, in: René Sigrist/Jean-Daniel Candaux (Hg.): H.-B. de Saussure (1740-1799). Un regard sur la terre (= Bibliothèque d'histoire des sciences, Bd. 4), Chêne-Bourg/Paris 2001, S. 33-49.
– /Mattille, Pierre/Callmander, Martin W.: Augustin-Pyramus de Candolle. Une passion, un jardin, Genève 2017.
Burke, Peter: Cultures of Translation in Early Modern Europe, in: Peter Burke/R. Po-chia Hsia (Hg.): Cultural Translation in Early Modern Europe, Cambridge 2007, S. 7-38.
Buscaglia, Marino: Critique et situation de la »méthode du thermomètre universel« dans la science de l'époque, in: Barbara Roth-Lochner (Hg.): Jacques-Barthélemy Micheli du Crest 1690-1766. Homme des Lumières, Genf 1995, S. 133-137.
Candaux, Jean-Daniel: »Garcin, Jean-Laurent«, in: Historisches Lexikon der Schweiz (HLS). Version vom 17.8.2005, https://hls-dhs-dss.ch/de/articles/025939/2005-08-17/ (abgerufen am 21.9.2023).
Cañizares-Esguerra, Jorge: Iberian Science in the Renaissance. Ignored How Much Longer?, in: Perspectives on Science 12/1 (2004), S. 86-124.
– : Iberian Colonial Science, in: Isis 96/1 (2005), S. 64-70.
Cappelletti, Elsa M./Ubrizsy Savoia, Andrea: Didactic in a Botanic Garden. Garden Plans

and Botanical Education in the »horto medicinale« of Padua in the 16th Century, in: Sabine Anagnostou/Florike Egmond/Christoph Friedrich (Hg.): A Passion for Plants. Materia medica and Botany in Scientific Networks from the 16th to 18th Centuries (= Quellen und Studien zur Geschichte der Pharmazie, Bd. 95), Stuttgart 2011, S. 79-92.

Catherine, Florence: La pratique et les réseaux savants d'Albrecht von Haller (1708-1777), vecteurs du transfert culturel entre les espaces français et germaniques au XVIIIe siècle (= Les dix-huitièmes siècles, Bd. 161), Paris 2012.

Chapron, Emmanuelle: Du bon usage des recommandations. Lettres et voyageurs au XVIIIe siècle, in: Pierre-Yves Beaurepaire/Pierrick Pourchasse (Hg.): Les circulations internationales en Europe, années 1680-années 1780, Rennes 2010, S. 249-258.

Ciancio, Luca: »Tuis impulsus consiliis«. Antonio Turra, the Vicenza Academy of Agriculture and the Reception of Linnaeus' Thought in the Venetian »Terraferma« (1758-1797), in: Marco Beretta/Alessandro Tosi (Hg.): Linnaeus in Italy. The Spread of a Revolution in Science (= Uppsala Studies in History of Science, Bd. 34), Sagamore Beach 2007, S. 169-187.

Collet, Dominik/Füssel, Marian/MacLeod, Roy M. (Hg.): The University of Things. Theory – History – Practice (= Jahrbuch für Europäische Wissenschaftskultur, Bd. 8), Stuttgart 2016.

Conrad, Sebastian: What is Global History?, Princeton 2016.

Cook, Alexandra: Jean-Jacques Rousseau and Botany. The Salutary Science (= SVEC 12), Oxford 2012.

– : Laurent Garcin, M.D.F.R.S. A Forgotten Source for N.L. Burman's Flora Indica (1768), in: Harvard Papers in Botany 21/1 (2016), S. 31-53.

Cook, Harold J.: Physicians and Natural History, in: Nicholas Jardine/Emma Spary/James A. Secord (Hg.): Cultures of Natural History, Cambridge 1996, S. 91-105.

– : Global Economies and Local Knowledge in the East Indies. Jacobus Bontius Learns the Facts of Nature, in: Londa Schiebinger/Claudia Swan (Hg.): Colonial Botany. Science, Commerce, and Politics in the Early Modern World, Philadelphia 2005, S. 100-118.

– : Matters of Exchange. Commerce, Medicine, and Science in the Dutch Golden Age, New Haven, Conn. 2007.

Cooper, Alix: The Indigenous versus the Exotic. Debating Natural Origins in Early Modern Europe, in: Landscape Research 28/1 (2003), S. 51-60.

– : »The Possibilities of the Land«. The Inventory of »Natural Riches« in the Early Modern Territories, in: Margaret Schabas/Neil de Marchi (Hg.): Oeconomies in the Age of Newton, Durham; London 2003, S. 129-153.

– : Homes and Households, in: Katharine Park/Lorraine Daston (Hg.): Early Modern Science. Cambridge History of Science, Bd. 3, Cambridge 2006, S. 224-237.

– : Inventing the Indigenous. Local Knowledge and Natural History in Early Modern Europe, Cambridge; New York 2007.

– : Picturing Nature. Gender and the Politics of Natural-Historical Description in Eighteenth-Century Gdańsk/Danzig, in: Journal for Eighteenth-Century Studies 36/4 (2013), S. 519-529.

Crawford, Matthew James: Andean Wonder Drug. Cinchona Bark and Imperial Science in the Spanish Atlantic, 1630-1800, Pittsburgh 2016.

Cremer, Annette C.: Zum Stand der Materiellen Kulturforschung in Deutschland, in: Annette C. Cremer/Martin Mulsow (Hg.): Objekte als Quellen der historischen Kulturwissenschaften. Stand und Perspektiven der Forschung (= Ding, Materialität, Geschichte, Bd. 2), Köln; Weimar; Wien 2017, S. 9-21.

Crosby, Alfred W.: The Columbian Exchange. Biological and Cultural Consequences of 1492 (= Contributions in American Studies, Bd. 2), Westport, Conn. 1972.

Dance, S. Peter: A History of Shell Collecting, Leiden 1986.

Darmstaedter, Ludwig: Königliche Bibliothek zu Berlin. Verzeichnis der Autographensammlung, Berlin 1909.
– : Naturforscher und Erfinder. Biographische Miniaturen, Bielefeld; Leipzig 1926.
Daston, Lorraine: Marvelous Facts and Miraculous Evidence in Early Modern Europe, in: Critical Inquiry 18/1 (1991), S. 93-124.
– (Hg.): Biographies of Scientific Objects, Chicago 2000.
– : Taking Note(s), in: Isis 95/3 (2004), S. 443-448.
– (Hg.): Things That Talk. Object Lessons from Art and Science, New York; Cambridge, Mass. 2004.
– : On Scientific Observation, in: Isis 99/1 (2008), S. 97-110.
– : The Empire of Observation, 1600-1800, in: dies./Elizabeth Lunbeck (Hg.): Histories of Scientific Observation, Chicago 2011, S. 81-113.
–/Lunbeck, Elizabeth (Hg.): Histories of Scientific Observation, Chicago 2011.
Dauser, Regina/Hächler, Stefan/Kempe, Michael/Mauelshagen, Franz/Stuber, Martin (Hg.): Wissen im Netz. Botanik und Pflanzentransfer in europäischen Korrespondenznetzen des 18. Jahrhunderts (= Colloquia Augustana, Bd. 24), Berlin 2008.
Dauwalder, Lea: Das Herbarium des Felix Platter. Die Erhaltung eines historischen Buch-Herbariums. Masterarbeit, Hochschule der Künste Bern 2012.
– /Lienhard, Luc: Das Herbarium des Felix Platter. Die älteste wissenschaftliche Pflanzensammlung der Schweiz, Bern 2016.
Davids, Karel: The Scholarly Atlantic. Circuits of Knowledge Between Britain, the Dutch Republic and the Americas in the Eighteenth Century, in: Gert Oostindie/Jessica V. Roitman (Hg.): Dutch Atlantic Connections, 1680-1800. Linking Empires, Bridging Borders (= Atlantic World, Bd. 29), Leiden; Boston 2014, S. 224-248.
– : Cities, Long-Distance Cooperations and Open Air Sciences. Antwerp, Amsterdam and Leiden in the Early Modern Period, in: Bert de Munck/Antonella Romano (Hg.): Knowledge and the Early Modern City. A History of Entanglements, London; New York 2020, S. 126-148.
Davis, Natalie Zemon: Women on the Margins. Three Seventeenth-Century Lives, Cambridge, Mass. 2003.
De Beer, Gavin R.: The Correspondence between Linnaeus and Johann Gesner, in: Proceedings of the Linnean Society of London 161/2 (1949), S. 225-241.
Delbourgo, James/Müller-Wille, Staffan: Introduction. Focus: Listmania, in: Isis 103/4 (2012), S. 710-715.
Desmond, Ray: The Problems of Transporting Plants, in: John Harris (Hg.): The Garden. A Celebration of One Thousand Years of British Gardening. The Guide to the Exhibition Presented by the Victoria and Albert, May-August 1979, London 1979, S. 99-104.
Dietz, Bettina: Aufklärung als Praxis. Naturgeschichte im 18. Jahrhundert, in: Zeitschrift für Historische Forschung 36/2 (2009), S. 235-257.
– : Making Natural History. Doing the Enlightenment, in: Central European History 43/1 (2010), S. 25-46.
– : Contribution and Co-production. The Collaborative Culture of Linnaean Botany, in: Annals of Science 69/4 (2012), S. 551-569.
– : Das System der Natur. Die kollaborative Wissenskultur der Botanik im 18. Jahrhundert, Köln 2017.
– : Kollaboration in der Botanik des 18. Jahrhunderts. Die partizipative Architektur von Linnes System der Natur, in: Silke Förschler/Anne Mariss (Hg.): Akteure, Tiere, Dinge. Verfahrensweisen der Naturgeschichte in der Frühen Neuzeit, Köln 2017, S. 95-108.
Dolezel, Eva/Godel, Rainer/Pečar, Andreas/Zaunstöck, Holger (Hg.): Ordnen – Vernetzen – Vermitteln. Kunst- und Naturalienkammern der Frühen Neuzeit als Lehr- und Lernorte (= Acta historica Leopoldina, Bd. 70), Halle (Saale); Stuttgart 2018.

Downs, Roger M./Stea, David/Geipel, Robert: Kognitive Karten. Die Welt in unseren Köpfen, New York 1982.
Drayton, Richard Harry: Nature's Government. Science, Imperial Britain, and the ›Improvement‹ of the World, New Haven; London 2000.
Drouin, Jean-Marc /Lienhard, Luc: Botanik, in: Hubert Steinke/Urs Boschung/Wolfgang Proß (Hg.): Albrecht von Haller. Leben – Werk – Epoche (= Archiv des Historischen Vereins des Kantons Bern, Bd. 85), Göttingen 2008, S. 292-314.
Dülmen, Richard van: Die Gesellschaft der Aufklärer. Zur bürgerlichen Emanzipation und aufklärerischen Kultur in Deutschland, Frankfurt a. M. 1986.
DuPlessis, Robert S.: The Material Atlantic. Clothing, Commerce, and Colonization in the Atlantic World, 1650-1800, Cambridge 2016.
Düring, Marten/Eumann, Ulrich/Stark, Martin/Keyserlingk-Rehbein, Linda von (Hg.): Handbuch Historische Netzwerkforschung. Grundlagen und Anwendungen (= Schriften des Kulturwissenschaftlichen Instituts Essen [KWI] zur Methodenforschung, Bd. 1), Berlin 2016.
Eamon, William: Markets, Piazzas and Villages, in: Katharine Park/Lorraine Daston (Hg.): Early Modern Science. Cambridge History of Science, Bd. 3, Cambridge 2006, S. 206-223.
Easterby-Smith, Sarah: Thinking Through Things, in: Studies in History and Philosophy of Science 43/1 (2012), S. 208-212.
– : Cultivating Commerce. Cultures of Botany in Britain and France, 1760-1815, Cambridge 2017.
– /Senior, Emily: The Cultural Production of Natural Knowledge. Contexts, Terms, Themes, in: Journal for Eighteenth-Century Studies 36/4 (2013), S. 505-517.
Egmond, Florike/van Gelder, Esther/Robin, Nicolas (Hg.): Flowers of Passion and Distinction. Practice, Expertise and Identity in Clusius' World (= Jahrbuch für Europäische Wissenschaftskultur, Bd. 6), Stuttgart 2012.
Erne, Emil: Die schweizerischen Sozietäten. Lexikalische Darstellung der Reformgesellschaften des 18. Jahrhunderts in der Schweiz, Zürich 1988.
Ernst, Ulrich: Die Kunstschule in Zürich, die erste zürcherische Industrieschule 1773-1833. Beilage zum Programm der Kantonsschule, Zürich 1900.
Étienne, Noémie/Brizon, Claire/Lee, Chonja/Wismer, Étienne (Hg.): Exotic Switzerland? Looking Outward in the Age of Enlightenment, Zürich; Paris; Berlin 2020.
Fauser, Alois: »Güldenstädt, Johann Anton«, in: Neue Deutsche Biographie 7 (1966), S. 254-255. Online-Version, https://www.deutsche-biographie.de/pnd120640759.html#ndbcontent (abgerufen am 11.10.2023).
Figueroa, Marcelo Fabián: Packing Techniques and Political Obedience as Scientific Issues. 18th-Century Medicinal Balsams, Gums and Resins from the Indies to Madrid, in: Journal of History of Science and Technology 5 (2012), S. 49-67.
Findlen, Paula: Possessing Nature. Museums, Collecting, and Scientific Culture in Early Modern Italy (= Studies on the History of Society and Culture, Bd. 20), Berkeley 1994.
– (Hg.): Early Modern Things. Objects and Their Histories, 1500-1800, London 2013.
Flannery, Maura C.: In the Herbarium. The Hidden World of Collecting and Preserving Plants, New Haven 2023.
Freist, Dagmar: Diskurse – Körper – Artefakte. Historische Praxeologie in der Frühneuzeitforschung – eine Annäherung, in: dies. (Hg.): Diskurse – Körper – Artefakte. Historische Praxeologie in der Frühneuzeitforschung (= Praktiken der Subjektivierung, Bd. 4), Bielefeld 2014, S. 9-30.
– : »Ich schicke Dir etwas Fremdes und nicht Vertrautes.«. Briefpraktiken als Vergewisserungsstrategie zwischen Raum und Zeit im Kolonialgefüge der Frühen Neuzeit, in: dies. (Hg.): Diskurse – Körper – Artefakte. Historische Praxeologie in der Frühneuzeitforschung (= Praktiken der Subjektivierung, Bd. 4), Bielefeld 2014, S. 373-404.

Freitag, Ulrike: Translokalität als ein Zugang zur Geschichte globaler Verflechtungen, in: H-Soz-Kult 10.6.2005, http://hsozkult.geschichte.hu-berlin.de/forum/2005-06-001 (abgerufen am 11.10.2023).
Fretz, Diethelm: Konrad Gessner als Gärtner, Zürich 1948.
Frodin, David G.: Guide to Standard Floras of the World. An Annotated, Geographically Arranged Systematic Bibliography of the Principal Floras, Enumerations, Checklists, and Chorological Atlases of Different Areas, Cambridge 2001.
Gagliardi, Ernst/Forrer, Ludwig: Katalog der Handschriften der Zentralbibliothek Zürich. Neuere Handschriften seit 1500 (ältere schweizergeschichtliche inbegriffen), Zürich 1982.
Gänger, Stefanie: Mikrogeschichte des Globalen. Chinarinde, der Andenraum und die Welt während der »globalen Sattelzeit« (1770-1830), in: Boris Barth/Stefanie Gänger/Niels P. Petersson (Hg.): Globalgeschichten. Bestandsaufnahme und Perspektiven (= Globalgeschichte, Bd. 17), Frankfurt a.M. 2014, S. 19-40.
– : Relics of the Past. The Collecting and Study of Pre-Columbian Antiquities in Peru and Chile, 1837-1911, Oxford 2014.
– : World Trade in Medicinal Plants from Spanish America, 1717-1815, in: Medical History 59/1 (2015), S. 44-62.
– : Circulation. Reflections on Circularity, Entity, and Liquidity in the Language of Global History, in: Journal of Global History 12/3 (2017), S. 303-318.
– : A Singular Remedy. Cinchona Across the Atlantic World, 1751-1820, New York u.a. 2020.
– : The Secrets of Indians. Native Knowers in Enlightenment Natural Histories of the Southern Americas, in: Simona Boscani Leoni/Sarah Baumgartner/Meike Knittel (Hg.): Connecting Territories. Exploring People and Nature, 1700-1850 (= Emergence of Natural History, Bd. 5), Leiden; Boston 2022, S. 101-123.
Gascoigne, John: Joseph Banks and the English Enlightenment. Useful Knowledge and Polite Culture, Cambridge 1994.
– : The German Enlightenment and the Pacific, in: Larry Wolff/Marco Cipolloni (Hg.): The Anthropology of the Enlightenment, Stanford 2007, S. 141-171.
Gaziello, Catherine: L'expédition de Lapérouse 1785-1788. Réplique française aux voyages de Cook, Paris 1984.
Gerritsen, Anne/Riello, Giorgio (Hg.): The Global Lives of Things. The Material Culture of Connections in the Early Modern World, London 2016.
Gille-Linne, Karin (Hg.): Dinge des Wissens. Die Sammlungen, Museen und Gärten der Universität Göttingen, Göttingen 2015.
Goldgar, Anne: Impolite Learning. Conduct and Community in the Republic of Letters 1680-1750, New Haven; London 1995.
Golinski, Jan: Science as Public Culture. Chemistry and Enlightenment in Britain, 1760-1820, Cambridge; New York 1992.
– : Making Natural Knowledge. Constructivism and the History of Science, Chicago 2005.
Graber, Rolf: Bürgerliche Öffentlichkeit und spätabsolutistischer Staat. Sozietätenbewegung und Konfliktkonjunktur in Zürich 1746-1780, Zürich 1993.
Grewe, Bernd-Stefan/Hofmeester, Karin (Hg.): Luxury in Global Perspective. Objects and Practices, 1600-2000, Cambridge 2016.
Greyerz, Kaspar von: Early Modern Protestant Virtuosos and Scientists. Some Comments, in: Zygon 51/3 (2016), S. 698-717.
– : European Physico-Theology (1650–c.1760) in Context. Celebrating Nature and Creation, Oxford 2022.
Gunia, Madlon: Ein vorlinnéisches Herbarium vivum mit schmückenden Kupferstichen in Form von Vasen und Spruchbändern. Untersuchung und Restaurierung des Buch-

herbars Ms2735(1) aus dem Bestand der Universitätsbibliothek Erlangen. Diplomarbeit, Technische Hochschule Köln 2006.

Güttler, Nils: Das Kosmoskop. Karten und ihre Benutzer in der Pflanzengeographie des 19. Jahrhunderts, Göttingen 2014.

– /Heumann, Ina (Hg.): Sammlungsökonomien, Berlin 2016.

Guyer, Paul: Die soziale Schichtung der Bürgerschaft Zürichs vom Ausgang des Mittelalters bis 1798, Zürich 1952.

Haasis, Lucas: Papier, das nötigt und Zeit, die [drängt] übereilt. Zur Materialität und Zeitlichkeit von Briefpraxis im 18. Jahrhundert und ihrer Handhabe, in: Arndt Brendecke (Hg.): Praktiken der Frühen Neuzeit. Akteure, Handlungen, Artefakte (= Frühneuzeit-Impulse, Bd. 3), Köln 2015, S. 305-319.

Häberlein, Mark/Schmölz-Häberlein, Michaela: Transfer und, Aneignung außereuropäischer Pflanzen im Europa des 16. und frühen 17. Jahrhunderts. Akteure, Netzwerke, Wissensorte, in: Zeitschrift für Agrargeschichte und Agrarsoziologie 61/2 (2013), S. 11-26.

Habermann, Alexandra (Hg.): Die Rolle von Bibliothekaren und Sammlern im wissenschaftlichen Leben der Weimarer Republik. Eine biographische Annäherung (= Kleine historische Reihe der Zeitschrift Laurentius, Bd. 6), Hannover 1994.

Hächler, Stefan: Avec une grosse boete de plantes vertes. Pflanzentransfer in der Korrespondenz Albrecht von Hallers (1708-1777), in: Regina Dauser/Stefan Hächler/Michael Kempe/Franz Mauelshagen/Martin Stuber (Hg.): Wissen im Netz. Botanik und Pflanzentransfer in europäischen Korrespondenznetzen des 18. Jahrhunderts (= Colloquia Augustana, Bd. 24), Berlin 2008, S. 201-218.

Häner, Flavio: Dinge sammeln, Wissen schaffen. Die Geschichte der naturhistorischen Sammlungen in Basel, 1735-1850 (= Edition Museum, Bd. 23), Bielefeld 2017.

Hansen, Dennis/Leu, Urs B.: Johannes Gessners »Museum«, in: Vierteljahrsschrift der Naturforschenden Gesellschaft in Zürich 166/2 (2021), S. 8-11.

Hansen, James R.: Scientific Fellowship in a Swiss Community Enlightenment. A History of Zurich's Physical Society, 1746-1798. PhD Thesis, The Ohio State University 1981.

Hansen, Lars/Hansen, Viveka/Broberg, Gunnar (Hg.): Textilia Linnaeana. Global 18th Century Textile Traditions and Trade (= Mundus Linnæi Series, Bd. 5), London 2017.

Harding, Elizabeth: Der Gelehrte im Haus. Ehe, Familie und Haushalt in der Standeskultur der frühneuzeitlichen Universität Helmstedt (= Wolfenbütteler Forschungen, Bd. 139), Wiesbaden 2014.

Häseler, Jens: Jean Henri Samuel Formey. L'homme à Berlin, in: Christiane Berkvens-Stevelinck/Hans Bots/Jens Häseler (Hg.): Les grands intermédiaires culturels de la République des Lettres. Etudes de réseaux de correspondances du XVIe au XVIIIe siècles (= Les dix-huitièmes siècles, Bd. 91), Paris 2005, S. 413-434.

Hauser, Albert/Heyer, Hans-Rudolf: »Gärten«, in: Historisches Lexikon der Schweiz (HLS). Version vom 15.12.2010, http://www.hls-dhs-dss.ch/textes/d/D7953.php (abgerufen am 11.10.2023).

Headrick, Daniel R.: Botany, Chemistry, and Tropical Development, in: Journal of World History 7/1 (1996), S. 1-20.

Heesen, Anke te: Vom naturgeschichtlichen Investor zum Staatsdiener. Sammler und Sammlungen der Gesellschaft Naturforschender Freunde zu Berlin um 1800, in: Anke te Heesen/E.C. Spary (Hg.): Sammeln als Wissen. Das Sammeln und seine wissenschaftsgeschichtliche Bedeutung, Göttingen 2001, S. 62-84.

Heller, Sabine: Boerhaaves Schweizer Studenten. Ein Beitrag zur Geschichte des Medizinstudiums (= Zürcher medizingeschichtliche Abhandlungen, Bd. 169), Zürich 1984.

Henkel, Christopher: »Salzwedel, Peter«, in: Frankfurter Biographie (1994/96) in: Frankfurter Personenlexikon (Onlineausgabe). Version vom 20.3.1995, https://frankfurter-personenlexikon.de/node/987 (abgerufen am 21.9.2023).

Hentschel, Uwe: Die Zürcher Aufklärung im Spiegel der deutschen Reiseliteratur, in: Anett Lütteken/Barbara Mahlmann-Bauer/Katja Fries (Hg.): Bodmer und Breitinger im Netzwerk der europäischen Aufklärung (= Das achtzehnte Jahrhundert, Bd. 16), Göttingen 2009, S. 598-619.

– : Das Bild vom eigenen Land. Schweizer Aufklärer in der ersten Hälfte des 18. Jahrhunderts und der deutsch Philhelvetismus, in: Simona Boscani Leoni (Hg.): Wissenschaft – Berge – Ideologien. Johann Jakob Scheuchzer (1672-1733) und die frühneuzeitliche Naturforschung, Basel 2010, S. 309-317.

Herzog, Georges: Daniel Rhagors Pflantz-Gart aus dem Jahre 1639, in: André Holenstein/Claudia Engler/Charlotte Gutscher-Schmid (Hg.): Berns mächtige Zeit. Das 16. und 17. Jahrhundert neu entdeckt (= Berner Zeiten, Bd. 3), Bern 2006, S. 406-411.

Hintzsche, Erich: Albrecht Hallers Tagebücher seiner Reisen nach Deutschland, Holland und England 1723-1727 (= Berner Beiträge zur Geschichte der Medizin und der Naturwissenschaften, Bd. 4), Bern; Stuttgart; Wien 1971.

Hochadel, Oliver: Öffentliche Wissenschaft. Elektrizität in der deutschen Aufklärung, Göttingen 2003.

Hochmuth, Christian: Globale Güter – lokale Aneignung. Kaffee, Tee, Schokolade und Tabak im frühneuzeitlichen Dresden (= Konflikte und Kultur, Bd. 17), Konstanz 2008.

Hodacs, Hanna: Linneans Outdoors. The Transformative Role of Studying Nature »On the Move« and Outside, in: British Journal for the History of Science 44/2 (2011), S. 183-209.

– : Silk and Tea in the North. Scandinavian Trade and the Market for Asian Goods in Eighteenth-Century Europe, London 2016.

– : Linnaean Scholars Out of Doors. So Much to Name, Learn and Profit From, in: Arthur MacGregor (Hg.): Naturalists in the Field. Collecting, Recording and Preserving the Natural World from the Fifteenth to the Twenty-First Century (= Emergence of Natural History, Bd. 2), Boston 2018, S. 240-257.

Holenstein, André: Mitten in Europa. Verflechtung und Abgrenzung in der Schweizer Geschichte, Baden 2014.

– /Kury, Patrick/Schulz, Kristina (Hg.): Schweizer Migrationsgeschichte. Von den Anfängen bis zur Gegenwart, Baden, Schweiz 2018.

– /Pfister, Christian/Stuber, Martin: Nützliche Wissenschaft, Naturaneignung und Politik. Die Oekonomische Gesellschaft Bern im europäischen Kontext 1750-1850 (SNF-Projekt), in: Pro saeculo XVIII Societas Helvetica 25 (2004), S. 9-11.

Huigen, Siegfried/Jong, Jan L. de/Kolfin, Elmer (Hg.): Dutch Trading Companies as Knowledge Networks (= Intersections, Bd. 14), Leiden 2010.

Hürlimann, Katja:»Escher«, in: Historisches Lexikon der Schweiz (HLS). Version vom 5.4.2012, https://hls-dhs-dss.ch/de/articles/023794/2012-04-05/ (abgerufen am 23.8.2023).

– : »Werdmüller«, in: Historisches Lexikon der Schweiz (HLS). Version vom 11.1.2015, https://hls-dhs-dss.ch/de/articles/023853/2015-01-11/ (abgerufen am 23.8.2023).

Im Hof, Ulrich: Das gesellige Jahrhundert. Gesellschaft und Gesellschaften im Zeitalter der Aufklärung, München 1982.

Jacquat, Marcel S.: »Laurent Garcin«, in: Michel Schlup/Patrice Allanfranchini (Hg.): Biographies neuchâteloises, Bd. 1, Hauterive 1996, S. 103-109.

Jancke, Gabriele/Schläppi, Daniel (Hg.): Die Ökonomie sozialer Beziehungen. Ressourcenbewirtschaftung als Geben, Nehmen, Investieren, Verschwenden, Haushalten, Horten, Vererben, Schulden, Stuttgart 2015.

Jardine, Nicholas: Books, Texts, and the Making of Knowledge, in: Marina Frasca-Spada/Nicholas Jardine (Hg.): Books and the Sciences in History, Cambridge 2000, S. 393-407.

– /Spary, Emma/Secord, James A. (Hg.): Cultures of Natural History, Cambridge 1996.

Jarvis, Charles E.: Carl Linnaeus and the Influence of Mark Catesby's Botanical Work, in: E. Charles Nelson/David J. Elliott (Hg.): The Curious Mister Catesby. A »Truly Ingenious« Naturalist Explores New Worlds, Athens 2015, S. 189-204.
– : Order Out of Chaos. Linnaean Plant Names and Their Types, London 2007.
Jeanneret, F.A.M.: »Laurent Garcin«, in: F.A.M.Jeanneret/J.H.Bonhôte (Hg.): Biographie Neuchâteloise, Bd. 1, Le Locle 1863, S. 373-379.
Johns, Adrian: Natural History as Print Culture, in: Nicholas Jardine/Emma Spary/James A. Secord (Hg.): Cultures of Natural History, Cambridge 1996, S. 106-124.
Jong, Marco de/Stefanaki, Anastasia/van Andel, Tinde: Mediterranean Specimens of the Prussian Botanist Jacob Breyne (1637-1697) in the Van Royen Herbarium, Leiden, The Netherlands, in: Botany Letters 169/2 (2022), S. 294-301.
Kaiser, Katja: Wirtschaft, Wissenschaft und Weltgeltung. Die Botanische Zentralstelle für die deutschen Kolonien am Botanischen Garten und Museum Berlin (1891-1920) (= Zivilisationen und Geschichte, Bd. 66), Berlin u.a. 2021.
Keller, Ferdinand: Bericht über die Verhandlungen der Naturforschenden Gesellschaft in Zürich, Zürich 1838.
Kempe, Michael: Wissenschaft, Theologie, Aufklärung. Johann Jakob Scheuchzer (1672-1733) und die Sintfluttheorie (= Frühneuzeit-Forschungen, Bd. 10), Epfendorf 2003.
– /Maissen, Thomas: Die Collegia der Insulaner, Vertraulichen und Wohlgesinnten in Zürich 1679-1709. Die ersten deutschsprachigen Aufklärungsgesellschaften zwischen Naturwissenschaften, Bibelkritik, Geschichte und Politik, Zürich 2002.
Kiehn, Michael/Kiehn, Monika: Frühe Pflanzenlisten und Samenkataloge als Quellen wissenschaftlicher Korrespondenz. Ein Schreiben von Pál Kitaibel an Joseph Franz von Jacquin im (Buda)Pester Samenkatalog von 1809, in: Ingrid Kästner/Jürgen Kiefer (Hg.): Botanische Gärten und botanische Forschungsreisen. Beiträge der Tagung vom 7. bis 9. Mai 2010 an der Akademie Gemeinnütziger Wissenschaften zu Erfurt (= Europäische Wissenschaftsbeziehungen, Bd. 3), Aachen 2011, S. 221-230.
Kleinschmidt, John Rochester: Les imprimeurs et libraires de la république de Genève 1700-1798, Genf 1948.
Klemun, Marianne: Globaler Pflanzentransfer und seine Transferinstanzen als Kultur-, Wissens- und Wissenschaftstransfer der frühen Neuzeit, in: Berichte zur Wissenschaftsgeschichte 29 (2006), S. 205-223.
Klemun, Marianne: Gärten und Sammlungen, in: Marianne Sommer/Staffan Müller-Wille/Carsten Reinhardt (Hg.): Handbuch Wissenschaftsgeschichte, Stuttgart 2017, S. 235-244.
– /Hühnel, Helga: Nikolaus Joseph Jacquin (1727-1817). Ein Naturforscher (er)findet sich, Wien 2017.
Knight, Leah: Of Books and Botany in Early Modern England. Sixteenth-Century Plants and Print Culture, Burlington 2009.
Knittel, Meike: Gemeinsame Referenzpunkte und geteilte Richtungen. Johannes Gessner (1709-1790) als Vermittler der Linné'schen Botanik, in: xviii.ch 7 (2016), S. 37-55.
Knittel, Meike: Beobachten, ordnen, erklären. Johannes Gessners Tabulae phytographicae (1795-1804), in: Nathalie Vuillemin/Evelyn Dueck (Hg.): Entre l'œil et le monde. Dispositifs d'une nouvelle épistémologie visuelle dans les sciences de la nature (1740-1840), Éditions Épistémocritique 2017, S. 33-45.
– : »Dominus creavit ex Terra Medicamenta«. Heilpflanzenwissen in Johannes Gessners Phytographia sacra, in: Simona Boscani Leoni/Martin Stuber (Hg.): Wer das Gras wachsen hört. Wissensgeschichte(n) der pflanzlichen Ressourcen vom Mittelalter bis ins 20. Jahrhundert (= Jahrbuch für Geschichte des ländlichen Raumes, Bd. 14), Innsbruck; Wien; Bozen 2017, S. 96-114.
– : Devenir botaniste au XVIIIe siècle. Les premiers voyages de Gessner et des jeunes Zuri-

chois dans les Alpes, in: Moret Petrini (Hg.): Jeunesse et voyages 1700-1830 (= Bulletin de l'Association Culturelle pour le Voyage en Suisse, Bd. 20), 2019, S. 5-9.

– : Flora Near and Far. Accumulating Knowledge on Plants in Eighteenth-Century Zurich, in: Simona Boscani Leoni/Sarah Baumgartner/Meike Knittel (Hg.): Connecting Territories. Exploring People and Nature, 1700-1850 (= Emergence of Natural History, Bd. 5), Leiden; Boston 2022, S. 75-100.

Knittel, Meike/Nyffeler, Reto: Der Hortus siccus Societatis physicae Tigurinae, in: Vierteljahrsschrift der Naturforschenden Gesellschaft in Zürich 166:2 (2021), S. 12-15.

–/– : Flora Alpina, in: Tina Asmussen (Hg.): Montan-Welten. Alpengeschichte abseits des Pfades (= Æther, Bd. 3), Zürich 2019.

Koerner, Lisbet: Daedalus Hyperboreus. Baltic Natural History and Mineralogy in the Enlightenment, in: William Clark (Hg.): The Sciences in Enlightened Europe, Chicago 1999, S. 389-422.

– : Linnaeus. Nature and Nation, Cambridge, MA; London 1999.

König, Clemens: »Willdenow, Karl Ludwig«, in: Allgemeine Deutsche Biographie 43 (1898), S. 252-254. Online-Version, https://www.deutsche-biographie.de/pnd117387436.html#adbcontent (abgerufen am 11.10.2023).

Kopytoff, Igor: The Cultural Biography of Things. Commoditization as Process, in: Arjun Appadurai (Hg.): The Social Life of Things. Commodities in Cultural Perspective, Cambridge; New York 1986, S. 64-93.

Koroloff, Rachel: Seeds of Exchange. Collecting for Russia's Apothecary and Botanical Gardens in the Seventeenth and Eighteenth Centuries. Dissertation, University of Illinois at Urbana-Champaign 2014.

Krahnke, Holger: Die Mitglieder der Akademie der Wissenschaften zu Göttingen 1751-2001, Göttingen 2001.

Kugler, Hans: »Kölreuter, Joseph Gottlieb«, in: Neue Deutsche Biographie 12 (1980), S. 325f. Online-Version, https://www.deutsche-biographie.de/pnd116288000.html#ndbcontent (abgerufen am 21.9.2023).

Kühn, Sebastian: Wissen, Arbeit, Freundschaft. Ökonomien und soziale Beziehungen an den Akademien in London, Paris und Berlin um 1700 (= Berliner Mittelalter- und Frühneuzeitforschung, Bd. 11), Göttingen 2011.

– : Wie man gelehrt wird. Bildungsmöglichkeiten von Kindern in Gelehrtenhaushalten der Frühen Neuzeit am Beispiel der Familie Kirch, in: Bildungsgeschichte. International Journal for the Historiography of Education 2 (2012), S. 51-72.

– : Ein Sack Morcheln und die Astronomie. Ressourcenzirkulation und -konversion in der Naturforschung um 1700, in: Gabriele Jancke/Daniel Schläppi (Hg.): Die Ökonomie sozialer Beziehungen. Ressourcenbewirtschaftung als Geben, Nehmen, Investieren, Verschwenden, Haushalten, Horten, Vererben, Schulden, Stuttgart 2015, S. 109-124.

Kuijlen, J./Oldenburger-Ebbers, Carla S./Wijnands, D. Onno: Paradisus Batavus. Bibliografie van plantencatalogi van onderwijstuinen, particuliere tuinen en kwekerscollecties in de Noordelijke en Zuidelijke Nederlanden, 1550-1839, Wageningen 1983.

Kümmel, Fritz: Pflanzen- und Samenverzeichnisse des Botanischen Gartens der Universität Halle seit 1749, in: Schlechtendalia 20 (2010), S. 57-78.

Kupper, Patrick/Schär, Bernhard C. (Hg.): Die Naturforschenden. Auf der Suche nach Wissen über die Schweiz und die Welt 1800-2015, Baden 2015.

Kusukawa, Sachiko: Leonhart Fuchs on the Importance of Pictures, in: Journal of the History of Ideas 58/3 (1997), S. 403-427.

– : Illustrating Nature, in: Marina Frasca-Spada/Nicholas Jardine (Hg.): Books and the Sciences in History, Cambridge 2000, S. 90-113.

Laird, Mark/Bridgman, Karen: American Roots. Techniques of Plant Transportation and Cultivation in the Early Atlantic World, in: Pamela H. Smith/Meyers, Amy R.W./Harold

J. Cook (Hg.): Ways of Making and Knowing. The Material Culture of Empirical Knowledge, Ann Arbor 2014, S. 164-193.

Lam, Herman Johannes: Gronovius to Gesner on American Plants, in: Chronica botanica 6/2 (1940), S. 28-30.

Landwehr, Achim: Das Sichtbare sichtbar machen. Annäherungen an ›Wissen‹ als Kategorie historischer Forschung, in: ders. (Hg.): Geschichte(n) der Wirklichkeit. Beiträge zur Sozial- und Kulturgeschichte des Wissens (= Documenta Augustana, Bd. 11), Augsburg 2003, S. 61-89.

Lauts, Jan: Arnauld-Eloi Gautier Dagoty, »graveur de la Cour de Bade«. Zum botanischen Sammelwerk der Markgräfin Karoline Luise von Baden, in: Jahrbuch der Staatlichen Kunstsammlungen Baden-Württemberg 16 (1979), S. 95-106.

Leong, Elaine: Collecting Knowledge for the Family. Recipes, Gender and Practical Knowledge in the Early Modern English Household, in: Centaurus 55/2 (2013), S. 81-103.

Leu, Urs B.: Konrad Gessner und die Neue Welt, in: Gesnerus 49/3-4 (1992), S. 279-309.

– (Hg.): Natura Sacra. Der Frühaufklärer Johann Jakob Scheuchzer (1672-1733), Zug 2012.

– : Conrad Gessner (1516-1565). Universalgelehrter und Naturforscher der Renaissance, Zürich 2016.

– : Praeterit enim species huius mundi. Die paläontologischen Zürcher Dissertationen von Johannes Gessner (1709-1790), in: Marion Gindhart/Hanspeter Marti/Robert Seidel (Hg.): Frühneuzeitliche Disputationen. Polyvalente Produktionsapparate gelehrten Wissens, Köln 2016, S. 229-253.

–/Ruoss, Mylène (Hg.): Conrad Gessner 1516-2016. Facetten eines Universums, Zürich 2016.

Leuschner, Ulrike (Hg.): Johann Heinrich Merck. Briefwechsel, Bd. 5, Göttingen 2007.

Lienhard, Luc: »La machine botanique«. Zur Entstehung von Hallers Flora der Schweiz, in: Martin Stuber/Stefan Hächler/Luc Lienhard (Hg.): Hallers Netz. Ein europäischer Gelehrtenbriefwechsel zur Zeit der Aufklärung (= Studia Halleriana, Bd. 9), Basel 2005, S. 371-410.

– : Die fremdländischen Pflanzen des Karl Emanuel von Graffenried, in: Martin Stuber/Peter Moser/Gerrendina Gerber-Visser/Christian Pfister (Hg.): Kartoffeln, Klee und kluge Köpfe. Die Oekonomische und Gemeinnützige Gesellschaft des Kantons Bern OGG (1759-2009), Bern; Stuttgart; Wien 2009, S. 79-82.

Lightman, Bernard V. (Hg.): A Companion to the History of Science, New York 2016.

Lischer, Markus: »Kappeler, Moritz Anton«, in: Historisches Lexikon der Schweiz (HLS). Version vom: 2.12.2008, https://hls-dhs-dss.ch/de/articles/014161/2008-12-02/ (abgerufen am 9.10.2023).

Livingstone, David N.: Putting Science in Its Place. Geographies of Scientific Knowledge, Chicago 2003.

Long, Pamela O.: Objects of Art, Objects of Nature. Visual Representation and the Investigation of Nature, in: Pamela H. Smith/Paula Findlen (Hg.): Merchants and Marvels. Commerce, Science and Art in Early Modern Europe, New York 2002, S. 63-82.

Lowood, Henry: Patriotism, Profit, and the Promotion of Science in the German Enlightenment. The Economic and Scientific Societies, 1760-1815, New York u.a. 1991.

Luther, Aurélie: Premier voyage dans les alpes et autres textes. 1728-1732 (= Travaux sur la Suisse des Lumières – Textes, Bd. 2), Genf 2008.

Mägdefrau, Karl: Geschichte der Botanik. Leben und Leistung großer Forscher, Stuttgart; New York 1992.

Magnin-Gonze, Joëlle: Histoire de la botanique, Paris [2]2009.

Mantel, T.T.: »The Leyden-gardener«: Het tuintraktaat van Henrick van Oosten, in: Esther van Gelder (Hg.): Bloeiende kennis. Groene ontdekkingen in de Gouden Eeuw, Hilversum 2012, S. 158-160.

Margez, Marlène/Aupic, Cécile/Lamy, Denis: La restauration de l'herbier Haller du Muséum national d'histoire naturelle, in: Support/Tracé 5 (2005), S. 58-78.

Margócsy, Dániel: Commercial Visions. Science, Trade, and Visual Culture in the Dutch Golden Age, Chicago; London 2014.

Mariss, Anne: »A world of new things«. Praktiken der Naturgeschichte bei Johann Reinhold Forster (= Campus Historische Studien, Bd. 72), Frankfurt a. M. 2015.

Marti, Hanspeter: Ausbildung. Schule und Universität, in: Richard van Dülmen/Sina Rauschenbach (Hg.): Macht des Wissens. Die Entstehung der modernen Wissensgesellschaft, Köln; Weimar; Wien 2004, S. 391-416.

– : »Leiden«, in: Historisches Lexikon der Schweiz (HLS). Version vom 20.11.2008, https://hls-dhs-dss.ch/de/articles/006615/2008-11-20/ (abgerufen am 23.8.2023).

– : Disputation und Dissertation. Kontinuität und Wandel im 18. Jahrhundert, in: Marion Gindhart/Ursula Kundert (Hg.): Disputatio, 1200-1800. Form, Funktion und Wirkung eines Leitmediums universitärer Wissenskultur (= Trends in Medieval Philology, Bd. 20), Berlin; New York 2010, S. 63-85.

– : Dissertationen, in: Ulrich Rasche (Hg.): Quellen zur frühneuzeitlichen Universitätsgeschichte. Typen, Bestände, Forschungsperspektiven (= Wolfenbütteler Forschungen, Bd. 128), Wiesbaden 2011, S. 293-312.

– /Marti-Weissenbach, Karin (Hg.): Reformierte Orthodoxie und Aufklärung. Die Zürcher Hohe Schule im 17. und 18. Jahrhundert, Wien; Köln; Weimar 2012.

Marti-Weissenbach, Karin: »Pol, Luzius«, in: Historisches Lexikon der Schweiz (HLS). Version vom 28.9.2010 (abgerufen am 21.9.2023).

McClellan, James E.: Science Reorganized. Scientific Societies in the Eighteenth Century, New York 1985.

McCook, Stuart: Focus: Global Currents in National Histories of Science. The »Global Turn« and the History of Science in Latin America, in: Isis 104/4 (2013), S. 773-776.

– : »Squares of Tropic Summer«. The Wardian Case, Victorian Horticulture, and the Logistics of Global Plant Transfers, 1770-1910, in: Patrick Manning/Daniel Rood (Hg.): Global Scientific Practice in an Age of Revolutions, 1750-1850, Pittsburgh, PA. 2016, S. 199-215.

Miller, David Philip/Reill, Peter Hanns (Hg.): Visions of Empire: Voyages, Botany and Representations of Nature, Cambridge 1996.

Milt, Bernhard: Johannes Geßner (1709-1790), in: Gesnerus – Vierteljahrsschrift für Geschichte der Medizin und der Naturwissenschaften 3/3 (1946), S. 103-124.

– : Johannes Gessner (1709-1790) der Gründer der Naturforschenden Gesellschaft in Zürich, in: Vierteljahrsschrift der Naturforschenden Gesellschaft in Zürich 91/3-4 (1946), S. 289-291.

Montacchini, Carlo Ludovico: Allioni naturalista, in: Allionia 27 (1985-1986), S. 81 f.

Morus, Iwan R.: Invisible Technicians, Instrument-makers and Artisans, in: Bernard V. Lightman (Hg.): A Companion to the History of Science, New York 2016, S. 97-110.

Mukerji, Chandra: Territorial Ambitions and the Gardens of Versailles, Cambridge; New York 1997.

Müller-Jahncke, Wolf-Dieter: »Schoepf, Johann David«, in: Neue Deutsche Biographie 23 (2007), S. 427f. Online-Version, https://www.deutsche-biographie.de/pnd116889462.html#ndbcontent (abgerufen am 21.9.2023).

Müller-Wille, Staffan: »Botanik«, in: Enzyklopädie der Neuzeit Online. Online unter: http://dx.doi.org/10.1163/2352-0248_edn_COM_248430 (abgerufen am 11.10.2023).

–, Staffan: »Botanischer Garten«, in: Enzyklopädie der Neuzeit Online, http://dx.doi.org/10.1163/2352-0248_edn_SIM_248538 (abgerufen am 11.10.2023).

–, Staffan: Botanik und weltweiter Handel. Zur Begründung eines natürlichen Systems der Pflanzen durch Carl von Linné (1707-78) (= Studien zur Theorie der Biologie, Bd. 3), Berlin 1999.

–, Staffan: Carl von Linnés Herbarschrank, in: Anke te Heesen/E.C.Spary (Hg.): Sammeln als Wissen. Das Sammeln und seine wissenschaftsgeschichtliche Bedeutung, Göttingen 2001, S. 22-38.
– : Linnaeus' Herbarium Cabinet. A Piece of Furniture and Its Function, in: Endeavour 30/2 (2006), S. 60-64.
Munck, Bert de/Romano, Antonella: Knowledge and the Early Modern City. An Introduction, in: dies. (Hg.): Knowledge and the Early Modern City. A History of Entanglements, London; New York 2020, S. 1-30.
Nabholz, Hans: Zürichs höhere Schulen von der Reformation bis zur Gründung der Universität, 1525-1833, in: Ernst Gagliardi/Hans Nabholz/Jean Strohl (Hg.): Die Universität Zürich 1833-1933 und ihre Vorläufer. Festschrift zur Jahrhundertfeier, Zürich 1938, S. 3-164.
Naef, Felix: »Botanische Gärten«, in: Historisches Lexikon der Schweiz (HLS). Version vom 23.2.2015, https://hls-dhs-dss.ch/de/articles/007794/2015-02-23/ (abgerufen am 11.10.2023).
Neigebaur, Johann Daniel Ferdinand: Geschichte der kaiserlichen Leopoldino-Carolinischen deutschen Akademie der Naturforscher während des zweiten Jahrhunderts ihres Bestehens, Jena 1860.
Nickelsen, Kärin: Draughtsmen, Botanists and Nature. The Construction of Eighteenth-Century Botanical Illustrations (= Archimedes, Bd. 15), Dordrecht 2006.
Nieto, Mauricio: Presentación gráfica, desplazamiento y aprobación de la naturaleza en las expediciones botánicas del siglo XVIII, in: Asclepio 47/2 (1995), S. 91-107.
Nieto-Galan, Agustí: Between Craft Routines and Academic Rules. Natural Dyestuffs and the »Art« of Dyeing in the Eighteenth Century, in:, Ursula Klein/E.C.Spary (Hg.): Materials and Expertise in Early Modern Europe. Between Market and Laboratory, Chicago 2010, S. 321-353.
Nissen, Claus: Die botanische Buchillustration. Ihre Geschichte und Bibliographie, Stuttgart 1951.
– : Die botanische Buchillustration. Ihre Geschichte und Bibliographie. Supplement, Stuttgart 1966.
Nyffeler, Reto: Conrad Gessner als Botaniker, in: Urs B. Leu/Mylène Ruoss (Hg.): Conrad Gessner 1516-2016. Facetten eines Universums, Zürich 2016, S. 163-174.
Ogilvie, Brian: Science and Medicine, in: Sarah Knight/Stefan Tilg (Hg.): The Oxford Handbook of Neo-Latin, Oxford; New York; Auckland 2015, S. 263-277.
– : The Science of Describing. Natural History in Renaissance Europe, Chicago 2006.
Ortmayr, Norbert: Kulturpflanzentransfers 1492-1900, in: Beiträge zur historischen Sozialkunde 32/1 (2002), S. 22-29.
– : Kulturpflanzen. Transfers und Ausbreitungsprozesse im 18. Jahrhundert, in: Margarete Grandner (Hg.): Vom Weltgeist beseelt. Globalgeschichte 1700-1815 (= Edition Weltregionen, Bd. 7), Wien 2003, S. 73-102.
Oscarsson, Ingemar: »...who has had the courage and ambition to learn Swedish«. The Handlingar of the Swedish Academy of Sciences in 18th Century European Translations, Adaptations, and Reviews, in: La Révolution française 13 (2018), S. 1-23.
Osterhammel, Jürgen (Hg.): Geschichtswissenschaft jenseits des Nationalstaats. Studien zu Beziehungsgeschichte und Zivilisationsvergleich (= Kritische Studien zur Geschichtswissenschaft, Bd. 147), Göttingen 2001.
– : Welten des Kolonialismus im Zeitalter der Aufklärung, in: Hans-Jürgen Lüsebrink (Hg.): Das Europa der Aufklärung und die außereuropäische koloniale Welt (= Das achtzehnte Jahrhundert / Supplementa, Bd. 11), Göttingen 2006, S. 19-36.
Palm, Heike: Die landesherrliche Plantage in Herrenhausen. Ein Instrument zur Förderung des Obstbaus und der Gartenkultur im Kurfürstentum Hannover, in: Sylvia Butenschön (Hg.): Frühe Baumschulen in Deutschland. Zum Nutzen, zur Zierde und zum Besten des

Landes (= Arbeitshefte des Instituts für Stadt- und Regionalplanung der Technischen Universität Berlin, Bd. 76), Berlin 2012, S. 69-109.
Pardo-Tomás, José: Two Glimpses of America from a Distance. Carolus Clusius and Nicolás Monardes, in: Florike Egmond/P.G.Hoftijzer/Robert Paul Willem Visser (Hg.): Carolus Clusius. Towards a Cultural History of a Renaissance Naturalist (= History of Science and Scholarship in the Netherlands, Bd. 8), Amsterdam 2007, S. 173-194.
Park, Katharine/Daston, Lorraine (Hg.): Early Modern Science. Cambridge History of Science, Bd. 3, Cambridge 2006.
Parsons, Christopher M./Murphy, Kathleen: Ecosystems under Sail. Specimen Transport in the Eighteenth-Century French and British Atlantics, in: Early American Studies 10/3 (2012), S. 503-539.
Pavord, Anna: The Naming of Names. The Search for Order in the World of Plants, London 2005.
Peyer, Hans Conrad: Von Handel und Bank im alten Zürich, Zürich 1968.
Pfister, Ulrich: Die Zürcher Fabriques. Protoindustrielles Wachstum vom 16. zum 18. Jahrhundert, Zürich 1992.
Pickering, Andrew (Hg.): Science as Practice and Culture, Chicago 1992.
Popplow, Marcus: Die Ökonomische Aufklärung als Innovationskultur des 18. Jahrhunderts zur optimierten Nutzung natürlicher Ressourcen, in: ders. (Hg.): Landschaften agrarisch-ökonomischen Wissens. Strategien innovativer Ressourcennutzung in Zeitschriften und Sozietäten des 18. Jahrhunderts (= Cottbuser Studien zur Geschichte von Technik, Arbeit und Umwelt, Bd. 30), Münster 2010, S. 2-48.
Pugliano, Valentina: Specimen Lists. Artisanal Writing or Natural Historical Paperwork?, in: Isis 103/4 (2012), S. 716-726.
Puig-Samper, Miguel Angel: Antonio Palau Verdera y la enseñanza en Real Jardín Botánico, in: Joaquín Álvarez Barrientos (Hg.): El siglo que llaman ilustrado. Homenaje a Francisco Aguilar Piñal, Madrid 1996, S. 723-728.
Pulver, Paul: Samuel Engel ein Berner Patrizier aus dem Zeitalter der Aufklärung, 1702-1784, Bern 1937.
Rebetez, Claude: »Doubs (Fluss)«, in: Historisches Lexikon der Schweiz (HLS). Version vom 15.2.2017, Online: https://hls-dhs-dss.ch/de/articles/007146/2017-02-15/ (abgerufen am 9.10.2023).
Reeds, Karen: Renaissance Humanism and Botany, in: Annals of Science 33/6 (1976), S. 519-542.
Reinhard, Wolfgang: Freunde und Kreaturen. »Verflechtung« als Konzept zur Erforschung historischer Führungsgruppen – römische Oligarchie um 1600 (= Schriften der Philosophischen Fachbereiche der Universität Augsburg, Bd. 14), München 1979.
Rettich, Hubert: Johann Christoph, Heinrich Ludolph und Hermann Wendland. 125 Jahre in direkter Folge Hofgärtner in Herrenhausen, in: Heike Palm (Hg.): Königliche Gartenbibliothek Herrenhausen. Eine kostbare Sammlung, ihre Geschichte und ihre Objekte (= Schatzkammer, Bd. 2), Hannover 2016, S. 234-265.
Riello, Giorgio: Cotton. The Fabric that Made the Modern World, Cambridge 2013.
Rigby, Nigel: The Politics and Pragmatics of Seaborne Plant Transportation, 1769-1805, in: Margarette Lincoln (Hg.): Science and Exploration in the Pacific. European Voyages to the Southern Oceans in the Eighteenth Century, Woodbridge 1998, S. 81-100.
Rindlisbacher Thomi, Sarah: Botschafter des Protestantismus. Außenpolitisches Handeln von Zürcher Stadtgeistlichen im 17. Jahrhundert (= Frühneuzeit-Forschungen, Bd. 23), Göttingen 2022.
Roberts, Lissa: Situating Science in Global History. Local Exchanges and Networks of Circulation, in: Itinerario 33/1 (2009), S. 9-30.
Rockefeller, Stuart Alexander: »Flow«, in: Current Anthropology 52/4 (2011), S. 557-578.

Roos, Anna Marie: Martin Lister and his Remarkable Daughters. The Art of Science in the Seventeenth Century, Oxford 2019.

Rothe, Nicolas/Rothe, Michael/Lienhard, Luc: Johannes Gessner, Pflanzensammler, in: Vierteljahrsschrift der Naturforschenden Gesellschaft in Zürich 165/4 (2020), S. 4-7.

Rübel, Eduard: Geschichte der Naturforschenden Gesellschaft in Zürich, 1746-1946, in: Festschrift zur 200-Jahr-Feier der Naturforschenden Gesellschaft in Zürich (= Neujahrsblatt der Naturforschenden Gesellschaft in Zürich, Bd. 149) Zürich 1946, S. 1-123.

Rudio, Ferdinand: Festschrift der Naturforschenden Gesellschaft in Zürich, 1746-1896, in: Vierteljahrsschrift der Naturforschenden Gesellschaft in Zürich 41/1 (1896), S. 1-274.

Ruppel, Sophie: Von der Phythotheologie zur Ökologie. Kreislauf, Gleichgewicht und die Netzwerke der Natur in Beschreibungen der *Oeconomia naturae* im 18. Jahrhundert, in: Simona Boscani Leoni/Martin Stuber (Hg.): Wer das Gras wachsen hört. Wissensgeschichte(n) der pflanzlichen Ressourcen vom Mittelalter bis ins 20. Jahrhundert (= Jahrbuch für Geschichte des ländlichen Raumes, Bd. 14), Innsbruck; Wien; Bozen 2017, S. 59-81.

– : Botanophilie. Mensch und Pflanze in der aufklärerisch-bürgerlichen Gesellschaft um 1800, Wien; Köln; Weimar 2019.

Rütsche, Claudia: Die Kunstkammer in der Zürcher Wasserkirche. Öffentliche Sammeltätigkeit einer gelehrten Bürgerschaft im 17. und 18. Jahrhundert aus museumsgeschichtlicher Sicht, Bern 1997.

Rychner, Jacques/Schlup, Michel: Frédéric Samuel Ostervald. Homme politique et éditeur, in: Michel Schlup/Patrice Allanfranchini (Hg.): Biographies neuchâteloises, Bd. 1, Hauterive 1996, S. 197-202.

Rytz, Walther: Zwei vergessene Berner Botaniker aus der Zeit Hallers und Linnés, Johann Jakob Dick und Friedrich Ehrhart, in: Mitteilungen der Naturforschenden Gesellschaft in Bern N.F. 15 (1957), S. 25-28.

Saunders, Gill: Picturing Plants. An Analytical History of Botanical Illustration, London 1995.

Schär, Bernhard C.: Tropenliebe. Schweizer Naturforscher und niederländischer Imperialismus in Südostasien um 1900 (= Globalgeschichte, Bd. 20), Frankfurt a. M. 2015.

Scheidegger, Tobias: Der Lauf der Dinge. Materiale Zirkulation zwischen amateurhafter und professioneller Naturgeschichte in der Schweiz um 1900, in: Nach Feierabend. Zürcher Jahrbuch für Wissensgeschichte 7 (2011), S. 53-73.

– : Geschichtete Listen. Naturkundliche Lokalkataloge um 1900 als Schnittstellen von Natur, Genealogie und Systematik, in: Katharina Hoins/Thomas Kühn/Johannes Müske (Hg.): Schnittstellen. Die Gegenwart des Abwesenden (= Schriftenreihe der Isa Lohmann-Siems Stiftung, Bd. 7), Berlin 2014, S. 245-262.

– : »Petite science«. Außeruniversitäre Naturforschung in der Schweiz um 1900, Göttingen 2015.

Schenk, Frithjof Benjamin: Mental Maps. Die kognitive Kartierung des Kontinents als Forschungsgegenstand der europäischen Geschichte, in: Leibniz-Institut für Europäische Geschichte (IEG), Mainz (Hg.): Europäische Geschichte Online (EGO), http://www.ieg-ego.eu/schenkf-2013-de (abgerufen am 9.10.2023).

Schiebinger, Londa: Plants and Empire. Colonial Bioprospecting in the Atlantic World, Cambridge 2004.

– : Secret Cures of Slaves. People, Plants, and Medicine in the Eighteenth-Century Atlantic World 2017.

– /Swan, Claudia (Hg.): Colonial Botany. Science, Commerce, and Politics in the Early Modern World, Philadelphia 2005.

Schläppi, Daniel: Die Ökonomie sozialer Beziehungen. Forschungsperspektiven hinsichtlich von Praktiken menschlichen Wirtschaftens im Umgang mit Ressourcen, in:

Arndt Brendecke (Hg.): Praktiken der Frühen Neuzeit. Akteure, Handlungen, Artefakte (= Frühneuzeit-Impulse, Bd. 3), Köln 2015, S. 684-695.

– : Schwiegersöhne als Stammhalter. Transgenerationeller Ressourcentransfer in Stellvertretung durch die Matrilinie (16.-21. Jahrhundert), in: Sebastian Kühn/Malte-Christian Gruber (Hg.): Dreiecksverhältnisse. Aushandlungen von Stellvertretung (= Beiträge zur Rechts-, Gesellschafts- und Kulturkritik, Bd. 13), Berlin 2016, S. 109-129.

Schlunegger, Ernst: »Allamand, Frédéric-Louis«, in: Historisches Lexikon der Schweiz (HLS). Version vom 26.4.2021, http://www.hls-dhs-dss.ch/textes/d/D43932.php (abgerufen am 11.10.2023).

Schlup, Michel: Johannes Gessner (1709-1790). Tabulae phytographicae (1795-1804), in: Thierry Dubois-Cosandier/Claire-Aline Nussbaum/Michel Schlup (Hg.): L'illustration botanique du XVIIe au XIXe siècle à travers les collections de la Bibliothèque (= Patrimoine de la Bibliothèque Publique et Universitaire, Bd. 10), Neuchâtel 2009, S. 93-103.

Schmidt-Funke, Julia: Urban Fabric and Knowledge of Nature. Physicians as Naturalists in Early Modern Commercial Towns, in: Anna Marie Roos/Vera Keller (Hg.): Collective Wisdom. Collecting in the Early Modern Academy (= Techne, Bd. 10), Turnhout 2022, S. 183-209.

Schmotz, Theresa: Die Leipziger Professorenfamilien im 17. und 18. Jahrhundert. Eine Studie über Herkunft, Vernetzung und Alltagsleben (= Quellen und Forschungen zur sächsischen Geschichte, Bd. 35), Stuttgart 2012.

Schnalke, Thomas: Das genaue Bild. Das schöne Bild. Trew und die botanische Illustration, in: ders. (Hg.): Natur im Bild. Anatomie und Botanik in der Sammlung des Nürnberger Arztes Christoph Jacob Trew. Eine Ausstellung aus Anlass seines 300. Geburtstages, 8. November-10. Dezember 1995; Katalog (= Schriften der Universitätsbibliothek Erlangen-Nürnberg, Bd. 27), Erlangen 1995, S. 99-129.

Schönhofer, Matthias: Letters from an American Botanist. The Correspondences of Gotthilf Heinrich Ernst Mühlenberg (1753-1815) (= Beiträge zur europäischen Überseegeschichte, Bd. 101), Stuttgart 2014.

Schultheiss, Max: »Zürich. Gesellschaft, Wirtschaft und Kultur vom Hochmittelalter bis zum Ende des 18. Jahrhunderts«, in: Historisches Lexikon der Schweiz (HLS), Version vom 25.1.2015, https://hls-dhs-dss.ch/de/articles/000171/2015-01-25/ (abgerufen am 11.10.2023).

Sebald, Oskar: Alexander Wilhelm Martini (1702-1788), ein Begleiter J.G. Gmelins auf der Sibirien-Reise und sein Herbarium, in: Stuttgarter Beiträge zur Naturkunde, Serie A 368 (1983), S. 1-24.

Secord, Anne: Science in the Pub. Artisan Botanists in Early Nineteenth-Century Lancashire, in: History of Science 32 (1994), S. 269-315.

– : Botany on a Plate. Pleasure and the Power of Pictures in Promoting Early Nineteenth-Century Scientific Knowledge, in: Isis 93/1 (2002), S. 28-57.

Secord, James A.: Knowledge in Transit, in: Isis 95/4 (2004), S. 654-672.

Shapin, Steven: The House of Experiment in Seventeenth-Century England, in: Isis 79/3 (1988), S. 373-404.

– : The Invisible Technician, in: American Scientist 77/6 (1989), S. 554-563.

– : A Social History of Truth. Civility and Science in Seventeenth-Century England, Chicago 1994.

– /Ophir, Adi: The Place of Knowledge. A Methodological Survey, in: Science in Context 4/1 (1991), S. 3-21.

– /Schaffer, Simon: Leviathan and the Air-Pump. Hobbes, Boyle, and the Experimental Life: Including a Translation of Thomas Hobbes, Dialogus physicus de natura aeris by Simon Schaffer, Princeton, NJ 1985.

Shteir, Ann B.: Cultivating Women, Cultivating Science. Flora's English Daughters, Women and the Culture of Botany, 1760-1860, Baltimore 1996.

Siebenhüner, Kim: Things That Matter. Zur Geschichte der materiellen Kultur in der Frühneuzeitforschung, in: Zeitschrift für Historische Forschung 42/3 (2015), S. 373-409.

– : The Art of Making Indienne. Knowing How to Dye in Eighteenth-Century Switzerland, in: dies./John Jordan/Gabi Schopf (Hg.): Cotton in Context. Manufacturing, Marketing, and Consuming Textiles in the German-Speaking World (1500-1900) (= Ding, Materialität, Geschichte, Bd. 4), Wien; Köln; Weimar 2019, S. 145-170.

Sieglerschmidt, Jörn: »Herbarium«, in: Enzyklopädie der Neuzeit Online, http://dx.doi.org/10.1163/2352-0248_edn_COM_279662 (abgerufen am 11.10.2023).

Sigel, Brigitte: Wagen, Schiffe und Buchhändler. Transportvehikel für Pflanzen und Samen, in: Annemarie Bucher (Hg.): Pflanzen auf Reisen. Von Sammlerlust und Invasionen, Zürich 2011, S. 7-10.

Sigerist, Henry E.: Albrecht von Haller's Briefe an Johannes Gesner (1728-1777), in: Abhandlungen der Gesellschaft der Wissenschaften in Göttingen 11 (1923), S. 19-120.

– : Beiträge zur Geschichte der Naturwissenschaft und Medizin in der Schweiz. Die Briefe von Johann (II.) Bernoulli an Johannes Gesner (= Notizen zur schweizerischen Kulturgeschichte, Bd. 67), in: Vierteljahrsschrift der Naturforschenden Gesellschaft in Zürich 69/3-4 (1924), S. 326-341.

Sigrist, René: L'essor de la science moderne à Genève (= Sciences & Technologies, Bd. 23), Lausanne 2004.

– : On Some Social Characteristics of the Eighteenth-Century Botanists, in: André Holenstein/Hubert Steinke/Martin Stuber (Hg.): Scholars in Action. The Practice of Knowledge and the Figure of the Savant in the 18th Century, Bd. 1 (= History of Science and Medicine Library, Bd. 34/9), Leiden 2013, S. 205-234.

– /Bungener, Patrick: The First Botanical Gardens in Geneva (c. 1750-1830). Private Initiative Leading Science, in: Studies in the History of Gardens & Designed Landscapes 28/3-4 (2008), S. 333-350.

– /Widmer, Eric D.: Training Links and Transmission of Knowledge in 18th Century Botany. A Social Network Analysis, in: REDES- Revista hispana para el análisis de redes sociales 21 (2011), S. 347-387.

Simonsfeld, Henry: Der Fondaco dei Tedeschi in Venedig und die deutsch-venetianischen Handelsbeziehungen. Quellen und Forschungen, Stuttgart 1887.

Sivasundaram, Sujit: Sciences and the Global. On Methods, Questions and Theory, in: Isis 101/1 (2010), S. 146-158.

Skuncke, Marie-Christine: Carl Peter Thunberg. Botanist and Physician: Career-building across the Oceans in the Eighteenth Century, Uppsala 2014.

Smith, Pamela H.: Science on the Move. Recent Trends in the History of Early Modem Science, in: Renaissance Quarterly 62 (2009), S. 345-375.

– : Making Things. Techniques and Books in Early Modern Europe, in: Paula Findlen (Hg.): Early Modern Things. Objects and Their Histories, 1500-1800, London 2013, S. 173-203.

–/Findlen, Paula (Hg.): Merchants and Marvels. Commerce, Science and Art in Early Modern Europe, New York 2002.

–/Meyers, Amy R.W./Cook, Harold J. (Hg.): Ways of Making and Knowing. The Material Culture of Empirical Knowledge, Ann Arbor 2014.

–/Schmidt, Benjamin (Hg.): Making Knowledge in Early Modern Europe. Practices, Objects, and Texts, 1400-1800, Chicago 2007.

Spary, Emma C.: Utopia's Garden. French Natural History from Old Regime to Revolution, Chicago 2000.

– : Botanical Networks Revisited, in: Regina Dauser/Stefan Hächler/Michael Kempe/Franz Mauelshagen/Martin Stuber (Hg.): Wissen im Netz. Botanik und Pflanzentransfer in europäischen Korrespondenznetzen des 18. Jahrhunderts (= Colloquia Augustana, Bd. 24), Berlin 2008, S. 47-64.

Stafleu, Frans A.: Linnaeus and the Linnaeans. The Spreading of their Ideas in Systematic Botany, 1735-1789 (= Regnum vegetabile, Bd. 79), Utrecht 1971.

– : Die Geschichte der Herbarien, in: Botanische Jahrbücher für Systematik, Pflanzengeschichte und Pflanzengeographie 108/2-3 (1987), S. 155-166.

Stähli, Marlis: Kulturaustausch in Briefen. Laurenz Zellweger an Bodmer und Breitinger sowie weitere Zürcher nach den Quellen in der Zentralbibliothek Zürich, in: Heidi Eisenhut/Anett Lütteken/Carsten Zelle (Hg.): Europa in der Schweiz. Grenzüberschreitender Kulturaustausch im 18. Jahrhundert, Göttingen 2013, S. 203-230.

Stearn, William T.: The Influence of Leyden on Botany in the Seventeenth and Eighteenth Century, in: The British Journal for the History of Science 1/2 (1962), S. 137-158.

Stefani, Marta: Linnaeus and the Botanical Society of Florence, in: Marco Beretta/Alessandro Tosi (Hg.): Linnaeus in Italy. The Spread of a Revolution in Science (= Uppsala Studies in History of Science, Bd. 34), Sagamore Beach 2007, S. 199-216.

Steiger, Rudolf: Verzeichnis des wissenschaftlichen Nachlasses von Johann Jakob Scheuchzer, in: Beiblatt zur Vierteljahrsschrift der Naturforschenden Gesellschaft in Zürich 78/21 (1933), S. 49-74.

Steinke, Hubert: Gelehrte – Liebhaber – Ökonomen. Typen botanischer Briefwechsel im 18. Jahrhundert, in: Regina Dauser/Stefan Hächler/Michael Kempe/Franz Mauelshagen/Martin Stuber (Hg.): Wissen im Netz. Botanik und Pflanzentransfer in europäischen Korrespondenznetzen des 18. Jahrhunderts (= Colloquia Augustana, Bd. 24), Berlin 2008, S. 135-147.

– : »Schinz, Salomon«, in: Historisches Lexikon der Schweiz (HLS). Version vom 22.1.2018, https://hls-dhs-dss.ch/de/articles/026153/2018-01-22/ (abgerufen am 9.10.2023).

Stolberg, Michael: Zwischen Identitätsbildung und Selbstinszenierung. Ärztliches Self-Fashioning in der Frühen Neuzeit, in: Dagmar Freist (Hg.): Diskurse – Körper – Artefakte. Historische Praxeologie in der Frühneuzeitforschung (= Praktiken der Subjektivierung, Bd. 4), Bielefeld 2014, S. 33-55.

Stoll, Ulrich: De tempore herbarum. Vegetabilische Heilmittel im Spiegel von Kräuter-Sammel-Kalendern des Mittelalters. Eine Bestandsaufnahme, in: Peter Dilg/Gundolf Keil/Dietz-Rüdiger Moser (Hg.): Rhythmus und Saisonalität. Kongressakten des 5. Symposions des Mediävistenverbandes in Göttingen 1993, Sigmaringen 1995, S. 347-375.

Stuber, Martin: Hallers Netz in Interaktion mit gelehrten Institutionen, in: Martin Stuber/Stefan Hächler/Luc Lienhard (Hg.): Hallers Netz. Ein europäischer Gelehrtenbriefwechsel zur Zeit der Aufklärung (= Studia Halleriana, Bd. 9), Basel 2005, S. 107-125.

– : »Vous ignorez que je suis cultivateur. Albrecht von Hallers Korrespondenz zu Themen der Ökonomischen Gesellschaft Bern, in: ders./Stefan Hächler/Luc Lienhard (Hg.): Hallers Netz. Ein europäischer Gelehrtenbriefwechsel zur Zeit der Aufklärung, Basel 2005, S. 505-538.

– : Epilog. »Die Abgaben der Natur zu vervielfältigen«, in: André Holenstein/Heinrich Christoph Affolter (Hg.): Berns goldene Zeit. Das 18. Jahrhundert neu entdeckt (= Berner Zeiten, Bd. 4), Bern 2008, S. 135-139.

– : Kulturpflanzentransfer im Netz der Oekonomischen Gesellschaft Bern, in: Regina Dauser/Stefan Hächler/Michael Kempe/Franz Mauelshagen/Martin Stuber (Hg.): Wissen im Netz. Botanik und Pflanzentransfer in europäischen Korrespondenznetzen des 18. Jahrhunderts (= Colloquia Augustana, Bd. 24), Berlin 2008, S. 229-269.

– /Hächler, Stefan/Steinke, Hubert: Materielle Kommunikation in Hallers Netz, in: Martin Stuber/Stefan Hächler/Luc Lienhard (Hg.): Hallers Netz. Ein europäischer Gelehrtenbriefwechsel zur Zeit der Aufklärung (= Studia Halleriana, Bd. 9, Basel 2005, S. 171-186.

– /Lienhard, Luc: Nützliche Pflanzen. Systematische Verzeichnisse von Wild- und Kulturpflanzen im Umfeld der Oekonomischen Gesellschaft Bern, 1762-1782, in: André Holenstein/Martin Stuber/Gerrendina Gerber-Visser (Hg.): Nützliche Wissenschaft und Ökonomie im Ancien Régime: Akteure, Themen, Kommunikationsformen (= Cardanaus. Jahrbuch für Wissenschaftsgeschichte, Bd. 7), Heidelberg 2007, S. 65-106.

– /Moser, Peter/Gerber-Visser, Gerrendina/Pfister, Christian (Hg.): Kartoffeln, Klee und kluge Köpfe. Die Oekonomische und Gemeinnützige Gesellschaft des Kantons Bern OGG (1759-2009), Bern; Stuttgart; Wien 2009.

Sunderland, Mary E.: Specimens and Collections, in: Bernard V. Lightman (Hg.): A Companion to the History of Science, New York 2016, S. 489-499.

Svojtka, Matthias: Lehre und Lehrbücher der Naturgeschichte an der Universität Wien von 1749 bis 1849, in: Berichte der Geologischen Bundesanstalt 83 (2010), S. 48-61.

Talas, Sofia: Thermometers in the Eighteenth Century. J.B.Micheli du Crest's Works and the Cooperation with G.F.Brander, in: Nuncius 17/2 (2002), S. 475-496.

Terrall, Mary: Following Insects Around. Tools and Techniques of Eighteenth-Century Natural History, in: British Journal for the History of Science 43/4 (2010), S. 573-588.

– : Handling Objects in Natural History Collections, in: Adriana Craciun/Simon Schaffer (Hg.): The Material Cultures of Enlightenment Arts and Sciences, Basingstoke 2016, S. 15-33.

Thijsse, Gerard: Gedroogde schatten, in: Esther van Gelder (Hg.): Bloeiende kennis. Groene ontdekkingen in de Gouden Eeuw, Hilversum 2012, S. 36-54.

Topik, Steven/Marichal, Carlos/Frank, Zephyr L. (Hg.): From Silver to Cocaine. Latin American Commodity Chains and the Building of the World Economy, 1500-2000, Durham, NC 2006.

Trepp, Anne-Charlott: Von der Glückseligkeit alles zu wissen. Die Erforschung der Natur als religiöse Praxis in der frühen Neuzeit, Frankfurt a. M. 2009.

Vaughan, John G.: The New Oxford Book of Food Plants, Oxford [2]2009.

Vetter, Ferdinand: Der junge Haller. Nach seinem Briefwechsel mit Johannes Gessner aus den Jahren 1728-1738, Bern 1909.

Vierhaus, Rudolf (Hg.): Deutsche patriotische und gemeinnützige Gesellschaften. Vorträge gehalten anlässl. d. 4. Wolfenbütteler Symposions vom 6.-9. September 1977 in d. Herzog-August-Bibliothek (= Wolfenbütteler Forschungen, Bd. 8), München 1980.

– : Etappen der Göttinger Akademiegeschichte (= Nachrichten der Akademie der Wissenschaften in Göttingen, Philologisch-Historische Klasse, Bd. 2), Göttingen 2003.

Vincenti, Andrea de: Schule der Gesellschaft. Wissensordnungen von Zürcher Unterrichtspraktiken zwischen 1771 und 1834, Zürich 2015.

Vos, Paula de: The Science of Spices. Empiricism and Economic Botany in the Early Spanish Empire, in: Journal of World History 17/4 (2006), S. 399-427.

Wagener, Silke: Pedelle, Mägde und Lakaien. Das Dienstpersonal an der Georg-August-Universität Göttingen 1737-1866 (= Göttinger Universitätsschriften, Serie A, Bd. 17), Göttingen 1996.

Wagenitz, Gerhard/Lack, Hans Walter: Carl Ludwig Willdenow (1765-1812), ein Botanikerleben in Briefen, in: Annals of the History and Philosophy of Biology 17 (2012), S. 1-289.

Wallis, Patrick: Exotic Drugs and English Medicine. England's Drug Trade, c.1550–c.1800, in: Social History of Medicine 25/1 (2011), S. 20-46.

Walter, Emil J.: Die Pflege der exakten Wissenschaften (Astronomie, Mathematik, Kartenkunde, Physik und Chemie) im alten Zürich, in: Vierteljahrsschrift der Naturforschenden Gesellschaft in Zürich 96, Beiheft 2 (1951), S. 1-113.

Weber, Nadir: Lokale Interessen und große Strategie. Das Fürstentum Neuchâtel und die politischen Beziehungen der Könige von Preußen (1707-1806) (= Externa, Bd. 7), Köln; Weimar; Wien 2015.

Werner, Michael/Zimmermann, Bénedicte: Beyond Comparison. Histoire Croisée and the Challenge of Reflexivity, in: History and Theory 45/1 (2006), S. 30-50.
Whitmer, Kelly Joan: The Halle Orphanage as Scientific Community. Observation, Eclecticism, and Pietism in the Early Enlightenment, Chicago; London 2015.
Wijnands, D. Onno: The Botany of the Commelins, Rotterdam 1983.
– : The Origins of Clifford's Herbarium, in: Botanical Journal of the Linnean Society 106/2 (1991), S. 129-146.
Williams, Roger L.: Botanophilia in Eighteenth-Century France. The Spirit of the Enlightenment, Dordrecht; Boston; London 2001.
Wimmler, Jutta: The Sun King's Atlantic. Drugs, Demons and Dyestuffs in the Atlantic World, 1640-1730 (= The Atlantic World, Bd. 33), Leiden 2017.
Winterbottom, Anna: Hybrid Knowledge in the Early East India Company World, Basingstoke 2016.
Wipf, Jakob: Ein Stück Schaffhauser Sippenkunde, in: Schaffhauser Beiträge zur vaterländischen Geschichte 18 (1941), S. 136-158.
Wolf, Rudolf: Johannes Geßner (= Neujahrsblatt der Naturforschenden Gesellschaft in Zürich, Bd. 48), Zürich 1846.
– : Joh. Jakob Ott, in: ders. (Hg.): Biographien zur Kulturgeschichte der Schweiz, Zürich 1858, S. 183-192.
– : Johannes Geßner von Zürich. 1709-1790, in: ders. (Hg.): Biographien zur Kulturgeschichte der Schweiz, Zürich 1858, S. 281-322.
Wörz, Arno: Botanik. Die Herbarien Martini und Köstlin, in: Landesmuseum Württemberg (Hg.): Die Kunstkammer der Herzöge von Württemberg. Bestand, Geschichte, Kontext, Bd. 1, Ostfildern/Stuttgart 2017, S. 237-246.
Yale, Elizabeth: Making Lists. Social and Material Technologies in the Making of Seventeenth-Century British Natural History, in: Pamela H. Smith/Meyers, Amy R.W./ Harold J. Cook (Hg.): Ways of Making and Knowing. The Material Culture of Empirical Knowledge, Ann Arbor 2014, S. 280-301.
Zangger, Andreas: Koloniale Schweiz. Ein Stück Globalgeschichte zwischen Europa und Südostasien (1860-1930) (= 1800 | 2000. Kulturgeschichten der Moderne, Bd. 8), Bielefeld 2011.
Zedelmaier, Helmut/Mulsow, Martin (Hg.): Die Praktiken der Gelehrsamkeit in der frühen Neuzeit (= Frühe Neuzeit, Bd. 64), Tübingen 2001.
Zwyssig, Philipp: Täler voller Wunder. Eine katholische Verflechtungsgeschichte der Drei Bünde und des Veltlins (17. und 18. Jahrhundert) (= Kulturgeschichten / Studien zur Frühen Neuzeit, Bd. 5), Affalterbach 2018.

Abbildungsnachweis

Abb. 1, 3, 4, 6, 12, 15, 17, 18, 30, 31:	Zentralbibliothek Zürich, NF 170 | F, https://doi.org/10.3931/e-rara-20571 / Public Domain Mark.
Abb. 2:	Zentralbibliothek Zürich, PAS 2302, Mappe 3, 811, https://doi.org/10.3931/e-rara-38142 / Public Domain Mark.
Abb. 5:	Zentralbibliothek Zürich, NM 315, https://doi.org/10.3931/e-rara-24955 / Public Domain Mark.
Abb. 7:	Zentralbibliothek Zürich, NB 25: a | F, https://doi.org/10.3931/e-rara-57559 / Public Domain Mark.
Abb. 8-11:	Bibliothèque publique et universitaire de Neuchâtel (BPUN), Ms A 338.
Abb. 12:	Zentralbibliothek Zürich, NF 170 | F, https://doi.org/10.3931/e-rara-20571 / Public Domain Mark; ETH-Bibliothek Zürich, Rar 9499, https://doi.org/10.3931/e-rara-47636 / Public Domain Mark.
Abb. 13:	Zentralbibliothek Zürich, Magazin 06 KK 222,2 und NB 25 | F / CC BY-SA 4.0; ETH-Bibliothek Zürich, Rar 9499, https://doi.org/10.3931/e-rara-47636 / Public Domain Mark; Universitätsbibliothek Leiden, Special Collections, 398 A 9.
Abb. 14:	© Christian Forney (hallerNet) 2024 / CC-BY-NC-SA 4.0.
Abb. 16:	Zentralbibliothek Zürich, Ms Z VIII 4 / CC BY-SA 4.0.
Abb. 19:	© Christian Forney (hallerNet) 2024 / CC-BY-NC-SA 4.0.
Abb. 20-24:	Zentralbibliothek Zürich, ZBZ, Ms P 114 / CC BY-SA 4.0.
Abb. 25:	Niedersächsische Staats- und Universitätsbibliothek Göttingen.
Abb. 26:	Zentralbibliothek Zürich, O 456,4, https://doi.org/10.3931/e-rara-89655 / Public Domain Mark.
Abb. 27-29:	Zürich, Vereinigte Herbarien Z+ZT der Universität und ETH Zürich, Foto: Reto Nyffeler.
Abb. 32:	Staatsarchiv Zürich, B IX 178 a.3, fol. 4.

Personenregister

A

B

C

D

E

F

G

H

I

J

R

S

T

U